E. Kosack

Schaltungsbuch für Gleich- und Wechselstromanlagen

Generatoren, Motoren und Transformatoren, Lichtanlagen, Kraftwerke und Umformerstationen

Siebente Auflage
vollständig neubearbeitet von

Dipl.-Ing. Conrad v. Kissling
Siemens-Schuckertwerke AG., Erlangen

Mit 350 Abbildungen

Springer-Verlag
Berlin/Göttingen/Heidelberg
1954

ISBN 978-3-642-49081-1   ISBN 978-3-642-94630-1 (eBook)
DOI 10.1007/978-3-642-94630-1

Vorwort zur siebenten Auflage.

Die siebente Auflage ist nach dem Tode des verdienten Verfassers des „Schaltungsbuches“ einer Umarbeitung und Erneuerung unterzogen worden. Der Abschnitt über „Lampen-Schaltungen“ wurde in „Installationen“ erweitert und ein Abschnitt „Schutzmaßnahmen in Starkstromanlagen“ hinzugefügt.

Der Abschnitt „Stromrichteranlagen“ wurde neu bearbeitet und modernisiert. Neu hinzugekommen sind die Abschnitte „Steuern und Regeln“, die die Grundschaltungen der modernen Regeltechnik behandeln und „Schutz elektrischer Anlagen“ mit den grundsätzlichen Schaltungen moderner Schutztechnik.

Um den Umfang des Buches nicht zu groß werden zu lassen, wurden dafür veraltete oder weniger wichtige Teile erheblich verkürzt. Im übrigen habe ich mich bemüht, an dem bewährten grundlegenden Aufbau des Buches möglichst wenig zu ändern und die mit so gutem Erfolg von E. Kosack angestrebte Übersichtlichkeit und Einfachheit der Schaltbilder beizubehalten.

Ich hoffe deshalb, daß auch die Neubearbeitung des Buches, das nun in der siebenten Auflage erscheint, eine gleich günstige Aufnahme finden wird wie die bisherigen Auflagen.

Erlangen, im Juli 1954.

C. v. Kissling.

Inhaltsverzeichnis.

Einleitung.

I. Schalter und Schutzeinrichtungen.

II. Installationen.

III. Schutzmaßnahmen in Starkstromanlagen.

IV. Schaltung der Meßgeräte.

Inhaltsverzeichnis. V

C. Kollektormotoren.

D. Induktionsmotoren mit Phasenausgleich.

X. Umformeranlagen.

A. Synchrone Motorgeneratoren.

B. Asynchrone Motorgeneratoren.

XIII. Steuern und Regeln.

A. Verstärkereinrichtungen.

B. Anwendung der Verstärkerschaltungen.

XIV. Schutz elektrischer Anlagenteile.

A. Schutz von Verteilungsnetzen.

B. Generatorschutz.

Anhang.

Einleitung.

1. Der Schaltplan.

Der Stromlauf innerhalb einer elektrischen Maschine oder eines Generators, wie auch der Zusammenhang und die Verbindung der in einer elektrischen Anlage aufgestellten Maschinen und Apparate untereinander sowie mit dem Leitungsnetz kann in schematischer Weise durch ein Schaltbild oder einen Schaltplan übersichtlich dargestellt werden. Der Schaltplan stellt gewissermaßen eine Art stenographischer Wiedergabe des elektrischen Teiles der Anlage dar. Alle Teile der Anlage, Maschinen, Geräte und Leitungen, werden hierbei durch zeichnerische Abkürzungen, Schaltzeichen, wiedergegeben. Grundsätzlich sind bei Schaltplänen immer sämtliche Schaltapparate in ausgeschaltetem Zustande darzustellen. Man unterscheidet bei der Einzeldarstellung durch Schaltzeichen:

a) Das Schaltkurzzeichen (Darstellung ohne Innenschaltung),

b) Das Schaltzeichen (Darstellung mit vereinfachter Innenschaltung).

Die gebräuchlichen Schaltzeichen und Schaltkurzzeichen sind genormt und in den Normenblättern DIN 40 710 ··· 40 712 sowie DIN/VDE 713 ··· 716 zusammengestellt, deren Anschaffung sehr empfohlen werden kann. Alleinverkauf durch Beuth-Vertrieb GmbH., Berlin SW 68.

Je nach dem Verwendungszweck kann der Schaltplan auf verschiedene Weise ausgeführt werden. Ist eine übersichtliche, vereinfachte Darstellung erforderlich, die nur das Wesentliche heraushebt, so verwendet man

a) den *Übersichtsschaltplan*, eine einfache Darstellung der Schaltung ohne Hilfsleitungen, der in großen Zügen die Übersicht über die Anordnung geben soll und den Stromlauf sowie die Schaltmöglichkeiten klar erkennen läßt.

Der Übersichtsplan gibt meist nur diejenigen Elemente der Schaltung wieder, welche an der Umformung, Regelung und Verteilung der Energie direkt beteiligt sind, z. B. Transformatoren, Generatoren, Motoren, Leistungsschalter, Widerstände und Hauptleitungen ohne Berücksichtigung nebensächlicher Apparate und der Steuerleitungen. Der Einfachheit halber wird häufig eine einpolige Darstellung angewendet, vor allem bei Drehstromanlagen, während bei Gleichstromanlagen die einpolige Darstellung weniger üblich ist, da bei Gleichstromanlagen beide Pole verschiedene Schaltelemente enthalten können.

b) Der *Wirkschaltplan* stellt die Schaltung mit allen Hilfsleitungen, Klemmen usw. dar.

Aus ihm soll auch die räumliche Unterteilung der einzelnen Anlage-gruppen z. B. in Zellen oder Felder erkennbar sein. Bei komplizierten Anlagen läßt sich die Wirkungsweise der Schaltung wegen der Fülle von Hilfsleitungen und dergleichen nicht mehr klar genug aus dem Wirk-schaltplan erkennen. Dies wirkt insbesondere bei Inbetriebsetzungs-arbeiten, beim Aufsuchen von Fehlern oder Beseitigung von Störungen sehr hinderlich, so daß man bei verwickelten Schaltungen noch eine weitere Art von Schaltplänen, das sogenannte *Stromlaufschaltbild* ver-wendet. In diesem werden die einzelnen Stromwege meist zwischen den als Schienen gezeichneten Einspeisungspolen nebeneinander ohne Rück-sicht auf die räumliche Lage und möglichst geradlinig, ohne Umwege und Kreuzungen, dargestellt. Bei ausgeführten Anlagen werden auch alle Klemmstellen und die Klemmenbezeichnungen der Geräte und Hilfsschalter mit in das Stromlaufbild eingetragen, was für die Inbe-triebsetzungsarbeiten sowie für Fehlersuche und Beseitigung von Störun-gen von größtem Vorteil ist.

Die genaue Bezeichnung der Geräte, Hilfsschalter usw. in den Schalt-bildern ist auch sonst von großer Wichtigkeit. Die in den einzelnen Stromkreisen liegenden Apparate und Hilfsschalter müssen durch Buch-staben oder Ziffern bezeichnet werden. Der besseren Übersicht halber ordnet man beim Stromlaufbild die Geräte und Stromkreise zweckmäßig in der Reihenfolge ihrer Betätigung von links nach rechts. In der Regel stellt man die Stellung der Schalter und Apparate in spannungslosem Zustand, also vor Beginn des Betriebes dar.

2. Anwendungsgebiete des Gleichstromes.

Während in der ersten Zeit der Elektrotechnik die elektrischen Zen-tralen hauptsächlich als Gleichstromzentralen gebaut wurden, sind diese heute mehr und mehr in den Hintergrund getreten und werden als reine Gleichstromzentralen nur mehr für örtlich sehr beschränkte Netze, z. B. auf Schiffen oder dort, wo die Speicherfähigkeit des Gleichstromes durch Sammlerbatterien eine Rolle spielt, z. B. Notbeleuchtungsnetze, gebaut. Wenn der Gleichstrom auch für die Erzeugung elektrischer Energie seine Bedeutung verloren hat, so hat er aber unbestritten seine Bedeutung auf dem Gebiet der Antriebstechnik behalten, ja sogar noch gesteigert. Namentlich eignet sich der Gleichstrom für motorische An-triebe, bei denen eine weitgehende oder besonders feine Geschwindig-keitsregelung erforderlich ist. Die bis auf wenige Promille genauen Steuerungen und Regelungen, die die moderne Regeltechnik mit ihren Verstärkermaschinen, Magnetverstärkern und elektronischen Reglern gestattet, haben fast alle die Verwendung von Gleichstromantrieben zur Voraussetzung. Auch elektrische Straßen- und Grubenbahnen werden fast allgemein mit Gleichstrom betrieben. Schließlich sind dem Gleich-strom weitere Anwendungsgebiete in der elektrochemischen Industrie vorbehalten. Der für die genannten Zwecke benötigte Gleichstrom wird jedoch nur in sehr seltenen Fällen durch Gleichstromzentralen geliefert, sondern durch Umformung von Drehstrom mittels Gleichrichter oder rotierender Umformer erzeugt.

3. Die Bedeutung des Wechselstromes.

Gleichstrommaschinen lassen sich im allgemeinen nur für verhältnismäßig geringe Spannungen herstellen, ein Umstand, der der Anwendung des Gleichstromes dann außerordentlich hinderlich ist, wenn es sich um Energieübertragungen auf größere Entfernungen handelt. In dieser Hinsicht ist ihm der *Wechselstrom* weitaus überlegen. Er kann unmittelbar in den Maschinen mit hoher Spannung erzeugt werden, und diese läßt sich, wenn es erforderlich ist, durch Transformatoren noch weiter erhöhen. Umgekehrt kann der Strom an den Verbrauchsstellen, wiederum mittels Transformatoren, in einfacher Weise auf Niederspannung herabgesetzt werden. Die meisten großen Elektrizitätswerke liefern daher heute Wechselstrom. Besonders wird der *Dreiphasenstrom* bevorzugt, der sich aus drei um je eine Drittelperiode gegeneinander versetzten Wechselströmen zusammensetzt und gewöhnlich *Drehstrom* genannt wird. Aber auch dem einphasigen *Wechselstrom* kommt heute ein großes Anwendungsgebiet zu, da er für den Betrieb von Vollbahnen besonders geeignet ist. In den letzten Jahren hat zwar die rasche und erfolgreiche Entwicklung in der Stromrichtertechnik neue Möglichkeiten der Fernübertragung großer Energiemengen mit Hilfe von hochgespanntem Gleichstrom eröffnet. Dabei soll die in Drehstrommaschinen erzeugte Energie in Transformatoren hochgespannt und dann für die Übertragung mit Hilfe von Gleichrichtern in Gleichstrom umgeformt und am Verbrauchsort wieder in Drehstrom umgewandelt werden. Die Verluste einer solchen Fernübertragung mit hochgespanntem Gleichstrom würden bei sehr großen Entfernungen geringer sein als die der heute üblichen Drehstromübertragung[1].

---

[1] Siehe „Energieübertragung mit Gleichstrom hoher Spannung" von KARL BAUDISCH, Berlin/Göttingen/Heidelberg, Springer, 1950.

I. Schalter und Schutzeinrichtungen.

4. Die Schaltanlage.

Der Schaltanlage eines Elektrizitätswerkes fällt die Aufgabe zu, die von den Maschinen gelieferte elektrische Energie zu sammeln und sie über die zum Schalten, Sichern, Messen und Regeln dienenden Einrichtungen dem Verteilungsnetz zuzuführen. Sie wird häufig in Form einer *Schalttafel* ausgeführt. Die auf ihr angebrachten *Sammelschienen* nehmen alle ankommenden Leitungen auf, und von ihnen werden auch alle abgehenden Leitungen abgenommen. Sie haben also gleichzeitig die Bedeutung von *Verteilungsschienen*, und um sie gruppieren sich alle in die Leitungen eingebauten Schalter, Schutzvorrichtungen und Apparate. An Stelle der Schalttafel können auch *Schalttische* oder *Schaltpulte* zur Aufstellung kommen.

Die Schaltanlage soll sich durch größtmögliche Einfachheit auszeichnen, damit sie leicht und gefahrlos bedient werden kann. Um sie übersichtlich zu gestalten, wird sie zweckmäßigerweise nach den vorhandenen Maschinensätzen und den verschiedenen Versorgungsgebieten in einzelne Felder unterteilt, wobei auch der etwa vorhandenen Akkumulatorenbatterie ein besonderes Schaltfeld einzuräumen ist.

Eine große Ausdehnung nimmt die Schaltanlage in *Hochspannungswerken* an. Hier werden die Sammelschienen und alle Hochspannung führenden Apparate in besonderen Räumen untergebracht, die in ihrer Gesamtheit das *Schalthaus* bilden. Die für die Bedienung und Steuerung der Anlage notwendigen Einrichtungen werden in einem Kommandoraum, der *Warte*, vereinigt. Um von den Meßgeräten Hochspannung fernzuhalten, werden sie über kleine Transformatoren, Strom- und Spannungswandler, angeschlossen. In Industrie- und Hüttenanlagen, in denen die Apparate häufig der Einwirkung von Staub und Feuchtigkeit ausgesetzt sind, geht man vielfach zu *gekapselten Schaltanlagen* über, indem die einzelnen Geräte in Eisen- oder Isoliergehäuse eingeschlossen werden.

Die Übersichtlichkeit der Schaltanlage wird dadurch erhöht, daß bei Gleichstrom die Sammelschienen und Leitungen nach ihrer Polarität, bei Wechselstrom nach ihrer Phase durch verschiedenfarbigen Anstrich gekennzeichnet werden. In Gleichstromanlagen wird der positive Pol rot, der negative Pol blau bezeichnet. Für Einphasenwechselstrom sind die Farben gelb und violett, für Drehstrom gelb, grün und violett zu wählen. Es empfiehlt sich, die gleichen Farben auch für die im Betriebe auszuhängenden Schaltpläne anzuwenden.

Die für die Schaltanlage von Elektrizitätswerken vorstehend erörterten Gesichtspunkte gelten sinngemäß auch für die Schalteinrichtung von Transformatorenstationen und Umformeranlagen sowie von ausgedehnten Licht- und Kraftanschlüssen.

Im vorliegenden Kapitel soll zunächst ein kurzer Überblick über die verschiedenen Schalterarten und die wichtigsten Schutzeinrichtungen unter besonderer Berücksichtigung ihrer Darstellung im Schaltplan gegeben werden.

5. Die Schalter.

Das grundlegende Bauelement jeder Schaltanlage sind die Schalter. Mit ihnen wird die Verbindung zwischen den einzelnen Stromkreisen hergestellt. Man unterscheidet *Ausschalter*, die lediglich zum Schließen und Unterbrechen eines Stromkreises dienen, und *Umschalter*, welche die Verbindung einer Leitung mit einer von mehreren anderen Leitungen ermöglichen. Es gibt Umschalter *mit* und *ohne Unterbrechung*. Bei letzteren wird der neue Stromkreis bereits geschlossen, ehe der erste unterbrochen ist. Schalter können ein- und mehrpolig ausgeführt sein.

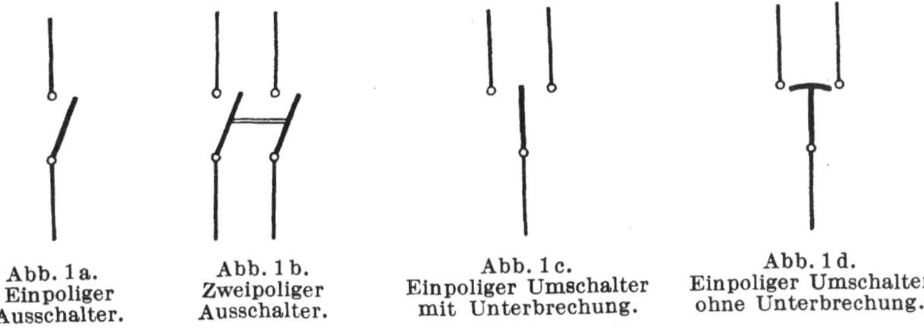

Abb. 1a.
Einpoliger
Ausschalter.

Abb. 1b.
Zweipoliger
Ausschalter.

Abb. 1c.
Einpoliger Umschalter
mit Unterbrechung.

Abb. 1d.
Einpoliger Umschalter
ohne Unterbrechung.

Die für die Darstellung von Schaltern gebräuchlichen Zeichen sind in Abb. 1 zusammengestellt.

Für kleinere Ströme, z. B. in Lichtnetzen, werden vorwiegend *Dreh-*, *Kipp-* und *Druckknopfschalter* verwendet. Für den Einsatz in Geräten, für Verteilungstafeln usw. können auch sog. *Paketschalter* zur Anwen-

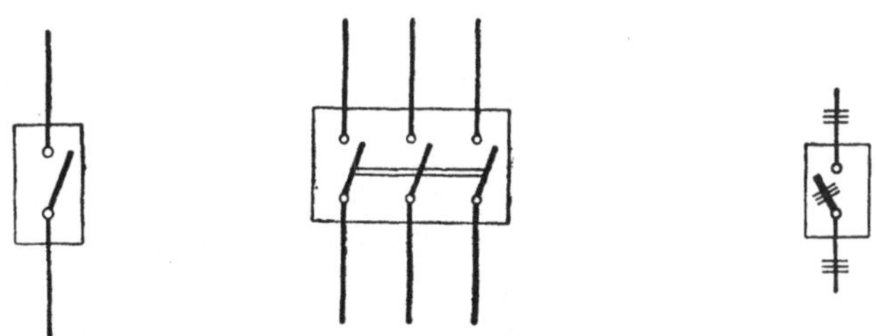

Abb. 2a.
Einpoliger
Leistungsschalter.

Abb. 2b.
Dreipoliger Leistungsschalter,
dreipolige Darstellung.

Abb. 2c.
Dreipoliger Leistungsschalter,
einpolige Darstellung.

dung kommen, bei denen die Schaltelemente in besonderen Kammern aus Isolierstoff gedrängt untergebracht sind. Für größere Ströme, z. B. zum Schalten von Maschinen, werden entweder *Hebelschalter* mit gewöhnlichen Schaltmessern oder *Leistungsschalter* benutzt, die meist besonders entwickelte Schaltorgane haben und dadurch imstande sind, auch Kurzschlüsse abzuschalten. Leistungsschalter werden für Nieder- und Hochspannung gebaut und im Schaltbild durch eine Umrahmung kenntlich gemacht, Abb. 2.

6. Überstromschutz durch Schmelzsicherungen.

Das verbreitetste Mittel, um Leitungen gegen Stromüberlastung, besonders gegen Kurzschluß, zu schützen, ist die *Schmelzsicherung*. Die von der Stromquelle ausgehenden Leitungen sind grundsätzlich zu sichern, und es sind ferner Sicherungen an allen Stellen anzubringen, wo sich der Querschnitt der Leitungen nach der Verbrauchsstelle hin vermindert. Doch dürfen *betriebsmäßig geerdete Leitungen*, z. B. der Mittelleiter eines Gleichstromdreileiter- oder der Nulleiter eines Drehstromsystems, nicht gesichert werden. Isolierte Leitungen die vom Mittel- oder Nulleiter abzweigen und als Zeile eines Zweileitersystems aufzufassen sind, dürfen dagegen wieder eine Sicherung erhalten. Sicherungen sind auch dort fortzulassen, wo die Unterbrechung einer Leitung eine Gefahr im Betriebe der betreffenden Anlage hervorrufen könnte. Wenn in einer Abzweigleitung Schalter und Sicherungen mit *offenen* Schmelzeinsätzen unmittelbar hintereinanderliegen, so soll die Stromzuführung an den Schalter angeschlossen werden, die Sicherung also — vom Stromerzeuger aus gesehen — *hinter* dem Schalter liegen. Bei dieser Anordnung kann das Auswechseln einer Sicherung gefahrlos vorgenommen werden, indem die betreffende Leitung durch den Schalter zunächst spannungslos gemacht wird.

Schmelzsicherungen werden durch kleine Rechtecke mit angedeutetem Schmelzdraht dargestellt, Abb. 3.

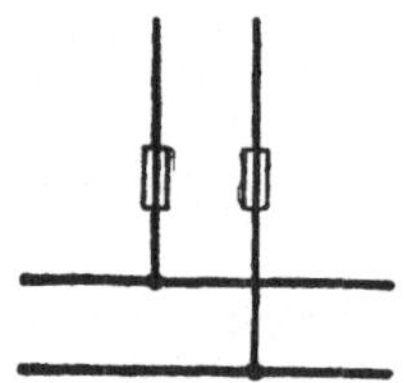

Abb. 3. Durch Schmelzsicherung geschützte Leitung.

7. Die Selbstschalter.

a) Überstromschalter. Der Überstromschutz kann auch, unter Fortfall der Sicherungen, den Schaltern übertragen werden. Man erhält alsdann *Überstromschalter*, Schalter, die im Falle eines Überstromes oder Kurzschlusses den Stromkreis durch Einwirkung eines Elektromagneten, der durch eine in die zu schützende Leitung eingeschaltete Stromspule erregt wird, selbsttätig unterbrechen. Im Falle eines *Kurzschlusses* spricht das Auslösewerk sofort an. Zur Erfassung kleinerer Überströme werden die Schalter mit einer ebenfalls elektromagnetisch oder auch thermisch beeinflußten Verzögerungseinrichtung versehen, so daß sie bei schnell vorübergehenden Stromstößen nicht zur Auslösung kommen. Überstromschalter werden im Schaltbild durch einen Pfeil in der Ausschaltrichtung gekennzeichnet. In Abb. 4 ist ein Pol durch eine Sicherung, der andere durch einen Überstromschalter geschützt.

Die Selbstschalter haben vor den Schmelzsicherungen den Vorteil scharfer Einstellbarkeit. Sprechen sie infolge einer Überlastung an, so können sie nach Beseitigung der Störung ohne weiteres wieder eingelegt werden. Unter Umständen, besonders bei Anlagen, in denen mit hohen Kurzschlußströmen zu rechnen ist, die das Abschaltvermögen des Selbstschalters übersteigen würden, empfiehlt es sich, außer dem Selbstschalter noch Sicherungen in den Leitungszug einzubauen (Abb. 5). Der Selbstschalter wird dann auf eine etwas geringere Auslösestromstärke eingestellt, als der Schmelzstromstärke der Sicherung entspricht, jedoch mit einer Zeitverzögerung versehen (z. B. Bimetallauslöser), so

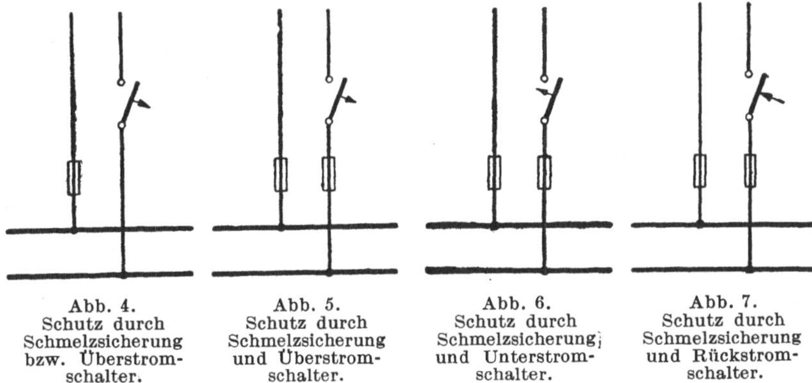

Abb. 4.
Schutz durch
Schmelzsicherung
bzw. Überstrom-
schalter.

Abb. 5.
Schutz durch
Schmelzsicherung
und Überstrom-
schalter.

Abb. 6.
Schutz durch
Schmelzsicherung
und Unterstrom-
schalter.

Abb. 7.
Schutz durch
Schmelzsicherung
und Rückstrom-
schalter.

daß zwar bei einer länger andauernden geringen Überlastung der Selbstschalter auslöst, bei einem Kurzschluß jedoch die Sicherung den Stromkreis unterbricht, so daß der Selbstschalter den Kurzschlußstrom nicht abzuschalten braucht.

b) Unterstromschalter. Schalter können auch mit einer elektromagnetischen Vorrichtung in der Weise versehen werden, daß sie auslösen, wenn in dem betreffenden Stromkreis der Strom auf Null zurückgeht oder doch auf einen verhältnismäßig kleinen Wert sinkt. Solche Schalter werden als *Unterstromschalter* bezeichnet und, wie Abb. 6 zeigt, durch einen Pfeil in der Einschaltrichtung kenntlich gemacht. Sie finden in Gleichstromanlagen, s. z. B. Abschnitt 42, vielfach Verwendung.

c) Richtungsschalter. Selbstschalter, welche auslösen, wenn der sie durchfließende Strom aus irgendeinem Grunde die entgegengesetzte Richtung wie im normalen Betriebe annimmt, werden *Rückstrom-* oder *Richtungsschalter* genannt. Bei ihnen wird der die Ausschaltung betätigende Elektromagnet von einer Strom- und einer Spannungsspule erregt. Bei normaler Stromrichtung wirken beide Spulen im gleichen Sinne magnetisierend, während bei einem Richtungswechsel des Stromes die Stromspule der Spannungsspule entgegenwirkt und dadurch die Auslösung des Schalters herbeigeführt wird. Die Kennzeichnung der Rückstromauslösung ist aus Abb. 7 zu ersehen. Bei Wechselstrom sollen die Richtungsschalter ansprechen, wenn ein Rückfluten der *Leistung* eintritt, wenn also z. B. eine Maschine statt elektrische Leistung abzugeben solche aufnimmt. Sie können daher auch als *Rückleistungsschalter* bezeichnet werden.

Überstrom- und Rückstromauslösung werden häufig miteinander vereinigt. In Abb. 8 ist die doppelte Auslösung durch zwei Pfeile entgegengesetzter Richtung angedeutet.

d) Unterspannungsschalter. Um das Ausschalten eines vom Leitungsnetz abgezweigten Stromkreises herbeizuführen, wenn die Netzspannung ausbleibt oder erheblich zurückgeht, bedient man sich der selbsttätigen *Unterspannungsschalter.* Der Auslösemagnet wird in diesem Falle lediglich durch eine Spannungsspule erregt. Schalter dieser Art werden

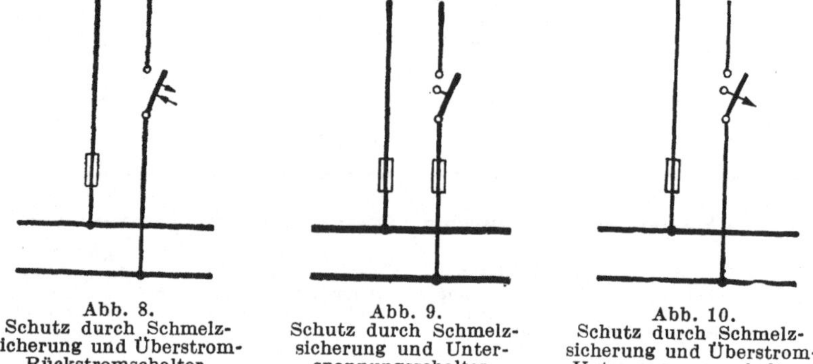

<table>
<tr><td align="center">Abb. 8.
Schutz durch Schmelz-
sicherung und Überstrom-
Rückstromschalter.</td><td align="center">Abb. 9.
Schutz durch Schmelz-
sicherung und Unter-
spannungsschalter.</td><td align="center">Abb. 10.
Schutz durch Schmelz-
sicherung und Überstrom-
Unterspannungsschalter.</td></tr>
</table>

gemäß Abb. 9 durch einen kleinen Nullenkreis gekennzeichnet. In Abb. 10 ist ein mit Überstrom- und Unterspannungsauslösung ausgestatteter Schalter dargestellt.

8. Schalter für Hochspannung.

Leistungsschalter für Hochspannung werden meistens zum Schalten und zum Schutz von ganzen Netzen, Netzteilen oder größeren Maschinen verwendet, also an Stellen, an denen etwa abzuschaltende Kurzschlußströme ganz erhebliche Werte annehmen können. Sie müssen so eingerichtet sein, daß der beim Ausschalten an der Unterbrechungsstelle auftretende Lichtbogen schnell zum Erlöschen kommt.

Früher wurden hauptsächlich *Ölschalter* benutzt, bei denen sich der Schaltvorgang unter Öl abspielt. Heute werden vorwiegend öllose oder ölarme Schalter verwendet. Bei den Expansionsschaltern wird durch den Lichtbogen die stark wasserhaltige Löschflüssigkeit (Expansin) verdampft, wobei ein hoher Dampfdruck entsteht. Durch plötzliche Druckentlastung und gleichzeitige Expandierung des Dampfes erfolgt die Löschung des Lichtbogens. Bei den *Druckgasschaltern* dient verdichtete Luft oder Kohlensäure als Löschmittel. Eine Abart des letzteren ist der *Hartgasschalter*, bei ihm entwickelt sich das Gas aus den Wandungen des Schalters. Der Ölschalter hat eine Fortentwicklung durch den ölarmen Schalter, auch Druckausgleichschalter genannt, erfahren.

Soll die Ausführungsart der Schalter im Schaltbild angedeutet werden, so sind dafür die in Abb. 11 angegebenen Symbole zu benutzen.

In Hochspannungsanlagen müssen ferner alle Maschinen, Apparate, Speiseleitungen usw. durch *Trennlaschen* oder *Trennschalter*, Abb. 12,

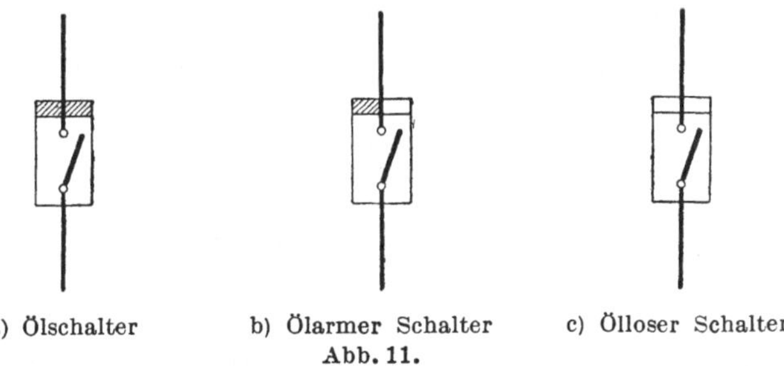

a) Ölschalter   b) Ölarmer Schalter   c) Ölloser Schalter
Abb. 11.

abtrennbar sein, auch dann, wenn in den betreffenden Leitungen Leistungsschalter eingebaut sind. Die Trennschalter sollen es ermöglichen, das Netz oder einzelne Netzteile mit Sicherheit spannungslos zu machen. Sie dürfen jedoch nur in stromlosem Zustand betätigt werden. An den Trennschaltern kann eine einfache oder eine doppelte Unterbrechung je Pol vorgesehen sein. Auch können die Trennschalter mit den Abschmelzsicherungen zu sog. *Trennsicherungen* verbunden werden, Abb. 13.

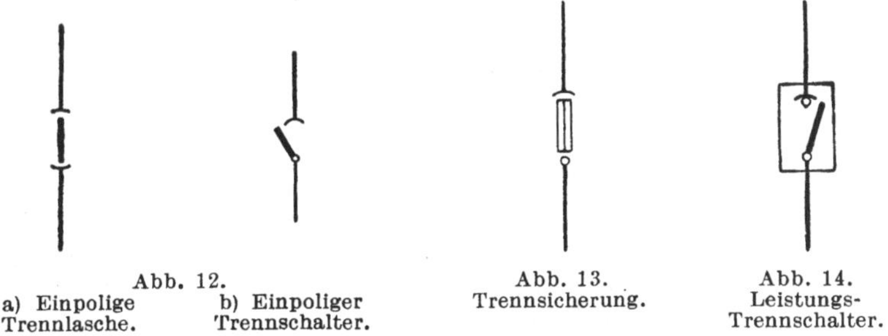

Abb. 12.   Abb. 13.   Abb. 14.
a) Einpolige   b) Einpoliger   Trennsicherung.   Leistungs-
Trennlasche.   Trennschalter.   Trennschalter.

Für bestimmte Zwecke, z. B. zum Abschalten leerlaufender Transformatoren oder leerlaufender Kabel können auch *Leistungstrennschalter* benutzt werden, deren Schaltleistung aber nur sehr begrenzt ist, Abb. 14.

9. Fernsteuerung von Schaltern.

Die räumlich oft recht ausgedehnten Schaltanlagen moderner Elektrizitätswerke und Industrieanlagen sowie die beachtlichen Dimensionen größerer Leistungsschalter machen ein direktes Einschalten der Schalter von Hand in vielen Fällen unmöglich. Man ist daher häufig gezwungen, zur Fernsteuerung der Leistungsschalter und oft auch der Trennschalter überzugehen. Der Antrieb der Schalter für eine solche Fernsteuerung

erfolgt meist durch Druckluft, seltener durch Motorantrieb oder Schalt-
magnete; Abb. 15 bis 17 zeigen die Schaltkurzzeichen und die Schaltzeichen derartiger Antriebe. Abb. 18 zeigt das Stromlaufschaltbild eines
Leistungsschalterantriebes durch Schaltmagneten. Es sind zwei Schalt-

a) Schaltkurzzeichen   b) Schaltzeichen   a) Schaltkurzzeichen   b) Schaltzeichen
Abb. 15. Magnetantrieb.   Abb. 16. Motorantrieb.

magnete vorhanden, einer für das Einschalten ($E.M.$) und einer für das
Ausschalten ($A.M.$). Für die Erregung der Magnete dient Gleichstrom,
der von den Sammelschienen P und N abgenommen wird. Wird der
Schalter für die Fernsteuerung nach links gelegt, so wird der Einschalt-
magnet erregt, wird er nach rechts
gelegt, der Ausschaltmagnet. Mit
dem Schalter ist noch eine Rück-
meldeeinrichtung verbunden, eine
Glühlampe L, die im allgemeinen
ausgeschaltet ist, aber jedesmal zum

a) Schaltkurzzeichen   b) Schaltzeichen
Abb. 17. Druckluftantrieb.

Aufleuchten kommt, wenn der Schalter seine jeweilige Schaltstellung
ändert. Sobald die vollzogene Schaltung durch die Lampe angezeigt ist,
wird diese mittels des einpoligen Schalters S wieder ausgeschaltet und ist
dann für den nächsten Schaltvorgang erneut in Bereitschaft. Gebräuch-

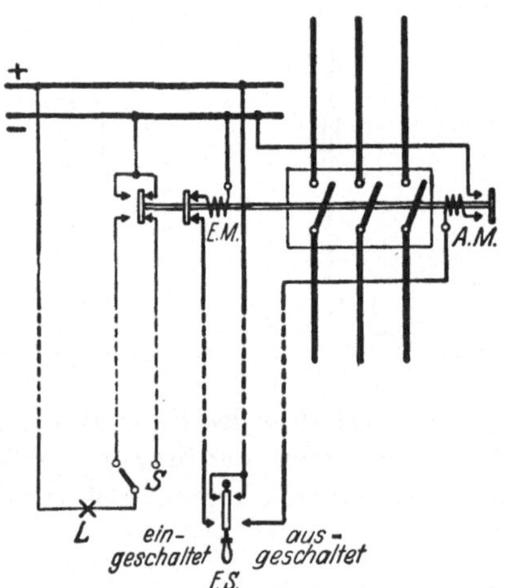

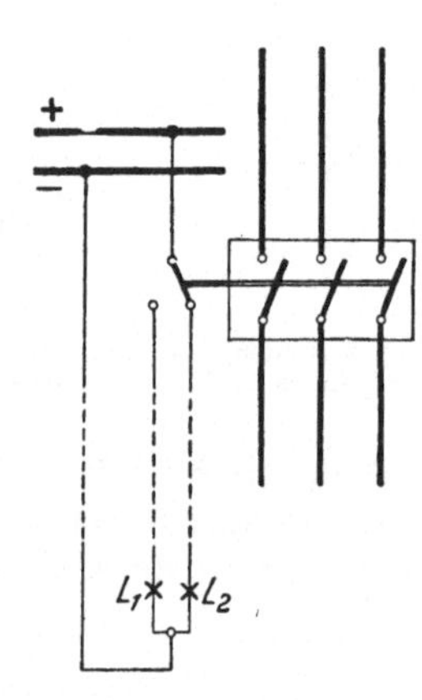

Abb. 18. Fernsteuerung eines Schalters   Abb. 19. Ferngesteuerter Schalter
mit Rückmeldelampe.   mit 2 Rückmeldelampen.

licher ist es, die Stellung des Schalters durch zwei Glühlampen anzu-
zeigen, von denen die eine bei geschlossenem, die andere bei geöffnetem
Schalter brennt, Abb. 19. In diesem Falle empfiehlt sich die Anwendung
von Lampen verschiedener Färbung.

10. Selbstauslösung der Hochspannungsschalter.

Alle Leistungsschalter werden in der Regel mit einer selbsttätigen Auslösevorrichtung ausgestattet. Die meisten Einrichtungen dieser Art arbeiten mit Elektromagneten. Die Art und Weise, in welcher die Auslösung bewirkt wird, ist von wesentlichem Einfluß auf die Gestaltung des ganzen Schaltplanes der betreffenden Anlage und soll daher etwas ausführlicher besprochen werden.

Werden die die Ausschaltung herbeiführenden Magnete ohne irgendein Zwischenglied vom Hochspannungskreis aus erregt, so spricht man von einer *primären unmittelbaren Auslösung*. Wird dagegen die Erregerwicklung der Magnete in den Sekundärkreis eines Wandlers gelegt, so erhält man die *sekundäre unmittelbare Auslösung*. Häufig wird auch der Auslösemagnet in einen besonderen Hilfsstromkreis, der von einer Gleichstrom- oder Wechselstromquelle gespeist wird, eingeschaltet, und es erfolgt dann die Betätigung des Schalters durch Vermittlung von *Relais*.

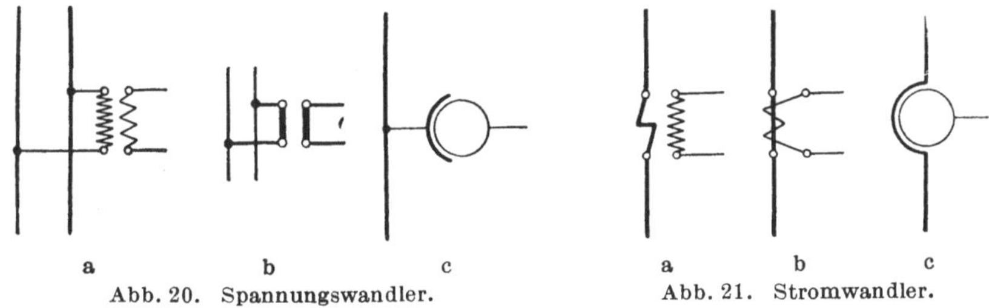

a   b   c   a   b   c

Abb. 20. Spannungswandler.   Abb. 21. Stromwandler.

Je nachdem nun diese an den Hochspannungskreis selbst oder an die Sekundärseite eines Wandlers angeschlossen werden, unterscheidet man wieder zwischen *primärer* und *sekundärer Relaisauslösung*. Um zu vermeiden, daß die Schalter bei sehr schnell vorübergehenden Störungen auslösen, wendet man vielfach *Zeitrelais* an, welche die Ausschaltung erst nach einer bestimmten, einstellbaren Zeit bewirken[1].

Für die sekundäre Schalterauslösung kommen je nach den Umständen Spannungs- oder Stromwandler zur Verwendung. Ein *Spannungswandler* ist in Abb. 20a u. b durch seine Wicklungen angedeutet. Einen *Stromwandler* zeigt Abb. 21a und in vereinfachter Darstellung Abb. 21b. Für einpolige Schaltpläne sind die vom VDE festgelegten Kurzzeichen, Abb. 20c und 21c, nützlich. Alle *in der Anlage vorhandenen Strom- und Spannungswandler sind*, den Vorschriften des VDE gemäß, *niederspannungsseitig einpolig zu erden*.

Um die Anlagen vor der Auswirkung von Wandlerschäden zu schützen, werden den Spannungswandlern häufig hochspannungsseitig Sicherungen vorgeschaltet, doch empfiehlt es sich, auch sekundär in die nicht geerdeten Pole Sicherungen einzubauen.

---

[1] Eine ausführliche Darstellung der Schutzeinrichtungen und Relais gibt das von M. WALTER bearbeitete Relaisbuch, Franckhsche Verlagshandlung Stuttgart.

a) Überstromauslösung. In Abb. 22 bis 24 sind einige typische Fälle von Drehstromschaltern mit Überstromauslösung dargestellt. Die Bilder sollen jedoch keinen Aufschluß über die Konstruktion der Schalter, die sehr verschiedenartig sein kann, geben, sondern lediglich einen Hin-

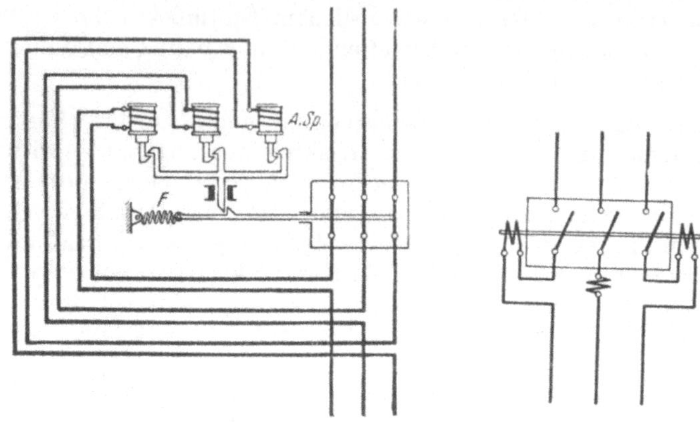

Abb. 22.   Abb. 22a.

Schalter mit primärer unmittelbarer Überstromauslösung.

weis auf ihre Wirkungsweise. Ein vereinfachtes Bild des Stromlaufs ist in den Abb. 22a bis 24a jeder Ausführungsart gegenübergestellt. Auf den Schalter wirkt eine Feder F ein, die bestrebt ist, ihn ständig aus-

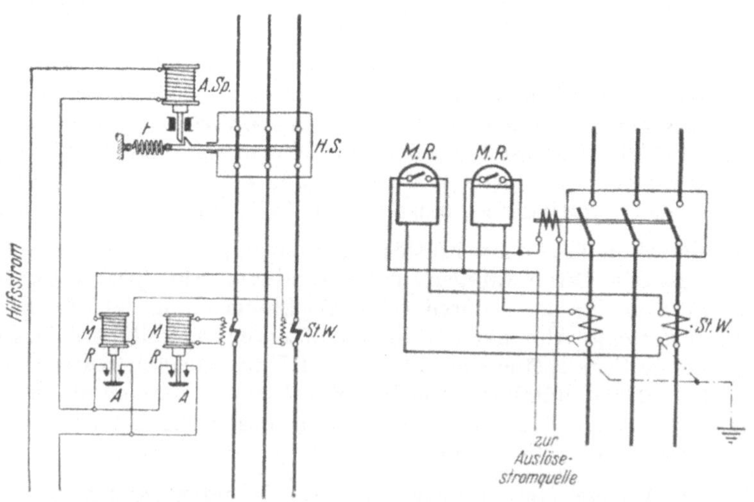

Abb. 23.   Abb. 23a.

Schalter mit sekundärer Überstromrelais-Auslösung (Arbeitsschaltung).

zulösen, was jedoch während des normalen Betriebes durch ein Sperrwerk verhindert wird. Bei Überlastung wird nun durch Einwirkung der Auslösespulen $A.Sp.$ auf die beweglich in ihnen angebrachten Eisenkerne das Sperrwerk freigegeben. Soweit Relais vorhanden sind, sind diese mit *M.R.* (Maximalrelais) bezeichnet. Jedes Relais enthält als wichtigsten Bestandteil einen Magneten M, der durch eine Stromspule erregt wird, und einen Anker A. Je nach der Stellung des Ankers ist der Hilfsstrom geschlossen oder offen. Bei der sog. Arbeitsstromschaltung ist der Hilfsstrom im normalen Betriebe unterbrochen, und er wird erst bei Überlastung geschlossen, wodurch dann die Auslösespule den Schalter freigibt. Bei der Ruhestromschaltung dagegen ist umgekehrt der Hilfsstrom normalerweise geschlossen, und er wird bei Überlastung geöffnet, wobei eine Freigabe des Schalters durch die Auslösespule erfolgt. Der Magnetkraft der Auslösespule

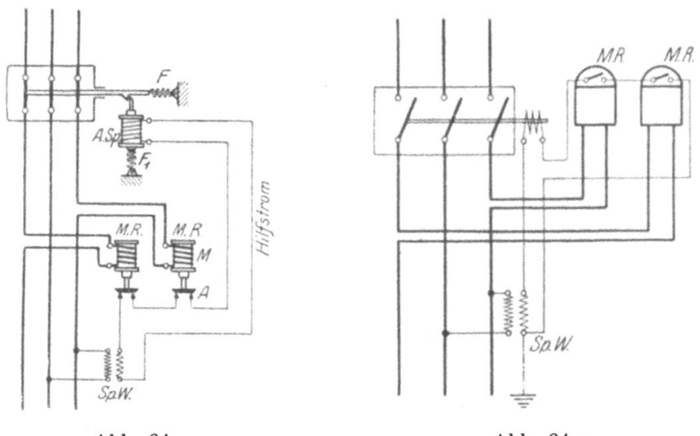

Abb. 24.   Abb. 24a.

Schalter mit primärer Überstromrelais-Auslösung (Ruheschaltung).

wirkt entweder das Eigengewicht des Eisenkerns entgegen oder die Kraft der Feder F_1. Die Stromwandler sind in den Abbildungen mit *St.W.* benannt.

Bei der in Abb. 24a dargestellten Ruhestromschaltung wird als Hilfsspannung die einem Spannungswandler *Sp.W.* entnommene Wechselspannung benutzt. Dadurch erreicht man, daß der Schalter auch bei einer größeren Spannungsabsenkung im Drehstromnetz abgeschaltet wird, was in gewissen Fällen erforderlich ist, z. B. um zu verhüten, daß durch die nach einer Störung im Netz wiederkehrende Spannung ein durch die Spannungsabsenkung zum Stillstand gekommener großer Drehstrommotor beschädigt wird.

Die Erdung der Wandler ist in den schematischen Darstellungen durch eine strichpunktierte Linie angedeutet.

b) Richtungsauslösung. Die Schalter können auch mit einer von der Energierichtung abhängigen Auslösung, also einer Rückleistungs- oder Richtungsauslösung versehen sein. In diesem Falle kommen Relais zur Anwendung, auf die eine Strom- und eine Spannungsspule einwirken (vgl. Abschnitt 7c).

Abb. 25 und 25a zeigen Wirkungsweise und Schema einer derartigen Anordnung: zwei Phasen eines Drehstromsystems sind durch Richtungsrelais *R.R.* geschützt, die über zwei Strom- und einen dreiphasigen

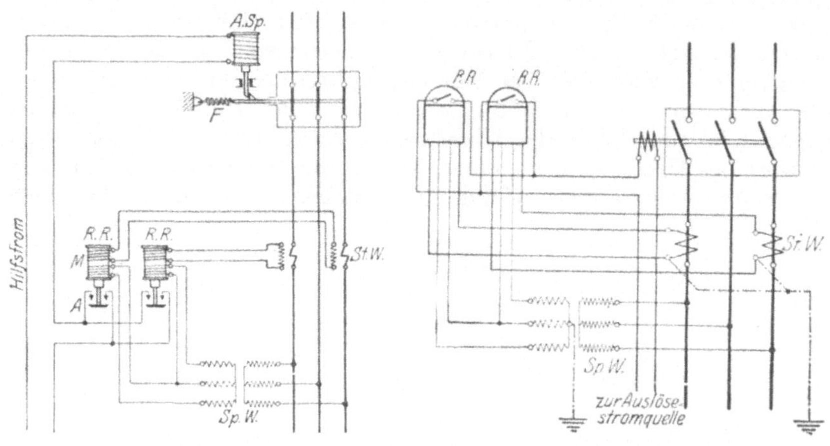

Abb. 25.   Abb. 25a.
Schalter mit sekundärer Richtungsrelais-Auslösung.

Spannungswandler angeschlossen sind. Die Spannungswandler sind mit *Sp.W.* bezeichnet.

c) Unterspannungsauslösung. In Abb. 26 und 26a ist ein Schalter mit Überstrom- und außerdem Unterspannungsauslösung dargestellt.

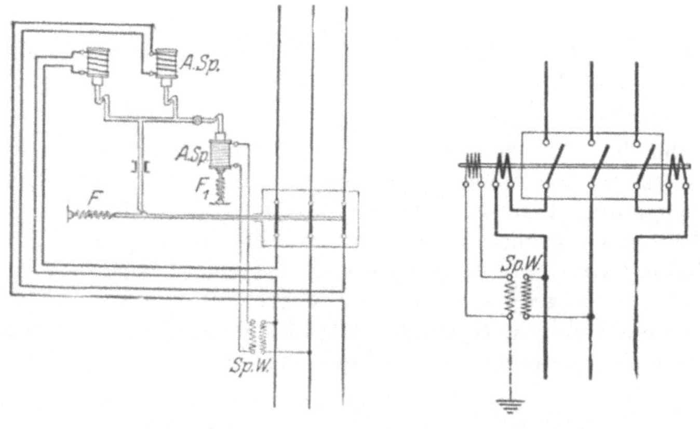

Abb. 26.   Abb. 26a.
Schalter mit primärer unmittelbarer Überstrom- und mit Unterspannungsauslösung.

Der Schalter löst auch bei einem Rückgang der Spannung aus. Die zur Spannungsauslösung dienende Spule ist an einen einphasigen Spannungswandler angeschlossen. Bei Benutzung eines mehrphasigen Wandlers kann der Schutz auch auf die übrigen Phasen ausgedehnt werden.

Abb. 27 zeigt schematisch eine Relaisauslösung. *N.R.* bedeutet das Unterspannungsrelais (Nullrelais).

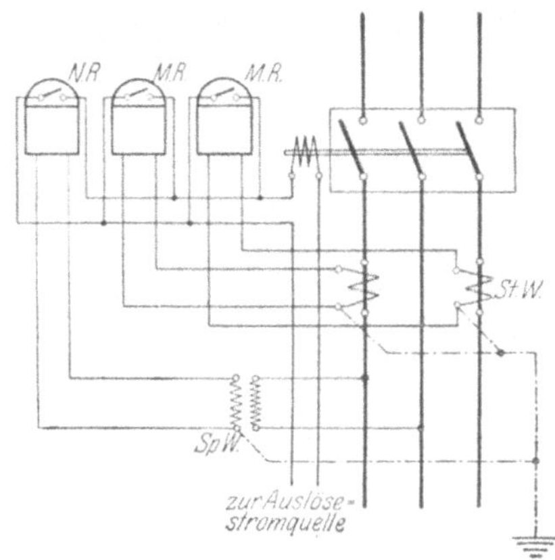

Abb. 27. Schalter mit sekundärer Überstrom- und Unterspannungs- relaisauslösung.

II. Installationen.

11. Schaltung von Lampenstromkreisen.

Zum Schalten von Lampenstromkreisen werden meist Drehschalter (Paccoschalter) oder Kippschalter verwendet. In den Schaltbildern Abb. 28 bis Abb. 33 sind wegen der andersartigen Konstruktion von Dreh- und Kippschaltern beide Schaltertypen berücksichtigt.

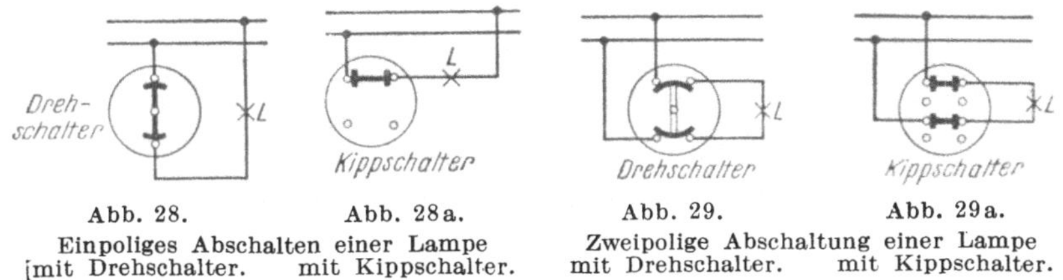

Abb. 28.   Abb. 28a.   Abb. 29.   Abb. 29a.

Einpoliges Abschalten einer Lampe   Zweipolige Abschaltung einer Lampe
mit Drehschalter.   mit Kippschalter.   mit Drehschalter.   mit Kippschalter.

Einpoliges Abschalten einer Lampe zeigen die Abb. 28 und Abb. 28a, während die *zweipolige Abschaltung* in Abb. 29 und Abb. 29a dargestellt ist (links Dreh-, rechts Kippschalter).

Abb. 30.   Abb. 30a.

Umschaltung zweier Lampen mit zwei Unterbrechungen
(Drehschalter).   (Kippschalter).

Die Umschaltung von 2 Lampen oder Stromverbrauchern mit 2 Unterbrechungen zeigt die *Gruppenschaltung* Abb. 30 und Abb. 30a.

Die stufenweise Ein- und Ausschaltung von 2 Lampen oder Stromverbrauchern (*Serienschaltung*) ist in Abb. 31 und Abb. 31a angegeben.
Diese Schaltung ist besonders üblich für Beleuchtungskörper (Kronen),

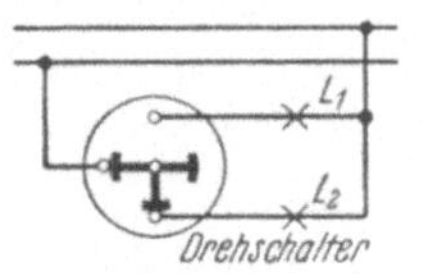
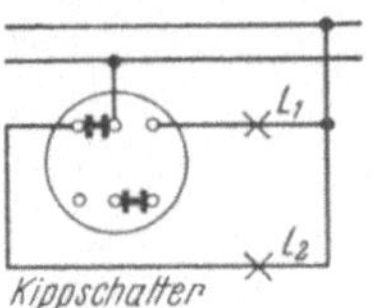

Abb. 31.   **Abb. 31a.**
Stufenweise Ein- und Ausschaltung von 2 Lampen (Serienschaltung),
Drehschalter.   Kippschalter.

bei denen 2 Lampengruppen entweder einzeln oder zusammen brennen
sollen.

Eine Schaltung, die sehr häufig angewendet wird, ist das Ein- und
Ausschalten einer Lampe von 2 verschiedenen Stellen aus, die sogenannte

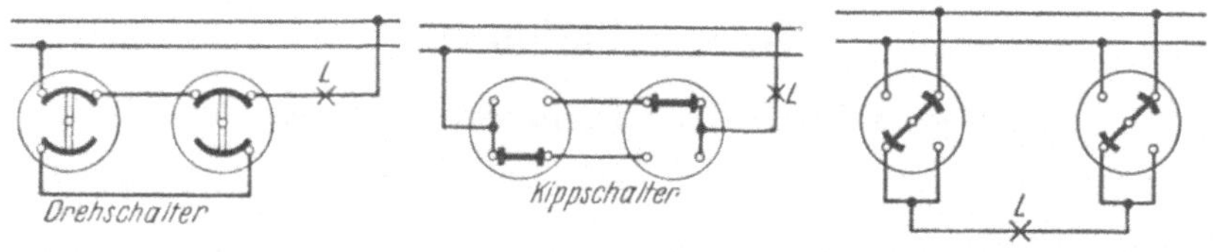

Abb. 32.   **Abb. 32a.**   **Abb. 32b.**
Wechselschaltung mit   Andere Form der
Drehschaltern.   Kippschaltern.   Wechselschaltung.

Wechselschaltung. Die normale Wechselschaltung ist in Abb. 32 und
Abb. 32a dargestellt.

Eine andere Möglichkeit dieser Schaltung zeigt Abb. 32b. Diese
Schaltung hat den Nachteil, daß in jedem Schalter die volle Netzspannung vorhanden ist, die zu Kurzschlüssen im Schalter führen kann.

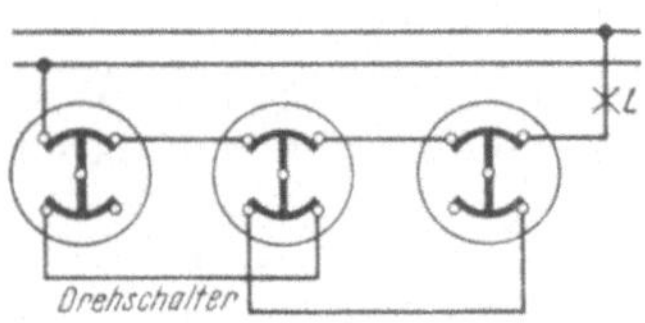
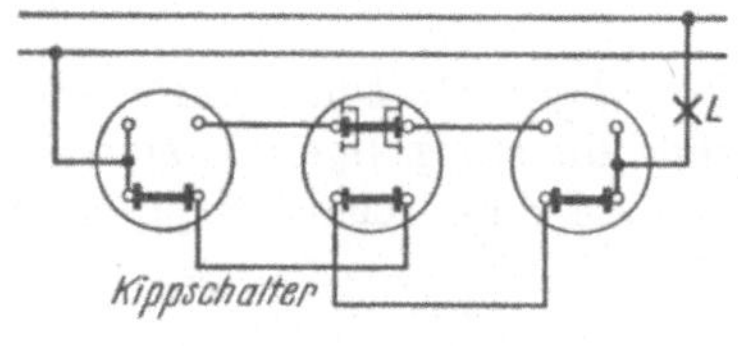

Abb. 33.   **Abb. 33a.**
Kreuzschaltung mit Drehschaltern.   Kreuzschaltung mit Kippschaltern.

Um eine Lampe oder einen Stromverbraucher von beliebigen Stellen
aus- und einschalten zu können, wird die *Kreuzschaltung* (Wechsel-
schalter in Verbindung mit Kreuzschaltern) Abb. 33 und Abb. 33a angewendet. Die Kreuzschaltung wird oft bei Beleuchtung von Treppenhäusern verwandt.

12. Automatische Treppenhausbeleuchtung.

An Stelle der Kreuzschaltung wird in den meisten Treppenhäusern die automatische Treppenbeleuchtung angewendet. Mittels einer Schaltuhr oder eines Tag- und Nachtschalters *TN* werden die Lampen zu einer bestimmten Zeit ein- und ebenso ausgeschaltet. In den Nacht-

stunden wird dann die Beleuchtung durch Druckknopfschalter oder Taster *D* betätigt, derart, daß die Lampen nach einer Brennzeit von wenigen Minuten von selbst wieder erlöschen. Die Wirkungsweise des Treppenlicht-Automaten *TrA* kann verschieden sein. Bei einigen Konstruktionen wird durch einen Magneten ein Uhrwerk aufgezogen, welches dann je nach Einstellung in entsprechender Zeit wieder abschaltet. Andere Konstruktionen arbeiten nach thermischen oder pneumatischen Prinzipien. In der Abb. 34 ist die Schaltung eines Treppenlicht-Automaten *TrA* mit Tag- und Nachtschalter *TN* dargestellt.

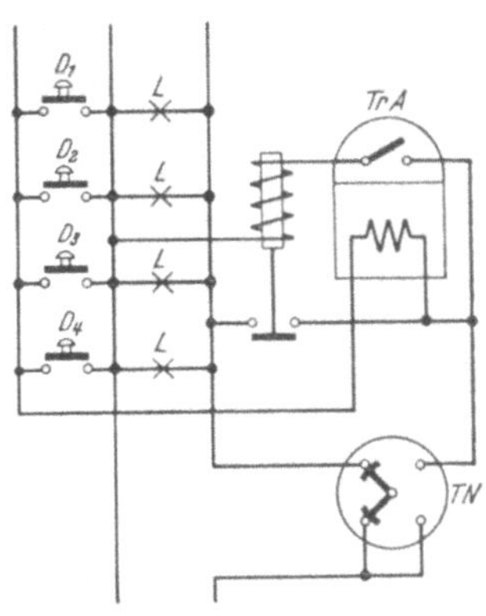

Abb. 34. Treppenlicht-Automat mit Tag- und Nachtschalter.

13. Fernschaltung.

Zur Einschaltung von Lampenstromkreisen mit beliebig vielen Schaltstellen und zum Schalten weit entfernter Stromkreise werden *Stromstoß-Relais* verwendet. Zur Steuerung der Relais kann Klein- oder Netzspannung benutzt werden.

In den Abb. 35 und Abb. 35a ist einmal die Steuerung an die Sekundärseite einer Batterie und zum anderen an einen Klingeltrafo gelegt. Die Wirkungsweise des Stromstoßrelais beruht darauf, daß bei Erregung der Magnetspule durch einen Stromstoß der Fallanker im Inneren der starr angeordneten Schaltröhre von

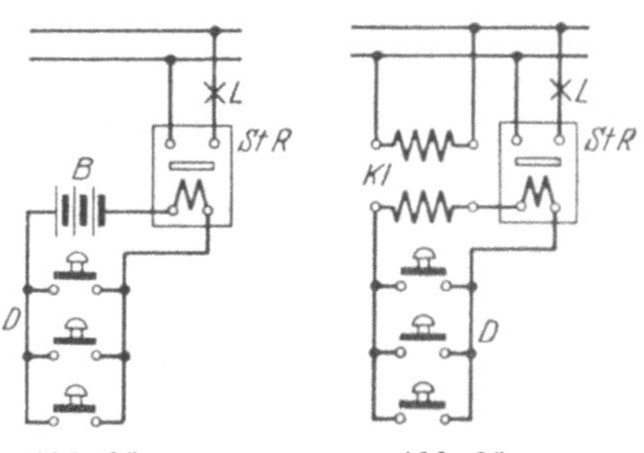

Abb. 35. Fernschaltung mit Batterie.

Abb. 35a. Stromstoßrelais mit Kleinabspanner (Klingeltrafo).

der Aus- in die Ein-Schaltstellung oder umgekehrt bewegt wird. Beim nächsten Stromstoß erfolgt dann die Rückschaltung. Die Verwendungsmöglichkeit von Stromstoßrelais ist vielseitig.

14. Regelschalter (Heizgeräteschalter).

Zur Schaltung von Heizgeräten werden Regelschalter verwendet. Bei Abb. 36 (Regelschalter zweipolig, Verwendung von 2 Heizwiderständen) sind folgende Schaltstellungen möglich: Stellung 0 = Aus, Stellung III = 1 und 2 parallel, stärkste Heizwirkung. Stellung II nur 2, mittlere Heizleistung, Stellung I = 1 und 2 in Serie, schwache Heizung.

Die Schaltung Abb. 36a (Fünftakt-Regelschalter zweipolig) ergibt eine weitere Schaltstufe. Die Schaltfolge bei 2 Heizwiderständen ergibt folgende Regelung:

Stellung 0 = Aus, Stellung IV = 1 und 2 parallel, stärkste Heizwirkung, Stellung III = nur 2, mittlere Heizleistung, Stellung II nur 1, schwache Heizwirkung, Stellung I = 1 und 2 in Serie, schwächste Heizwirkung.

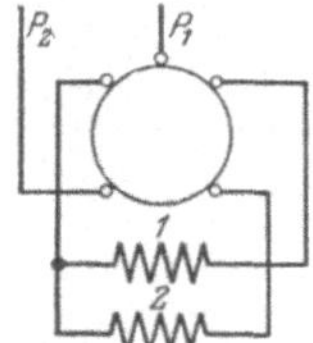

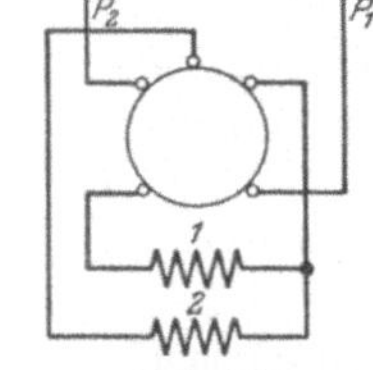

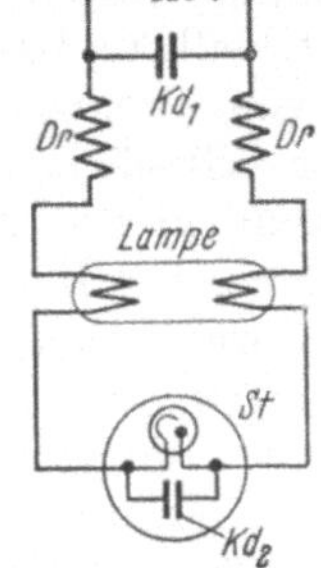

Abb. 36.
Schaltung von Heizgeräten mit Regelschalter,
3-stufige Schaltung.

Abb. 36a.
4-stufige Schaltung.

Abb. 37.
Schaltung einer Niederspannungs-
Leuchtstofflampe.

15. Schaltung von Niederspannungsleuchtstofflampen.

Niederspannungsleuchtstofflampen sind Gasentladungslampen, bestehend aus einem Glasrohr, welches etwas Quecksilber enthält und eine Leuchtstoffschicht auf der Innenwand. Wegen ihrer hohen Wirtschaftlichkeit (geringer Stromverbrauch) und der tageslichtähnlichen Lichtfarbe kommen diese Lampen immer mehr zur Anwendung. Die grundsätzliche Schaltung einer solchen Leuchtstofflampe zeigt die Abb. 37. Der Einschaltvorgang geht wie folgt vor sich. Nach

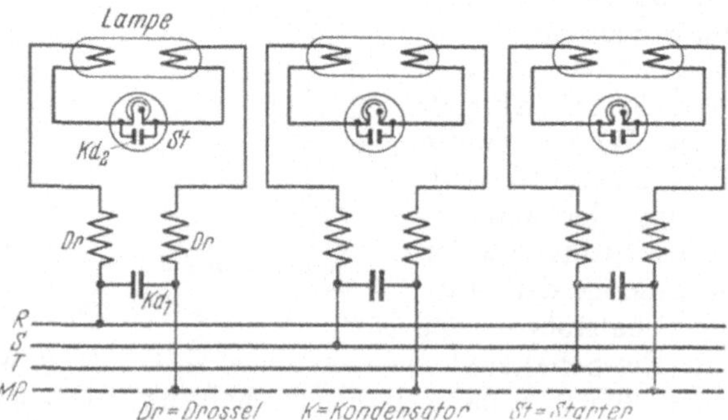

Abb. 38. Schaltung von Leuchtstofflampen zur Vermeidung des stroboskopischen Effektes.

Einschaltung leuchtet der Starter sofort auf. Bei der durch die Glimmentladung entstandenen Erwärmung biegt sich die Bimetall-Elektrode durch und schließt die Glimmentladungsstrecke kurz. Der Starter erlischt und die Leuchtstofflampen-Elektroden werden vorgeheizt. Die Bimetall-Elektrode geht nach schneller Abkühlung wieder zurück, öffnet den Stromkreis und führt durch einen Spannungsstoß

der Drosselspule *Dr* die Zündung der Lampe herbei. Nach erfolgter
Zündung ist die Spannung an der Lampe niedriger als die Netzspannung.
Der Spannungsunterschied wird von der Drossel aufgenommen. Außer-
dem begrenzt die Drossel den Strom so, daß die Lampe die richtige
Betriebsstromstärke erhält. Zur Verbesserung des Leistungsfaktors der
Drosselspule ist ein Kompensationskondensator Kd_1 eingebaut. Der
Entstörkondensator Kd_2 dient für die Rundfunkentstörung.

Zur Vermeidung des stroboskopischen Effektes bei den Leuchtstofflampen wird sehr oft die Schaltung nach Abb. 38 gewählt.

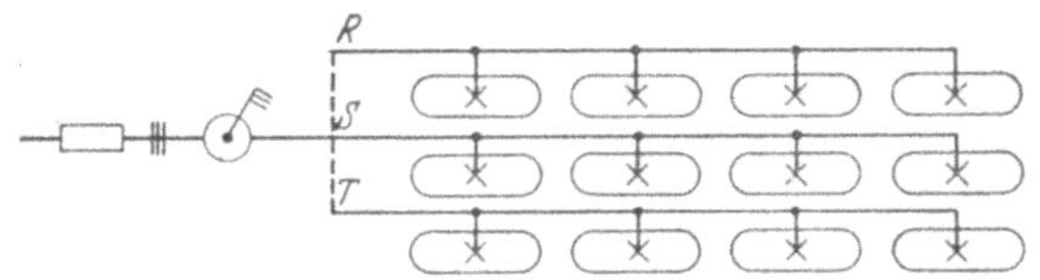
Abb. 39. Schaltung von Leuchtstofflampen für Lichtbänder.

Eine weitere Schaltung bei Verwendung von Drehstrom, insbesondere
für Lichtbänder (nach VDE 0100/3.52 § 18 A zugelassen) zeigt nachstehende Schaltungsanordnung (Abb. 39).

16. Schaltung von Hochspannungsleuchtröhren.

Hochspannungs-Leuchtröhren werden in der Hauptsache für Re-
klame- und neuerdings auch für Raumbeleuchtung verwendet. Diese
Leuchtröhren sind Gasentladungsröhren.

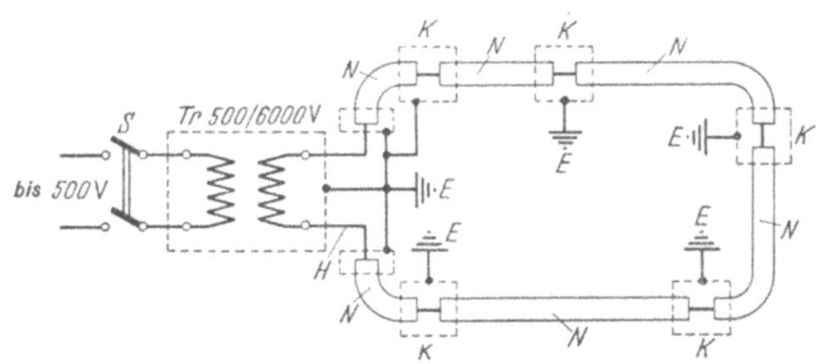
Abb. 40. Schaltung von Hochspannungs-Leuchtröhren.
S Schalter   *Tr* Transformator   *H* Hochsp.-Kabel   *N* Röhre   *K* Kaschierung   *E* Erde

Normalerweise werden die Röhren in Längen von 1, 1,5 und 2 m
geliefert. Die Leuchtröhren werden für Wechselstrom gebaut und über
Transformatoren· betrieben. Im allgemeinen ist die Höchstgrenze der
Spannung 6000 V. Die Schaltung einer Hochspannungsröhren-Anlage
ist aus Abb. 40 zu ersehen.

Mittels der Streufeldtransformatoren wird der erforderliche Spannungsabfall und die Strombegrenzung durch das magnetische Streufeld
hervorgerufen. Weiter ist man in der Lage, durch regelbare Streufeldtransformatoren die Beleuchtungsstärke zu regeln.

17. Ausführung von Installationsnetzen.

Bezüglich der Ausführung der Netze kann man 3 Arten unterscheiden, bei denen natürlich noch Variationen möglich sind. Die Vor- und Nach-

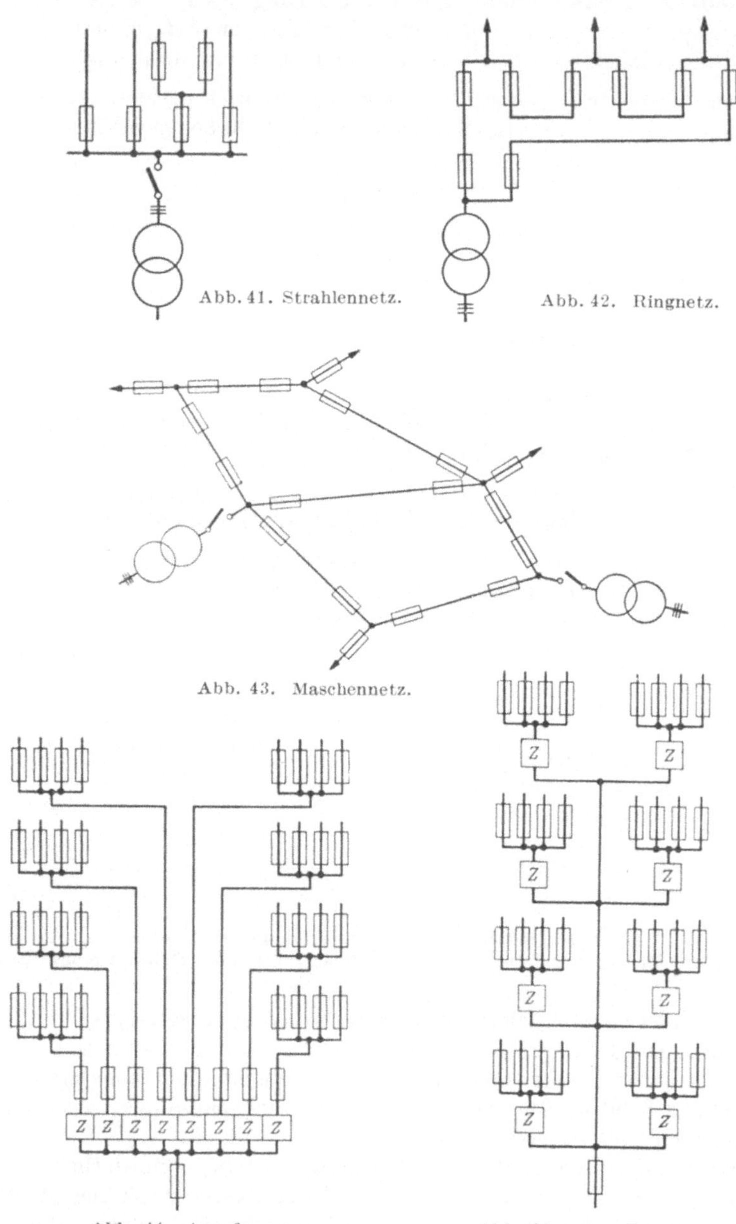

Abb. 41. Strahlennetz.

Abb. 42. Ringnetz.

Abb. 43. Maschennetz.

Abb. 44. Anordnung von Steigeleitungen (Zähler zentralisiert).

Abb. 44a. Anordnung von Steigeleitungen (Zähler verteilt).

teile dieser *Netzarten* im Rahmen dieses Buches zu bringen, würde zu weit führen. Ob diese oder jene Netzart angewendet wird, hängt von den Anforderungen ab, welche im Betrieb gefordert werden.

18. Schaltung von Steigeleitungen.

Beispiele über Ausführung von *Steigeleitungen* mit Anbringung von Zählern zeigen die beiden vorstehenden Abbildungen. Abb. 44 zeigt die gemeinsame Aufstellung aller Zähler (Zentralisierung) an einem Ort und gesonderte Steigeleitungen nach jeder Wohnung. In Abb. 44a wird die Unterbringung der Zähler in jeder Wohnung mit einer gemeinsamen Steigeleitung dargestellt. Die letztere Ausführung ist wirtschaftlich gesehen, am günstigsten.

19. Installationspläne.

Abb. 45a—k zeigt die gebräuchlichen Darstellungsweisen einiger Installationsgeräte in Installationsplänen. In Abb. 46 wird der Installa-

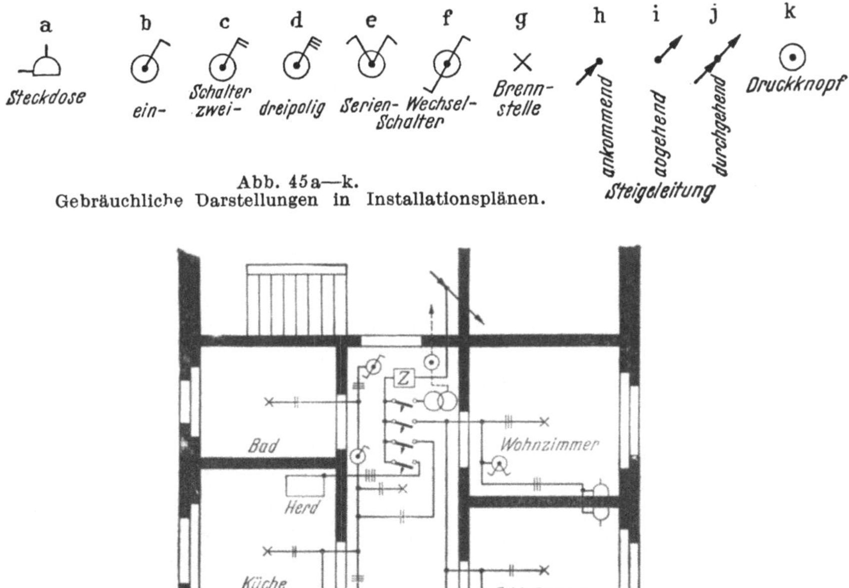

Abb. 45a—k.
Gebräuchliche Darstellungen in Installationsplänen.

Abb. 46. Installationsplan für eine Wohnung.

tionsplan für eine Wohnung gebracht. Dieser Plan soll nur zeigen, wie elektrische Installationen dargestellt werden. Es wäre jedoch zu bemerken, daß man in Wohnungen im allgemeinen die Steckdosen an einen besonderen Stromkreis legt, damit bei Störungen dieser Stromkreis unabhängig von der übrigen Beleuchtung ist.

III. Schutzmaßnahmen in Starkstromanlagen[1].

Zum Schutz der Verbraucher gegen die unter Umständen lebensgefährlichen Spannungen sind vom VDE besondere Schutzmaßnahmen vorgeschrieben (VDE 0100). Bis 65 V gegen Erde sind Schutzmaßnahmen nicht vorgeschrieben, wenn es sich nicht um Handleuchten in Kesseln oder ähnlichen gut leitenden engen Behältern und dgl. handelt. Über 65 V bis 250 V sind Schutzmaßnahmen erforderlich, wenn kein gut isolierender Fußboden vorhanden ist, z. B. feuchter Beton- oder Fliesenfußboden, metallischer Fußbodenbelag usw. Über 250 V sind stets Schutzmaßnahmen anzuwenden.

Für Wechselstromanlagen mit Nennspannungen *über* 1 kV gelten die Vorschriften VDE 0141 und VDE 0101.

Die Schutzmaßnahmen sollen bewirken, daß das Auftreten einer höheren Berührungsspannung als 65 V gegen Erde verhindert wird.

Als Schutzmaßnahmen werden angewendet:

20. Schutz durch Isolierung.

Man isoliert alle leitfähigen Anlagenteile, die im Falle einer Störung Spannung annehmen können, oder isoliert den Fußboden in der Nähe elektrischer Anlagen.

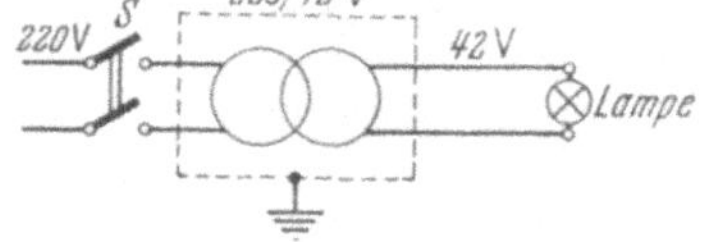

Abb. 47. Anwendung der Kleinspannung als Schutzmaßnahme.

21. Kleinspannung

bis 42 V wird durch Umspanner, Umformer mit getrennten Wicklungen oder durch Akkumulatorenbatterien erzeugt.

22. Schutzerdung

wird durch Anschluß aller zu schützenden Metallteile die Spannung annehmen können, wie Sicherungs- und Schaltkästen, Motorgehäuse, leitende Fußböden usw. an eine gut mit Erde verbundene Leitung (Erdleitung) hergestellt, deren Erdungswiderstand so bemessen sein muß, daß entweder der schadhafte Anlagenteil durch die vorgeschalteten Sicherungen sofort abgeschaltet wird oder aber keine höhere Berührungsspannung bestehen bleibt als 65 V. Die Schutzerdung kommt für Stromverbraucher in Frage, *deren vorgeschaltete Sicherungen oder Selbstschalter keinen höheren Abschaltstrom als ca. 35 A* haben. Bei höheren Abschaltströmen ist die Schutzerdung unwirtschaftlich.

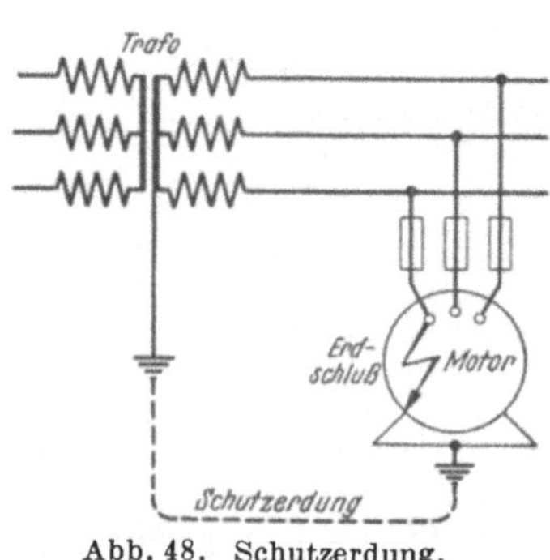

Abb. 48. Schutzerdung.

<hr>

[1] Eine ausführliche Darstellung gibt das Buch „Schutz gegen Berührungsspannungen" von W. Schrank, Springer-Verlag 1952.

23. Nullung.

Unter Nullung versteht man den Anschluß des zu schützenden Teiles an einen geerdeten Leiter, der mit dem Nullpunkt oder Sternpunkt des speisenden Transformators oder Generators verbunden ist (Nulleiter). Bei diesem System wird jeder Körperschluß zum Kurzschluß, durch den bei richtiger Bemessung der Leitungen ein so hoher Strom hervorgerufen wird, daß die vorgeschalteten Sicherungen den gefährdeten Anlagenteil abtrennen (Abb. 49). Auf richtige Einhaltung der Nullungsbedingungen gemäß VDE-Vorschrift ist zu achten.

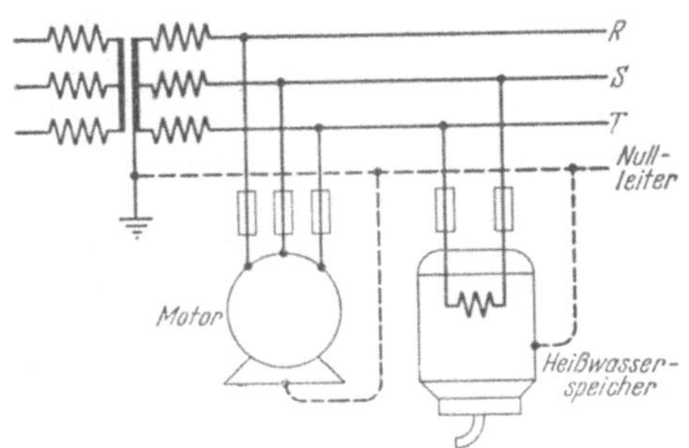

Abb. 49. Beispiel für Nullung.

24. Bei dem Schutzleitungssystem

anwendbar in begrenzten einheitlichen Anlagen, wie z. B. Fabriken mit eigener Stromerzeugung oder eigenem Trafo werden alle zu schützenden Anlagenteile mit einem geerdeten Schutzleiter verbunden. Gleichzeitig werden alle der Berührung zugänglichen Gebäudekonstruktionsteile, Rohrleitungen, Maschinenteile usw. an den Schutzleiter angeschlossen. Zur Überwachung des Isolationszustandes der Anlage soll eine Isolationskontrolle eingebaut werden.

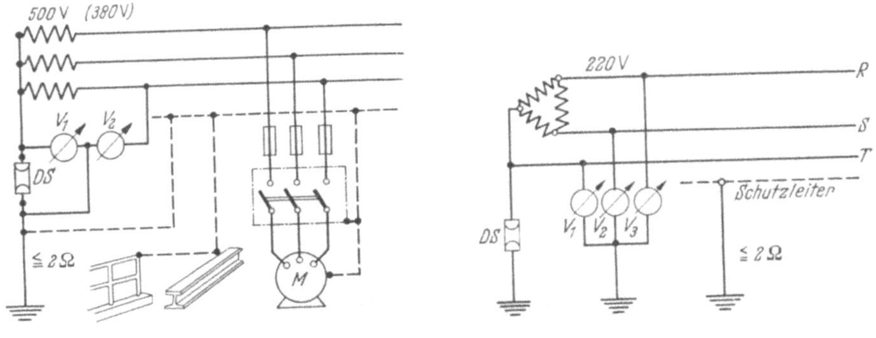

Abb. 50   Abb. 50 a

Beispiel für Schutzleitersystem.

Ist keine Isolationskontrolle vorhanden, so müssen die Bedingungen wie bei der Schutzerdung unter 22. erfüllt sein; wird der Schutzleiter an den Nullpunkt des Trafos direkt angeschlossen, so geht das System in die Nullung unter 23. über. Abb. 50 und 50a zeigen Schaltbilder von Schutzleitersystemen mit Isolationskontrolle (DS = Durchschlagsicherung).

25. Die Fehlerspannungs-Schutzschaltung

wird mit Vorteil dann angewendet, wenn es schwierig ist, geerdete oder genullte Anlagen mit dem erforderlichen kleinen Erdwiderstand zu errichten. Bei der Schutzschaltung wird der beim Fehler auftretende Strom über eine Magnetspule geführt, die einerseits an einen Hilfserder H, andererseits an den zu schützenden Anlagenteil angeschlossen ist. Abb. 51 zeigt als Beispiel die Anwendung eines solchen Schutzschalters bei einem Heißwasserspeicher. Tritt bei diesem ein Körperschluß auf, so fließt der Fehlerstrom über das Gehäuse durch die Schutzleitung SL und die Magnetspule M zur Hilfserde H und bringt so den Schutzschalter S zur Auslösung. Über eine Prüftaste P kann die Auslösespule auch willkürlich an die Netzspannung gelegt und so die Arbeitsbereitschaft des Schutzschalters überwacht werden. Bei der Herstellung der Schutzschaltung muß darauf geachtet werden, daß die Fehlerspannungsspule nicht überbrückt wird (Abb. 51).

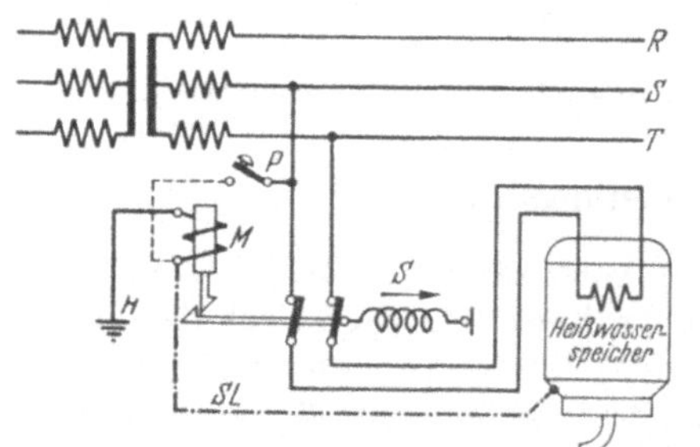

Abb. 51. Anwendung der Schutzschaltung.

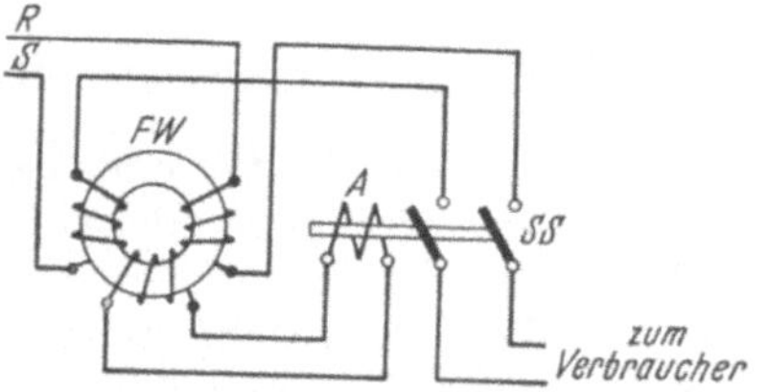

Abb. 51a. Fehlerstrom-Schutzschaltung.

26. Die Fehlerstrom-Schutzschaltung

arbeitet nach demselben Grundsatz wie der im Abschnitt 199 und 206 beschriebene Differentialschutz. Bei diesem Schutzsystem wird der Eingangs- und Ausgangsstrom eines Gerätes in einem Differentialrelais verglichen. So lange die beiden Ströme gleich sind, heben sich die von ihnen erzeugten Felder auf und das Relais bleibt in Ruhe. Bei Auftreten eines Erdschlußstromes bleibt dagegen ein Restfeld bestehen, das in der dritten Wicklung des Fehlerstromwandlers eine Spannung erzeugt, die den Schutzschalter zur Auslösung bringt (Abb. 51a).

IV. Schaltung der Meßgeräte[1].

27. Strom- und Spannungsmesser.

Strommesser werden in die Leitung geschaltet, deren Stromstärke bestimmt werden soll, *Spannungsmesser* zwischen die Leitungen oder die Punkte, deren Spannung festzustellen ist. Daraus ergibt sich die in Abb. 52 dargestellte grundsätzliche Schaltungsweise.

---

[1] Eine ausführliche Darstellung gibt das Buch „Elektrische Meßgeräte und Meßverfahren" von Dr.-Ing. PAUL PFLIER, Springer-Verlag 1951.

A bedeutet den Strommesser oder das Amperemeter, *V* den Spannungsmesser oder das Voltmeter in dem durch zwei Leitungen angedeuteten Netzteil.

Strommesser nach dem Drehspulsystem, die bei der Messung von Gleichstrom häufig verwendet werden, können zur Erweiterung ihres Meßbereiches mit einem *Nebenschlußwiderstand N.W.* versehen werden (Abb. 53). Das Instrument mißt dann einfach den Spannungsabfall am Nebenschlußwiderstand, der ja der Stromstärke verhältnisgleich ist. Der Spannungsmesser wird zur Erweiterung des Meßbereiches mit einem *Vorwiderstand V.W.* versehen, so daß auf ihn nur ein bestimmter Teil der Spannung einwirkt. Bei Schalttafelgeräten mit solchen Widerständen wird jedoch, damit

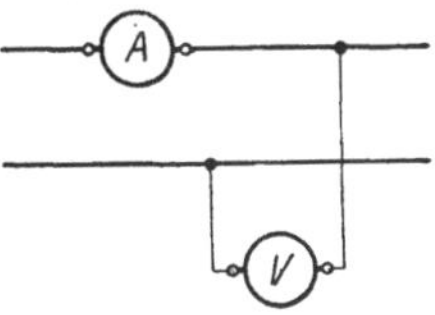

Abb. 52. Direkte Strom- und Spannungsmessung.

die vollen Werte unmittelbar abgelesen werden können, die Skala stets für den Gesamtstrom bzw. die Gesamtspannung eingerichtet. Gegebenenfalls können die Anschlußleitungen der Spannungsmesser abgesichert werden.

In *Wechselstrom-Hochspannungsanlagen* verwendet man vorwiegend Niederspannungsgeräte unter Zwischenschaltung von Meßwandlern. In Abb. 54 ist dieser Fall schematisch dargestellt. Der Strommesser *A*

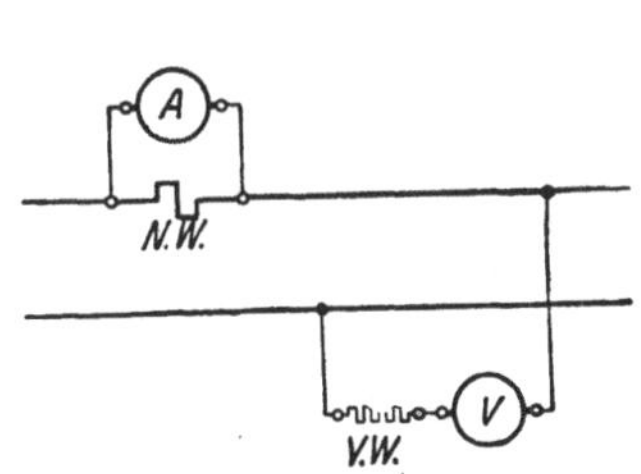

Abb. 53.
Strom- und Spannungsmessung unter Anwendung von Meßwiderständen.

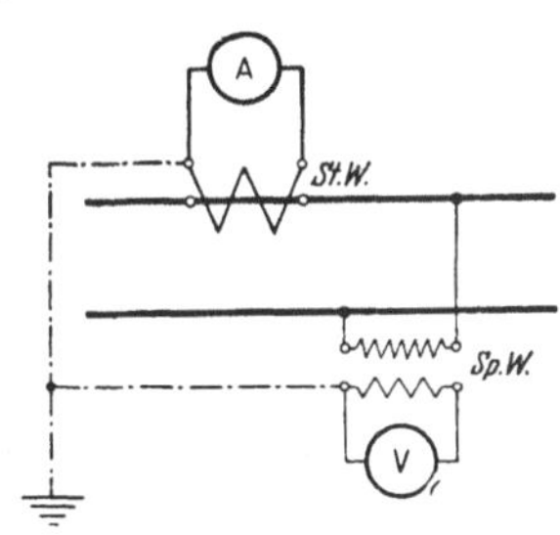

Abb. 54.
Strom- und Spannungsmessung in einer Wechselstrom-Hochspannungsanlage.

ist über den *Stromwandler St.W.*, der Spannungsmesser *V* über den *Spannungswandler Sp.W.* an das Leitungsnetz angeschlossen. *Die Niederspannungswicklung aller Strom- und Spannungswandler ist zu erden* (vgl. Abschnitt 10).

28. Umschalter für Spannungs- und Strommesser.

Um mit *einem* Instrument verschiedene Spannungen messen zu können, kann man sich eines Umschalters bedienen. Abb. 55 zeigt die Schaltung. Der Spannungsmesser ist an die Kontaktschienen des Umschalters *U* gelegt, während die Leitungen, zwischen denen die Spannung festgestellt werden soll, mit gegenüberliegenden *Kontakten* verbunden sind. Diese werden durch Schleiffedern mit den Schienen und damit mit dem Voltmeter in Verbindung gebracht. Nach der Abbildung können die Spannungen $P{-}O$, $O{-}N$ und $P{-}N$ gemessen werden, außerdem ist noch ein freies Kontaktpaar vorhanden.

Die vorstehende Anordnung kann in entsprechender Weise auch für Strommessungen gebraucht werden. In jede Leitung, deren Stromstärke ermittelt werden soll, wird alsdann, Abb. 56, ein zum Instrument passender Nebenwiderstand fest eingebaut, und der Strommesser kann mittels des Umschalters mit jedem der Widerstände verbunden werden. Das

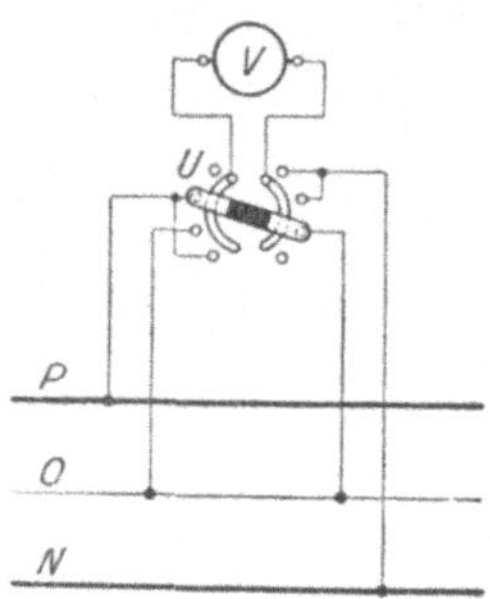

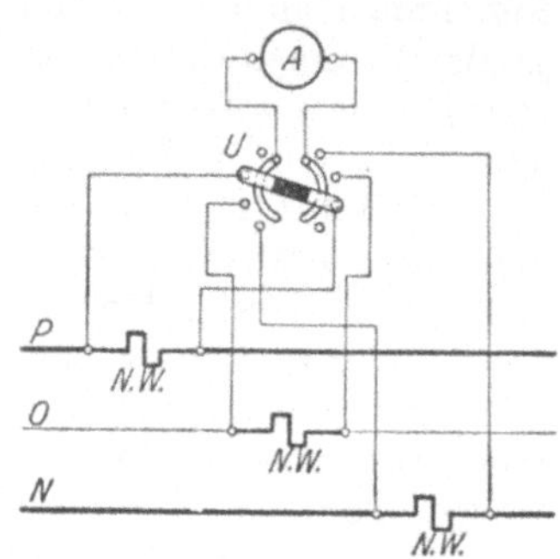

Abb. 55. Spannungsmesser mit Umschalter.   Abb. 56. Strommesser mit Umschalter.

Verfahren wird gelegentlich bei Drehspulgeräten in Gleichstromanlagen angewendet.

In *Wechselstromanlagen* kann eine Ersparnis an Meßgeräten in der Weise erfolgen, daß ein Voltmeter auf verschiedene Spannungswandler, ein Amperemeter auf verschiedene Stromwandler umschaltbar gemacht wird. Während die Spannungswandler, wenn das Voltmeter mit ihnen nicht in Verbindung steht, sekundär offen bleiben, ist die Sekundärwicklung der Stromwandler, sobald das Amperemeter nicht an sie angeschlossen ist, kurz zu schließen, um das Auftreten gefährlicher Spannungen am Wandler zu vermeiden, was durch geeignete Bauart des Umschalters erreicht wird.

29. Leistungsmesser.

a) Für Gleichstrom und Einphasenwechselstrom. Spannung und Stromstärke bestimmen bei Gleichstrom die elektrische Leistung: das

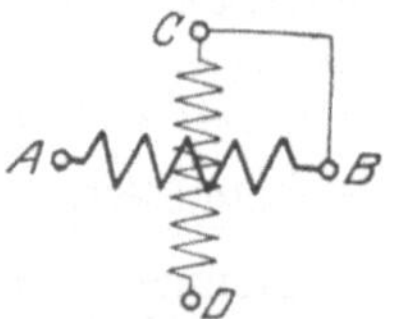

Abb. 57. Spulenanordnung des Leistungsmessers.

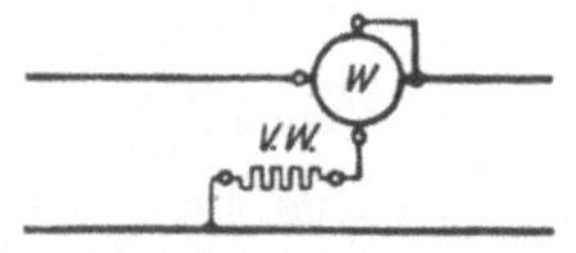

Abb. 58. Leistungsmessung bei Gleichstrom und einphasigem Wechselstrom.

Produkt von Spannung in Volt und Stromstärke in Ampere gibt die Leistung in Watt. Will man die Leistung unmittelbar messen, so erfordert dies einen *Leistungsmesser*, ein Wattmeter. Die Wattmeter kommen jedoch namentlich in Wechselstromanlagen zur Anwendung, weil hier aus Spannung und Stromstärke nicht ohne weiteres auf die Leistung geschlossen werden kann, diese vielmehr auch von der zwischen Spannung und Stromstärke bestehenden Phasenverschiebung abhängt.

Die Leistungsmesser können als die Vereinigung von Strom- und Spannungsmesser angesehen werden, und demgemäß sind sie auch zu schalten. Ihre Bauweise ist verschieden, doch enthalten sie stets, Abb. 57, eine Stromspule und eine Spannungsspule. Sie besitzen daher vier Klemmen, zwei Stromklemmen A, B und zwei Spannungsklemmen C, D. Eine der beiden Stromklemmen ist unmittelbar mit einer Spannungsklemme zu verbinden, z. B. B mit C. Wird die entsprechende Verbindung im Innern des Gerätes hergestellt, so bleiben demnach nur drei Anschlußklemmen übrig. Abb. 58 zeigt den Anschluß des Wattmeters W an ein Gleichstrom- oder ein einphasiges

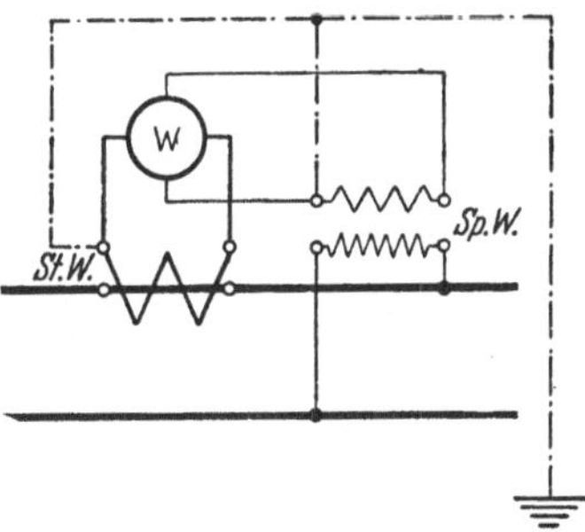

Abb. 59. Leistungsmessung in einer Wechselstrom-Hochspannungsanlage.

Wechselstromnetz. Für die Spannungsspule ist in der Regel ein Vorwiderstand $V.W.$ erforderlich, der in der Abbildung besonders angegeben ist, obwohl er vielfach im Innern des Instrumentes fest angebracht wird.

Bei Leistungsmessungen in *Hochspannungsnetzen* ist man auf die Verwendung von Strom- und Spannungswandler angewiesen, wie Abb. 59 zeigt.

b) Für Drehstrom. Bei Drehstrom kann die Leistung nach dem *Dreiwattmeterverfahren*, d. h. unter Zuhilfenahme von drei Wattmetern gemessen werden, deren Spannungsspulen mit ihren freien Enden mit dem Stern- oder Nullpunkt O des Systems verbunden sind, Abb. 60.

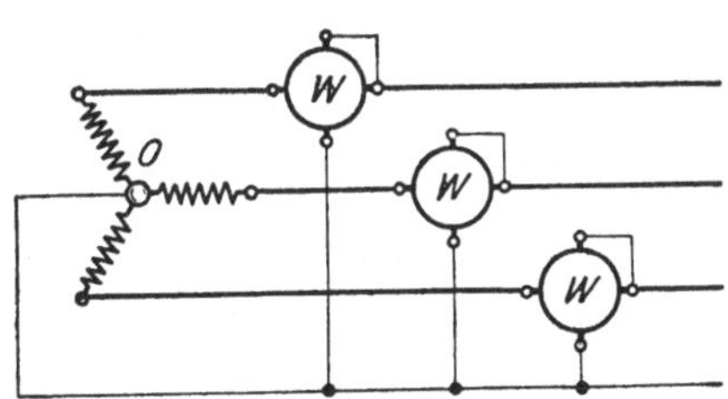

Abb. 60. Leistungsmessung bei Drehstrom, Dreiwattmeterschaltung.

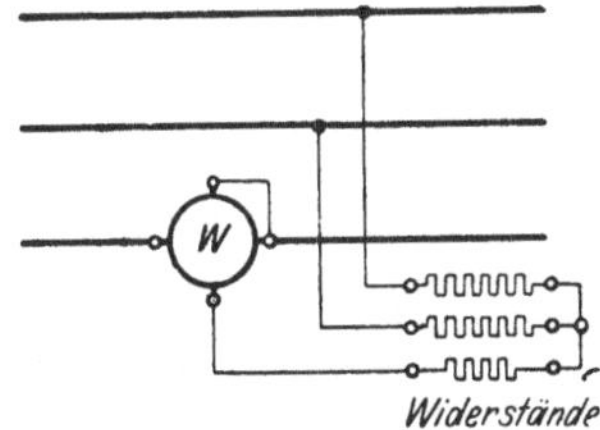

Abb. 61. Leistungsmessung bei Drehstrom mit künstlichem Nullpunkt.

In diesem Falle mißt man die Leistung jeder einzelnen Phase. Kann gleiche Belastung aller Phasen angenommen werden, so kommt man mit einem einzigen Instrument aus, an dessen Skala bei Schalttafelgeräten die Gesamtleistung — gleich der dreifachen Phasenleistung — abgelesen werden kann. Ist der Sternpunkt des Systems nicht zugänglich,

z. B. bei Dreieckschaltung, so kann ein *künstlicher Sternpunkt* mit Hilfe von drei nach Abb. 61 geschalteten Widerständen geschaffen werden.

Ein sehr beliebtes Verfahren der Leistungsmessung bedient sich der *Zweiwattmeterschaltung*, Abb. 62. Es bietet die Möglichkeit, mit nur zwei

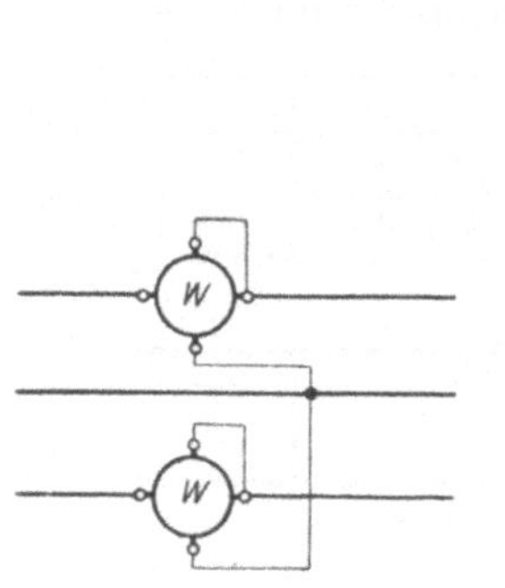

Abb. 62.
Leistungsmessung bei
Drehstrom, Zweiwattmeter-
schaltung.

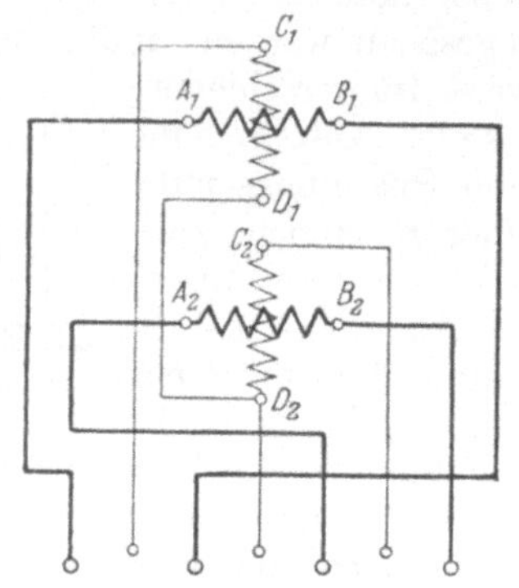

Abb. 63.
Spulenanordnung eines Gerätes in
Zweiwattmeterschaltung.

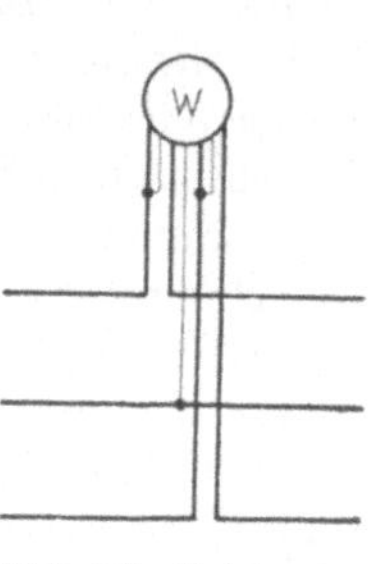

Abb. 64. Leistungs-
messung bei Dreh-
strom mit einem
Instrument in Zwei-
wattmeterschaltung.

Leistungsmessern auszukommen und führt auch bei ungleicher Phasenbelastung zu richtigen Ergebnissen. Die Gesamtdrehstromleistung ist gleich der arithmetischen Summe der von den beiden Leistungsmessern angezeigten Werte, wenn die Instrumente im gleichen Sinn geschaltet sind.

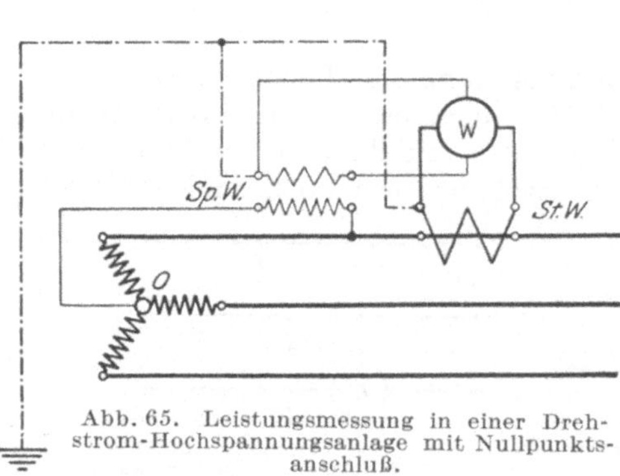

Abb. 65. Leistungsmessung in einer Drehstrom-Hochspannungsanlage mit Nullpunkts-
anschluß.

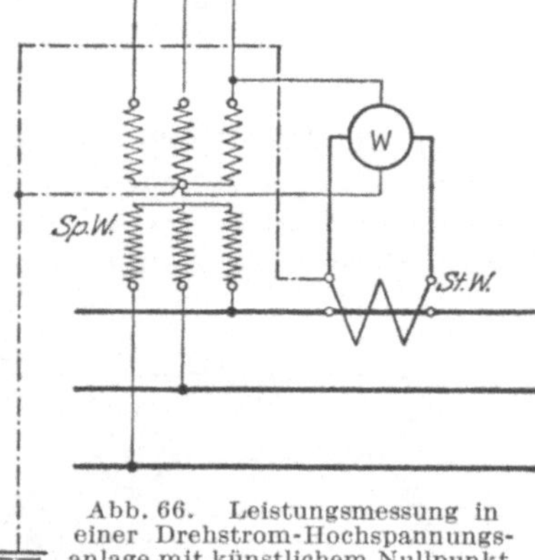

Abb. 66. Leistungsmessung in einer Drehstrom-Hochspannungsanlage mit künstlichem Nullpunkt.

Um ein unmittelbares Ablesen der Gesamtleistung zu ermöglichen, können beim Dreiwattmeterverfahren drei, bei Zweiwattmeterverfahren zwei Einphasensysteme zu *einem* Gerät in der Weise vereinigt werden, daß der Zeigerausschlag der Summe der von den einzelnen Systemen gemessenen Leistungen entspricht. Abb. 63 zeigt für das Zweiwattmeterverfahren die innere Schaltung eines derartigen Gerätes, wie es auf Schalttafeln häufig zu finden ist. Abb. 64 läßt seine Verbindung mit den Netzleitungen erkennen.

Die vorstehenden Schaltungen zur Leistungsmessung in Drehstromanlagen können auch auf *Hochspannung* übertragen werden. Es müssen alsdann wieder Wandler zu Hilfe genommen werden. Beispiele solcher Anordnungen sind in den nachfolgenden Abbildungen gegeben. So zeigt Abb. 65, dem Dreiwattmeterverfahren entsprechend, den Anschluß eines Wattmeters an ein Hochspannungsnetz, dessen Sternpunkt zugänglich ist, während in Abb. 66 ein künstlicher Sternpunkt mittels eines dreiphasigen Spannungswandlers geschaffen ist. Beide Anordnungen sind nur bei gleicher Belastung der drei Phasen zulässig. Die in Abb. 67 dargestellte Zweiwattmeterschaltung ist dagegen auch bei verschiedener Belastung derselben anwendbar.

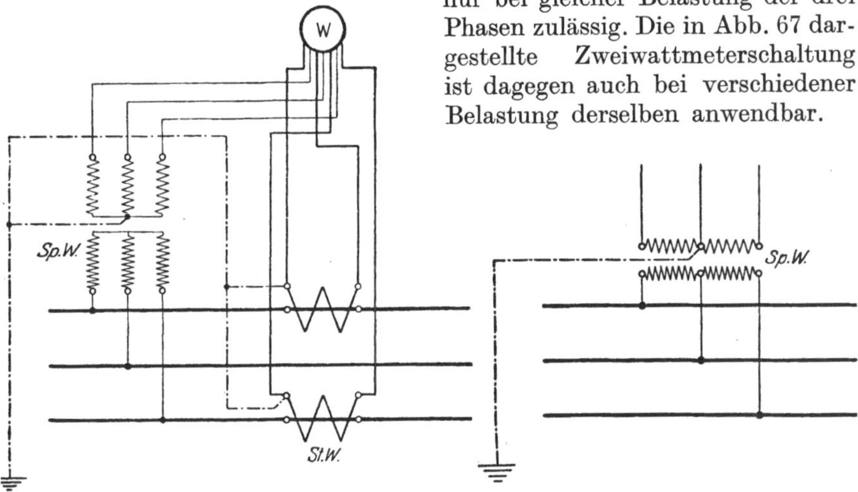

<table>
<tr><td>

Abb. 67. Leistungsmessung
in einer Drehstrom-Hochspannungs-
anlage mit einem Instrument in
Zweiwattmeterschaltung.

</td><td>

Abb. 68. Spannungswandler
in V-Schaltung für Leistungsmessung
in Zweiwattmeterschaltung.

</td></tr>
</table>

Die Wicklungen der Spannungswandler sind in den vorstehenden Schaltungen auf der primären und sekundären Seite in „Stern" verkettet. Doch kann statt dessen auch die sog. V-Schaltung benutzt werden, bei der zwei Einphasen-Spannungswandler verwendet werden, die nach Art der Abb. 58 „in offener Dreieckschaltung" verbunden sind.

30. Arbeitsmesser (Zähler).

Um die von den Stromerzeugern verrichtete oder die den Verbrauchsstellen zugeführte Arbeit zu messen, bedient man sich der *Wattstundenzähler*. Sie sind ähnlich eingerichtet wie die Leistungsmesser, besitzen also auch eine Strom- und eine Spannungsspule. Während jedoch bei den Wattmetern die Leistung durch Zeigerausschlag angegeben wird, wird bei den Zählern die Arbeit fortlaufend registriert. Zu diesem Zwecke werden sie meistens mit einem drehbaren System ausgestattet, dessen Umdrehungszahl ein Maß für die Arbeit ist. Diese kann an einem Zifferwerk abgelesen werden.

Wie in ihrem grundsätzlichen Aufbau, so entsprechen die Elektrizitätszähler den Leistungsmessern auch nach der Art ihres Anschlusses.

Es kann daher im allgemeinen auf die im vorigen Abschnitt gegebenen
Schaltskizzen der Wattmeter verwiesen werden, die auch für den Anschluß der Zähler maßgebend sind.

Um ein bequemes Anschließen des Zählers zu ermöglichen, kann die
Verbindung der Spannungsspule von vornherein in seinem Innern in der

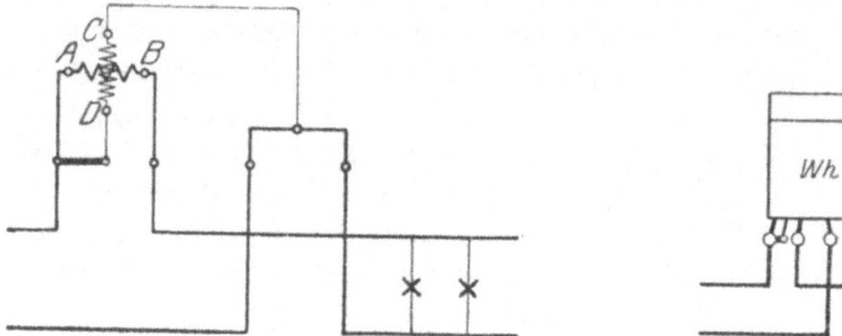

Abb. 69. Zweileiterzähler.				Abb. 69a. Zweileiterzähler, Schaltzeichen.

Weise bewirkt werden, daß lediglich die Netzleitungen einzuführen sind.
Als Beispiel hierfür ist in Abb. 69 das Schaltbild eines *Zweileiterzählers*
— für Gleich- oder Wechselstrom — gegeben. Die Schaltung entspricht

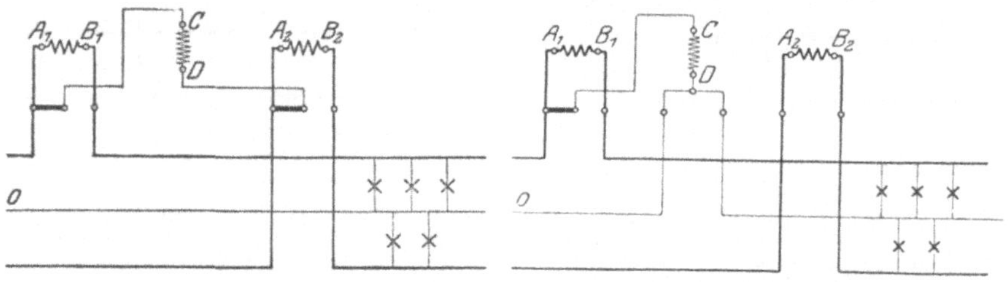

Abb. 70.
Dreileiterzähler mit Außenleiteranschluß.

Abb. 71.
Dreileiterzähler mit Mittelleiteranschluß.

völlig der in Abb. 58 dargestellten Wattmeterschaltung. Den Anschluß
des Zählers, vereinfacht dargestellt, zeigt Abb. 69a.

Abb. 70 läßt die Schaltung eines *Gleichstrom-Dreileiterzählers* erkennen. Ein solcher benötigt *zwei* Stromspulen und eine gemeinsame

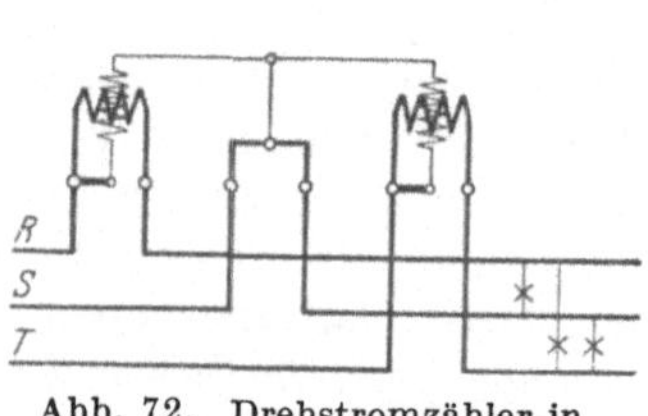

Abb. 72. Drehstromzähler in
Zweiwattmeterschaltung.

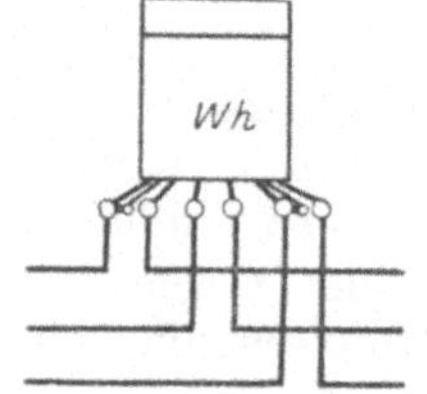

Abb. 72a. Drehstromzähler,
Schaltzeichen.

Spannungsspule. Letztere ist an die beiden Außenleiter gelegt, kann
aber auch, wie in Abb. 71, an einen Außenleiter und den Mittelleiter
O angeschlossen werden.

Für *Drehstromzähler* kommt namentlich die Zweiwattmeterschaltung zur Anwendung, Abb. 72 und 72a. Doch ist in Anlagen mit Nulleiter auch die Dreiwattmeterschaltung der Zähler, Abb. 73, gebräuchlich.

In Gleichstromanlagen mit konstanter Netzspannung begnügt man sich bisweilen mit der Verwendung von Amperestundenzählern. Sie sind billiger als Wattstundenzähler, da sie lediglich eine Stromspule besitzen, während die Spannungsspule fortfällt. Sie werden genau wie die Amperemeter angeschlossen. Für eine bestimmte Netzspannung läßt sich auch an solchen Zählern bei entsprechender Eichung die Arbeit unmittelbar in Wattstunden ablesen, wobei die durch Spannungsschwankungen hervorgerufenen Abweichungen jedoch unberücksichtigt bleiben.

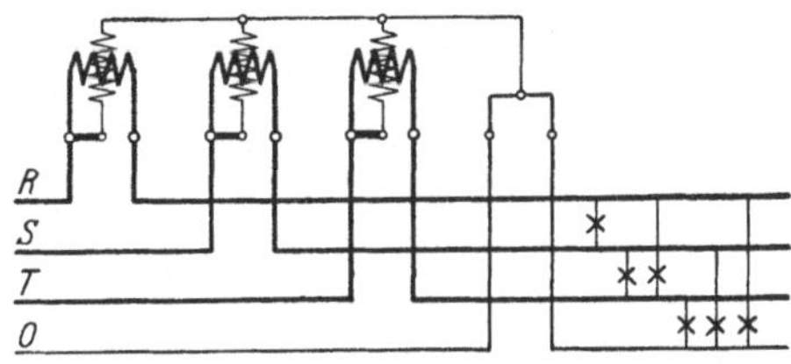

Abb. 73.
Drehstromzähler in Dreiwattmeterschaltung.

31. Phasenmesser.

Zum Anzeigen des Leistungsfaktors ($\cos \varphi$) eines Wechselstromnetzes dienen die *Phasenmesser*. Ihre Bauweise ist der der Leistungsmesser ähnlich, und sie werden auch in der gleichen Weise wie diese an das Netz angeschlossen.

32. Frequenzmesser.

Zur Bestimmung der sekundl. Periodenzahl eines Wechselstromes in *Hertz* benutzt man *Frequenzmesser*. Es sind hauptsächlich auf dem Resonanzprinzip beruhende Geräte im Gebrauch, bei denen die Frequenz durch schwingende Stahlzungen angezeigt wird. Der Anschluß der Frequenzmesser erfolgt nach Art der Spannungsmesser.

V. Die Erzeugung von Gleichstrom.

A. Gleichstrommaschinen und Akkumulatoren.

33. Die fremderregte Maschine.

Die zur Stromerzeugung dienenden Gleichstrommaschinen, die *Gleichstromgeneratoren*, werden nach der Art ihrer Felderregung eingeteilt in fremd- und selbsterregte. Bei den *Maschinen mit Fremderregung* wird der Erregerstrom von einer besonderen Stromquelle geliefert. Abb. 74 bis 74b zeigen die Schaltkurzzeichen und Schaltzeichen nach VDE 715 für eine fremderregte Gleichstrommaschine. Ein Schaltbild einer solchen Maschine zeigt Abb. 75. Es bedeutet AB den Anker, JK die Magnetwicklung. Von den Ankerklemmen werden die Außenleitungen abgenommen. Die Belastung ist durch einige Glühlampen angedeutet. Die Magnet-

wicklung ist an eine Akkumulatorenbatterie angeschlossen. Mit Hilfe
eines in den Magnetkreis eingeschalteten Kurbelwiderstandes, des *Ma-
gnet- oder Feldreglers*, kann die Erregerstromstärke und damit die Spannung der Maschine auf den gewünschten Wert einreguliert und letztere
bei schwankender Belastung konstant gehalten werden. Der Drehpunkt
der Reglerkurbel ist mit s, der Kurzschlußkontakt mit t bezeichnet.

Um den beim Ausschalten des Erregerstromes auftretenden Selbstinduktionsstoß unschädlich zu machen, kann der Ausschaltkontakt q
des Reglers mit dem nicht in Verbindung mit
dem Regler stehenden Ende der Magnetwicklung verbunden werden, wodurch dem Selbst-
induktionsstrom ein geschlossener Weg geboten
und die Neigung zur Funkenbildung am Ausschaltkontakt abgeschwächt wird. Die *Ausschaltleitung* ist im Schaltbild durch eine gestrichelte
Linie angegeben.

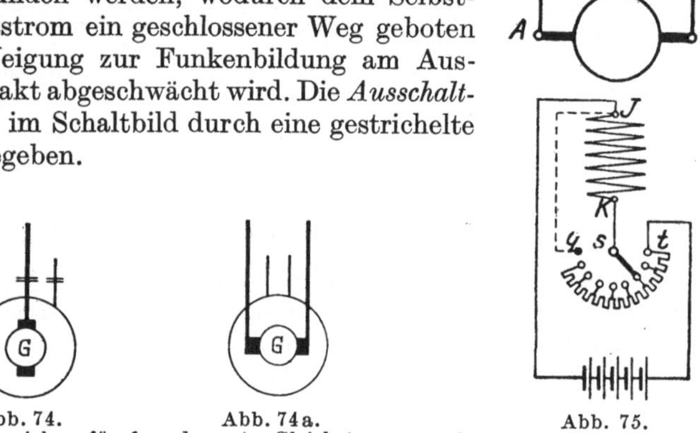

Abb. 74.
Schaltkurzzeichen für fremderregte Gleichstromgeneratoren

(einpolig).　Abb. 74a.　(mehrpolig).

Abb. 75.
Schaltung eines fremderregten
Generators.

34. Die Nebenschlußmaschine.

Die meisten Maschinen, die eigentlichen *Dynamomaschinen*, arbeiten
mit Selbsterregung der Magnete. Wird ein Teil des im Anker der Maschine erzeugten Stromes für die Erregung abgezweigt, so erhält man
die *Nebenschlußmaschine*, die hauptsächlich verwendete Gleichstrommaschine. Bei ihr liegt also die Magnetwicklung CD parallel zum äußeren Stromkreis, wie es das Schaltbild Abb. 76 zeigt, in dem auch der zur
Spannungsregelung dienende Magnetregler, hier *Nebenschlußregler* genannt, eingezeichnet ist. Die gestrichelt angedeutete Leitung dient, wie
im vorigen Abschnitt angegeben, zum selbstinduktionsfreien Ausschalten. Abb. 77 und Abb. 77a zeigen die vom VDE festgesetzten „Schaltkurzzeichen" der Nebenschlußmaschine. In ihm ist die Schaltung der
Maschine sehr vereinfacht zum Ausdruck gebracht. Die Spannung der
Nebenschlußmaschine läßt bei zunehmender Belastung nach.

Um eine feinstufige Regelung der Maschinenspannung zu ermöglichen, ohne die Zahl der Kontakte wesentlich zu vermehren, kann der

---

[1] Über Verfahren und Mittel der Erdschlußanzeige s. auch SZ, Heft 10, 11 u. 12,
1935 und Heft 8, 1936.

in Abb. 78 angegebene Regler verwendet werden. Er ist mit *zwei* Kurbeln versehen. Die Kurbel *g* bestreicht die Kontaktbahn des Hauptwiderstandes und ermöglicht lediglich eine Grobregulierung. Die Kurbel *f*

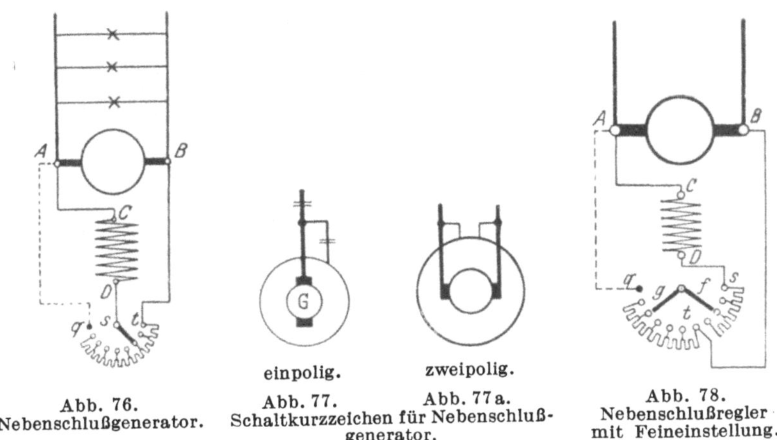

<table>
<tr><td>Abb. 76.
Nebenschlußgenerator.</td><td>einpolig.
Abb. 77.
Schaltkurzzeichen für Nebenschluß-
generator.</td><td>zweipolig.
Abb. 77a.</td><td>Abb. 78.
Nebenschlußregler
mit Feineinstellung.</td></tr>
</table>

dient zum Feinregulieren. Die ihm zugehörende Widerstandsabteilung besteht aus nur wenigen Stufen, deren Gesamtwiderstandswert ungefähr dem *einer* Stufe des Hauptwiderstandes entspricht.

35. Die Hauptschlußmaschine.

Bei der *Hauptschlußmaschine* sind der Anker *AB* und die Magnetwicklung *EF* hintereinander geschaltet (Abb. 79 und 80). Die Spannung der Maschine richtet sich ganz und gar nach der Belastung. Solange der Maschine kein Strom entnommen wird, liefert sie auch keine

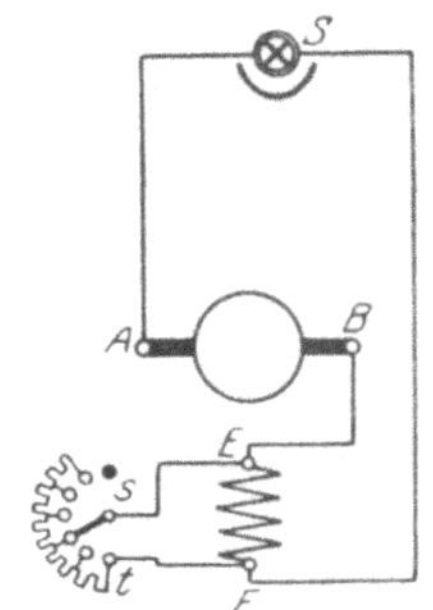

<table>
<tr><td>einpolig.
Abb. 79.</td><td>zweipolig.
Abb. 79a.</td><td>Abb. 80.
Hauptschlußmaschine.</td></tr>
<tr><td colspan="2">Schaltkurzzeichen der Hauptschlußmaschine.</td><td></td></tr>
</table>

Spannung. Da die an ein Stromverteilungsnetz angeschlossenen Stromverbraucher in der Regel mit einer gleichbleibenden Spannung betrieben werden sollen, so wird die Hauptschlußmaschine nur selten zur Stromerzeugung verwendet. Eine Spannungsregelung kann mit Hilfe eines zur Magnetwicklung parallel liegenden Regulierwiderstandes, in der Abbildung mit *s*, *t* bezeichnet, vorgenommen werden.

Im Schaltbild Abb. 80 ist angenommen, daß die Maschine auf einen Scheinwerfer S arbeitet, wodurch gleichzeitig ein Anwendungsgebiet der Hauptschlußmaschine gekennzeichnet ist.

36. Die Doppelschlußmaschine.

In manchen Fällen bietet die Anwendung einer *Doppelschlußmaschine* Vorteile: die Magnete erhalten sowohl eine Nebenschluß- als auch eine Hauptschlußwicklung. Die Maschine, häufig auch *Kompoundmaschine* genannt, zeichnet sich durch eine bei allen Belastungen annähernd gleichbleibende Spannung aus. Oder sie ist „überkompoundiert", und ihre Spannung steigt alsdann mit zunehmender Belastung ein wenig an. Die Nebenschlußwicklung CD kann entweder an die Bürstenspannung AB, wie im Schaltbild Abb. 82a, oder, wie in

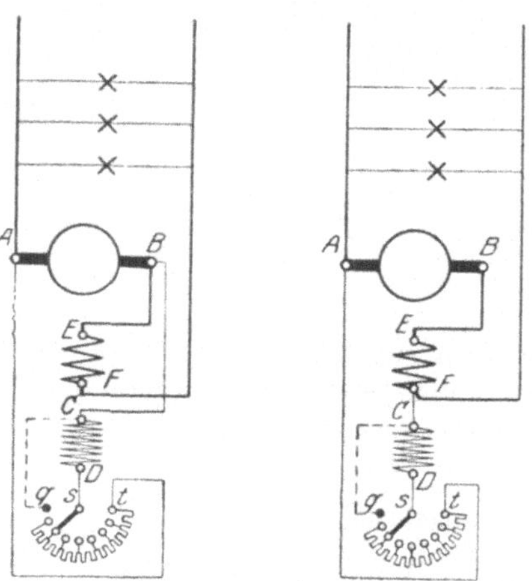

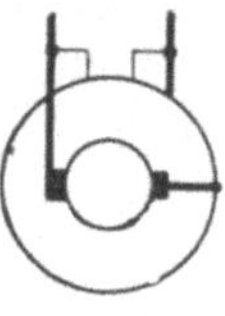

a   b
Abb. 81. Schaltbild der Doppelschlußmaschine.

Abb. 82. Schaltkurzzeichen der Doppelschlußmaschine.

Abb. 82b an die Klemmenspannung AF angeschlossen werden. Mit Hilfe des Nebenschlußreglers wird die Spannung auf den gewünschten Wert eingestellt. Die mit q verbundene Ausschaltleitung ist wie in den vorhergehenden Schaltbildern angedeutet. Das Schaltkurzzeichen des VDE zeigt Abb. 82.

37. Maschinen mit Wendepolen und kompensierte Maschinen.

Gleichstrommaschinen werden mit *Wendepolen* versehen, Hilfspolen, welche zwischen den Hauptpolen angeordnet und vom *Ankerstrom* in der Weise erregt werden, daß bei der Drehung des Ankers die auf ihm untergebrachten, der Induktion unterworfenen Drähte *vor* ihrem Vorbeigang an einem Hauptpol beim Betrieb als Generator zunächst immer erst an einem *Wendepol der gleichen Polarität* vorüber müssen. Durch die Wendepole wird das magnetische Querfeld des Ankers in ihrem Bereich aufgehoben und die Neigung zur Funkenbildung an den auf dem Kollektor schleifenden Bürsten vermindert. Wendepole sind namentlich an Maschinen unentbehrlich, welche besonders schweren Betriebsbedingungen genügen müssen.

Das Schaltbild einer *Nebenschlußmaschine* mit *Wendepolen* ist in Abb. 83 wiedergegeben. Die Wendepolwicklung hat die Bezeichnung *GH*. Daß das Ankerfeld und das Feld der Wendepole entgegengesetzte Richtung haben, ist in der Abbildung zum Ausdruck gebracht, wie überhaupt in den Schaltbildern der Maschinen die Wicklungen in einer solchen gegenseitigen Lage gezeichnet sind, daß die Richtung ihrer Achse gleichzeitig die Richtung der von ihnen erzeugten magnetischen Felder

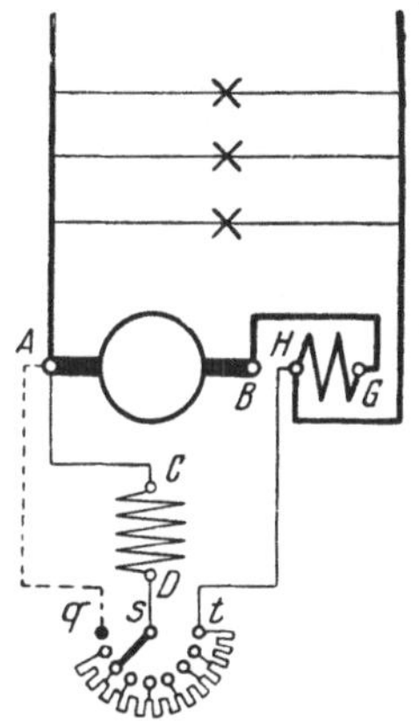

angibt. So deutet z. B. *AB* stets die Richtung des Ankerstromes und gleichzeitig des von der Ankerwicklung hervorgerufenen Feldes, *GH* die Stromrichtung in der Wendepolwicklung und gleichzeitig die Richtung des Wendefeldes an. Das Schaltkurzzeichen einer Nebenschlußmaschine mit Wendepolen zeigt Abb. 84 und 84a.

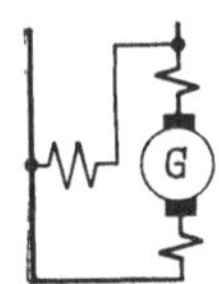

Abb. 83. Nebenschlußmaschine mit Wendepolen.

Abb. 84. Schaltkurzzeichen einer Nebenschlußmaschine mit Wendepolen.

Abb. 85. Nebenschlußgenerator mit geteilter Wendepolwicklung.

Das Schaltbild der Wendepolmaschine gilt sinngemäß auch für die kompensierte Gleichstrommaschine. Bei dieser wird durch eine in den Nuten der Polschuhe untergebrachte Wicklung vom Ankerstrom in Gegenschaltung durchflossen, so daß an jeder Stelle die Amperewindungen der Kompensationswicklung den Amperewindungen des Ankers gleich, aber entgegengesetzt gerichtet sind und sich so gegenseitig fast vollkommen aufheben. Eine andere, weniger gebräuchliche Bauart der kompensierten Maschine hat überhaupt keine ausgeprägten Pole mehr. Bei ihr umschließt das Magnetgestell den Anker als Hohlzylinder, in dessen Nuten die Kompensations- und Wendepolwicklung untergebracht werden. Man verwendet kompensierte Maschinen dort, wo starke Laststöße und Wechsel der Drehrichtung eintreten und gleichzeitig große Leistungen verlangt werden, also z. B. für Walzwerksantriebe, Förderanlagen usw.

Zum Zwecke der Funkentstörung wird heute vielfach eine geteilte oder symmetrische Wendepolwicklung angewendet (Abb. 85), deren beide Zweige als Drosselspulen dem die Funkstörungen verursachenden Anker vorgeschaltet sind.

In den nachfolgenden Plänen sind Wendepol- und Kompensationswicklungen an den Maschinen, da ihr Vorhandensein lediglich deren inneren Aufbau betrifft, im allgemeinen nicht angegeben.

38. Schaltung und Drehsinn der Gleichstrommaschinen.

Gleichstrommaschinen werden im allgemeinen von der Fabrik, je nach Bestellung, für eine bestimmte Drehrichtung geliefert, wobei diese von der Antriebsseite, in der Regel also der dem Kollektor entgegengesetzten Seite angegeben wird. Soll die Maschine für eine andere Umlaufrichtung verwendet werden, so ist bei der erforderlichen Umschaltung zu berücksichtigen, daß die Richtung des Stromes in der Magnetwicklung ungeändert bleibt, damit die Pole stets den gleichen Restmagnetismus, der die Selbsterregung der Maschine einleitet, beibehalten. Hierbei ändert sich die Richtung des im Anker erzeugten und damit auch

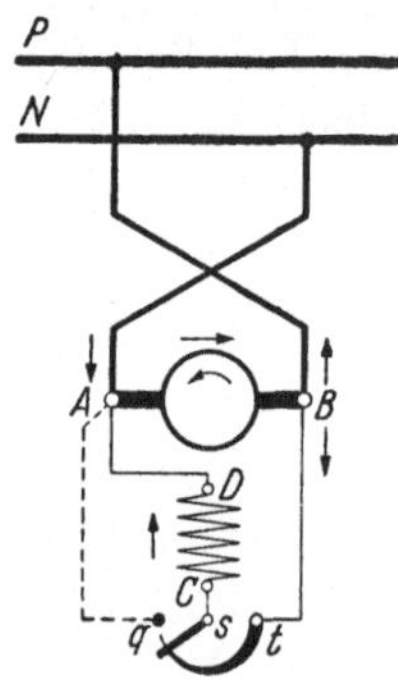

Abb. 86. Nebenschlußmaschine für Rechtslauf.

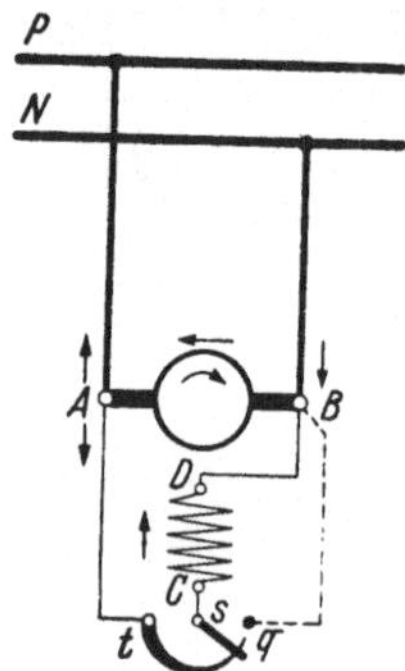

Abb. 87. Nebenschlußmaschine für Linkslauf.

des von ihr in das Netz gelieferten Stromes. Die Verbindung einer etwa vorhandenen Wendepolwicklung zum Anker darf bei der erforderlichen Umschaltung der Maschine nicht geändert werden.

In den „Regeln für Klemmenbezeichnungen“ des VDE[1] sind Schaltungsbeispiele angegeben. Ihnen entsprechen die Abb. 86 und 87 einer *Nebenschlußmaschine für Rechtslauf* Drehung im Uhrzeigersinn — und *Linkslauf* — entgegen dem Uhrzeigersinne. Der Nebenschlußregler ist in beiden Fällen an die Magnetklemme C angeschlossen, während die Klemme D mit der Maschine verbunden ist (vgl. Abschn. 60). Der Regler ist in den Abbildungen unter Fortlassung der Kontaktbahn durch eine

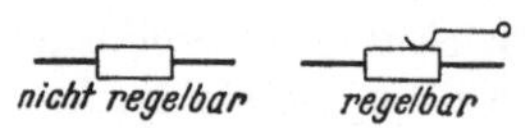

Abb. 88. Schaltzeichen für Regelwiderstand nach VDE.

gebogene, nach dem Kurzschlußkontakt, also der Gegend größerer Stromstärke stärker werdenden Linie angegeben. Diese vereinfachte Darstellung wird auch nachfolgend vielfach für die verschiedenen Arten von Regelwiderständen angewendet werden. Eine noch weitergehende Vereinfachung in der Darstellung des Reglers ermöglicht das Schaltkurzzeichen des VDE, Abb. 88, in welchem der Widerstand lediglich durch ein Rechteck angedeutet ist.

---

[1] ETZ 1938, S. 1215.

39. Die Akkumulatorenbatterie.

Große Vorteile bietet in einer Stromerzeugungsanlage die Anwendung einer *Akkumulatorenbatterie*. Ihr wird während der Ladung elektrische Energie zugeführt, und diese kann ihr nach Bedarf wieder entnommen werden. Es läßt sich daher durch Aufstellung einer Batterie eine wesentliche Vereinfachung in der Betriebsführung des Werkes erzielen. Lade- und Entladestrom sind entgegengesetzt gerichtet. Die Batterie setzt sich je nach der Betriebsspannung aus einer mehr oder weniger großen Zahl von Zellen zusammen. Sie wird zu den Betriebsmaschinen parallel geschaltet und greift daher beim Versagen der Maschinen selbsttätig ein, wodurch die Betriebssicherheit der Anlage erheblich erhöht wird.

Während der Ladung steigt die Spannung der Batterie allmählich an, bis auf ungefähr das $1^1/_2$fache der Netzspannung. Diese höhere Spannung kann durch entsprechend stärkere Erregung der Betriebsmaschine erzielt werden, oder es ist eine besondere Zusatzmaschine aufzustellen, die mit der Betriebsmaschine in Reihe geschaltet wird.

a) Der Einfachzellenschalter. Da die Spannung der Akkumulatorenbatterie zu Beginn der Entladung größer ist als die Netzspannung, so müssen zunächst einige Zellen abgeschaltet werden, die in dem Maße, wie die Entladung der Batterie fortschreitet, allmählich wieder hinzuzufügen sind. Hierzu gebraucht man einen *Zellenschalter*. Derselbe wird auch für das Aufladen der Batterie benötigt, um nacheinander die Zellen abzuschalten, deren Ladung beendigt ist. Das ist bei den Schaltzellen früher der Fall als bei den Stammzellen, da sie bei der Entladung nur nach und nach in Benutzung genommen werden. In Abb. 89 ist das Schaltzeichen des VDE dargestellt, das Schaltbild einer Batterie mit Zellenschalter zeigt Abb. 90.

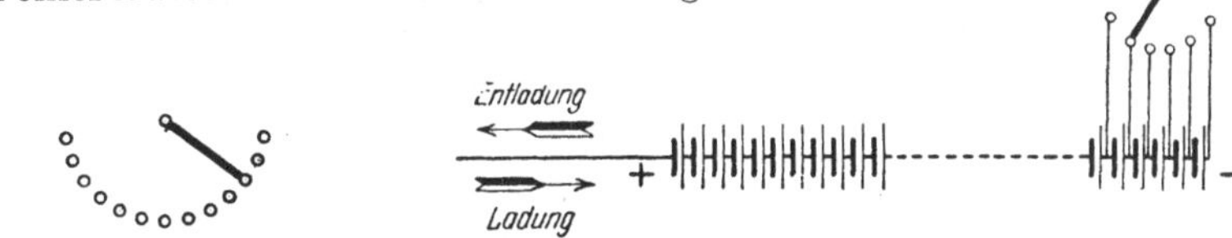

Abb. 89. Schaltzeichen für Einfachzellenschalter.

Abb. 90. Akkumulatorenbatterie mit Einfachzellenschalter.

Auf die Ausführung des Zellenschalters soll nicht näher eingegangen werden; es ist bei der Konstruktion darauf Rücksicht zu nehmen, daß beim Übergang aus einer Kurbelstellung in die nächste weder eine Stromunterbrechung eintritt, noch einzelne Zellen durch Kurzschluß gefährdet werden.

b) Der Doppelzellenschalter. Soll die Batterie auch während der Ladung mit dem Netz in Verbindung bleiben, so sind, um die Entladespannung unabhängig von der Ladespannung einstellen zu können, *zwei* Zellenschalter erforderlich. In der Regel werden beide Schalter zu einem *Doppelzellenschalter* in der Weise vereinigt, daß über einer *gemeinsamen* Kontaktplatte zwei Kontaktfedern verschiebbar angebracht werden, eine für die Ladung und eine für die Entladung. Das genormte Schaltzeichen für den Doppelzellenschalter zeigt Abb. 91. Eine Batterie mit Doppelzellenschalter ist schematisch in Abb. 92 dargestellt, jedoch ist der Deutlichkeit wegen die Kontaktbahn für die Lade- und Entladeseite getrennt gezeichnet. Die Bedienung des Zellenschalters erfolgt durch zwei Kurbeln, welche die Kontaktfedern tragen.

Abb. 91. Schaltzeichen für Doppelzellenschalter.

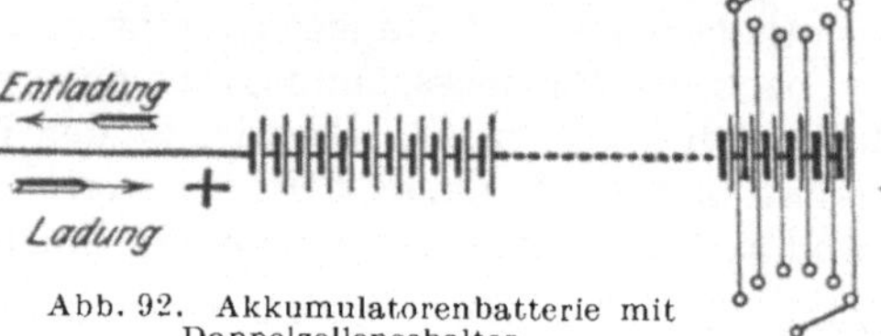

Abb. 92. Akkumulatorenbatterie mit Doppelzellenschalter.

B. Zweileiterzentralen.

40. Betrieb mit einer Nebenschluß- oder Doppelschlußmaschine.

In Abb. 93 ist der Schaltplan für eine Stromerzeugungsstation mit nur einer Betriebsmaschine wiedergegeben. Eine derartige Anlage kommt, da jegliche Reserve fehlt, nur für kleinste Verhältnisse in Betracht. Der Abbildung ist eine *Nebenschlußmaschine N.D.* zugrunde gelegt (s. Abschn. 34). Zum Anschluß der Maschine an die Sammelschienen — mit P ist die positive, mit N die negative Schiene bezeichnet — ist ein zweipoliger Schalter erforderlich. Beide Verbindungsleitungen erhalten zum Schutz der Maschine Schmelzsicherungen. An Meßgeräten sind vorgesehen der Strommesser A und der Spannungsmesser V. Mittels der von den Sammelschienen ausgehenden Verteilungsleitungen, ebenfalls doppelpolig gesichert, wird der Strom den verschiedenen Teilen des Netzes zugeführt.

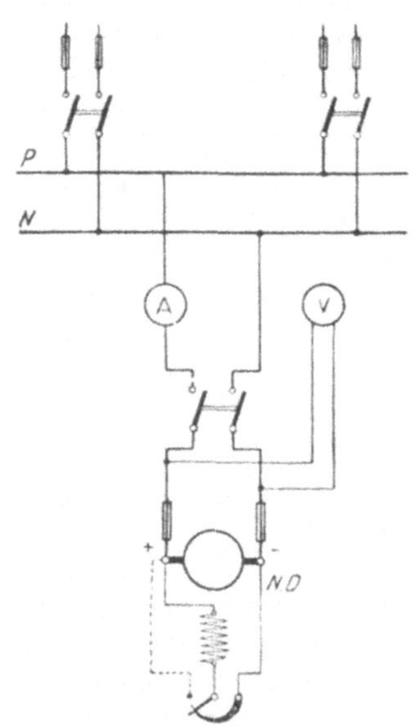

Abb. 93. Gleichstromanlage mit einer Nebenschlußmaschine.

Soll das Netz unter Spannung gesetzt werden, so wird mit Hilfe des Nebenschlußreglers zunächst die Maschinenspannung auf den normalen Wert eingestellt und sodann der zweipolige Hauptschalter geschlossen. Um die Netzspannung konstant zu halten, muß die Maschinenspannung bei größerer Belastung ein wenig höher einreguliert werden als bei geringer Last.

Statt der Nebenschlußmaschine kann als Betriebsmaschine auch eine *Doppelschlußmaschine* (s. Abschn. 36) in Anwendung kommen. Der

Schaltplan der Abb. 93 läßt sich ohne weiteres auf diesen Fall übertragen. Eine Doppelschlußmaschine ist namentlich dann vorteilhaft, wenn in der Anlage größere Belastungsschwankungen zu erwarten sind, da ein Nachregulieren der Maschinenspannung bei verschiedener Stromentnahme nicht erforderlich ist.

41. Allgemeines über den Parallelbetrieb von Gleichstrommaschinen.

In größeren Zentralstationen wird man stets *mehrere* Betriebsmaschinen aufstellen, die nach Bedarf parallel geschaltet werden. Hierdurch wird eine größere Betriebssicherheit gewährleistet. Außerdem ist es möglich, bei jeder Netzbelastung mit einem guten Wirkungsgrad zu arbeiten, indem immer nur so viel Maschinen in Betrieb genommen werden, als der jeweiligen Belastung entspricht. Es ist anzustreben, daß die eingeschalteten Maschinen stets ungefähr voll belastet sind. Bei parallel arbeitenden Maschinen müssen *gleiche Pole* miteinander verbunden sein; alle positiven Pole sind also an die eine Sammelschiene, die negativen Pole an die andere Sammelschiene anzuschließen. Ferner ist zu beachten, daß eine Maschine, ehe man sie zu anderen, bereits im Betriebe befindlichen Maschinen parallel schaltet, auf die *gleiche Spannung* wie diese gebracht wird.

Sinkt während des Betriebes, etwa infolge Nachlassens der Drehzahl der Antriebsmaschine, die Spannung einer Maschine, so liegt

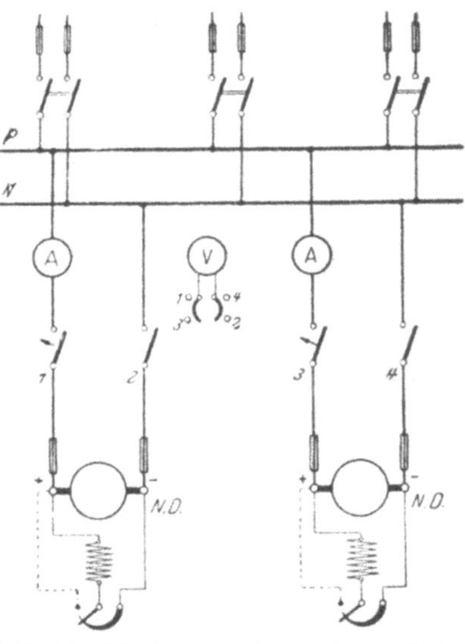

Abb. 94. Gleichstromanlage mit parallel geschalteten Nebenschlußmaschinen.

die Gefahr vor, daß sie Strom von den anderen Maschinen empfängt, daß sie also, anstatt Strom in das Netz zu liefern, als Motor angetrieben wird. Um dem vorzubeugen, wird in je eine der von den Maschinen zu den Sammelschienen führenden Verbindungsleitungen ein selbsttätiger Rückstrom- oder statt dessen ein Unterstromschalter eingebaut (s. Abschn. 7). Der Rückstrom- oder Richtungsschalter läßt sich einlegen, sobald die betreffende Maschine auf Spannung gebracht ist, unabhängig davon, ob sie belastet ist oder nicht. Der Unterstromschalter bleibt dagegen nur eingeschaltet, wenn eine gewisse Mindeststromstärke vorliegt. Er wird wegen seiner größeren Einfachheit in Gleichstromanlagen meistens dem Rückstromschalter vorgezogen.

Während im Falle eines Rückstromes die Magnetwicklung einer Nebenschlußmaschine in der gleichen Richtung wie im normalen Betriebe vom Strom durchflossen wird, erhält eine Hauptschlußmagnetwicklung in entgegengesetztem Sinne Strom, so daß ein Umpolarisieren der Maschine eintritt. Dieser Umstand muß beim Parallelbetrieb von Doppelschlußmaschinen beachtet werden.

42. Nebenschlußmaschinen im Parallelbetrieb.

Abb. 94 stellt den Schaltplan zweier *Nebenschlußmaschinen* dar, die auf gemeinsame Sammelschienen arbeiten. Ein Pol jeder Maschine ist mit den Sammelschienen über einen Handschalter, der andere Pol über einen Unterstromschalter (oder einen Rückstromschalter) verbunden. Für jede Maschine ist ein Strommesser vorgesehen. Es ist dagegen nur *ein* Spannungsmesser vorhanden, der in Verbindung mit einem Voltmeterumschalter zum Messen der Spannungen beider Maschinen dient. Die dafür nötigen Verbindungsleitungen sind der Deutlichkeit wegen in der Abbildung fortgelassen und lediglich durch Zahlen angedeutet in der Weise, daß eine Leitung *1—1*, eine solche *2—2* usw. zu denken ist. In der Stellung *1—2* des Umschalters zeigt das Voltmeter die Spannung der einen, in der Stellung *3—4* die Spannung der anderen Maschine an.

Soll eine der Maschinen auf das Netz geschaltet werden, so wird zunächst ihre Spannung mit Hilfe des Nebenschlußreglers auf den normalen Wert gebracht. Sodann ist der Handschalter zu schließen. Darauf wird auch der Unterstromschalter eingelegt und von Hand festgehalten, bis so viel Belastung eingeschaltet ist, daß er von selber in der Einschaltstellung verbleibt. Um die andere Maschine mit der bereits im Betriebe befindlichen parallel zu schalten, muß sie zunächst auf die Betriebsspannung erregt werden. Die Belastung kann auf die beiden Maschinen beliebig verteilt werden, indem die Maschine, deren Belastung erhöht werden soll, mit Hilfe des Nebenschlußreglers etwas stärker erregt wird. Um eine Maschine abzuschalten, ist sie durch Schwächen des Erregerstromes so weit zu entlasten, daß der Unterstromschalter von selber auslöst.

Vor der Inbetriebsetzung der Anlage hat man sich davon zu überzeugen, daß die Maschinen in der richtigen Weise mit den Sammelschienen verbunden sind, d. h. daß die positiven Pole beider Maschinen an der einen, die negativen Pole an der anderen Sammelschiene liegen. Um auf alle Fälle richtige Pole zu erhalten, empfiehlt es sich, beim ersten Parallelschalten die hinzuzuschaltende Maschine kurze Zeit an die von der anderen Maschine gespeisten Sammelschienen anzuschließen, jedoch so, daß der Anker keinen Strom erhält, was z. B. dadurch erreicht werden kann, daß die Bürsten vom Kollektor abgehoben werden. Der Hebel des Nebenschlußreglers wird sodann allmählich in die Kurzschlußstellung gebracht, so daß die Magnetwicklung vollen Strom erhält. *Unter dem Einflusse des nach dem Ausschalten zurückbleibenden remanenten Magnetismus wird die Maschine nunmehr die für das Parallelarbeiten notwendige Polarität annehmen,* vorausgesetzt, daß sie sich überhaupt erregt. Sollte bei der vorliegenden Drehrichtung eine Selbsterregung der Maschine nicht erfolgen, so sind die Enden der Magnetwicklung hinsichtlich ihrer Verbindung mit dem Anker zu wechseln, und es ist

alsdann das vorstehend beschriebene Verfahren zu wiederholen, d. h.
der Magnetwicklung nochmals einen Augenblick lang von den Sammelschienen aus Strom zuzuführen. Die Maschine wird sich dann sicher
erregen und dabei die richtigen Pole aufweisen.

Die Schaltung Abb. 94 läßt sich ohne Schwierigkeit für den Fall
erweitern, daß in der Anlage mehr als zwei Maschinen vorhanden sind.

43. Doppelschlußmaschinen im Parallelbetrieb.

Die Schaltung für parallel betriebene *Doppelschlußmaschinen* entspricht der für parallel arbeitende Nebenschlußmaschinen. Doch ist zum
guten Parallellauf noch eine Ausgleichsleitung erforderlich, die im

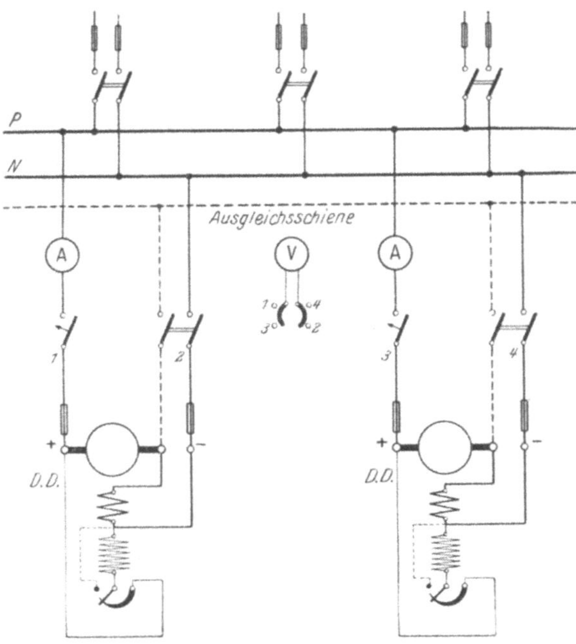

Abb. 95. Gleichstromanlage mit parallelgeschalteten Doppelschlußmaschinen.

Schaltplan Abb. 95 durch eine gestrichelte Linie angegeben ist. An
die Ausgleichsschiene werden diejenigen Ankerpole aller Doppelschlußmaschinen *D.D.* angeschlossen, welche mit der Hauptschlußmagnetwicklung in unmittelbarer Verbindung stehen. Durch die Ausgleichsleitung werden die Anker aller Maschinen unter sich parallel geschaltet,
so daß Spannungsverschiedenheiten sich ausgleichen können. Ebenso
werden auch alle Hauptschlußwicklungen parallel geschaltet, so daß in
ihnen eine verschiedene Stromrichtung nicht möglich ist. Die Gefahr
des Umpolarisierens der Maschinen (vgl. Abschn. 41) wird somit beseitigt. Durch Anwendung eines zweipoligen Handschalters für jede

Maschine wird erreicht, daß ihr Anschluß an die Ausgleichsschiene gleichzeitig mit dem Anschluß an die Sammelschiene des in Betracht kommenden Poles bewirkt wird.

44. Nebenschlußmaschine und Akkumulatorenbatterie mit Einfachzellenschalter.

Der Schaltplan Abb. 96 zeigt den einfachsten Fall einer mit einer Akkumulatorenbatterie ausgerüsteten Zentrale. Für die Batterie ist ein *Einfachzellenschalter* vorgesehen. Die Verbindung der Betriebsmaschine, einer *Nebenschlußmaschine*, mit den Sammelschienen wird durch Schließen des einpoligen Handschalters und des Unterstromschal

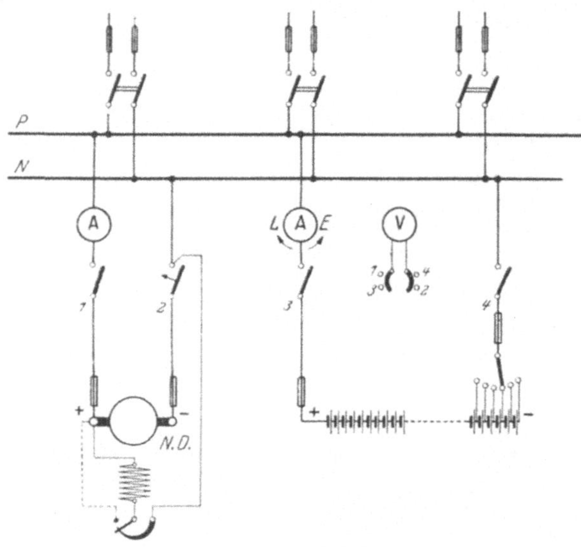

Abb. 96. Nebenschlußmaschine und Akkumulatorenbatterie mit Einfachzellenschalter.

ters bewirkt. Die über den Nebenschlußregler zur Magnetwicklung führende Leitung ist, abweichend von den vorhergehenden Abbildungen, zwischen Unterstromschalter und Sammelschiene angeschlossen. Dadurch wird erreicht, daß die Maschine von den Sammelschienen (also von der Batterie) aus erregt werden kann, ehe noch der Selbstschalter eingelegt ist. Die Maschine erhält dann mit Sicherheit die für den Parallelbetrieb mit der Batterie erforderliche Polarität (vgl. Abschn. 42, vorletzter Absatz). Die Verbindung der Batterie mit den Sammelschienen geschieht durch zwei einpolige Schalter. Für die Maschine und die Batterie ist je ein Strommesser vorgesehen. Wird für die Batterie ein Drehspulgerät verwendet, das seinen Nullpunkt in der Mitte der Skala hat, so kann man aus der Richtung des Ausschlages sofort erkennen, ob sich die Batterie im Zustande der Ladung (L) oder der Entladung (E) befindet, andernfalls ist noch ein besonderer Stromrichtungszeiger er forderlich. Bei Verwendung eines Voltmeterumschalters genügt *ein* Spannungsmesser sowohl zur Messung der Maschinenspannung *1—2* als auch der Batteriespannung *3—4*. Um die Batterie mittels der Nebenschlußmaschine laden zu können, muß deren Spannung durch den Nebenschlußregler auf den hierfür erforderlichen Betrag gesteigert werden können.

Es sind nachstehende Betriebsweisen möglich.

a) Die Maschine arbeitet allein auf das Netz. Um die Maschine in Betrieb zu nehmen, wird ihr Unterstromschalter eingelegt und zunächst festgehalten. Sodann wird sie auf die normale Spannung erregt. Darauf wird der einpolige Handschalter geschlossen. Ist die Belastung genügend groß, so bleibt der Selbstschalter von selber haften.

b) Die Batterie arbeitet allein auf das Netz. Es sind lediglich die beiden einpoligen Batterieschalter geschlossen. Die Spannung wird mittels des Zellenschalters auf den richtigen Wert reguliert und konstant gehalten.

c) Maschine und Batterie arbeiten parallel. Um die Maschine zur Batterie parallel zu schalten, muß sie zunächst auf deren Entladespannung erregt werden. Zu diesem Zwecke wird der einpolige Handschalter der Maschine geschlossen, worauf beim Einschalten des Nebenschlußreglers die Magnetwicklung von den Sammelschienen aus Strom empfängt. Ist die Maschine auf die richtige Spannung gebracht, so wird der Selbstschalter eingelegt. Nunmehr wird durch weiteres Erregen möglichst die volle Belastung der Maschine übertragen und die Einstellung so vorgenommen, daß die Batterie nicht oder doch nur mit geringer Stromstärke entladen wird, sie also wesentlich nur als Ausgleichsorgan wirkt.

d) Die Batterie wird geladen. Die Schaltung ist die gleiche wie beim Parallelbetrieb. Doch muß die Kurbel des Zellenschalters, damit alle Zellen geladen werden, zunächst auf den äußersten Kontakt gebracht werden. Die Spannung der Maschine ist, ehe diese auf die Batterie geschaltet wird, um einige Volt höher einzustellen, als die Batteriespannung und in dem Maße, wie diese während der Ladung ansteigt, zu erhöhen derart, daß die Stromstärke stets den für die Ladung gewünschten Wert hat. Die bereits voll aufgeladenen Zellen werden nacheinander mit Hilfe des Zellenschalters abgeschaltet.

Da die Ladespannung die Betriebsspannung wesentlich übersteigt, so können während der Ladung keinesfalls Lampen und andere mit der Netzspannung zu betreibende Stromverbraucher von den Sammelschienen aus gespeist werden. Die zum Netz führenden Leitungen müssen daher vor Beginn der Ladung abgeschaltet werden. Es ist dies ein erheblicher Mangel der Anordnung, und es werden daher auch nur ausnahmsweise Anlagen nach diesem System ausgeführt, z. B. kleine Beleuchtungsanlagen, bei denen tagsüber kein Strom gebraucht wird, so daß die Batterie in dieser Zeit geladen werden kann.

Wird eine *Zusatzmaschine* angewendet, so kann zwar durch die Hauptmaschine, da diese dann stets mit der normalen Spannung betrieben wird, das Netz auch während der Ladung mit Strom versorgt werden, doch muß die Batterie während dieser Zeit von den Sammel-

schienen getrennt werden. Man verliert auf diese Weise einen der Haupt-
vorteile der Batterie: selbsttätig in die Strombelieferung des Netzes
einzugreifen, wenn an der Maschine eine Störung eintritt.

45. Nebenschlußmaschine und Akkumulatorenbatterie mit Doppelzellenschalter.

Soll die Möglichkeit gegeben sein, daß die Batterie auch während der
Ladung mit dem Netz verbunden bleibt, so muß ein *Doppelzellenschalter*
angewendet werden. Abb. 92 gibt für diesen Fall die Schaltung an, und

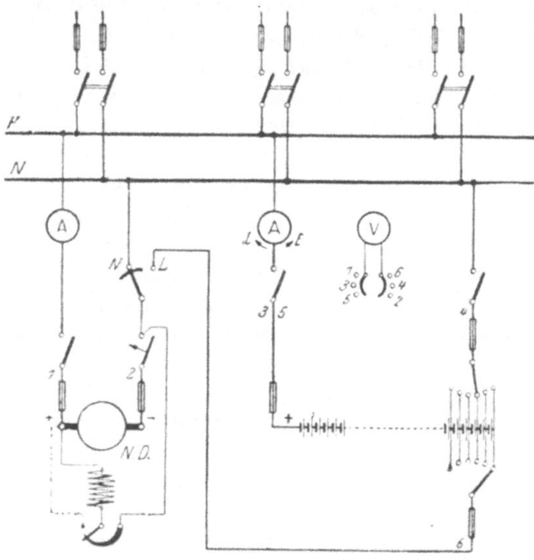

Abb. 97. Nebenschlußmaschine und Akkumulatorenbatterie mit Doppelzellenschalter.

zwar wieder unter der Annahme, daß die für die Ladung notwendige
Spannungserhöhung durch Nebenschlußregelung der Betriebsmaschine
erzielt werden kann. In einer der beiden von der Nebenschlußmaschine
zu den Sammelschienen führenden Leitungen befindet sich, wie im vorigen Schaltplan, ein einpoliger Handschalter. Die andere Leitung enthält
jedoch außer dem Unterstromschalter noch einen Umschalter. Dieser
ist, wenn die Maschine auf das Netz arbeiten soll, in die Stellung N
zu bringen, dagegen ist er für die Ladung auf L einzustellen. Es empfiehlt
sich, einen Umschalter zu wählen, der den Übergang aus der einen in die
andere Stellung *ohne Stromunterbrechung* zu bewerkstelligen erlaubt.
Die Batterie steht mit den Sammelschienen wieder durch zwei einpolige
Schalter in Verbindung. Ihre Entladespannung kann am Doppelzellenschalter unabhängig von der Ladespannung geregelt werden. Der Kontakt L des Umschalters und die Ladekurbel sind durch die *Ladeleitung*
miteinander verbunden. Bezüglich der Strommesser gilt das im vorigen
Abschnitt Angegebene. Für den Spannungsmesser ist ein Umschalter

mit folgenden Stellungen vorgesehen: *1—2* Maschinenspannung, *3—4* Batterieentladespannung, *5—6* Batterieladespannung.

Auf die verschiedenen Betriebsweisen soll nur insoweit eingegangen werden, als sich gegenüber der Anordnung mit einem Einfachzellenschalter Unterschiede ergeben.

a) *Die Maschine arbeitet allein auf das Netz.* Ist die Batterie aus irgendeinem Grunde ausgeschaltet, so hat die Maschine allein den Betrieb zu übernehmen. Der Umschalter steht hierbei auf *N*.

b) *Die Batterie arbeitet allein auf das Netz.* Zu Zeiten geringen Strombedarfs, z. B. des Nachts, wird der Maschinenbetrieb stillgelegt und die Stromlieferung lediglich der Batterie übertragen. Zur Konstanthaltung der Spannung dient die Entladekurbel des Zellenschalters.

c) *Maschine und Batterie arbeiten parallel.* In den Stunden des Hauptbetriebes läßt man Maschine und Batterie gleichzeitig auf das Netz arbeiten, damit letztere die Belastungsschwankungen aufnehmen kann und im Falle eines Versagens der Maschine die Stromlieferung aufrechterhält. Um die Maschine zur Batterie parallel zu schalten, ist bei der Umschalterstellung *N* zunächst der einpolige Handschalter zu schließen und erst, nachdem die Maschine auf die Entladespannung der Batterie erregt ist, der Unterstromschalter einzulegen.

d) *Die Batterie wird geladen.* Um vom Parallelbetrieb zur Ladung überzugehen, ist der Umschalterhebel von *N* auf *L* zu bringen. *Vorher ist aber die Ladekurbel des Doppelzellenschalters auf den gleichen Kontakt zu stellen, auf dem sich* die Entladekurbel befindet, da andernfalls in dem Augenblicke, in dem während des Umschaltens *N* und *L* gleichzeitig von der Kontaktfeder des Schalters berührt werden, die zwischen beiden Kurbeln befindlichen Zellen kurzgeschlossen werden. Ist die Umschaltung bewirkt, so ist die Ladekurbel auf den äußersten Kontakt zu drehen, so daß alle Zellen an der Ladung teilnehmen. Die Maschine ist auf die der Ladung entsprechende Spannung zu erregen. Die voll aufgeladenen Zellen werden mittels der Ladekurbel nach und nach abgeschaltet. Da die Batterie auch während der Ladung den Strombedarf im Netz zu decken hat, müssen durch die Entladekurbel stets so viel Zellen abgeschaltet werden, daß trotz der höheren Ladespannung die Netzspannung den normalen Wert beibehält.

Um nach der Ladung die Maschine wieder zur Batterie parallel zu schalten, ist das soeben für den umgekehrten Fall Angegebene sinngemäß zu beachten.

Sind, wie das wohl die Regel ist, mehrere Maschinen vorhanden, so läßt sich die Zahl der in Betrieb zu nehmenden Maschinen immer der jeweiligen Belastung des Netzes anpassen. Auch kann alsdann irgendeine der Maschinen zur Batterieladung herangezogen werden, während gleichzeitig die anderen Maschinen auf das Netz arbeiten. Das Schaltbild einer solchen Anlage ergibt sich sinngemäß. Zu den beiden Sammelschienen *P* und *N* tritt alsdann eine dritte Schiene, die *Ladeschiene*, mit der die Kontakte *L* der Maschinenumschalter sowie die Ladekurbel des Zellenschalters der Batterie verbunden werden.

46. Nebenschlußmaschine, Akkumulatorenbatterie mit Doppelzellenschalter und Zusatzmaschine.

Ist die zur Stromerzeugung dienende Nebenschlußmaschine nicht für Spannungserhöhung eingerichtet, so muß zur Erzielung der für die Ladung der Batterie notwendigen Spannung eine *Zusatzmaschine* vorgesehen werden. Die erforderliche Schaltung zeigt der Schaltplan Abb. 98. Ein Umschalter für die Hauptmaschine erübrigt sich, da die Maschine stets, auch bei der Batterieladung, auf die Sammelschienen arbeitet. Beim Laden wird der positive Pol der Zusatzmaschine mittels eines gewöhnlichen Schalters an die negative Sammelschiene gelegt, während

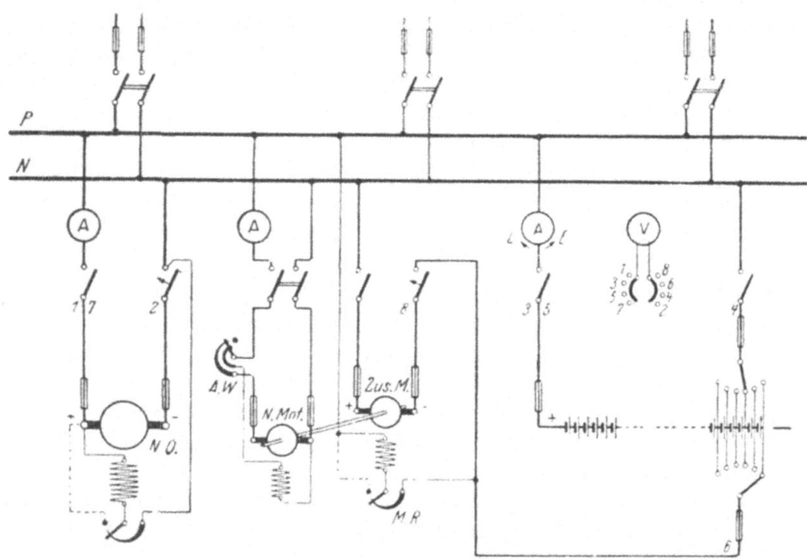

Abb. 98. Nebenschlußmaschine, Akkumulatorenbatterie und Zusatzmaschine.

ihr negativer Pol durch einen Unterstromschalter mit der Ladekurbel des Doppelzellenschalters in Verbindung gebracht wird. Haupt- und Zusatzmaschine sind dann *hintereinander* geschaltet. Die Erregung der Zusatzmaschine geschieht am zweckmäßigsten durch die Ladespannung der Batterie, wie es auch im Schaltplan angenommen ist. In diesem Falle wird die Spannung der Zusatzmaschine im Laufe der Ladung selbsttätig zunehmen, so daß weniger von Hand nachreguliert zu werden braucht. Der Antrieb der Zusatzmaschine erfolgt durch einen mit ihr unmittelbar gekuppelten Nebenschlußmotor, der von der Sammelschienen gespeist wird, und dessen Belastung durch einen Strommesser festgestellt werden kann; *A.W.* bedeutet den Anlaßwiderstand.

Der Spannungsmesser erlaubt unter Anwendung des Umschalters zu messen: *1—2* Spannung der Hauptmaschine, *3—4* Entladespannung der Batterie, *5—6* Ladespannung der Batterie, *7—8* Gesamtspannung von Haupt- und Zusatzmaschine.

Es sind wieder folgende Betriebsfälle möglich:

a) *die Hauptmaschine arbeitet allein auf das Netz,*
e) *die Batterie arbeitet allein auf das Netz,*
c) *Maschine und Batterie arbeiten parallel,*
d) *die Batterie wird geladen.*

Es soll hier nur auf das Laden der *Batterie* eingegangen werden; wegen der anderen Fälle sei auf die Ausführungen der vorhergehenden Abschnitte verwiesen. Beim Laden arbeitet die Hauptmaschine wie immer mit normaler Spannung auf die Sammelschienen. Die Ladekurbel des Doppelzellenschalters wird zunächst auf den äußersten Kontakt gestellt. Darauf wird die Zusatzmaschine durch den Elektromotor angetrieben und, nachdem ihr Handschalter geschlossen ist, so weit erregt, daß die Gesamtspannung von Haupt- und Zusatzmaschine etwas höher ist als die Ladespannung der Batterie. Nunmehr wird der Unterstromschalter der Zusatzmaschine eingelegt und die Batterie mit der vorschriftsmäßigen Stromstärke in üblicher Weise geladen.

47. Wind-Elektrizitätswerk.

Sehr verlockend erscheint es, besonders in einer Zeit, die die Heranziehung aller verfügbaren Energiequellen zu einer unabweisbaren Pflicht macht, die Windkraft zur Erregung elektrischen Stromes auszunutzen. Die hierbei auftretenden Schwierigkeiten sind namentlich in der Unregelmäßigkeit begründet, mit der diese Naturkraft zur Verfügung steht, und in ihrer häufig wechselnden Stärke. Durch Anwendung einer Akkumulatorenbatterie von entsprechender Größe kann die für ein Wind-Elektrizitätswerk unerläßliche Reserve für windflaue Zeiten geschaffen werden.

Bei den Ausführungen der Vereinigten Windturbinenwerke in Dresden wird die Stromlieferung in das Netz ausschließlich der Akkumulatorenbatterie zugewiesen, während die von der Windturbine angetriebene Dynamomaschine lediglich zum Laden der Batterie dient. Durch einen von LIEBE entworfenen selbsttätigen Schaltapparat ist aber Sorge getragen, daß nur bei ausreichendem Winde die Maschine mit der Batterie in Verbindung steht. Sinkt infolge Abnahme der Windstärke die Drehzahl der Turbine und damit die Spannung der Dynamomaschine unter die zulässige Grenze, so wird die Verbindung aufgehoben, während sie bei zunehmender Windstärke von selbst wieder hergestellt wird.

Abb. 99 gibt den Schaltplan eines nach vorstehenden Gesichtspunkten eingerichteten Elektrizitätswerkes wieder. Zur Stromerzeugung dient eine Art *Doppelschlußdynamo D.D.,* deren Hauptschlußwicklung jedoch nicht, wie das bei dieser Maschinenart sonst die Regel ist, im gleichen Sinne wie die Nebenschlußwicklung magnetisierend wirkt, sondern ihr entgegenarbeitet. Hierdurch wird bei großer Windstärke und damit verbundener hoher Drehzahl der Maschine einer Überlastung vorgebeugt, da in dem Maße, wie die Stromstärke anwächst, die Spannung der Maschine durch die gegenmagnetisierende Wirkung der Hauptschlußwicklung heruntergedrückt wird. Der Strom kann daher nicht über eine bestimmte Höhe ansteigen. Die Maschinenspannung läßt sich durch den Nebenschlußregler den Betriebsverhältnissen entsprechend einstellen.

Für die Akkumulatorenbatterie ist ein Doppelzellenschalter vorhanden. Sie ist über die beiden einpoligen Schalter, die während des Betriebes geschlossen sind, mit den Sammelschienen dauernd verbunden.

Für die Verbindung der Dynamomaschine mit der Batterie ist einerseits ein einpoliger Handschalter vorgesehen, andererseits der obenerwähnte selbsttätige Schalter *S.S.* Dieser enthält als wesentlichsten Teil einen Eisenkern, welcher an seinem unteren Ende ein Kontaktstück

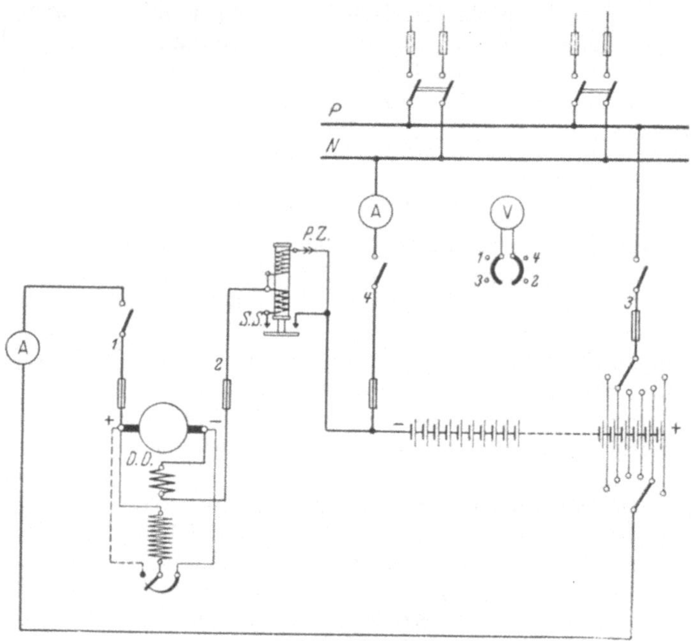

Abb. 99. Wind-Elektrizitätswerk.

trägt. Wird der Kern in die Höhe gehoben, so werden durch dasselbe zwei Kontakte überbrückt, und der Stromkreis wird geschlossen. Über dem Eisenkern befinden sich zwei Wicklungen, eine aus wenigen Windungen dicken Drahtes bestehende, welche in den Hauptkreis eingeschaltet ist, und eine aus vielen Windungen dünnen Drahtes gebildete, welche mit der *Polarisationszelle P.Z.* in Reihe liegt und mit einem vom Hauptkreis abgezweigten Strome versorgt wird. Die Polarisationszelle enthält in einer Flüssigkeit eine Aluminiumelektrode und eine Elektrode aus einem anderen Metall und besitzt die Eigenschaft, den Strom nur in *einer* Richtung — zum Aluminium — hindurchzulassen. Die Zelle ist nun so geschaltet, daß ein *Stromdurchgang lediglich von der Maschine zur Batterie möglich ist.*

Der Betrieb gestaltet sich derartig, daß der selbsttätige Schalter erst dann den Hauptstrom schließt, wenn die Maschinenspannung die Batteriespannung um ein weniges überschreitet. In diesem Falle fließt zunächst, da die Polarisationszelle den Stromdurchgang in der betreffenden Richtung freigibt, ein Strom durch die dünndrähtige Wicklung, der Eisenkern wird gehoben und der Hauptstrom dadurch geschlossen. Die Batterie wird also nunmehr geladen, wobei die dünndrähtige Spule mit der Zelle kurzgeschlossen ist. Läßt während des Betriebes die Spannung der Maschine nach, so löst in dem Augenblicke, in dem Maschinen- und Batteriespannung gleich groß werden, der Strom also durch Null hindurchgeht, der Schalter infolge seines Eigengewichtes aus, und der Stromkreis wird unterbrochen, um erst dann selbsttätig von neuem geschlossen zu werden, wenn die Maschinenspannung wiederum die Batteriespannung übertrifft. Der Betrieb der Anlage wickelt sich also, abgesehen von der Bedienung des Zellenschalters, im wesentlichen selbsttätig ab.

48. Anlage mit Pufferbatterie und Piranimaschine.

In Anlagen, deren Netzbelastung häufigen und stoßartig auftretenden Schwankungen unterworfen ist — Betrieb von Straßenbahnen, Förderanlagen, Aufzügen usw. —, kann mit Vorteil eine *Pufferbatterie* zur Verwendung kommen. Dieser fällt die Aufgabe zu, den Belastungsausgleich zu übernehmen, die Belastungsstöße also von den Betriebsmaschinen fernzuhalten. Die Batterie, welche wie gewöhnlich zu den Betriebsmaschinen parallel geschaltet wird, muß, ihrer Aufgabe entsprechend, für eine hohe Lade-bzw. Entladestromstärke eingerichtet sein (Batterie für kurzzeitige Entladung!). Ihre Größe richtet sich nach den vorkommenden Belastungsschwankungen.

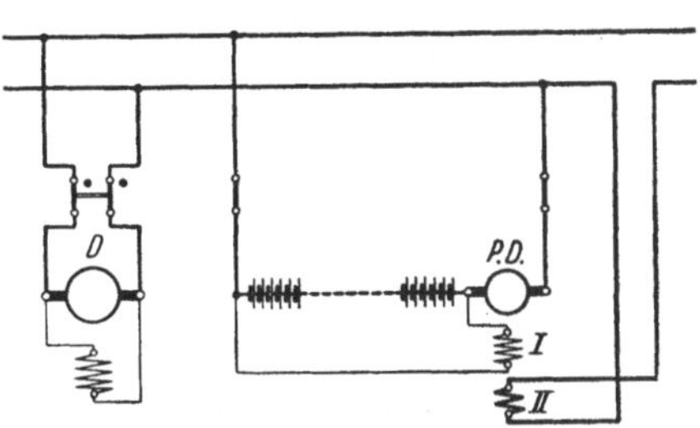

Abb. 100.
Pufferbatterie mit Piranimaschine.

Eine gute Pufferwirkung tritt ein, wenn bei geringer Belastung die Spannung des Batteriezweiges die Maschinenspannung stark *unter*schreitet — die Batterie nimmt alsdann einen großen Teil des von der Maschine gelieferten Stromes auf, sie wird kräftig geladen —, und wenn umgekehrt bei hoher Belastung die Spannung des Batteriezweiges die Maschinenspannung erheblich *über*schreitet — die Batterie beteiligt sich dann lebhaft an der Stromlieferung, sie wird mit hoher Stromstärke entladen.

Die gewünschte große Spannungsänderung des Batteriezweiges kann durch Anwendung einer PIRANI-Maschine erzielt werden, einer Art von einem Elektromotor angetriebenen Zusatzmaschine, deren Anker mit der Akkumulatorenbatterie in Reihe geschaltet ist, und deren Magnete von zwei Wicklungen erregt werden. In Abb. 100, welche die grundsätzliche

Schaltung einer derartigen Anlage wiedergibt, ist die PIRANI-Maschine mit *P.D.* bezeichnet. Ihre Magnetwicklung *I* ist an die Batteriespannung angeschlossen, während die Wicklung *II* vom gesamten in das Netz gelieferten Strom durchflossen wird. Beide Wicklungen sind *gegeneinander* geschaltet und so bemessen, daß sich ihre Einflüsse bei einer *mittleren Belastung* aufheben. Die Maschine gibt dann keine Spannung, sie ist wirkungslos, und die Batterie gibt bei geeigneter Erregung der Betriebsdynamo *D* weder Strom ab, noch nimmt sie solchen auf.

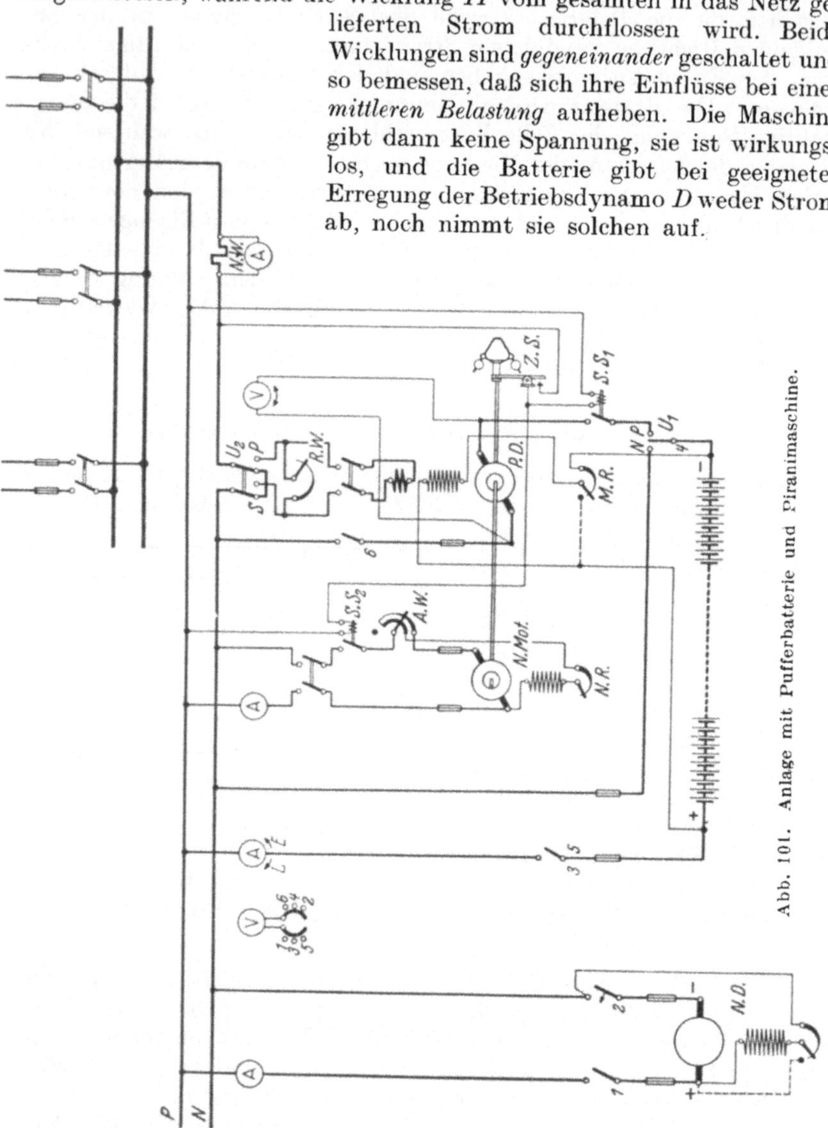

Abb. 101. Anlage mit Pufferbatterie und Piranimaschine.

Bei *höherer Netzbelastung* überwiegt der Einfluß der Wicklung *II*, und die Maschine liefert eine Spannung im gleichen Sinne wie die Batterie. Die Spannung des Batteriezweiges wird demnach erhöht, so daß eine Entladung der Batterie herbeigeführt wird. Bei *geringer Belastung* überwiegt der Einfluß der Wicklung *I*, und die von der Maschine gelieferte Spannung ist der Batteriespannung entgegengerichtet. Die Spannung des Batteriezweiges wird also verringert, und es tritt ein *Aufladen* der Batterie ein.

In Abb. 101 ist der Schaltplan einer den vorstehenden Darlegungen entsprechenden Anlage wiedergegeben. Als Betriebsmaschine ist eine Nebenschlußdynamo vorgesehen, welche in bekannter Weise auf die Sammelschienen arbeitet und auf die normale Betriebsspannung einreguliert wird. Ein Zellenschalter für die Akkumulatorenbatterie ist nicht vorhanden. Über die jeweilige Lade- bzw. Entladestromstärke der Batterie gibt ein doppelseitig ausschlagender Strommesser Auskunft.

Die Batterie liegt unmittelbar an den Sammelschienen, wenn der in ihrem Pluspol befindliche Schalter eingelegt und der Umschalter U_1 auf der negativen Seite der Batterie sich in Stellung N befindet. Dieser Betrieb kommt nur bei ausgeschalteter Maschine in Betracht, zu Zeiten also, in denen der Batterie die gesamte Stromlieferung übertragen wird. Dabei muß der zweipolige Umschalter U_2 in die Stellung S (Sammelschiene) gebracht werden.

Arbeiten dagegen Maschine und Batterie parallel, so befindet sich der Umschalter U_1 in Stellung P. Dadurch wird die PIRANI-Maschine in den Batteriezweig gelegt. Die beiden einpoligen Schalter beiderseits der PIRANI-Maschine, von denen der eine $S.S_1$ als selbsttätiger Schalter ausgebildet ist, sind zu schließen. Die dünndrähtige Wicklung der PIRANI-Maschine (Wicklung I in Abb. 100) ist an die Batteriepole angeschlossen. Die dickdrähtige Wicklung (II) wird über einen zweipoligen Handschalter in eine der Sammelschienen eingeschaltet, indem der Umschalter U_2 in Stellung P gebracht wird. Durch den zur dickdrähtigen Wicklung parallel geschalteten Regulierwiderstand $R.W.$ kann die Einstellung der PIRANI-Maschine für eine mittlere Belastung vorgenommen werden. Je nach der Stellung der Regulierkurbel wird ein mehr oder weniger großer Erregerstrom durch die Wicklung fließen, immer aber ein Strom, der dem Netzstrom proportional ist. Auch der Erregerstrom in der dünndrähtigen Wicklung läßt sich durch einen Magnetregler $M.R.$ auf den für den Betrieb zweckmäßigsten Wert einstellen.

Der Anschluß des zum Antrieb der PIRANI-Maschine dienenden Nebenschlußmotors an das Netz erfolgt mittels eines zweipoligen Schalters und über den Anlaßwiderstand $A.W.$ Außerdem liegt in einem der Pole des Motors noch der selbsttätige Schalter $S.S._2$. Auch ist ein Nebenschlußregler $N.R.$ zur Drehzahlregelung des Motors (s. Abschn. 58) vorgesehen. PIRANI-Maschine und Antriebsmotor sind unmittelbar miteinander gekuppelt: PIRANI-*Umformer*.

Die vorstehend erwähnten Selbstschalter $S.S._1$ und $S.S._2$ stehen mit dem Zentrifugalschalter $Z.S.$ in Verbindung, der auf die Welle des PIRANI-Umformers gesetzt ist. Er soll verhindern, daß die PIRANI-Maschine durchgeht, ein Fall, der erfahrungsgemäß eintreten kann, wenn sie bei einem Kurzschluß in der Anlage Rückstrom empfängt. Bei Überschreitung der zulässigen Drehzahl schließt sich der Zentrifugalschalter. Hierdurch werden die Schalter $S.S.$, indem ihre Magnetwicklungen an die Sammelschienen gelegt werden, ausgelöst, so daß gleichzeitig der Stromkreis der PIRANI-Maschine und der ihres Antriebsmotors unterbrochen werden.

Die für die Anlage erforderlichen Meßgeräte ergeben sich sinngemäß aus den vorhergehenden Schaltplänen. Erwähnt sei der über einen Nebenwiderstand in die eine Sammelschiene gelegte Strommesser, durch den die volle Netzbelastung angezeigt wird. Außer dem Spannungsmesser mit Umschalter für die Maschinenspannung *1—2*, Batteriespannung *3—4* und Batterie- + PIRANI-Maschinenspannung *5—6* ist noch ein zweiter mit doppelseitigem Ausschlage für die PIRANI-Maschinenspannung vorhanden.

Auf die verschiedenen Betriebsmöglichkeiten:

a) *die Maschine arbeitet allein auf das Netz,*
b) *die Batterie arbeitet allein auf das Netz,*
c) *Maschine und Batterie arbeiten — in Pufferschaltung — parallel,*

braucht hier im einzelnen nicht eingegangen zu werden. Die vorzunehmenden Schaltgriffe ergeben sich aus den obigen Darlegungen.

C. Dreileiterzentralen.

Bei älteren Anlagen findet man noch gelegentlich das Dreileitersystem, welches gestattet, von einer Gleichstromzentrale aus einen größeren Umkreis mit Strom zu versorgen, da es die Anwendung einer doppelt so hohen Betriebsspannung wie beim Zweileitersystem ermöglicht, ohne daß die Spannung der angeschlossenen Stromverbraucher erhöht werden muß.

49. Dreileiteranlage mit Hintereinanderschaltung der Betriebsmaschinen.

Die einfachste Möglichkeit, ein Dreileitersystem herzustellen, zeigt Abb. 102. Dabei sind zwei Maschinen hintereinandergeschaltet, so daß

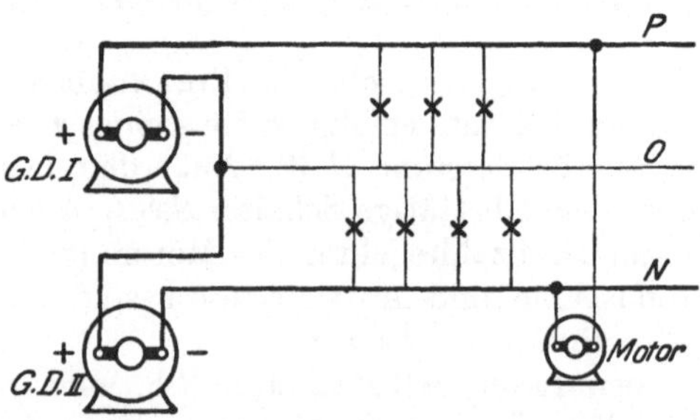

Abb. 102. Dreileiteranlage, Spannungsteilung durch Hintereinanderschaltung zweier Betriebsmaschinen.

sich zwischen den Außenleitern *P* und *N* die doppelte Maschinenspannung ergibt, zwischen jedem Außenleiter und dem gemeinsamen Mittelleiter, auch Nulleiter genannt, herrscht jedoch nur die einfache Maschinenspannung. Größere Motoren, die für die volle Spannung gebaut sein müssen, schaltet man zwischen die Außenleiter, kleinere Stromverbraucher zwischen einem Außenleiter und dem Nulleiter.

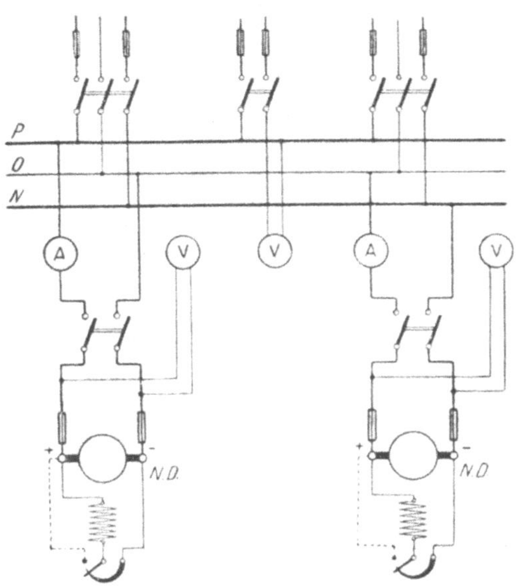

Abb. 103. Dreileiteranlage mit hintereinandergeschalteten Betriebsmaschinen.

50. Dreileiteranlage mit Akkumulatorenbatterie zur Spannungsteilung.

In manchen Fällen verwendet man in Dreileiteranlagen statt zwei hintereinandergeschalteter Maschinen eine größere Maschine, deren Pole an die Außenleiter angeschlossen werden, weil eine große Maschine für die Gesamtleistung billiger ist als zwei Maschinen halber Leistung

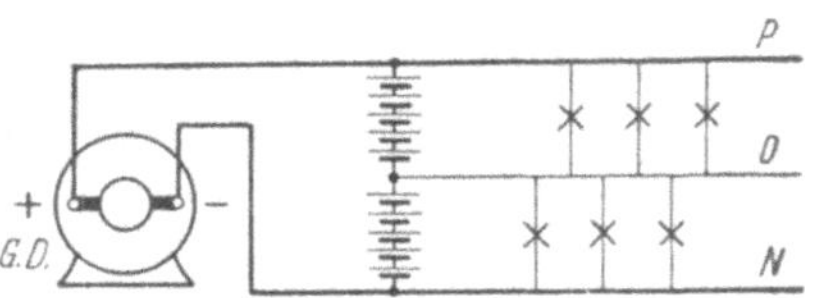

Abb. 104. Dreileiteranlage, Spannungsteilung durch eine Akkumulatorenbatterie.

und auch einen besseren Wirkungsgrad besitzt. Die Aufgabe kann, wenn eine Akkumulatorenbatterie vorhanden ist, von dieser übernommen werden (Abb. 104).

51. Dreileiteranlage mit Ausgleichmaschinen.

Ein sehr zweckmäßiges Verfahren der Spannungsteilung ist die Verwendung von Ausgleichmaschinen (Abb. 105). Es sind dies zwei kleine miteinander gekuppelte Nebenschlußmaschinen gleicher Größe, jede für die halbe Außenspannung, welche hintereinandergeschaltet an die beiden Außenleiter gelegt werden. Zwischen den beiden Maschinen wird dann der Mittelleiter abgenommen. Bei ungleicher Belastung der beiden Netzhälften wirkt die Maschine in der stärker belasteten Netzhälfte als Generator und liefert Strom in das Netz. Eine noch bessere Ausgleichwirkung erzielt man, wenn die beiden Maschinen über Kreuz er-

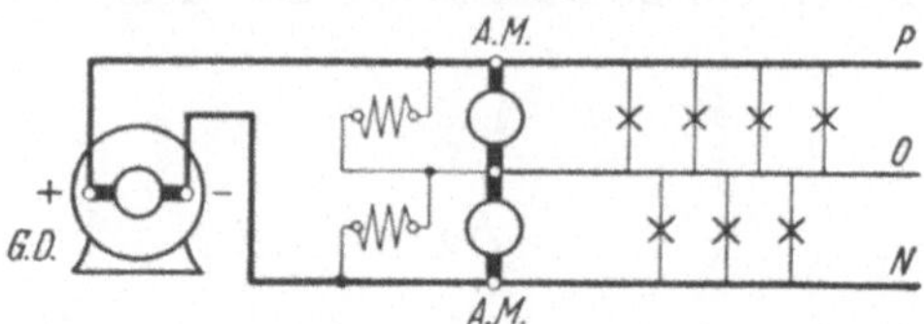

Abb. 105. Dreileiteranlage, Spannungsteilung durch Ausgleichmaschinen.

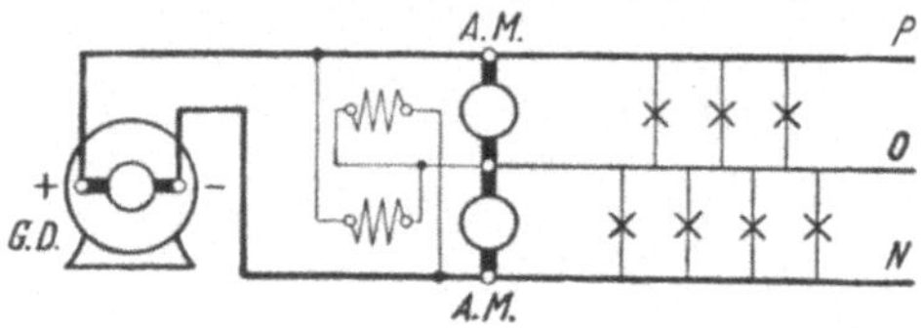

Abb. 106. Dreileiteranlage mit kreuzweiser Erregung der Ausgleichmaschinen.

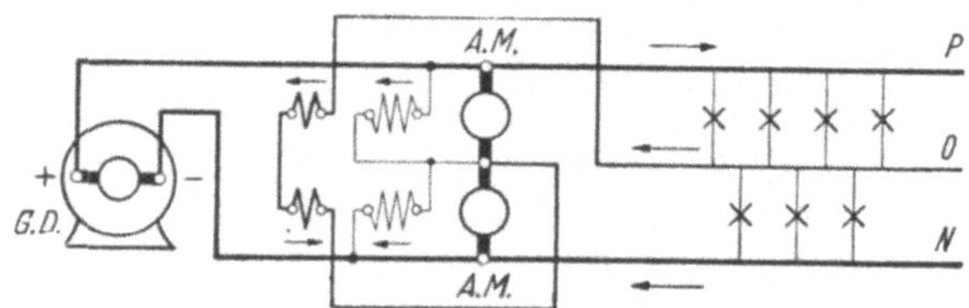

Abb. 107. Dreileiteranlage mit doppelerregten Ausgleichmaschinen.

regt werden (Abb. 106). Eine weiterer Vorteil ergibt sich durch Einführung einer Doppelschlußwicklung, die vom Mittelleiterstrom durchflossen wird (Abb. 107) und durch welche das Feld der jeweils als Generator laufenden Maschine verstärkt, das Feld der als Motor laufenden Maschine aber geschwächt wird.

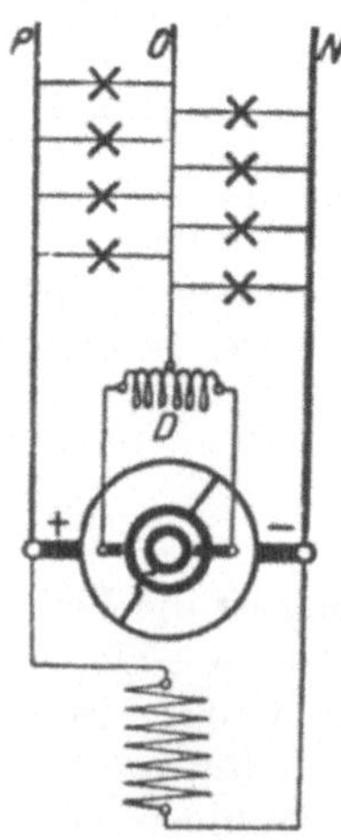

Abb. 108.
Dreileitermaschine.

52. Dreileitermaschine.

Die Spannungsteilung kann auch innerhalb des Gleichstromgenerators vorgenommen werden. Die von DOBROWOLSKY erfundene Dreileitermaschine besitzt außer dem Kollektor noch zwei Schleifringe, mit denen über Hilfsbürsten die Enden einer Drosselspule verbunden sind. An den Mittelpunkt der Drosselspulenwicklung ist der Mittelleiter des Dreileiternetzes angeschlossen, während den Außenleitern der Betriebsstrom in normaler Weise vom Kollektor aus zugeführt wird.

VI. Gleichstrommotoren.

53. Der Nebenschlußmotor.

Die große Verbreitung, welche die Nebenschlußmaschine als Motor gefunden hat, verdankt sie hauptsächlich dem Umstand, daß ihre Drehzahl bei allen vorkommenden Belastungen nahezu gleichbleibt, wenn die Netzspannung konstant gehalten wird.

Das Schaltbild des *Nebenschlußmotors* in Verbindung mit dem Anlasser zeigt Abb. 109a. Der *Anlasser* besitzt drei Anschlußklemmen: L dient zum Anschluß einer der beiden Netzleitungen, mit R wird der eine Ankerpol verbunden und mit M das freie Ende der Magnetwick.-lung. M steht mit einer Schleifschiene in Verbindung, durch welche die

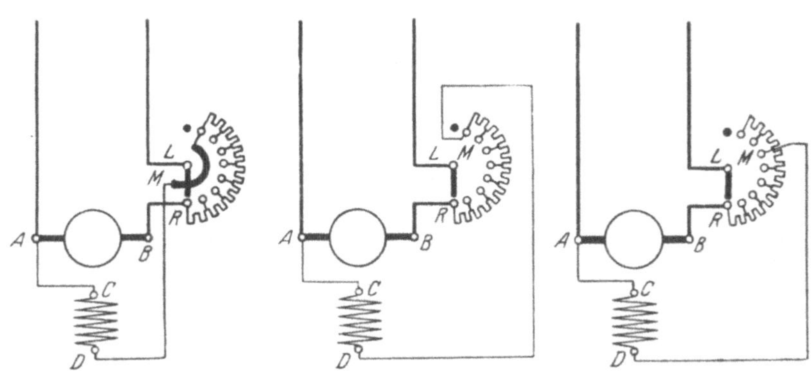

Abb. 109 a.
Nebenschlußmotor, Anlasser
mit Erregermaschine.

Abb. 109 b und c.
Nebenschlußmotor, Anlasser ohne Schiene.

Magnetwicklung beim Anlassen stets die volle Spannung erhält. Durch den Anlaßwiderstand wird also lediglich der Ankerstrom, nicht aber auch der Magnetstrom geschwächt, was zur Erzielung einer hohen Anzugskraft erforderlich ist. Die in dem Schaltbild angegebene Verbindung zwischen Anlaßschiene und erstem Arbeitskontakt ist empfehlenswert mit Rücksicht auf selbstinduktionsfreies Ausschalten: der beim Abschalten auftretende Stromstoß kann in dem aus Magnetwicklung, Anker und Anlaßwiderstand gebildeten Stromkreis verlaufen (vgl. Abschn. 33).

Will man die Schiene am Anlasser vermeiden, so kann die Schaltung nach Abb. 109b vorgenommen werden. In diesem Falle wird, über die Klemme M, das freie Ende der Magnetwicklung an den ersten Arbeitskontakt des Anlassers angeschlossen. Der Magnet wird also beim Anlassen sofort auf volle Stärke erregt, und die Anzugskraft ist dementsprechend hoch. Im weiteren Verlauf des Anlassers wind allerdings der Anlaßwiderstand vor die Magnetwicklung gelegt, der Magnetstrom also etwas herabgesetzt, was jedoch unbedenklich ist und sich lediglich durch eine etwas erhöhte Drehzahl bemerkbar macht. Zuweilen wird, um den Magnetstrom weniger zu schwächen, die zum Anschluß der Magnetwicklung dienende Klemme M nicht mit dem ersten, sondern einem der folgenden Arbeitskontakte verbunden, wie es Abb. 109c zeigt. Sind im vorstehenden die grundsätzlichen Schaltungsweisen von Motor und Anlasser erörtert worden, so gibt Abb. 110 noch ein Beispiel für die praktische Ausführung des Anlassers (nach VOIGT und HÄFFNER, Frankfurt a. M.). Die Schaltung läßt sich auf Abb. 109b zurückführen, doch ist die Anlasserkurbel selbst, einer allgemeinen Vorschrift entsprechend, stromlos gemacht worden, wodurch sich am Anlasser die Notwendigkeit einer Schleifschiene für den zugeführten Strom ergibt. Die erforderlichen Verbindungen werden ausschließlich mittels der am Kurbelende befindlichen Schleiffedern hergestellt. In der Kurzschlußstellung des Anlassers werden die Magnete über einen besonderen Hilfskontakt voll erregt, der Magnetstrom wird dann also, im Gegensatz zu Abb. 109b, nicht mehr durch den Anlaßwiderstand geschwächt.

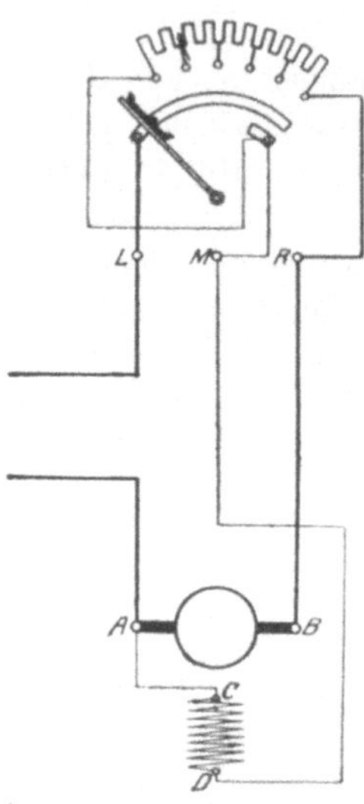

Abb. 110. Nebenschlußmotor mit Anlasser.

54. Der Hauptschlußmotor.

Die Hauptschlußmaschine besitzt als Motor eine besonders hohe Anzugskraft und wird daher mit Vorliebe für den Betrieb von Fahrzeugen, Kranen u. dgl. verwendet. Ihre Umlaufzahl ist jedoch in hohem Maße von der Belastung abhängig. Sie steigt, wenn der Motor entlastet wird, stark an, und bei Leerlauf geht der Motor durch. Er ist daher für Riemenantriebe, wie überhaupt in allen Fällen, in denen eine unvorhergesehene Entlastung eintreten kann, nicht verwendbar, wenn nicht, etwa durch einen Zentrifugalapparat, das Auftreten einer zu hohen Geschwindigkeit verhindert wird.

Das Schaltbild des *Hauptschlußmotors* mit dem zugehörigen Anlaßwiderstand ist durch Abb. 111 gegeben. Am Anlasser sind nur zwei Klemmen erforderlich: L für den Anschluß einer der beiden Netzleitungen, R für die Verbindung mit dem Motor.

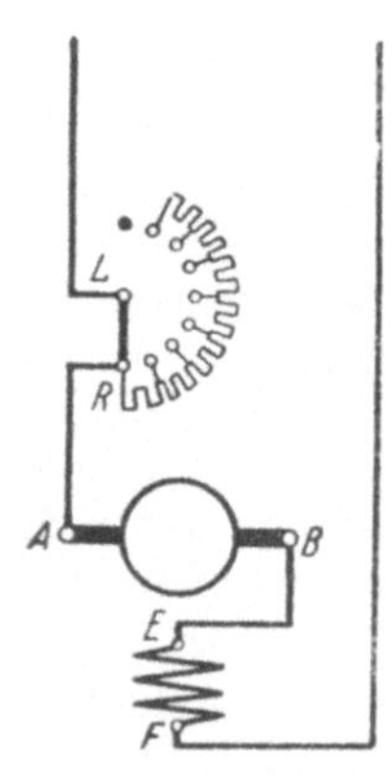

Abb. 111.
Hauptschlußmotor
mit Anlasser.

55. Der Doppelschlußmotor.

Wirkt bei einem *Doppelschlußmotor* die Hauptschlußwicklung der Nebenschlußwicklung *entgegen*, so könnte eine von der Belastung nahezu unabhängige Drehzahl erreicht werden, wenn die Hauptschlußwicklung so dimensioniert wird, daß sie den natürlichen Drehzahlabfall der Maschine genau aufhebt. Bei einem wenn auch nur geringen Überwiegen der Wirkung der gegengeschalteten Hauptschlußwicklung wird die Drehzahl des Motors aber bei Belastung sogar höher, und da bei den meisten Antrieben die Belastung des Motors bei Erhöhung der Drehzahl ebenfalls steigt, wird der Motor unstabil und zeigt Neigung zum Durchgehen.

Ist die Hauptschlußwicklung im *gleichen* Sinne wie die Nebenschlußwicklung geschaltet, so wird die Anzugskraft des Motors im Vergleich zu der des Nebenschlußmotors erhöht. Da aber bei einer derartigen Schaltung mit zunehmender Belastung ein stärkerer Abfall der Drehzahl eintritt, so begnügt man sich meistens mit verhältnismäßig wenigen Windungen für die Hauptschlußwicklung.

Das Schaltbild eines Doppelschlußmotors mit seinem Anlasser zeigt Abb. 112.

56. Wendepolmotoren.

In den vorstehenden Schaltskizzen sind die Motoren ohne Wendepole gezeichnet, und auch in den nachfolgenden Schaltbildern sollen sie

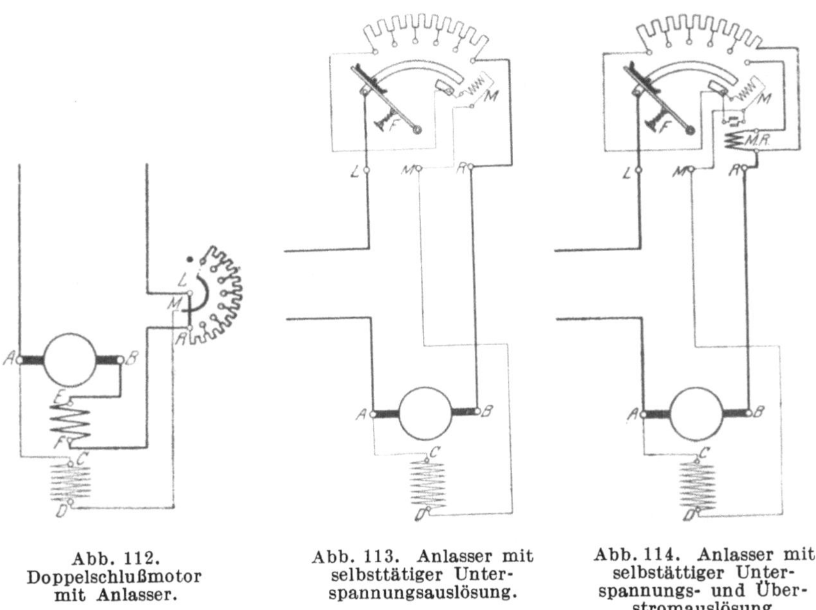

Abb. 112.
Doppelschlußmotor
mit Anlasser.

Abb. 113. Anlasser mit
selbsttätiger Unter-
spannungsauslösung.

Abb. 114. Anlasser mit
selbstättiger Unter-
spannungs- und Über-
stromauslösung.

der Einfachheit wegen im allgemeinen nicht angegeben werden. Jedoch werden heute Motoren größerer Leistung fast durchwegs mit Wendepolen ausgerüstet. Motoren, die große und plötzliche Laststöße aufnehmen müssen, in der Drehrichtung umkehrbar sind und große Drehzahlbereiche durch Feldregelung bewältigen müssen (z. B. Antriebsmotoren von Walzwerken u. dgl.), erhalten außer Wendepolen außerdem noch eine Kompensationswicklung (s. Abschnitt 37). Die Wendepole werden, wie schon für die Stromerzeuger angegeben wurde, vom Ankerstrom erregt (vgl. Abschn. 37), und zwar bei den Motoren — umgekehrt wie bei den Dynamomaschinen — so, daß die Ankerdrähte immer erst *nach* dem Vorbeigang an einem Hauptpol an einem *Wendepol der gleichen Polarität* vorbeigleiten. Zu beachten ist, daß bei etwaigen Schaltungs- änderungen des Motors, z. B. zwecks Umkehr der Drehrichtung, die Verbindung der Wendepolwicklung mit dem Anker unverändert beizu- behalten ist.

57. Anlasser mit selbsttätiger Auslösung.

Kommt ein Motor zum Stillstand, weil aus irgendeinem Grunde die Spannung des Netzes, an das er angeschlossen ist, ausbleibt, so muß der Anlaßwiderstand sofort ausgeschaltet werden. Andernfalls würde der Motor bei plötzlicher Wiederkehr der Spannung, wenn die Sicherun- gen nicht rechtzeitig ansprechen, verbrennen. Hiergegen kann man sich durch Einbau eines *Unterspannungsschalters* in eine der Zuführungs- leitungen schützen (s. Abschn. 7d).

Bei Nebenschlußmotoren kann eine *selbsttätige Auslösung* unmittel- bar am Anlasser vorgesehen werden, Abb. 113 (vgl. auch Abb. 110). Auf der Kontaktplatte des Anlassers befindet sich ein kleiner Elektro- magnet M, dessen Wicklung in den Erregerkreis des Motors eingeschal- tet ist. Auf die Kurbel des Anlassers wirkt nun die Kraft einer Feder F ein, welche beim Drehen der Kurbel während des Anlassens gespannt wird und daher bestrebt ist, sie immer wieder in die Ausschaltstellung zurückzuziehen. In der Endstellung wird sie jedoch mittels eines kleinen eisernen Ankers vom Magneten festgehalten. Bleibt aber die Netzspan- nung aus, so wird der Anlasser unter der Einwirkung der Feder sofort ausgeschaltet. Da die Spule M mit der Magnetwicklung des Motors hintereinandergeschaltet ist, so löst der Schalter auch aus, wenn der Erregerstrom eine Unterbrechung erleidet. Dies ist insofern von Belang, als beim unerregten Motor die Gefahr des „Durchgehens" vorliegt (vgl. Abschnitt 58, 2. Absatz).

In Abb. 114 hat der Anlasser außer der Unterspannungs- auch eine Überstromauslösung erhalten. Beim Überschreiten der zulässigen Strom- stärke wird die Magnetspule M durch ein kleines Maximalrelais $M.R.$ kurzgeschlossen und somit der Motor ausgeschaltet.

58. Regelung der Drehzahl.

Die Drehzahl eines *Motors* läßt sich *vermindern*, indem dem Anker eine geringere Spannung zugeführt, *vor den Anker also ein Widerstand ge- legt wird*. Ist der Anlaßwiderstand für Dauerbelastung eingerichtet — aber nur auch dann —, so kann er selber zur Geschwindigkeitsregelung verwendet werden. Gegebenenfalls werden hierfür nur einige Stufen des Anlaßwiderstandes eingerichtet, wie Abb. 115 für einen Nebenschluß- motor zeigt. Das Verfahren ist für alle Arten von Gleichstrommotoren verwendbar. Es ist jedoch unwirtschaftlich, da es mit einem Energie-verlust verbunden ist, der um so erheblicher ausfällt, je weiter die Drehzahlregelung getrieben wird. Es wird daher nur in Ausnahmefällen angewendet.

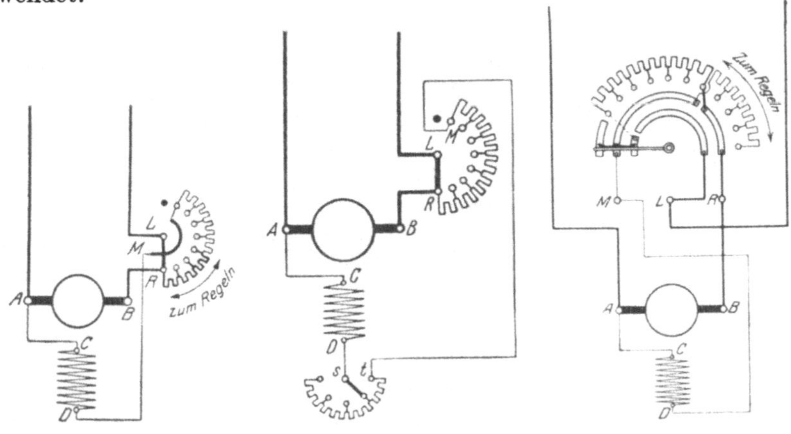

Abb. 115.	Abb. 116.	Abb. 117.
Nebenschlußmotor mit Regelanlasser zur Erniedrigung der Drehzahl.	Nebenschlußmotor mit Anlasser und Nebenschlußregler.	Nebenschlußmotor mit Regelanlasser zur Erhöhung der Drehzahl.

Eine *Erhöhung* der Drehzahl eines Motors läßt sich durch Schwächen des Magnetfeldes, also *durch Vermindern* des *Erregerstromes* erreichen.

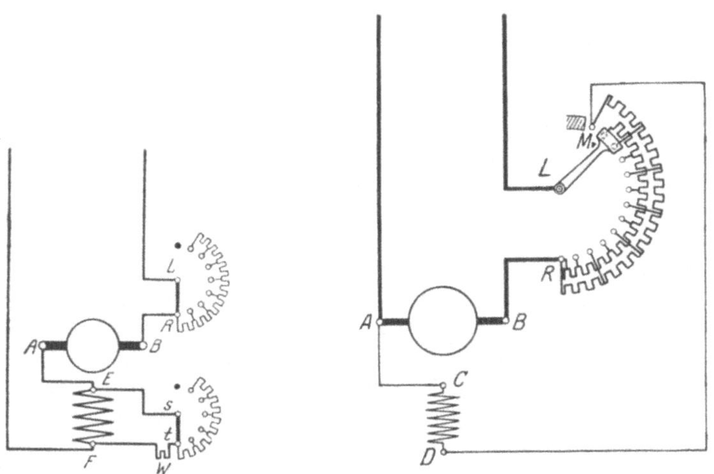

Abb. 118. Hauptschlußmotor mit Regulierwiderstand zur Erhöhung der Drehzahl.

Abb. 119. Nebenschlußmotor mit Anlasser in KAHLENBERG-Schaltung.

Beim *Nebenschlußmotor* wird — nach Art des Nebenschlußreglers einer Dynamomaschine — in den Magnetkreis ein Regulierwiderstand eingeschaltet, *s*, *t* in Abb. 116. Der Widerstand ist ohne Ausschaltkontakt auszuführen, da bei unterbrochenem Magnetstrom der Motor, der dann nur dem Einfluß des Restmagnetismus unterliegt, durchgehen kann. In Abb. 117 ist das Schaltbild eine Nebenschlußmotors dargestellt, mit dessen Anlasser ein Nebenschlußregler vereinigt ist. Es sind vier Regulierstufen vorgesehen. Die gestrichelt gezeichnete Verbindungsleitung dient zum selbstinduktionsfreien Ausschalten.

Beim *Hauptschlußmotor* kann eine Erhöhung der Drehzahl dadurch herbeigeführt werden, daß zur Magnetwicklung ein Regulierwiderstand s, t parallel geschaltet wird, Abb. 118. Ist dieser Widerstand ausgeschaltet, so läuft der Motor mit der normalen Drehzahl. Diese steigt jedoch an, wenn die Regulierkurbel des Widerstandes in Richtung t gedreht wird. Ein gewisser Widerstand W muß jedoch auch bei kurzgeschlossenem Regelwiderstand eingeschaltet bleiben, damit die Magnetwicklung nicht stromlos wird; der Motor würde sonst durchgehen.

59. Anlasser in Kahlenberg-Schaltung.

Bei Anlassern für sehr große Maschinen hat sich eine Einrichtung bewährt, deren Schaltung in Abb. 119 für einen Nebenschlußmotor wiedergegeben ist. Der Anlaßwiderstand ist hier in zwei Teile zerlegt, die durch die Anlasserkurbel, deren Kontaktfeder so breit gemacht wird, daß sie stets zwei Kontakte des Anlassers gleichzeitig deckt, parallel geschaltet werden. Es führt also jeder Teil des Widerstandes nur die halbe Stromstärke, und auch die Kontakte, deren Zahl sich allerdings einem normalen Anlasser gegenüber aufs Doppelte erhöht, können entsprechend kleiner bemessen werden. Der Nutzen der Anordnung ist vor allem darin zu sehen, daß eine Schonung der Kontakte eintritt, da beim Übergang der Schleiffeder von einem Kontakt zum nächsten immer nur eine Widerstandsstufe ab- oder zugeschaltet wird, welche die halbe Stromstärke führt. Dagegen werden bei Anlassern gewöhnlicher Bauart, bei denen unter voller Stromstärke geschaltet werden muß, der Reihe nach die Kontakte, auf die beim Anlassen des Motors die Feder noch nicht voll zur Auflage gekommen ist bzw. auf welche beim Ausschalten die Feder nicht mehr voll aufliegt, besonders stark beansprucht. Die Folge hiervon ist, daß an den Kontakten im Laufe der Zeit Brandstellen auftreten. Auch daß die Verbindungsdrähte zwischen den einzelnen Widerstandsspiralen und den zugehörigen Kontakten nur für die halbe Stromstärke einzurichten sind, ist als Vorteil des beschriebenen Anlassers zu buchen. Ein Ausschaltkontakt ist bei dem in der Abbildung dargestellten Anlasser nicht vorgesehen. Er muß durch einen besonderen Schalter ersetzt werden.

Die Anlasser mit geteiltem Widerstand, die von den SSW ausgeführt werden, sind aus den von KAHLENBERG angegebenen, in Abschn. 117 beschriebenen Anlassern für Drehstrommotoren entwickelt worden. Statt der Unterteilung des Anlaßwiderstandes in *zwei* parallele Teile kann naturgemäß auch ein drei- oder mehrteiliger Widerstand angewendet werden. Die Zahl der Kontakte erhöht sich demgemäß, ebenso wird die Kontaktfeder entsprechend breiter.

60. Änderung der Drehrichtung.

Eine Umkehr der Drehrichtung eines Motors wird erzielt, indem entweder dem Ankerstrom oder dem Strom in der Magnetwicklung eine andere Richtung erteilt wird. Bei betriebsmäßig wechselndem Drehsinn umsteuerbarer Motoren wird in der Regel — durch Vertauschen der

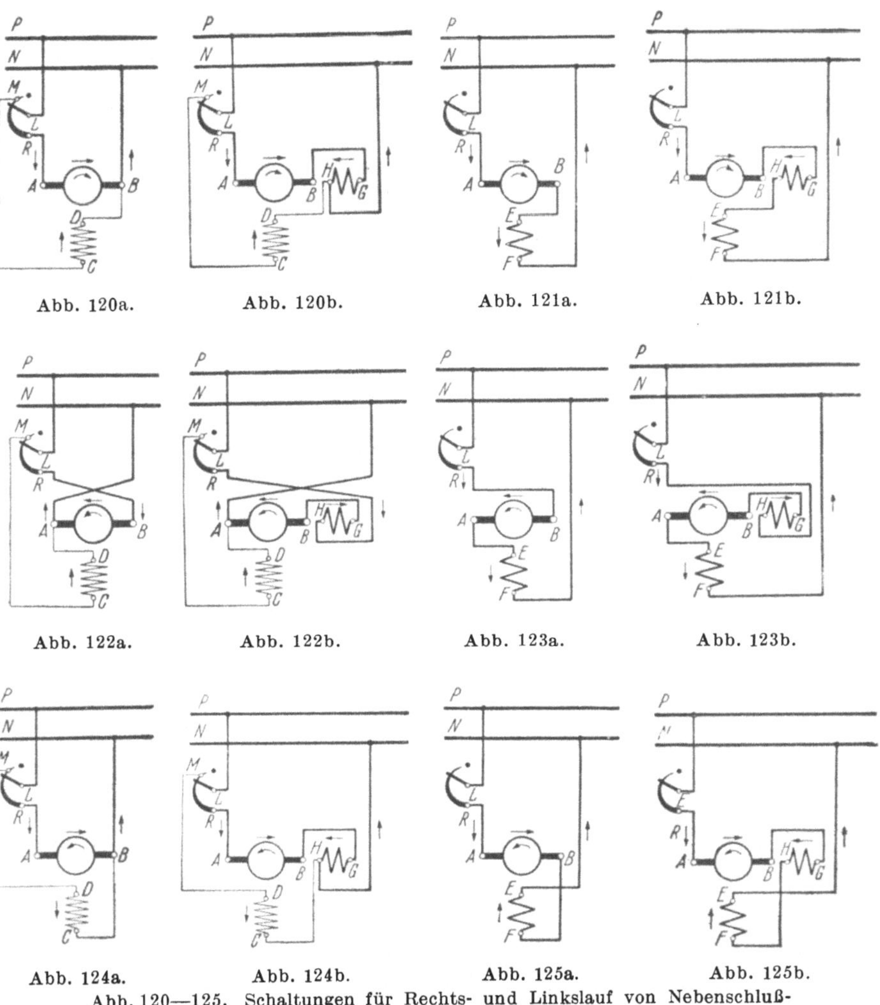

Abb. 120a. Abb. 120b. Abb. 121a. Abb. 121b.

Abb. 122a. Abb. 122b. Abb. 123a. Abb. 123b.

Abb. 124a. Abb. 124b. Abb. 125a. Abb. 125b.

Abb. 120—125. Schaltungen für Rechts- und Linkslauf von Nebenschluß-
und Hauptschlußmotoren.

Ankeranschlüsse — die Stromrichtung im Anker geändert. Dagegen wird eine bleibende Änderung des Drehsinns häufig durch Umpolen der Maschine, also durch Vertauschen der Anschlußleitungen an den Klemmen der Feldwicklung, vorgenommen. Der Anschluß einer etwa vorhandenen Wendepolwicklung zum Anker bleibt in jedem Falle ungeändert.

In den Abb. 120 bis 125 sind, den in den „Regeln für Klemmenbezeichnungen" des VDE[1] gegebenen Beispielen entsprechend, die Schaltungen für Rechts- und Linkslauf des *Nebenschluß-* und des *Hauptschlußmotors* gegeben, wobei davon ausgegangen ist, daß beim *Rechtslauf* der Stromlauf in allen Teilen der Maschine im Sinne der alphabetischen Reihenfolge der Klemmen, also von A nach B, von C nach D, von E nach F, von G nach H erfolgt. Für den *Doppelschlußmotor* ergibt sich die Schaltung für Rechts- und Linkslauf sinngemäß. Beim Nebenschlußmotor ist die Magnetklemme C im Rechtslauf des Motors, und, sofern der Wechsel der Drehrichtung durch Umkehr der Stromrichtung im Anker bewirkt wird, auch im Linkslauf mit der Anlasserklemme M, die Klemme D mit der Maschine verbunden. Beim Hauptschlußmotor ist im Rechtslauf und beim Wechsel der Drehrichtung durch Stromumkehr im Anker auch im Linkslauf die Magnetklemme E mit der Maschine verbunden (vgl. auch Abschn. 38 über den Drehsinn der Gleichstromerzeuger).

Bemerkt sei noch, daß der Drehsinn eines Motors, wie bereits für die Gleichstromerzeuger angegeben wurde, stets von der Antriebsseite, die meistens auf der dem Kollektor entgegengesetzten Seite liegt, angegeben wird.

61. Wendeanlasser.

Ist der Drehsinn eines Motors während des Betriebes *regelmäßig* umzukehren, so geschieht dies, wie bereits im vorigen Abschnitt angeführt wurde, meistens durch Beeinflussung des Ankerstromes. Die Maschine behält dann immer den gleichen Restmagnetismus bei. Es können *Wendeanlasser* verwendet werden, mit denen die gewünschte Drehrichtung eingestellt wird.

Abb. 126 zeigt das Schaltbild eines Wendeanlassers für einen *Nebenschlußmotor.* Es ist ein gemeinsamer Anlaßwiderstand für beide Drehrichtungen vorhanden, die Kontaktbahn ist dagegen doppelseitig ausgebildet mit den Kurzschlußkontakten k_1 und k_2, die unter sich verbunden sind. Die Kurbel des Anlassers ist dreiarmig ausgeführt: die Arme *1* und *2* stehen miteinander in leitender Verbindung, *3* ist von ihnen isoliert. Die Schleiffeder des Armes *1* bestreicht die Kontaktbahn; durch die an den Armen *2* und *3* befindlichen Federn können einerseits die Schienen p und c, andererseits n und d miteinander in Verbindung gebracht werden. Wie in der Abbildung durch Pfeile kenntlich gemacht ist, wird der Anker, wenn die Anlasserkurbel von der Nullstellung aus nach rechts bewegt wird, in der Richtung von A und B vom Strom durchflossen:

$$P\text{-}L_1\text{-}p\text{-}3\text{-}R_1\text{-}A B\text{-}R_2\text{-Anlaßwiderstand-}1\text{-}2\text{-}n\text{-}L_2\text{-}N;$$

wenn die Kurbel nach links bewegt wird, dagegen in der Richtung von B nach A:

$$P\text{-}L_1\text{-}p\text{-}2\text{-}1\text{-Anlaßwiderstand-}R_2\text{-}BA\text{-}R_1\text{-}3\text{-}n\text{-}L_2\text{-}N.$$

---

[1] ETZ **59** (1938) S. 1215.

Die Magnetwicklung empfängt stets Strom derselben Richtung:

$$p\text{-}3\text{-}c\text{-}M_1\text{-}CD\text{-}M_2\text{-}d\text{-}2\text{-}n \quad \text{bzw.} \quad p\text{-}2\text{-}c\text{-}M_1\text{-}CD\text{-}M_2\text{-}d\text{-}3\text{-}n.$$

Es ergeben sich je nach der Kurbelstellung also verschiedene Drehrichtungen für den Motor.

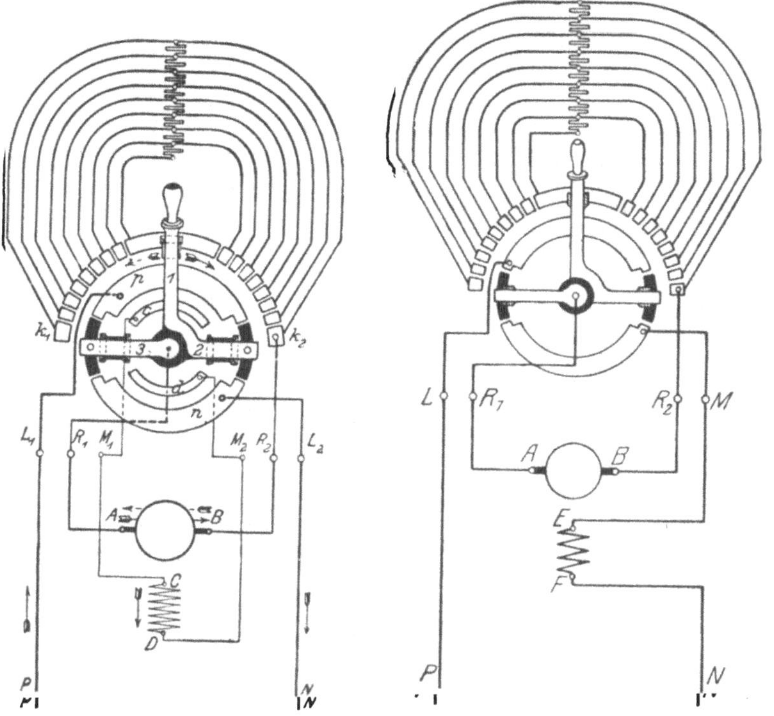

Abb. 126. Wendeanlasser für einen Nebenschlußmotor.

Abb. 127. Wendeanlasser für einen Hauptschlußmotor.

An Abb. 127 ist die Schaltung für den Wendeanlasser eines *Hauptschlußmotors* gegeben. Sie unterscheidet sich von dem des Nebenschlußmotors besonders durch den Fortfall der inneren Schleifschienen.

62. Schaltwalzenanlasser.

In den vorstehenden Schaltskizzen wurden zum Anlassen der Motoren stets sog. *Flachbahnanlasser* vorausgesetzt, bei denen die einzelnen Widerstandsstufen an Kontakten liegen, die auf einer ebenen Platte angeordnet sind. Wo das Anlassen und Abstellen des Motors *häufig* zu erfolgen hat, zieht man jedoch, namentlich in staubigen und feuchten Betrieben oder bei Aufstellung im Freien, *Schaltwalzenanlasser* vor. Auf der Mantelfläche einer durch eine Kurbel drehbaren Schaltwalze ist eine Anzahl Kontaktstücke angebracht. In einer Mantellinie der Walze liegt eine Reihe Kontaktfinger federnd auf, welche in bestimmter Weise

mit den Zuführungsleitungen, dem Motor selbst oder den Anlaßwider-
ständen verbunden sind. Die Kontaktstücke sind nun so ausgestaltet
und stehen untereinander derartig in Verbindung, daß durch Vermittlung der Kontaktfinger die für das Anlassen erforderlichen Verbindungen
beim Drehen der Kurbel in der richtigen Reihenfolge hergestellt werden.

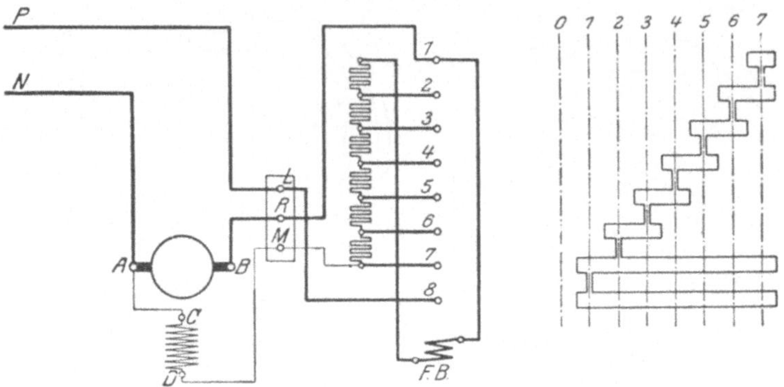

Abb. 128. Schaltwalzenanlasser für einen Nebenschlußmotor.

Das Schaltbild eines Walzenanlassers für einen *Nebenschlußmotor*
zeigt Abb. 128. Ihm ist, wie auch den nachstehend wiedergegebenen
Bildern von Walzenschaltern, eine Ausführung der Firma F. Klöckner,
Köln, zugrunde gelegt. Es sind 8 Kontaktfinger vorhanden. Der rechte

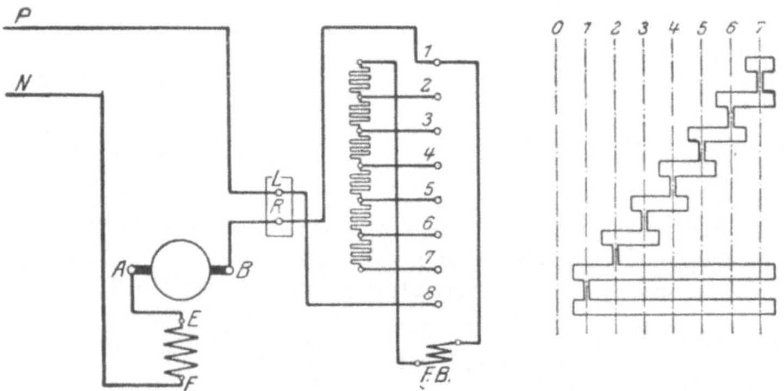

Abb. 129. Schaltwalzenanlasser für einen Hauptschlußmotor.

Teil der Abbildung stellt die Abwicklung der Walze dar. Dieselbe
läßt 7 Anlaßstellungen erkennen, außerdem die Ausschaltstellung *0*.
In Stellung *1* der Walze, d. h. wenn die Kontaktfinger sämtlich in der
Mantellinie *1* auf der Walze liegen, nimmt der Strom seinen Weg von
der Netzleitung *P* über die Klemme *L* des Walzenanlassers zum Kontaktfinger *8*, sodann wird er durch die beiden unteren Kontaktstücke der
Walze über Finger *7* zu dem Anlaßwiderstand geleitet, dessen Stufen,

6 an der Zahl, er sämtlich durchfließen muß, um sodann über die Funken-
blasspule $F.B.$ und die Klemme R zum Anker in Richtung $\overline{BA}$ und
weiter zum anderen Netzpol N zu gelangen. In Stellung 2 wird durch
die zu den Fingern 6 und 7 gehörigen Kontaktstücke eine Widerstandsstufe kurzgeschlossen, so daß nur noch 5 Stufen dem Anker vorgeschaltet bleiben. In Stellung 3 sind noch 4 Widerstandsstufen eingeschaltet usw. In Stellung 7 schließlich ist der ganze Anlaßwiderstand

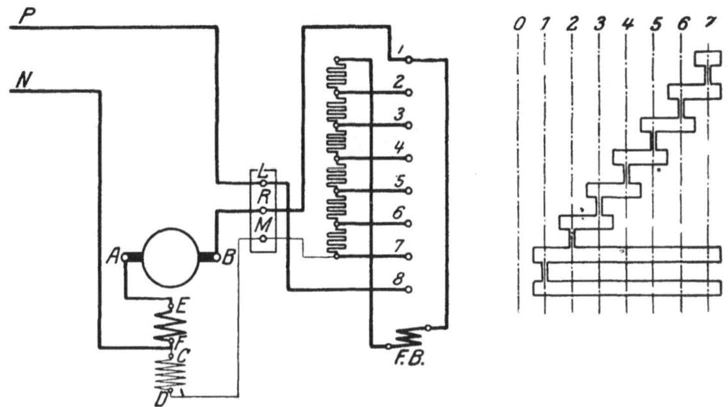

Abb. 130. Schaltwalzenanlasser für einen Doppelschlußmotor.

aus dem Stromkreise herausgenommen: der Motor ist im normalen
Betriebe. Die Magnetwicklung ist von der ersten Anlaßstellung an stets
voll erregt.

In Abb. 129 ist der vorstehend behandelte Walzenanlasser in Verbindung mit einem *Hauptschlußmotor* gezeichnet. Die Klemme M fehlt
in diesem Falle.

Schaltbild Abb. 130 zeigt schließlich den gleichen Walzenanlasser
für einen *Doppelschlußmotor.*

63. Steuerwalzen für Motoren doppelter Drehrichtung.

In Abb. 131 ist die Schaltung einer *Steuerwalze* für einen *Nebenschlußmotor* und in Abb. 132 die entsprechende Schaltung für einen
Hauptschlußmotor dargestellt. Mit Hilfe der Walze kann die Drehrichtung des Motors beliebig eingestellt werden. Für jede Drehrichtung sind 4 Anlaßstellungen vorhanden. Die Ausführung der Walze ist,
mit Rücksicht auf eine einheitliche Fabrikation, für beide Motorarten
die gleiche. Würde hiervon abgesehen werden, so könnten beim Hauptschlußmotor die untersten Kontaktschienen des Anlassers mit dem
Kontaktfinger 9 entbehrt werden. Die Umsteuerung der Motoren erfolgt
durch Richtungsänderung des Ankerstromes, während der Magnetstrom
stets im gleichen Sinne fließt. Das Schaltbild für den Nebenschlußmotor läßt erkennen, daß dieser während des ganzen Einschaltvorganges
voll erregt ist. Der Magnetwicklung des Nebenschlußmotors ist noch

ein *Schutzwiderstand* parallel geschaltet. Dieser soll den beim Abschalten infolge der hohen Selbstinduktionsspannung auftretenden Stromstoß aufnehmen, der namentlich bei höheren Spannungen — 220 Volt und mehr — und großer Schalthäufigkeit für die Wicklung verhängnisvoll

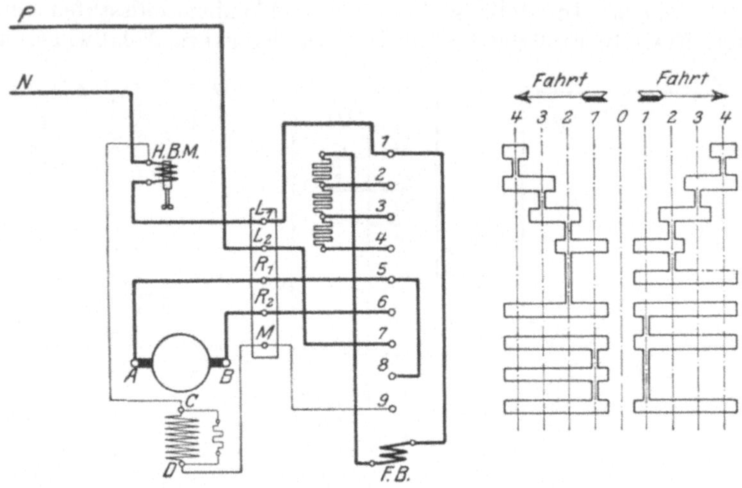

Abb. 131. Steuerwalze für einen Nebenschlußmotor.

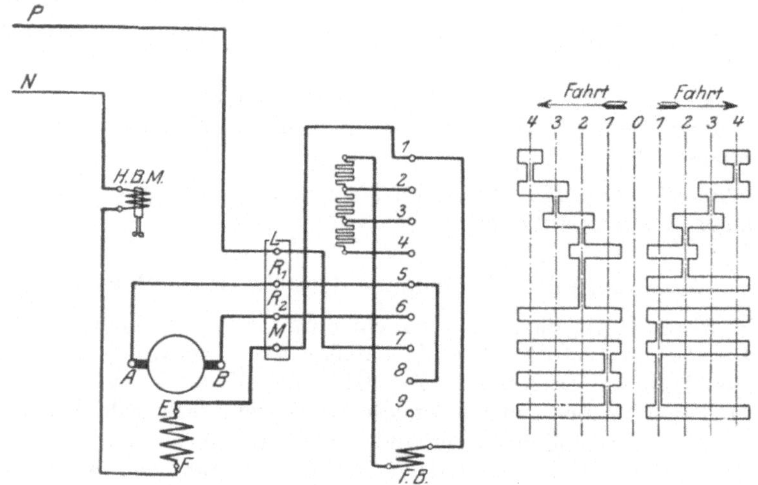

Abb. 132. Steuerwalze für einen Hauptschlußmotor.

werden könnte. Der Schutzwiderstand muß im Vergleich zu dem der Magnetwicklung einen hohen Ohmwert besitzen.

Gegebenenfalls kann mit der Anordnung ein *Bremslüftmagnet* verbunden sein, der eine für gewöhnlich angezogene Bremse frei gibt, sobald er erregt wird. In den Schaltplänen ist ein Hauptschlußmagnet *H.B.M.*

angedeutet, dessen Erregung durch den vollen Motorstrom erfolgt, doch wird in vielen Fällen ein Nebenschlußmagnet, der durch einen vom Netz abgezweigten Strom geringer Stärke erregt wird, vorgezogen.

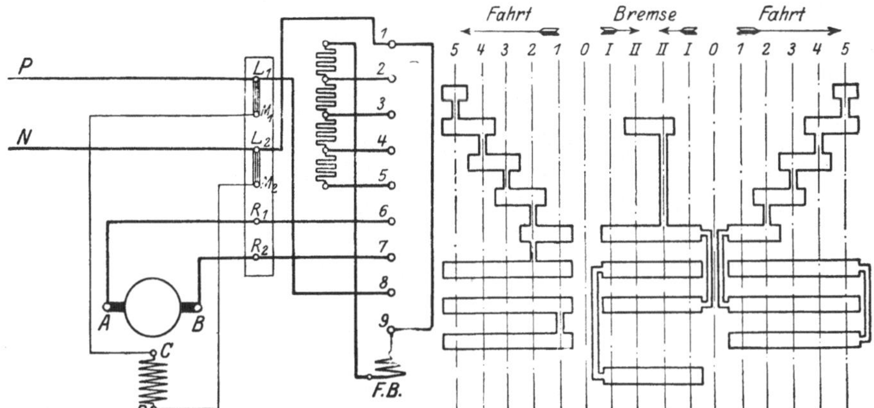

Abb. 133. Steuerwalze mit Nachlaufbremsung für einen Nebenschlußmotor.

64. Steuerwalze mit Nachlaufbremsung für beide Drehrichtungen.

Damit die Motoren, sobald die Stromzufuhr unterbrochen ist, rasch zum Stillstand kommen, können an den Steuerwalzen einige *Nachlaufbremsstellungen* eingerichtet werden. In diesen werden die Motoren, als Dynamo arbeitend, auf einen kleinen Widerstand, z. B. den Anlaßwiderstand, geschaltet, in dem sich ihre lebendige Kraft schnell verzehrt. In Abb. 133 ist die Schaltung eines *Nebenschlußmotors* und der zugehörigen Wendewalze mit Nachlaufbremsung für beide Drehrichtungen gegeben. Hinsichtlich des Anlassens nach der einen oder anderen Drehrichtung kann im allgemeinen auf die vorhergehenden Schaltbilder verwiesen werden. Die Umsteuerung des Motors geschieht, wie üblich, durch Richtungsänderung des Ankerstromes. Da die Erregung unmittelbar vom Netz aus erfolgt, so behält der Magnetstrom stets die gleiche Richtung, auch beim Bremsen. Es wird also der Motor in den Bremsstellungen der Walze im gleichen Sinne erregt wie in den Fahrtstellungen. Es sind zwei Bremsstellungen für jede Drehrichtung vorhanden. In den Stellungen *I* der Walze arbeitet die Maschine auf den gesamten Anlaßwiderstand, der nunmehr die Rolle eines Belastungswiderstandes übernommen hat. Beim Weiterdrehen der Walze in die Stellung *II* wird, da dann nur noch *eine* Widerstandsstufe eingeschaltet ist, ein größerer Strom entwickelt, die Bremswirkung also entsprechend verstärkt. Da nach dem Schaltbild die Magnetwicklung des Motors unmittelbar am Netz liegt, so ist, um auch die Erregung abschalten zu können, vor dem Motor noch ein Hauptschalter anzubringen.

Bei einem *Hauptschlußmotor* müßte, damit er bei gleichbleibender Drehrichtung Strom erzeugt, also bremsend wirkt, eine Schaltungsänderung vorgenommen werden: die beiden Enden der Magnetwicklung sind in bezug auf ihre Verbindung mit Anker und äußerem Stromkreis zu vertauschen.

Zur Unterstützung der Bremswirkung kann noch ein Bremsmagnet angeordnet werden. In Abb. 133 wurde der einfacheren Darstellung wegen auf die Einzeichnung eines solchen verzichtet.

65. Steuerwalze für Hubmotoren in Senkbremsschaltung.

Einer besonderen Ausbildung bedarf die Steuerwalze zur Bedienung des Hubmotors eines Krans. Es kommt für diesen Zweck im allgemeinen der *Hauptschlußmotor* in Betracht. Ein Beispiel für die Schaltung eines solchen ist in Abb. 134 gegeben. Für die dem *Heben* der Last entsprechende Drehrichtung sind 6 Schaltstellungen vorhanden. Besonderheiten

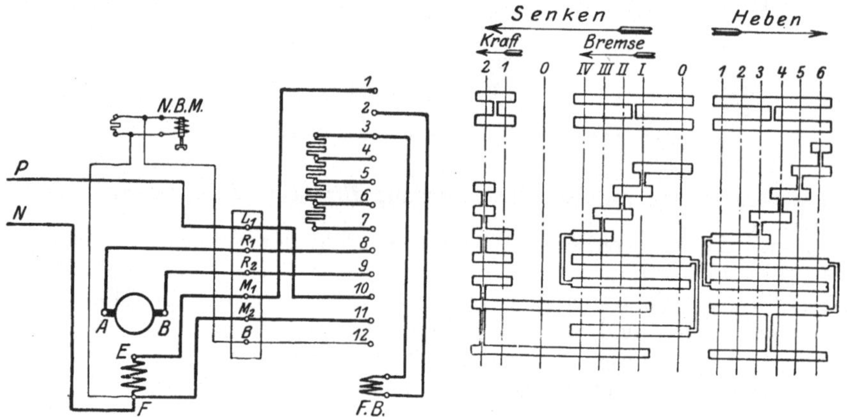

Abb. 134. Steuerwalze für einen Hauptschluß-Hubmotor.

sind hier nicht zu erwähnen. Nur ist im Gegensatz zu dem vorhergehenden Schaltbild durch Einführung der beiden oberen Reihen Kontaktschienen an der Walze die Zahl der Unterbrechungsstellen vermehrt, wodurch sie für eine größere Leistung brauchbar wird. Ferner ist die erste Anlaßstufe, damit das Einschalten nicht zu schnell vorgenommen werden kann und kein zu großer Stromstoß auftritt, doppelt vorhanden. Der Nebenschlußbremsmagnet *N.B.M.*, dem ein Schutzwiderstand parallel geschaltet ist, um der Selbstinduktionsspannung einen Weg zu bieten, ist in allen Anlaßstufen erregt, die Bremse ist also gelüftet.

Um ein *Senken* der Last herbeizuführen, wird in Stellung *O* zunächst die Verbindung des Ankers mit dem positiven Netzpol aufgehoben, mithin die Stromzufuhr zum Motor unterbrochen. Anker und Magnetwicklung sind mit *einer* Stufe des Anlaßwiderstandes hintereinandergeschaltet. Ein Sinken der Last tritt jedoch vorerst noch nicht ein, da der Bremsmagnet nicht erregt, die von ihm beeinflußte Bremse also angezogen ist. Erst in Stellung *I* wird bei sonst unveränderter Schaltung die Magnetbremse gelüftet, indem ihr Erregerstrom geschlossen wird.

Infolgedessen wird der Motor unter dem Einfluß der sinkenden Last in Drehung gelangen, wobei er als Dynamomaschine arbeitet, also eine Bremswirkung ausübt. Da der Widerstand, auf den er geschaltet ist — eine Stufe des Anlaßwiderstandes, wie schon bemerkt wurde —, vorerst noch klein ist, entwickelt er einen starken Bremsstrom, und die Bremswirkung ist daher genügend groß, um auch große Lasten nur langsam ablaufen zu lassen. In den Stellungen *II* bis *IV* wird die Senkgeschwindigkeit durch Einschalten weiterer Widerstandsstufen größer. Ist die angehängte Last so klein, daß sie nur gerade die ihr entgegenstehenden Reibungswiderstände überwindet, eine nennenswerte Beschleunigung aber nicht hervorruft, so kann weiter auf Stellung *0*, die *Freifallstellung*, geschaltet werden, in welcher die Verbindung zwischen Anker und Magnetwicklung aufgehoben, die Last sich also selber überlassen ist. Bei noch kleinerer Last ist der Motor wieder ans Netz zu legen, damit nunmehr unter dem Einfluß des vom Motor aufgenommenen Stromes ein *Senken mit Kraft* eintritt. Hierfür sind 2 Stellungen *1* und *2*, der Steuerwalze als ausreichend erachtet, wobei ein völliges Kurzschließen des Anlaßwiderstandes nicht vorgesehen ist.

Bei der in der Abbildung gegebenen Anordnung erhält die Magnetwicklung bei allen Schaltstellungen im gleichen Sinne Strom. Doch wird, damit eine andere Drehrichtung des Motors zustande kommt, beim Senken mit Kraft dem Ankerstrom eine andere Richtung wie beim Heben erteilt. Zur Erzielung der Bremswirkung muß beim Senken durch Last die Verbindung der Magnetwicklung mit dem Anker die gleiche bleiben wie beim Heben, da ein Hauptschlußmotor, ohne daß eine Schaltungsänderung vorgenommen wird, stromerzeugend wirkt, wenn er in entgegengesetzter Richtung angetrieben wird (vgl. auch Abschn. 64, vorletzter Absatz).

Die Bedienung der Steuerwalze erfordert eine gewisse Vorsicht. Der Kranführer muß die Last abschätzen und danach die geeignete Schaltstufe auswählen, damit die Last nicht zu schnell sinkt. Es sind jedoch auch *Sicherheitssenkschaltungen* ausgebildet worden, bei denen ein „Durchgehen" der Last ausgeschlossen ist. Auf diese Schaltungen kann hier nicht näher eingegangen werden.

66. Schützensteuerungen.

Schützensteuerungen kommen namentlich bei großen Motoren zur Verwendung, besonders wenn ein häufiges Ein- und Ausschalten erforderlich ist. Das *Schütz*, ein elektromagnetisch betätigter Schalter zieht, sobald es erregt ist, einen Anker an und schließt dadurch einen Kontakt. Abb. 135 zeigt das Schaltkurzzeichen und das Schaltzeichen nach VDE 713 für ein zweipoliges Schütz. Um einen Motor anzulassen, ist ein Satz von Schützen notwendig, die in der richtigen Reihenfolge erregt werden müssen. Zu diesem Zwecke ist eine kleine Steuerwalze zu bedienen,

Abb. 135a. Schaltkurzzeichen und 135b Schaltzeichen für ein zweipoliges Schütz.

die sog. *Meisterwalze.* Je nach der Stellung der Walze werden einzelne Schütze in einem vom Hauptstrom abgezweigten Stromkreis eingeschaltet. Der Vorteil der Schützensteuerung besteht darin, daß die Steuerwalze nur kleine Abmessungen annimmt, da mit ihr nicht der gesamte Arbeitsstrom des Motors, sondern nur ein schwacher Hilfsstrom geschaltet wird. Die Steuerwalze ist daher leicht zu bedienen, und sie kann sich auch, da zwischen Walze und dem in der Nähe des Motors aufzustellenden Schützenapparat nur dünne Leitungen notwendig sind, in größerer Entfernung vom Motor befinden. Es ist aber

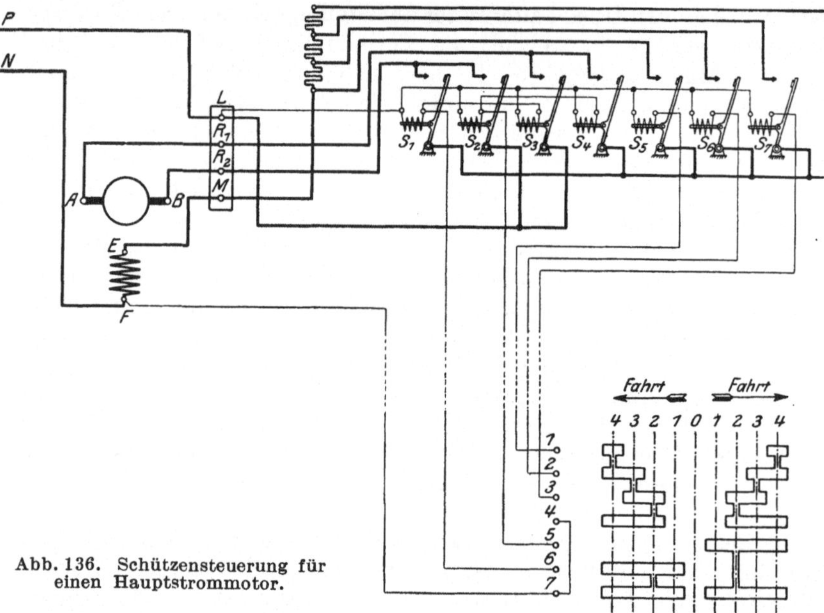

Abb. 136. Schützensteuerung für
einen Hauptstrommmotor.

darauf Rücksicht zu nehmen, daß der Spannungsabfall in den Zuleitungen zu den Schützen nicht zu groß ausfällt, da sonst das zuverlässige Ansprechen der letzteren in Frage gestellt wird.

Den Schaltplan einer *Schützensteuerung* für einen *Hauptschlußmotor* mit zwei Drehrichtungen zeigt Abb. 136 (nach einer Ausführung von F. Klöckner, Köln). Die Schütze S_1 bis S_7 sind nur schematisch angedeutet. Ihre Konstruktion kann sehr verschieden sein. In der Nullstellung der Steuerwalze ist der Motor ausgeschaltet. In Stellung *1* links sind die Schütze S_1 und S_3 erregt, die zugehörigen Kontakte also geschlossen, und der Motor empfängt Strom, wobei ihm sämtliche drei Stufen des Anlaßwiderstandes vorgeschaltet sind. In Stellung *2* wird außerdem das Schütz S_7 erregt und dadurch eine Widerstandsstufe abgeschaltet, in Stellung *3* wird durch Erregen des Schützes S_6 eine weitere Stufe abgeschaltet, und in Stellung *4* schließlich ist der gesamte Anlaßwiderstand kurzgeschlossen. Wird die Walze nach der anderen Seite gedreht, so treten die entsprechenden Anlaßstellungen auf, doch bei geänderter Drehrichtung des Motors, da jetzt an Stelle von S_1 und S_3 die Schütze S_2 und S_4 erregt werden, wobei der Anker Strom in entgegengesetzter Richtung erhält, ohne daß die Richtung des Magnetstromes geändert wird.

67. Schützenselbstanlasser.

In manchen Fällen ist es erforderlich, den Motor mit einem *Selbstanlasser* auszustatten. Es wird dann der Anlaßvorgang durch einen äußeren Eingriff, z. B. durch Einschalten des Stromes mittels eines Hebelschalters oder eines durch Druckknopf gesteuerten Relais, eingeleitet, das allmähliche Kurzschließen der Anlaßwiderstände spielt sich aber selbsttätig ab. Es gibt eine große Zahl verschiedener Verfahren des Selbstanlassens.

In Abb. 137 ist eine grundlegende Anordnung eines *Schützenselbstanlassers* für einen *Nebenschlußmotor* wiedergegeben. Es sind 4 Wider-

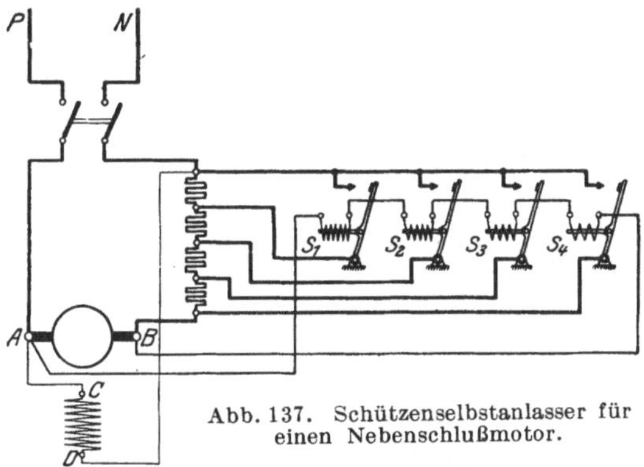

Abb. 137. Schützenselbstanlasser für
einen Nebenschlußmotor.

standsstufen und demgemäß 4 Schütze vorgesehen. Die Magnetspulen der Schütze sind sämtlich hintereinandergeschaltet und an die Ankerspannung gelegt. Sie sind so eingestellt, daß sie der Reihe nach bei verschiedenen Spannungen ansprechen. S_1 bei der kleinsten, S_4 bei der größten Spannung. Wird der zweipolige Hauptschalter des Motors geschlossen, so liegen zunächst sämtliche Stufen des Anlaßwiderstandes vor dem Anker. In dem Maße, wie der Motor in Drehung kommt, die Ankerspannung also zunimmt, schließen die Schütze der Reihe nach die Widerstandsstufen kurz. Zur Verlangsamung des Anlaßvorganges können nötigenfalls mit dem Selbstanlasser Zeitrelais verbunden werden.

In dem oben erörterten Falle wird die Betätigung der Schütze durch die zunehmende *Ankerspannung* erreicht; es ist aber auch möglich, den *Anlaßstrom* für die Steuerung nutzbar zu machen. Ein Beispiel hierfür ist in Abb. 231 für einen Drehstrommotor gegeben.

68. Motorenanschlußanlage.

Der in Abb. 138 dargestellte Schaltplan bezieht sich auf eine kleine *Gleichstrommotorenanlage*, etwa zum Betrieb einer Werkstatt. Er um-

faßt zwei Nebenschlußmotoren *N.M.*, kann jedoch auf beliebig viel
Motoren ausgedehnt werden. Die Anschlußleitung führt über einen
zweipoligen Hauptschalter und einen Wattstundenzähler *Z* zu den Verteilungsschienen *P* und *N*. Zur Kontrolle der Netzspannung ist ein
Spannungsmesser vorgesehen. An den Verteilungsschienen werden über
zweipolige Schalter und vorschriftsmäßig gesichert die Abzweigungen
für die Motoren vorgenommen. Die Belastung der einzelnen Motoren

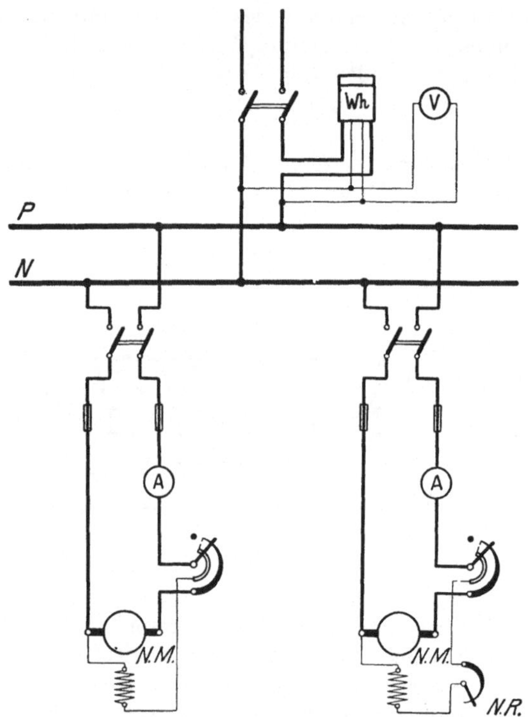

Abb. 138. Anschluß von Gleichstrommotoren.

kann jederzeit durch Strommesser festgestellt werden. Einer der Motoren ist mit einem Nebenschlußregler *N.R.* zur Veränderung der Drehzahl
versehen.

Verteilungsschienen, Schalter, Sicherungen und Meßgeräte können
auf einer gemeinsamen *Motorenschalttafel* übersichtlich vereinigt werden.
Anlasser und Regler sind möglichst in der Nähe der Motoren aufzustellen.

Statt durch Schmelzsicherungen können die Motoren auch durch
Überstromschalter — um kurze Stromstöße unwirksam zu machen,
besitzen die Schalter eine Verzögerungseinrichtung (s. Abschn. 7) — geschützt werden, sofern nicht überhaupt Anlasser mit selbsttätiger Auslösevorrichtung (vgl. Abschn. 57) zur Anwendung kommen.

VII. Erzeugung von Wechselstrom.

A. Wechselstrommaschinen.

69. Der Einphasengenerator.

Das Schaltbild einer *einphasigen Wechselstrommaschine* ist in Abb. 139 gezeichnet. Im Gegensatz zu den Gleichstrommaschinen wird bei den Wechselstrommaschinen normaler Bauweise der Anker feststehend angeordnet — er wird Ständer genannt —, dagegen das Magnetgestell — der Läufer — im Innern des Ankers drehbar angebracht. In der Wicklung *UV*, der Ständerwicklung, wird der Wechselstrom erzeugt, und die Maschine speist über die Ständerklemmen *U* und *V* das Netz. Die Magnetwicklung *JK* wird durch *Gleichstrom* erregt, der ihr über zwei Schleifringe mittels Bürsten zugeführt wird. Schleifringe und Bürsten sind der einfacheren Darstellung wegen in das Schaltbild nicht eingetragen. Der Erregerstrom und somit die von der Maschine in das Netz gelieferte Spannung wird am *Magnetregler q, s, t* eingestellt. Das Schaltkurzzeichen für den Einphasengenerator zeigt Abb. 140a bis 140c.

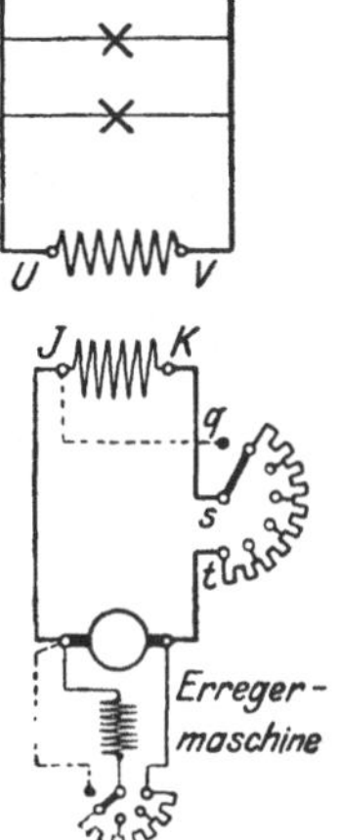

Abb. 139. Einphasen-Wechselstromgenerator.

In der Regel erhält jede Wechselstrommaschine eine eigene *Erregermaschine*, im Schaltbild ist hierfür eine Nebenschlußmaschine vorgesehen. Der Magnetregler kann in diesem Fall fortfallen, sofern nicht eine besonders weitgehende Regelbarkeit der Generatorspannung erforderlich ist. Die Regelung der Wechselspannung wird alsdann ausschließlich mit dem Nebenschlußregler der Erregermaschine vorgenommen. Statt der Nebenschlußmaschine kann auch eine Doppelschlußmaschine verwendet werden. Meistens wird die Erregermaschine mit der Betriebsmaschine unmittelbar gekuppelt, was jedoch in der Abbildung, wie auch

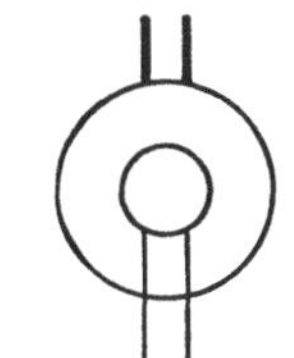

Abb. 140. Schaltkurzzeichen und Schaltzeichen des Einphasengenerators.

in der Mehrzahl der folgenden Schaltpläne, nicht zum Ausdruck gebracht ist. Ist in der Zentrale eine andere Gleichstromquelle, z. B. eine Akkumulatorenbatterie, vorhanden, so kann der Erregerstrom auch dieser entnommen werden.

70. Der Drehstromgenerator.

Die *mehrphasige Wechselstrommaschine* unterscheidet sich in keiner Weise von der Einphasenmaschine, nur erhält der Ständer mehrere Wicklungen. So besitzt die *Drehstrommaschine*, Abb. 141a—c, drei Wicklungen, die gegeneinander um den dritten Teil des doppelten Polabstandes versetzt sind. Die Wicklungsstränge können im *Dreieck* verkettet sein, wie Abb. 142 zeigt. Die Stromverbraucher werden an die von den Klemmen *U*, *V* und *W* der Maschine ausgehenden Netzleitungen angeschlossen, wobei nach Möglichkeit auf gleiche Belastung der drei Zweige Rücksicht zu nehmen ist.

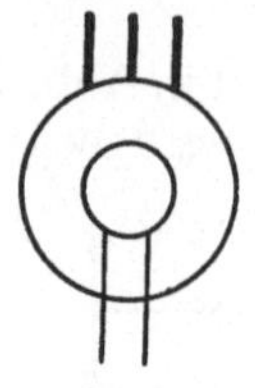

Abb. 141.
Schaltkurzzeichen
und Schaltzeichen des
Drehstromgenerators.

Die bei Generatoren meist verwendete Verkettungsart ist die *Sternschaltung*, Abb. 143. Bei ihr kann, Abb. 144, an den Verkettungspunkt *O* der drei Stränge, dem *Sternpunkt*, noch eine vierte, schwächere Leitung angeschlossen werden, die *Sternpunktleitung*. Sie wird meistens geerdet und auch *Nullleitung* genannt, weil sie bei gleicher Belastung der Stränge stromlos ist. In diesem Sinne wird *O* auch als *Nullpunkt* der Maschine bezeichnet. Die von den Klemmen *U*, *V*, *W* abgenommenen Leitungen heißen — unabhängig von der Verkettungsart — *Haupt-* oder *Außenleitungen*.

Bei Dreieckschaltung und Sternschaltung *ohne* Sternpunktleitung steht nur *eine* Gebrauchsspannung zur Verfügung. Dagegen können bei

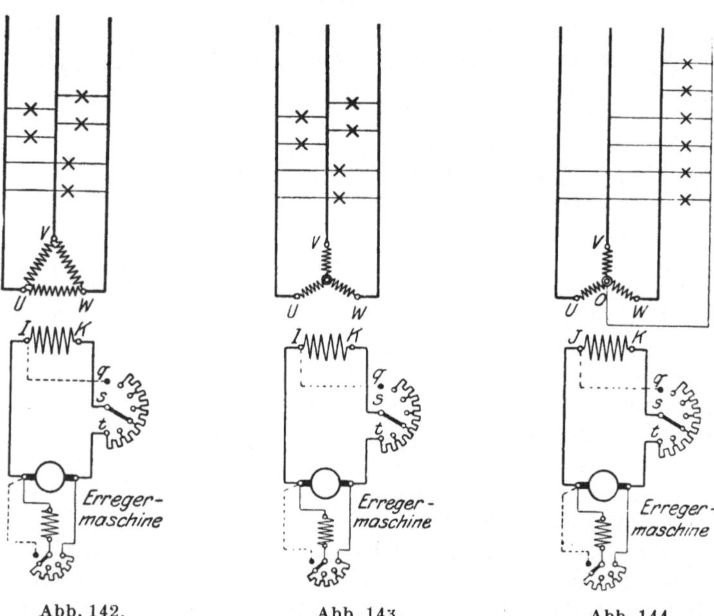

<table>
<tr><td>Abb. 142.
Drehstromgenerator in
Dreieckschaltung.</td><td>Abb. 143.
Drehstromgenerator in
Sternschaltung.</td><td>Abb. 144.
Drehstromgenerator in
Sternschaltung mit Nulleiter.</td></tr>
</table>

Sternschaltung *mit* Sternpunktleitung der Maschine und somit auch dem von ihr gespeisten Netz zwei verschiedene Spannungen entnommen werden, da die Spannung zwischen je zwei Hauptleitungen, die *verkettete Spannung*, kurz *Leiterspannung* genannt, 1,73 mal so groß ist wie die zwischen je einer Haupt- und der Sternpunktleitung herrschende *Sternspannung*. Man legt, wie es auch in Abb. 144 angegeben ist, die *Lampen* in der Regel an die Sternspannung. Drehstrommmotoren werden dagegen an die Leiterspannung angeschlossen.

Der in den Schaltbildern für die Drehstromgeneratoren angegebene Magnetregler kann in Fortfall kommen, sofern die Regelung der Wechselspannung allein dem Nebenschlußregler der Erregermaschine übertragen wird (s. vorigen Abschnitt).

71. Selbsttätige Spannungsregelung.

In großen Kraftwerken bedient man sich häufig automatischer Spannungsregler, die in der Regel als Schnellregler gebaut werden. Eine große Verbreitung hat z. B. der *Tirrillregler* gefunden, der von der AEG hergestellt wird. Durch die in Abb. 145 gegebene schematische Skizze soll das Prinzip seiner Wirkungsweise sowie besonders die Art seines Anschlusses angegeben werden.

Es ist die Spannung des Drehstromgenerators $D.G.$ konstant zu halten, der eine eigene Erregermaschine $E.M.$ besitzt. Als wesentlichsten Teil enthält nun der Tirrillregler eine Kontaktvorrichtung. Die Kontaktstücke C und D, die die Enden je eines um einen Drehpunkt schwingenden Hebels bilden, stehen, wie es aus der Abbildung ersichtlich ist, mit dem von Hand zu bedienenden Nebenschlußregler der Erregermaschine in Verbindung, der Kontakt C mit dem Kurzschlußkontakt des Handreglers, der Kontakt D mit dessen Regulierkurbel. Der am

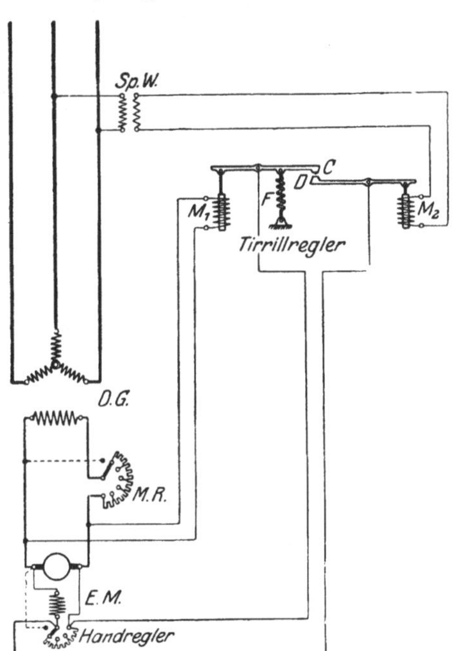

Abb. 145. Drehstromgenerator mit Tirrillregler.

Handregler eingestellte Widerstand ist kurz geschlossen, die Erregermaschine gibt also die höchstmögliche Spannung, wenn die Kontaktstücke sich berühren. Der Widerstand ist dagegen eingeschaltet, und die Erregermaschine gibt eine entsprechend geringere Spannung, wenn die Kontaktstücke auseinander sind. Auf den das Kontaktstück C tragenden Hebel wirkt nun auf der einen Seite des Drehpunktes eine Feder F ein, auf der anderen Seite über einen beweglichen Eisenkern die magnetische Kraft einer an die Erregermaschine angeschlossenen Magnetspule M_1. Bei einer bestimmten Spannung der Erregermaschine überwiegt die Kraft der Spule, der Kontakt CD wird also geöffnet. Damit geht aber die Erregerspannung zurück, und es überwiegt nunmehr die Kraft der

Feder. Unter dem Einfluß der beiden auf ihn einwirkenden Kräfte
wird der Hebel in schnellschwingende Bewegung versetzt und dadurch
der Kontakt in rascher Aufeinanderfolge geschlossen und geöffnet. Die
Erregermaschine stellt sich daher auf eine mittlere Spannung ein, deren
Höhe von dem Verhältnis der Schließungszeit zur Öffnungszeit während
eines aus Schließen und Öffnen des Kontaktes bestehenden Spiels abhängt. Dieses Verhältnis ist nun je nach der Höhenlage des Kontaktes

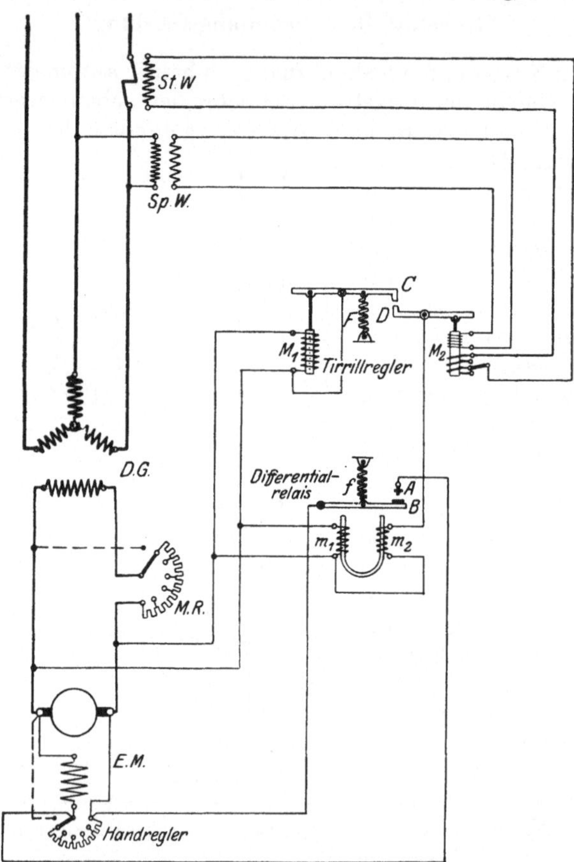

Abb. 146. Tirrillregler mit Zwischenrelais.

verschieden. Letztere aber wird beeinflußt durch die Spannung der
Betriebsmaschine, indem diese, über einen Spannungswandler $Sp.W.$,
einen in seiner Spule M_2 beweglichen Magnetkern erregt, der mit dem
das Kontaktstück D tragenden Hebel in Verbindung steht. Sinkt die
Betriebsspannung unter den normalen Wert, so sinkt der Magnetkern
von M_2 infolge seines Eigengewichtes, und es wird das Kontaktstück D
gehoben, so daß die Zeitdauer des Kurzschlusses des Regelwiderstandes
innerhalb eines Spiels größer wird. Es ergibt sich also eine erhöhte
mittlere Erregerspannung, und die Spannung der Betriebsmaschine

steigt an. Der umgekehrte Vorgang spielt sich ab, wenn die Betriebsspannung über den normalen Betrag anwächst.

Bei der praktischen Ausführung des Tirrillreglers kommt zur Schonung des Kontaktes CD noch ein Zwischenrelais mit einer besonders kräftig ausgebildeten Kontakteinrichtung zur Verwendung. Wenn auch an der Wirkungsweise dadurch nichts Grundsätzliches geändert wird, so soll sie doch an Hand der Schaltungsskizze, Abb. 146, nachfolgend kurz erläutert werden.

Die von dem Kurzschlußkontakt und dem Kurbeldrehpunkt des Handreglers ausgehenden Leitungen sind, statt wie in der vorigen Abbildung zu dem Kontakt CD, zum Kontakt AB geführt, der durch den Anker einer Art von *Differentialrelais* in schnellem Wechsel geschlossen und geöffnet wird. Zur Erregung des Relaismagneten dienen die beiden Spulen m_1 und m_2, die so gewickelt sind, daß sie einander entgegenwirken. Die Spule m_1 (parallel zu M_1) liegt dauernd an der Spannung der Erregermaschine. Unter ihrer Wirkung wird, der Kraft der Feder f entgegen, der Anker des Relais angezogen und damit der Kontakt AB geöffnet. Die Folge ist, daß der Magnetstrom der Erregermaschine durch den Widerstand des Handreglers geschwächt wird, die Klemmenspannung der Maschine also sinkt und mithin auch der Magnet M_1, der nur schwach erregt ist. Durch die Kraft der Feder F wird daher der Kontakt CD geschlossen. Dadurch erhält nun aber auch die Spule m_2 des Differentialrelais Strom, die magnetische Wirkung von m_1 wird aufgehoben, und der Anker des Relais schließt unter dem Einfluß der Feder f den Kontakt AB. Hierdurch erhält die Erregermaschine eine stärkere Erregung, und ihre Spannung steigt an. Die Folge ist, daß der Magnet M_1 wieder stärker erregt und der Kontakt CD geöffnet wird, so daß der der Relaisspule m_2 zufließende Strom wieder eine Unterbrechung erfährt. Die Spule m_1 kommt also wieder zur Wirkung, sie öffnet den Kontakt AB, und das Spiel wiederholt sich in schneller Aufeinanderfolge. Der Einfluß des Magneten M_2 in bezug auf die Kontaktdauer während eines Spieles bleibt der gleiche, wie oben geschildert wurde. In der Abbildung ist jedoch angenommen, daß auf den Magneten noch eine zweite Wicklung einwirkt, die an die Sekundärwicklung eines Stromwandlers angeschlossen ist, der in eine der von der Betriebsmaschine ausgehenden Drehstromleitungen eingefügt ist. Dadurch kann bei richtiger Einstellung der Windungszahl der Wicklung durch eine kleine Regulierkurbel auch der von der Stromstärke abhängige Spannungsabfall im Leitungsnetz ausgeglichen werden.

Es sei noch bemerkt, daß die Schnellregelung auch für Gleichstrommaschinen benutzt werden kann, die eine besondere Erregermaschine besitzen. Doch findet sie ihre Hauptverwendung in Wechselstromanlagen[1].

Ein Schnellregler von besonders einfachem Aufbau ist der Kohledruckregler, der bei nicht allzu großen Anforderungen an die Genauig-

---

[1] Näheres s. HERKLOTZ u. PELZ, Über die Anwendung des Schnellreglers System Tirrill, AEG-Mitt. **17** (1937) S. 416.

keit der Spannung bei kleineren Generatoren häufig Verwendung findet. Er beruht auf der Tatsache, daß eine aus dünnen Kohleplättchen bestehende Säule ihren Widerstand beim Zusammendrücken verkleinert. Die Wirkungsweise eines solchen Kohledruckreglers, der in Abb. 147 dargestellt ist, ist folgender:

Im Ruhezustand ist die Kohlesäule K zusammengedrückt, ihr Widerstand hat daher seinen kleinsten Wert und der Erregerstrom ist groß. Steigt die Spannung der Maschine an, so wird der Tauchanker T (Eisenkern) in die an der Maschinenspannung liegende Spule hineingezogen und damit die Kohlesäule entlastet. Dadurch erhöht sich ihr Widerstand und der Erregerstrom sinkt so lange, bis die Generatorspannung nicht mehr ansteigt, sondern einen der Sollspannung entsprechenden gleichbleibenden Wert annimmt. Bei sinkender Generatorspannung spielt sich der Vorgang umgekehrt ab, die Tauchspule bewegt sich ein kleines Stück aus der Spule

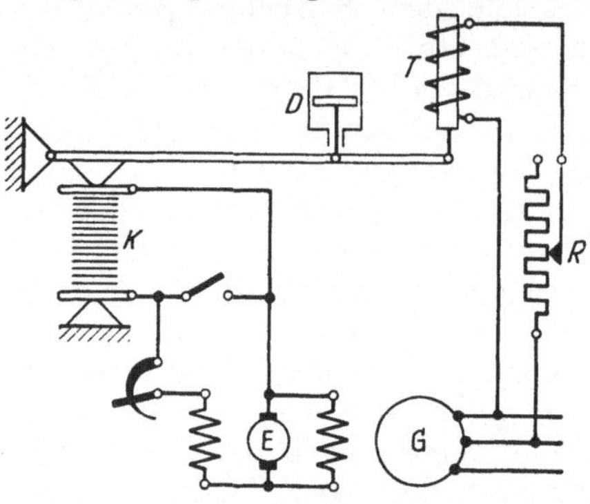

Abb. 147. Kohledruckregler.

heraus, die Kohlesäule wird mehr zusammengedrückt und vermindert ihren Widerstand, so daß die Erregung des Generators so lange verstärkt wird, bis wieder Gleichgewicht eintritt. Überschwingen und Pendeln des Reglers kann durch eine in der Abbildung angedeutete Luft- oder Öldämpfung D vermieden werden.

B. Wechselstromzentralen.

72. Zentrale mit einer Einphasenmaschine für Niederspannung.

Der praktisch zwar selten vorkommende Fall, daß in einer Wechselstromzentrale nur eine einzige Betriebsmaschine vorhanden ist, ist dem Schaltbild Abb. 148 zugrunde gelegt. Die Maschine dient zur Erzeugung von *Einphasenstrom*. Die Erregung wird von einer Nebenschlußmaschine besorgt. Die Spannung der Erregermaschine *E.M.* kann unter Beobachtung des Spannungsmessers eingestellt und die Stärke des Erregerstromes an einem Strommesser abgelesen werden.

Die Verbindung des Einphasengenerators *E.G.* mit den Sammelschienen R und T erfolgt über Sicherungen und einen zweipoligen Hauptschalter. Während man sich bei Gleichstrommaschinen zur Kontrolle der Betriebsverhältnisse meistens mit dem Einbau eines Spannungs- und Strommessers begnügt, wird in Wechselstromanlagen in der Regel noch ein Leistungsmesser hinzugenommen. Aus den Angaben der Meßgeräte läßt sich ein Schluß auf den Leistungsfaktor ziehen. Die Schaltung des Leistungsmessers W entspricht der Abb. 58.

Der zur Einregelung der Spannung der Wechselstrommaschine im Erregerkreis derselben vorgesehene Magnetregler kann gegebenenfalls in Fortfall kommen (vgl. Abschnitt 69).

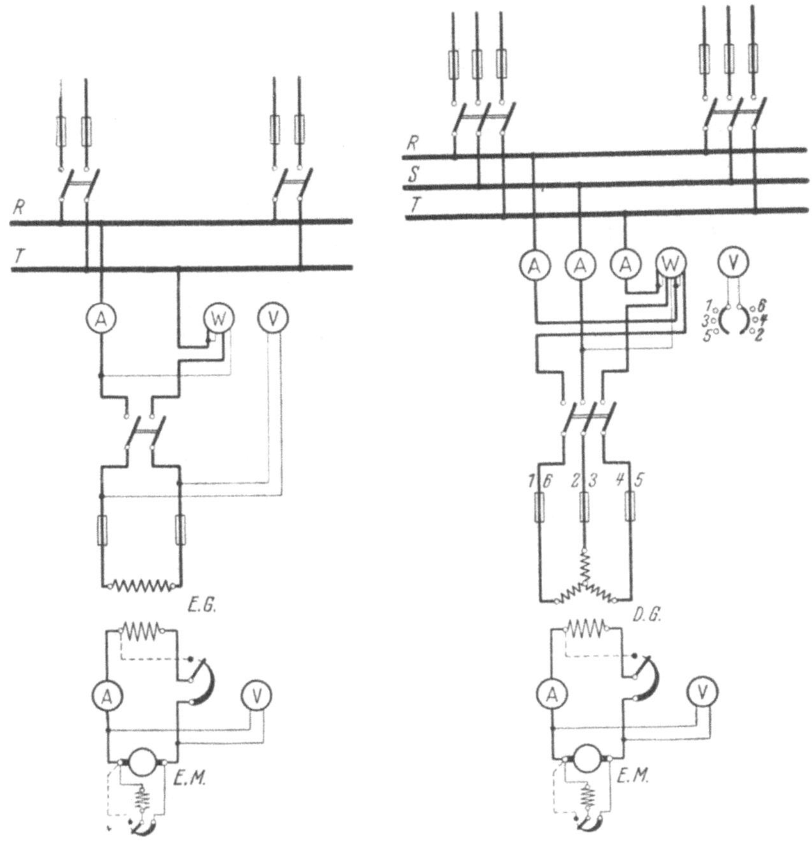

Abb. 148.
Einphasenzentrale für Niederspannung.
Abb. 149.
Drehstromzentrale für Niederspannung.

73. Zentrale mit einer Drehstrommaschine für Niederspannung.

Aus dem Schaltplan der Einphasenanlage läßt sich der einer *Drehstromanlage* entwickeln, Abb. 149. Für die Erregung ist wiederum eine Nebenschlußmaschine vorgesehen.

Die Schaltungsart des Drehstromgenerators *D.G.* ist für die Aufstellung des Schaltplans gleichgültig, in der Abbildung ist Sternschaltung angenommen. Die Verbindung der Maschine mit den Sammelschienen R, S und T wird mittels des dreipoligen Schalters bewirkt. Im Schaltbild sind zur Bestimmung der Maschinenstromstärke drei Strommesser angegeben. Es kann also die Stromstärke in jeder Leitung festgestellt werden. Unter Umständen kann man sich — in der Voraussetzung, daß alle Leitungen annähernd die gleiche Stromstärke führen —

darauf beschränken, nur in *eine* Leitung einen Strommesser einzubauen. Ebenso genügt es mitunter, nur *eine* Leiterspannung (Spannung zwischen 2 Hauptleitern!) zu messen, während es nach der Abbildung durch Verwendung des Umschalters möglich ist, alle drei Leiterspannungen am Spannungsmesser abzulesen. Hinsichtlich der Leistungsmessung sind verschiedene Schaltmöglichkeiten vorhanden, die in Abschnitt 22b ausführlich erörtert wurden. Der im Schaltbild angegebene Leistungsmesser ist dem Zweiwattmeterverfahren (vgl. Abb. 64) entsprechend geschaltet, gibt also auch bei ungleicher Belastung der Phasen die Leistung zuverlässig an.

74. Zentrale mit einer Drehstrommaschine für Hochspannung.

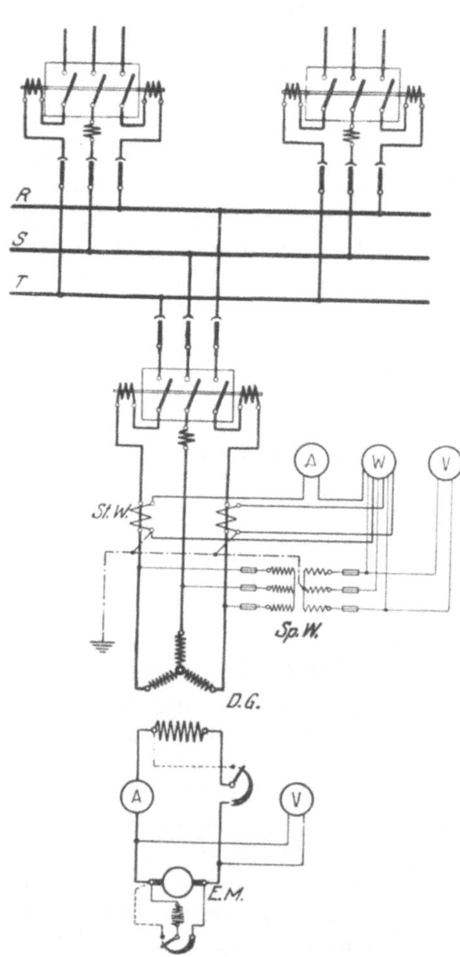

Abb. 150.
Drehstromzentrale für Hochspannung.

Der Schaltplan eines Hochspannungswerkes zeigt eine Reihe einschneidender Abweichungen vom Plan einer Niederspannungsanlage, worauf bereits in Kapitel I und III hingewiesen wurde: zum Ein- und Ausschalten der Maschinen und aller wichtigen Stromkreise dienen Leistungsschalter, die eine selbsttätige Überstromauslösung erhalten; durch den Einbau von Trennschaltern können alle Teile des Netzes spannungslos gemacht werden; schließlich werden, um von der Bedienungsschalttafel Hochspannung fernzuhalten, die Meßgeräte über Strom- und Spannungswandler angeschlossen.

In Abb. 150 ist nun der allgemeine Plan einer *Hochspannungs-Drehstromzentrale* dargestellt, bei dem die vorstehend angeführten Gesichtspunkte berücksichtigt sind. Es sind einfachste Verhältnisse angenommen. Für die Stromlieferung ist wieder nur ein einziger Generator *D. G.* vorgesehen, eine Reserve ist also nicht vorhanden. Zur Erregung dient eine Nebenschlußmaschine.

Der Anschluß der Hochspannungsmaschine an die Sammelschienen geschieht über den dreipoligen Leistungsschalter — als Expansionsschalter, Druckgas- oder Ölschalter ausgeführt — und drei einpolige Trennschalter. Die *Überstromauslösung* des Schalters ist eine *primäre unmittelbare* (nach Abb. 22), sie ist allpolig vorgesehen. Es sind zwei Stromwandler *St.W.* und ein dreiphasiger Spannungswandler *Sp.W.* vorhanden, die zum Anschluß der Meßgeräte dienen. Es ist nur ein Strom- und ein Spannungsmesser vorgesehen, und es kann daher auch nur die Stromstärke in einer der Außenleitungen und nur eine der Leiterspannungen gemessen werden. Der Leistungsmesser — nach der Zweiwattmeterschaltung (s. Abb. 67) — gibt die Gesamtleistung der Maschine an. Strom- und Spannungswandler sind auf der Niederspannungsseite vorschriftsmäßig geerdet. Der Spannungswandler ist auf der primären und der sekundären Seite gesichert (vgl. Abschn. 10).

Die von den Sammelschienen abgehenden *Verteilungsleitungen* erhalten Trenn- und Leistungsschalter, diese wiederum mit Überstromauslösung. Je nach den besonderen Verhältnissen können in die Speiseleitungen Strommesser, Leistungsmesser, gegebenenfalls auch Zähler eingebaut werden, stets unter Zwischenschaltung von Wandlern.

Ein Überspannungsschutz ist im Schaltplan nicht angegeben.

75. Allgemeines über den Parallelbetrieb von Wechselstrommaschinen.

Aus den gleichen Gründen, die bereits im Abschn. 41 für Gleichstromanlagen angeführt wurden, werden auch in Wechselstromzentralen in der Regel *mehrere* Maschinen aufgestellt, die auf gemeinsame Sammelschienen arbeiten.

a) Einphasenanlagen. Um eine Wechselstrommaschine mit einer anderen parallel schalten zu können, muß sie zunächst auf die *gleiche Spannung* wie die bereits im Betrieb befindliche und außerdem mit ihr in *Phasengleichheit* oder *Synchronismus* gebracht werden. Vor dem ersten Synchronisieren bei der Inbetriebsetzung muß außerdem festgestellt werden, ob dieses Drehfeld der zuzuschaltenden Maschine mit dem Netz übereinstimmt. Der synchrone Zustand ist vorhanden, wenn die periodischen Schwankungen der Spannung bei beiden Maschinen genau gleichzeitig erfolgen, er setzt also die *gleiche Frequenz* der Maschinen voraus. Sind die Maschinen einmal parallel geschaltet, so bleibt im allgemeinen der Synchronismus während des Betriebes infolge einer zwischen den beiden Maschinen auftretenden „synchronisierenden Kraft" erhalten.

Um die Frequenz beider Maschinen vergleichen zu können, werden häufig *Frequenzmesser* eingebaut. Als einfachster *Synchronismusanzeiger* kann eine *Phasenlampe*, d. h. eine Glühlampe für die doppelte Betriebsspannung verwendet werden, auf die man sowohl die Spannung der parallel zu schaltenden Maschine als auch einer der bereits im Betriebe befindlichen Maschinen oder die Sammelschienenspannung einwirken läßt. Die Lampe kann so geschaltet werden, daß sich an ihr, wenn Phasengleichheit besteht, die beiden Spannungen in jedem Augenblicke aufheben. Das Lampendunkel ist dann das Merkmal für den *Synchronismus*: *Dunkelschaltung*. Solange der synchrone Zustand noch nicht vorhanden ist, tritt ein abwechselndes Aufflackern und Wiedererlöschen der Lampe ein. An die Stelle der Lampe kann auch ein *Spannungsmesser* für die doppelte Betriebsspannung treten. Maßgebend für das Parallelschalten ist dann der Ausschlag „Null" des Instrumentes, da dieser dem Lampendunkel entspricht. Es empfiehlt sich daher die Verwendung eines *Nullvoltmeters*, eines für kleine Spannungen besonders empfindlichen Gerätes. Sehr gebräuchlich ist zum Synchronisieren auch die Verwendung eines Synchronoskopes, das einen rotierenden Zeiger besitzt, der bei Synchronismus stillsteht, bei Übersynchronismus der

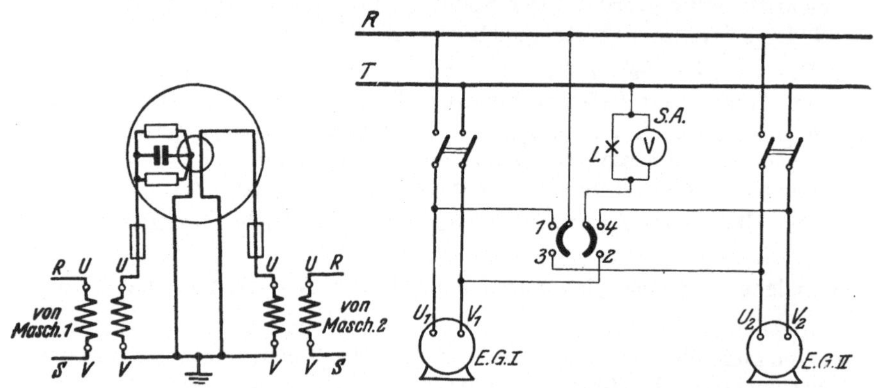

Abb. 151. Synchronisierschaltung mit Synchronoskop.

Abb. 152. Synchronismusanzeiger für eine Niederspannungs-Einphasenanlage.

zuzuschaltenden Maschine im Uhrzeigersinn, bei Untersynchronismus gegen den Uhrzeigersinn dreht und so sehr genau den richtigen Zeitpunkt zum Synchronisieren erkennen läßt. Abb. 151 zeigt den Anschluß eines solchen Synchronoskopes der SSW. Bei vielen modernen Anlagen verwendet man auch automatische Synchronisiereinrichtungen, auf die hier nicht näher eingegangen werden kann.

Abb. 152 zeigt die Schaltung eines aus Phasenlampe L und Phasenvoltmeter V bestehenden Synchronismusanzeigers $S.A.$ für die beiden Einphasengeneratoren $E.G.I$ und $E.G.II$. Der Anzeiger ist an die Sammelschienen R und T angeschlossen, und es kann daher unter Anwendung eines Umschalters jede der beiden Maschinen mit den Schienen synchronisiert werden. Der Anschluß des Synchronismusanzeigers ist so vorzunehmen, daß durch ihn *zusammengehörige* Sammelschienen und Maschinenpole in Verbindung gebracht werden.) Es gehören zusammen R und U_1, U_2; T und V_1, V_2). Beim Parallelschalten des Generators I ist der Schalter auf *1—2* zu stellen. Der Stromkreis des Synchronismusanzeigers ist dann über den im Betrieb befindlichen Generator II (dessen Hauptschalter also eingelegt ist) geschlossen:

$V_1\,U_1\!-\!1\!-\!R\!-\!U_2\,V_2\!-\!T\!-\!S.A.\!-\!2\!-\!V_1$. In diesem Kreise sind die beiden Maschinenspannungen bei Phasengleichheit in jedem Augenblicke entgegengerichtet. Beim Parallelschalten des Generators *II* ist der Umschalter in die Stellung *3—4* zu bringen. Durch Erweiterung des Umschalters läßt sich die Parallelschalteinrichtung auf beliebig viel Maschinen ausdehnen.

Bei einer etwas abgeänderten Schaltung kann die Phasengleichheit auch durch das hellste Aufleuchten der Lampe oder den größten Ausschlag des Spannungsmessers erkennbar gemacht werden: *Hellschaltung*. Es sind dann durch den Synchronismusanzeiger die Sammelschienen und die Maschinenpole *kreuzweise* zusammenzubringen. In

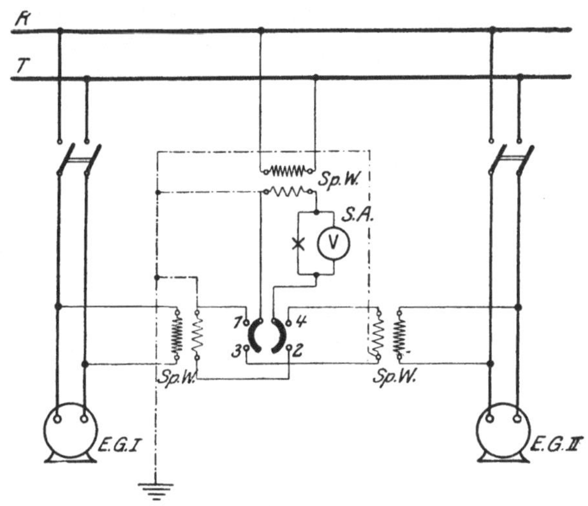

Abb. 153. Synchronismusanzeiger für eine Hochspannungsanlage.

diesem Falle ändert sich die vorhergehende Abbildung in der Weise, daß die nach *1* und *2* führenden und ebenso die nach *3* und *4* führenden Verbindungsleitungen gegeneinander vertauscht werden. (Es können alsdann aufeinandergeschaltet werden R und V_1, V_2; T und U_1, U_2).

In Hochspannungsanlagen ist der Synchronismusanzeiger über Spannungswandler anzuschließen. Abb. 153 zeigt die aus der vorigen Abbildung abgeleitete Schaltung. Ein Spannungswandler ist für den Anschluß an die Sammelschienen erforderlich, ein weiterer für jede Maschine. Die Sekundärwicklung der Spannungswandler ist der Vorschrift gemäß geerdet.

b) Drehstromanlagen. Bei *Drehstromanlagen* ist vor ihrer Inbetriebnahme dafür Sorge zu tragen, daß die Phasen aller Maschinen in *der gleichen Reihenfolge* mit den Sammelschienen verbunden werden. Um sich vom richtigen Anschluß der Leitungen zu überzeugen, können an den parallel zu schaltenden Drehstromgenerator drei Lampen nach Art der Abb. 154 gelegt werden. Der Anschluß ist richtig, wenn beim Phasenvergleich alle Lampen gleichzeitig aufleuchten und gleichzeitig dunkel werden. Andernfalls sind die Anschlüsse von irgend zwei der von den Maschinenklemmen ausgehenden drei Leitungen untereinander zu vertauschen. Ist der richtige Anschluß der Leitungen sichergestellt, so

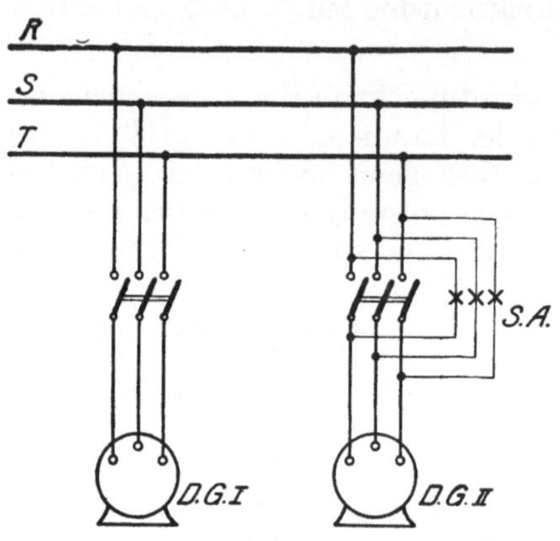

Abb. 154. Synchronismusanzeiger für eine
Niederspannungs-Drehstrommaschine.

genügt es auch bei Drehstrommaschinen, nur *eine* Phase auf Synchronismus zu prüfen, wie die Schaltung Abb. 155 zeigt, welche völlig der Abb. 152 für eine Einphasenanlage entspricht. Es handelt sich also um eine Dunkelschaltung.

In Abb. 156 ist die Schaltung abgeändert für den Fall, daß der Phasenvergleich zwischen den einzelnen Maschinen unmittelbar, statt für die Sammelschienen, vorgenommen werden soll. Es sind in diesem Falle *zwei* Umschalter nötig, jeder mit so viel Schaltstellungen, als Maschinen vorhanden sind. Die Verbindungsleitungen zwischen Maschinen und Umschalter sind durch Zahlen angedeutet.

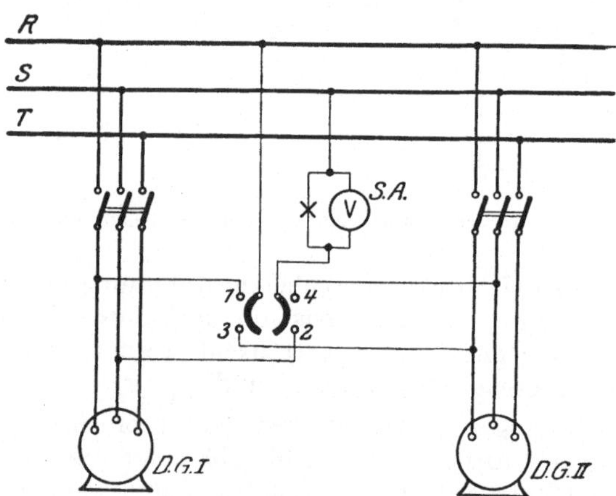

Abb. 155. Synchronismusanzeiger für eine Niederspannungs-Drehstromanlage
(Phasenvergleich mit Sammelschienen).

Einer der Umschalter wird auf die parallel zu schaltende, der andere auf die in Betrieb befindliche Maschine geschaltet, mit der synchronisiert werden soll.

Bei *Hochspannungs-Drehstrommaschinen* kann die Parallelschalteinrichtung entweder entsprechend Abb. 153, die für Einphasenmaschinen gilt, hergestellt werden, wobei über die Sammelschienen synchronisiert wird, oder es können auch die Phasen der Maschinen unmittelbar miteinander verglichen werden, wie es in Abb. 157 für zwei Maschinen zur Darstellung gebracht ist.

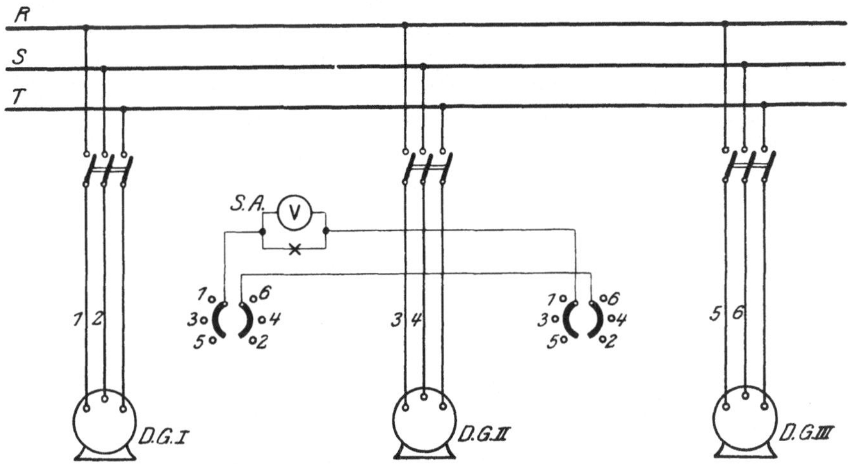

Abb. 156. Synchronismusanzeiger für eine Niederspannungs-Drehstromanlage (Phasenvergleich zwischen den Maschinen).

Auf einen Phasenvergleich zwischen Maschine und Maschine gründet sich auch eine Parallelschalteinrichtung der SSW, die mit allem Zubehör

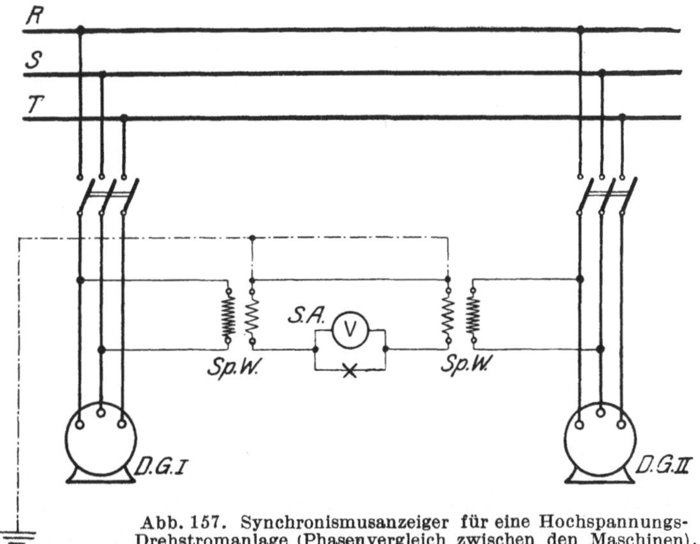

Abb. 157. Synchronismusanzeiger für eine Hochspannungs-Drehstromanlage (Phasenvergleich zwischen den Maschinen).

in Abb. 158 wiedergegeben ist. Das Schaltbild läßt sich leicht auf beliebig viele Maschinen ausdehnen. Die Synchronisiervorrichtung besteht aus Phasenlampe L und Nullvoltmeter $N.V.$ Außerdem ist mit ihr noch ein Doppelfrequenzmesser *D.F.* verbunden, so daß sich durch Vergleich der Frequenzen beider Maschinen feststellen läßt, ob die zu synchronisierende Maschine zu langsam oder zu schnell läuft. Schließlich sind noch zwei Spannungsmesser *V* für die Spannung der Generatoren vorhanden. Es sind also alle für das Parallelschalten erforderlichen Meßgeräte vereinigt. Der Anschluß der Vorrichtung an die einzelnen Maschinen geschieht über die Synchronisierschienen *a*, *b* und *c*, von denen

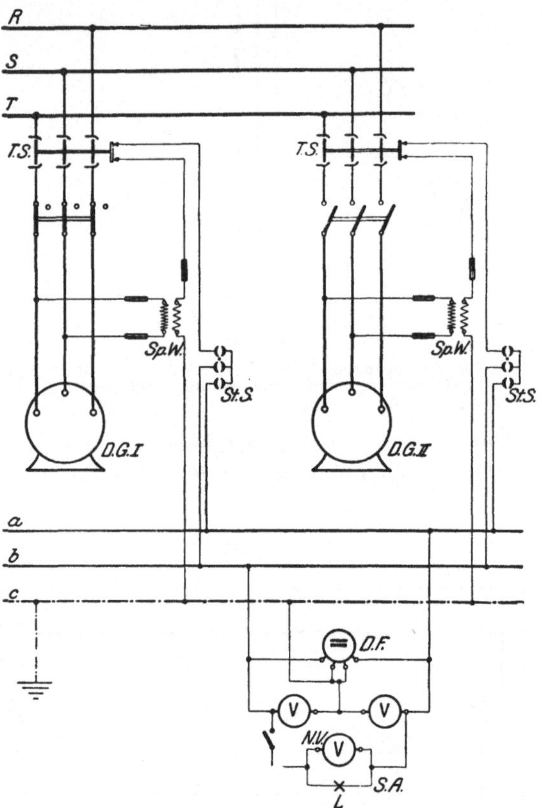

Abb. 158. Synchronismusanzeiger für eine Hochspannungs-Drehstromanlage mit Synchronisierschienen.

letztere geerdet ist, und wird mittels Stöpselschalter *St.S.* vorgenommen. Für die ganze Anlage sind, unabhängig von der Zahl der Maschinen, nur *zwei* doppelpolige Stöpsel vorhanden, ein kurzer, mit dem zwei benachbarte Kontakte der Schalter überbrückt werden können — die zusammengehörigen Kontakte sind im Schaltbild durch einen Punkt kenntlich gemacht —, und ein langer, mit dem sich die beiden äußersten Kontakte überbrücken lassen. Wenn für die zu synchronisierende Maschine z. B. der kurze Stöpsel benutzt wird, so bleibt für die im Betriebe befindliche Maschine nur der lange Stöpsel übrig. Dadurch ist der richtige

Anschluß der Parallelschalteinrichtung gewährleistet. Der Stromkreis derselben kann jedoch nur für Maschinen mit eingelegtem Trennschalter geschlossen werden, der zu dem Zwecke mit Hilfskontakten versehen ist. Auf diese Weise wird verhindert, daß abgeschaltete Teile der Anlage versehentlich durch den Meßwandler unter Spannung gesetzt werden können.

76. Grundlegende Schaltungen von Wechselstromzentralen.

Soweit Hochspannungsmaschinen in Betracht kommen, lassen sich in bezug auf die allgemeine Anordnung namentlich die in nachfolgenden Schaltskizzen schematisch dargestellten Fälle unterscheiden. Die Skizzen beziehen sich sowohl auf Einphasenstrom als auch auf Drehstrom. Sie sind, da sie lediglich den Kraftlauf angeben sollen, *einpolig* gezeichnet. Alle für diesen unwesentlichen Teile sind fortgelassen.

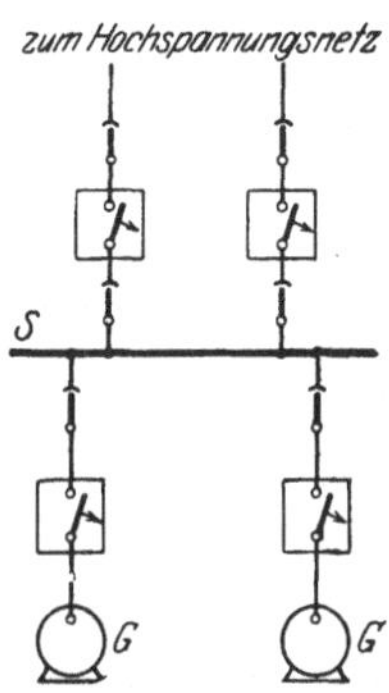

Abb. 159. Übersichtsschaltplan einer Hochspannungs-Drehstromzentrale ohne Transformatoren.

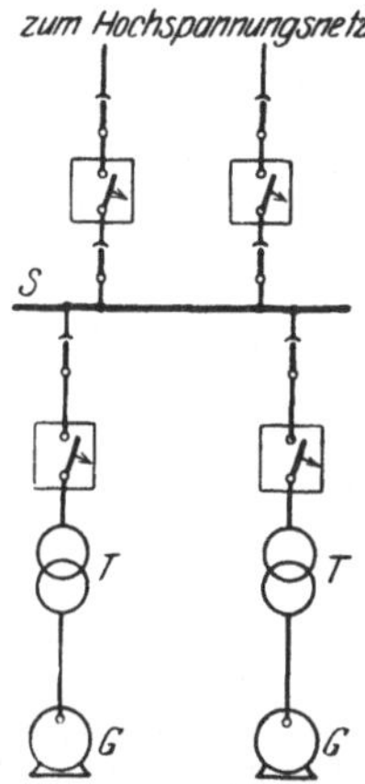

Abb. 160. Übersichtsschaltplan einer Hochspannungs-Drehstromzentrale mit Transformatoren.

In Abb. 159 arbeiten die Wechselstromgeneratoren G über Leistungsschalter mit Überstromauslösung und Trennschalter *unmittelbar* auf die Sammelschienen S, von denen die Verteilungsleitungen beliebig abgezweigt werden können. Eine derartige Anordnung kommt nur dann zur Anwendung, wenn die Verteilungsspannung sich in den Generatoren selbst erreichen läßt. Die Grenze liegt zur Zeit bei ungefähr 25 000 Volt.

Bei höherer Spannung ist eine *Transformierung* erforderlich, wie in Abb. 160 angenommen ist. Jeder Generator arbeitet auf einen Transformator T, und die Transformatoren speisen gemeinsam die Sammelschienen. So bildet jeder Generator mit dem zugehörigen Transformator gewissermaßen eine geschlossene Einheit. Das System zeichnet sich durch große Übersichtlichkeit aus. Aber auch elektrische Gründe sprechen für seine Anwendung. Durch die hohe Induktivität des der Maschine vorgeschalteten Transformators wird der Kurzschlußstrom herabgesetzt. Außerdem werden durch ihn Überspannungen und andere Netzstörungen von der Maschine ferngehalten. Dem steht als Nachteil gegenüber, daß, wenn ein Transformator infolge einer Beschädigung betriebsunfähig wird, auch der zugehörige Generator ausfällt, und umgekehrt. Hierin liegt eine gewisse Beschränkung.

Diese entfällt bei der in Abb. 161 angegebenen Anordnung. Hier sind Sammelschienen für zwei verschiedene Spannungen vorhanden: die Sammelschienen $S\,I$ für die Generator- oder *Unterspannung* und die

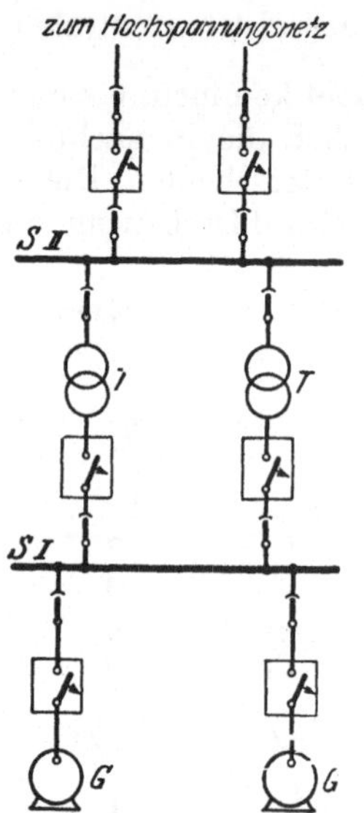

Abb. 161. Übersichtsschaltplan einer Hochspannungs-Drehstromzentrale mit Transformatoren und Zwischensammelschienen.

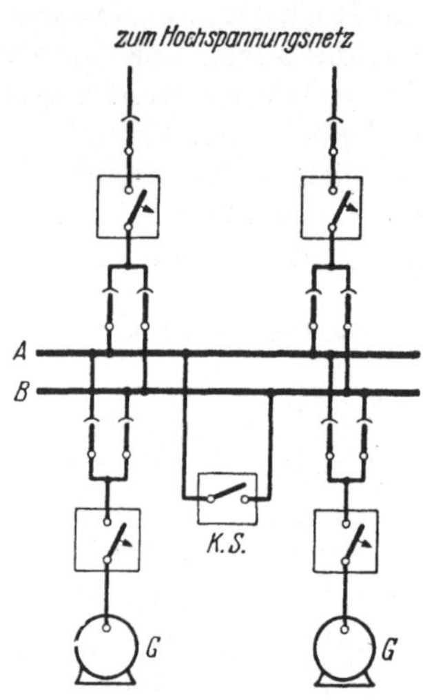

Abb. 162. Übersichtsschaltplan einer Hochspannungs-Drehstromzentrale ohne Transformatoren nach dem Doppelsammelschienensystem.

Sammelschienen $S\,II$ für die Transformator- oder *Oberspannung*. Demnach können auch zwei verschiedene Gebrauchsspannungen entnommen werden. Es können beliebige Generatoren in Betrieb genommen werden und unabhängig davon beliebige Transformatoren.

Größere Kraftwerke werden aus Gründen der Betriebssicherheit gewöhnlich nach dem *Doppelsammelschienensystem* eingerichtet, bei dem für die Hochspannung, und zwar gegebenenfalls sowohl für die Unter- als auch für die Oberspannung, *zwei* Sätze von Sammelschienen angewendet werden. Durch entsprechende Einstellung der Trennschalter lassen sich nun alle Maschinen, Transformatoren, Verteilungsleitungen usw. entweder auf das eine oder das andere System schalten. Es können daher, wenn erforderlich, an einem der Systeme, nachdem es vorher spannungslos gemacht ist, Arbeiten ausgeführt oder Erweiterungen vorgenommen werden, ohne daß der Betrieb gestört wird. Durch das Doppelschienensystem, für dessen Aufbau Abb. 162, entsprechend Abb. 159, ein Beispiel gibt, wird also auch für die Schaltanlage, von deren Betriebsfähigkeit die Versorgung des ganzen Netzes abhängt, die wünschenswerte Reserve geschaffen. Die beiden Sammelschienensätze sind in der Abbildung mit A und B bezeichnet. Durch einen Kupplungsschalter $K.S.$ können sie parallel geschaltet werden, wodurch auch die Möglichkeit gegeben ist, daß ohne Unterbrechung des Betriebes von einem System auf das andere umgeschaltet werden kann. Ein weiteres Beispiel für die Anordnung einer Anlage mit Doppelsammelschienen zeigt Abb. 163. Die Maschinenspannung wird hier, entsprechend Abb. 161, durch Transformatoren unter Anwendung von Zwischensammelschienen heraufgesetzt.

Will man der Zentrale eine besondere große Anpassungsfähigkeit an die jeweiligen Betriebsverhältnisse geben, so kann eine *Gruppenschaltung* der Generatoren vorgenommen werden. Es kann dann die eine oder die andere Maschinengruppe bequem aus dem Betrieb herausgenommen und für Instandsetzungs- und Erweiterungsarbeiten oder auch für Versuche frei gemacht werden. In Abb. 164, in welcher angenommen ist, daß gemäß Abb. 160 je Generator ein bestimmter Transformator zugeordnet ist, ist der Schienensatz A des Doppelsammelschienensystems für alle Gruppen gemeinsam durchgeführt, der Schienensatz B dagegen, der Zahl der Maschinengruppen entsprechend, dreifach unterteilt. Die einzelnen Teilschienen können jedoch durch Kupplungsschalter mit-

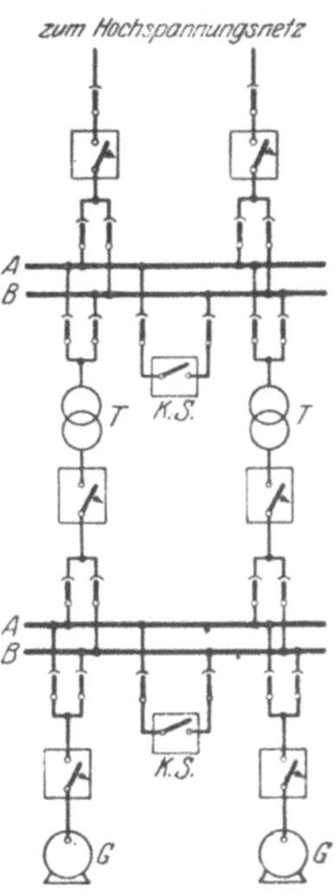

Abb. 163.
Übersichtsschaltplan einer Hochspannungsanlage mit Transformatoren nach dem Doppelsammelschienensystem.

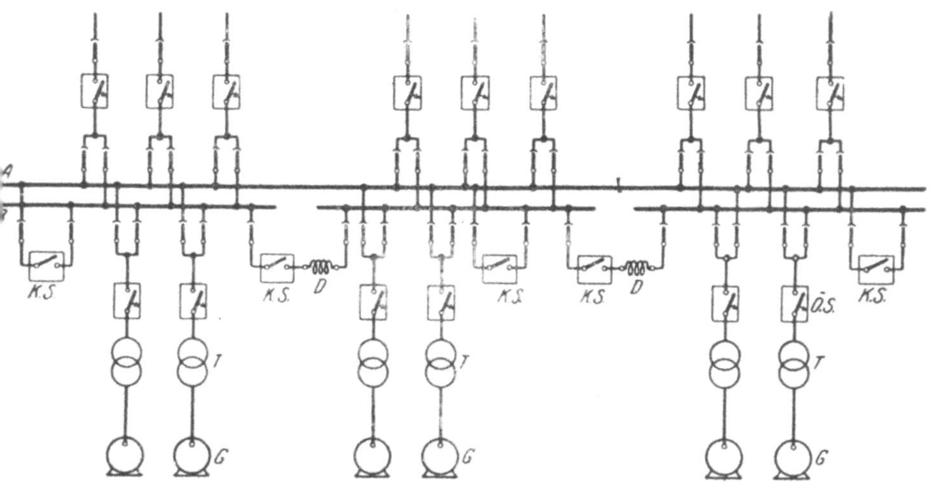

Abb. 164. Übersichtsschaltplan einer Hochspannungs-Drehstromzentrale bei Gruppenschaltung der Generatoren.

einander verbunden werden. Um Stromstöße beim Zuschalten einer Gruppe an die im Betrieb befindliche Anlage abzuschwächen, ist jedem der zur Verbindung dienenden Schalter eine strombegrenzende Überstromdrosselspule D zugeordnet.

In neuerer Zeit ist bei großen Anlagen auch ein *Dreifachsammelschienensystem* wiederholt zur Anwendung gekommen.

77. Schaltungen für die Erregung.

Meistens gibt man, worauf bereits in Abschn. 64 hingewiesen wurde, jedem der in der Zentrale aufgestellten Generatoren eine *eigene Erregermaschine*. Diese Anordnung hat sich namentlich bei Dampfturbinenantrieb allgemein durchgesetzt. Mit den einzelnen Turbogeneratoren

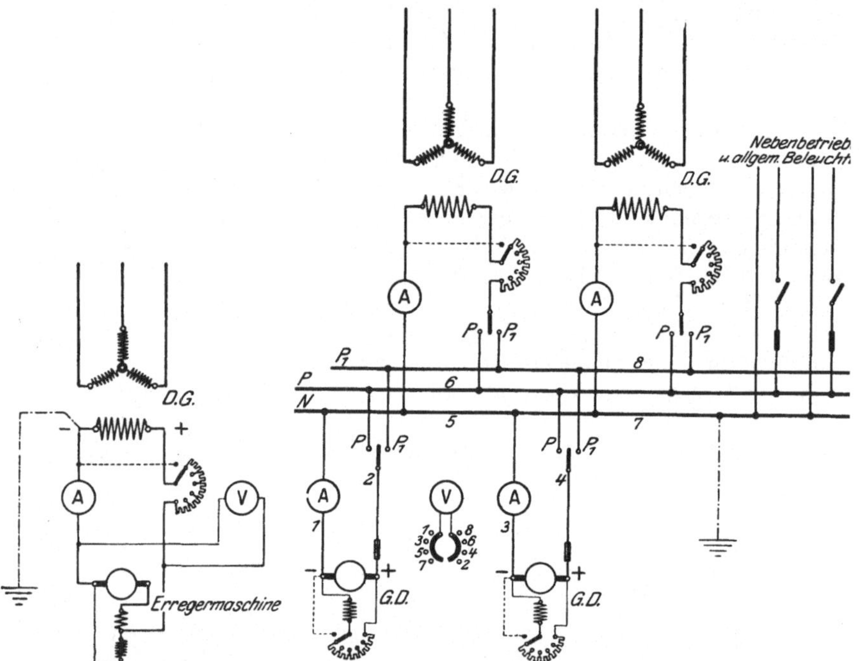

Abb. 165. Drehstromgenerator　　　　Abb. 166. Erregeranlage für eine
mit geerdeter Magnetwicklung.　　　　　　　Drehstromzentrale.

werden die zugehörigen Erregermaschinen unmittelbar gekuppelt. Mitunter werden die negativen Pole der Magnetwicklungen geerdet, damit diese keine gefährlichen Spannungen gegen Erde annehmen können, z. B. dann, wenn der Generator versehentlich an das Netz geschaltet wird (Abb. 165).

Zieht man eine *gemeinsame Erregeranlage* für die Zentrale vor, so werden besondere Erregerschienen verlegt, auf die Gleichstrommaschinen entsprechender Leistung, meistens Nebenschlußmaschinen in Verbindung mit einer Akkumulatorenbatterie arbeiten, und von denen der

Magnetstrom für die verschiedenen Wechselstrommaschinen abgenommen wird. Über die verschiedenen Schaltmöglichkeiten der Gleichstromanlage geben die Pläne Kapitel IV Aufschluß. Hier soll nur eine von den SSW angegebene Schaltung für die Erregung kurz besprochen werden, die in Abb. 166 angegeben ist. Es sind zwei Gleichstromdynamos $G.D.$ aufgestellt. Die negative Erregerschiene N ist geerdet, wodurch, wie bereits oben dargelegt wurde, eine Sicherheit gegen das Auftreten hoher Spannung in den Magnetwicklungen der Maschinen erzielt wird. Außerdem werden aber auch für die von dieser Sammelschiene abgehenden Leitungen, Schalter und Sicherungen überflüssig. Die positive Sammelschiene ist doppelt ausgeführt, und es können Maschinen und Abzweigungen durch Umschalter beliebig auf die eine oder andere der beiden Schienen, auf P oder P_1 gelegt werden. Das ist nützlich, um einen Drehstromgenerator für Versuchszwecke unabhängig von den übrigen betreiben zu können, etwa um ihn selbst oder einen anderen Teil der Anlage zu prüfen.

78. Allgemeine Anordnung des Überspannungsschutzes.

Überspannungsableiter werden in Hochspannungsanlagen in der Regel für jede abgehende Leitung gesondert eingebaut, während für die Maschinen und Transformatoren ein gemeinsamer Schutz an die Sammelschienen gelegt werden kann. Zur Ableitung der Überspannungen in die Erde können die Schutzvorrichtungen an eine *gemeinsame Erdleitung* angeschlossen werden. Diese soll jedoch getrennt von der Erdleitung hergestellt werden, an welche gemäß Abschn. 10 die Sekundärwicklungen der in der Anlage vorhandenen Wandler angeschlossen werden.

79. Eigenbedarfsanlagen in Wechselstromzentralen.

In größeren Zentralen vor allem in Dampfkraftwerken, wird eine verhältnismäßig große Leistung für Hilfsbetriebe wie z. B. Antriebsmotoren von Kohlenmahlanlagen, Kränen, Kesselspeisepumpen und für die Beleuchtung gebraucht, und zwar muß die Spannung für diese Hilfsbetriebe auch besonders im Störungsfalle zur Verfügung stehen, weil sonst u. U. ein Wiederanfahren der Zentrale nach Störungen sehr erschwert ist. Eine Notbeleuchtung läßt sich am besten aus einer Akkumulatorenbatterie speisen, die ohnedies für Signalzwecke und Relaisbetätigung meist vorhanden ist und in älteren Anlagen durch Umformer, in modernen Werken meist durch Gleichrichter aufgeladen wird. Die Hilfsbetriebe erhalten ihre Spannung von einem Haustransformator oder besser, um von den auf das Netz geschalteten Maschinen im Störungsfalle unabhängig zu sein, von einem Hausgenerator. Ist eine zentrale Erregeranlage vorgesehen (vgl. Abschn. 77), so kann dieser der erforderliche Gleichstrom entnommen werden, wie es z. B. in Abb. 166 zum Ausdruck gebracht ist. Andernfalls empfiehlt es sich, für den Eigenbedarf des Werkes einen *Umformer* oder *Gleichrichter* entsprechender Leistung aufzustellen. Beispiele für Eigenbedarfsanlagen, bei denen ein Umformer zur Anwendung gebracht ist, zeigen die Abschn. 84 und 86.

Ein ausführliches Beispiel einer Eigenbedarfsanlage mit einem Gleichrichter ist in Abschn. 173 gegeben.

80. Niederspannungs-Drehstromzentrale.

In dem in Abb. 167 wiedergegebenen Schaltbild einer Drehstromzentrale arbeiten die beiden Niederspannungsgeneratoren auf die Sammelschienen R, S, T. Es ist eine gemeinsame Erregeranlage vorgesehen. Der Magnetstrom für die Drehstromgeneratoren wird den Gleichstrom-

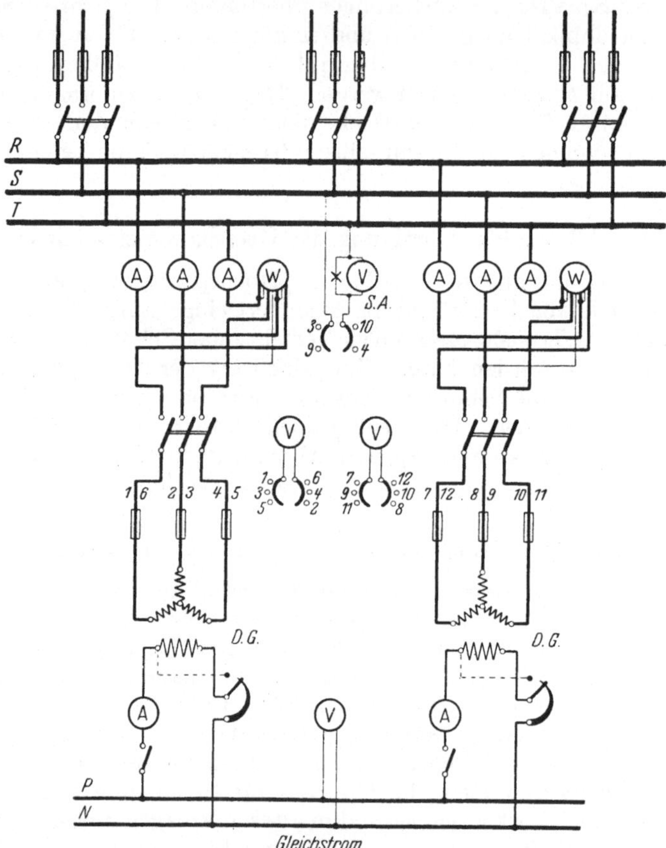

Abb. 167. Drehstromzentrale für Niederspannung.

sammelschienen P und N entnommen, doch wird, wie bereits mehrfach betont wurde, namentlich bei größeren Maschinen die Zuordnung einer besonderen Erregermaschine zu jedem Generator vorgezogen.

Bezüglich der erforderlichen Schalter, Meßgeräte usw. kann auch auf das Schaltbild 149 hingewiesen werden. Hinzu kommt der *Synchronismusanzeiger S.A.* Die dafür angewendete Schaltung entspricht der Abb. 155. Durch den Umschalter, der soviel Kontaktpaare enthält als

Maschinen vorhanden sind, kann der mit den Sammelschienen in Verbindung stehende Anzeiger auf jede Maschine geschaltet werden: es erfolgt also der Phasenvergleich zwischen Maschine und Sammelschienen. Der Synchronismus wird durch das Lampendunkel angezeigt.

81. Hochspannungs-Drehstromzentrale mit unmittelbarer Auslösung der Leistungsschalter.

Abb. 168 zeigt den Wirkschaltplan einer Hochspannungs-Wechselstromzentrale. Er ist, wie auch die nachfolgenden Pläne von Hochspannungsanlagen, auf *Drehstrom* bezogen, da Einphasenanlagen seltener (im allgemeinen nur für Bahnbetriebe) vorkommen und sich die Schaltung einer *Einphasenanlage* aus der entsprechenden Drehstromanlage leicht entwickeln läßt. Dem Plan ist das Übersichtsschaltbild Abb. 159 zugrunde gelegt. Die Zentralenspannung betrage 6000 Volt. Jeder Generator besitzt eine eigene mit ihm gekuppelte Nebenschluß-Erregermaschine.

Die Verbindung der Generatoren mit den Sammelschienen wird durch dreipolige Hochspannungs-Leistungsschalter vermittelt. Sie besitzen eine *primäre unmittelbare Überstromauslösung* (gemäß Abb. 22), und zwar ist die Auslösung für jeden Pol vorgesehen. Jedem Leistungsschalter sind drei einpolige Trennschalter zugeordnet (vgl. auch Abschn. 74).

In allen zu den Sammelschienen führenden Maschinenleitungen befinden sich Stromwandler in Verbindung mit je einem Strommesser. Durch Vermittlung dreiphasiger Spannungswandler können ferner an den Voltmetern sämtliche Leiterspannungen (die Spannungen zwischen je zwei Leitungen, s. Abschn. 73) abgelesen werden. Die Leistungsmessung erfolgt nach der Dreiwattmeterschaltung, doch mit der Maßgabe, daß jeder Maschine nur *ein* Wattmeter zugeordnet ist (vgl. Abb. 66). Dem Wattmeter ist je ein besonderer Stromwandler zugewiesen, während die Spannungszuführung über die schon erwähnten Spannungswandler unter Benutzung ihrer Sternpunkte erfolgt. Gleiche Belastung der Zweige ist bei der angewandten Schaltung Voraussetzung für richtige Leistungsangabe. Der Einbau der Wandler ermöglicht es, durchweg Niederspannungs-Meßgeräte anzuwenden.

An den Spannungswandler jeder Maschine kann auch mit Hilfe des dafür vorgesehenen Umschalters der *Synchronismusanzeiger* angeschlossen werden, der durch einen weiteren Spannungswandler ständig mit dem Netz in Verbindung steht. Das Synchronisierverfahren ist also das gleiche wie im vorigen Schaltplan, auch ist wieder der Dunkelzustand der Lampe Merkmal für die Phasenübereinstimmung.

Die abgehenden Leitungen sind als *Kabel* verlegt. Jedes Kabel steht über Trenn- und Leistungsschalter mit den Sammelschienen in Verbindung. Die Stromstärke in den einzelnen Kabeln kann wieder allpolig abgelesen werden. Auch besitzt der Leistungsschalter wiederum in jedem Pol einen Primärauslöser, der ihn bei Überlastung freigibt. Überspannungsableiter sind für die Kabel nicht erforderlich.

Um die für die Niederspannungsseite der Strom- und Spannungswandler vorgeschriebene Erdung vorzunehmen, ist eine *gemeinsame
Erdleitung* zu verlegen. Aus Gründen der Übersichtlichkeit ist diese

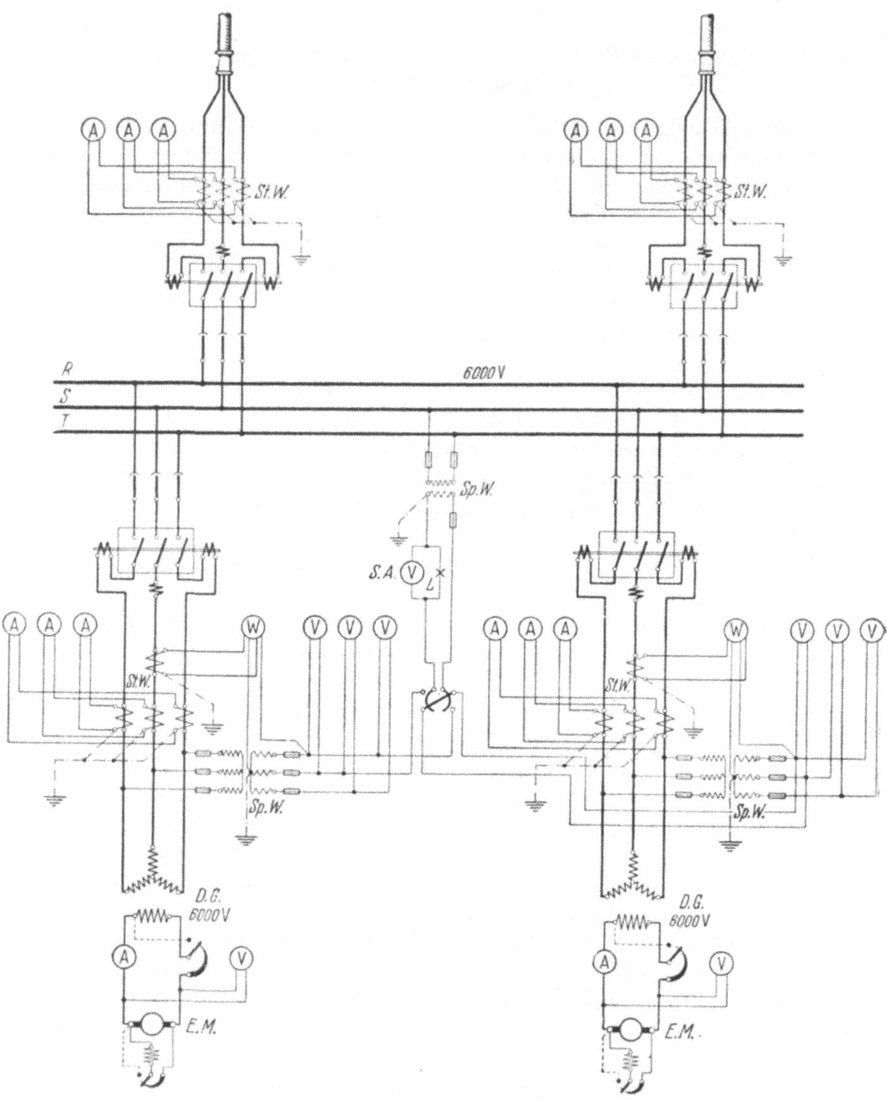

Abb. 168. Hochspannungs-Drehstromzentrale mit unmittelbarer Auslösung der Schalter.

im Schaltplan nicht eingezeichnet, vielmehr sind die zu erdenden Punkte
einzeln kenntlich gemacht. Auch in den nachfolgenden Plänen größerer
Anlagen ist die Erdung in der gleichen Weise angegeben.

82. Hochspannungs-Drehstromzentrale mit Relaisauslösung.

Der in Abb. 169 dargestellte Wirkschaltplan einer Drehstromzentrale — ihre Betriebsspannung soll zu 15000 Volt angenommen werden —

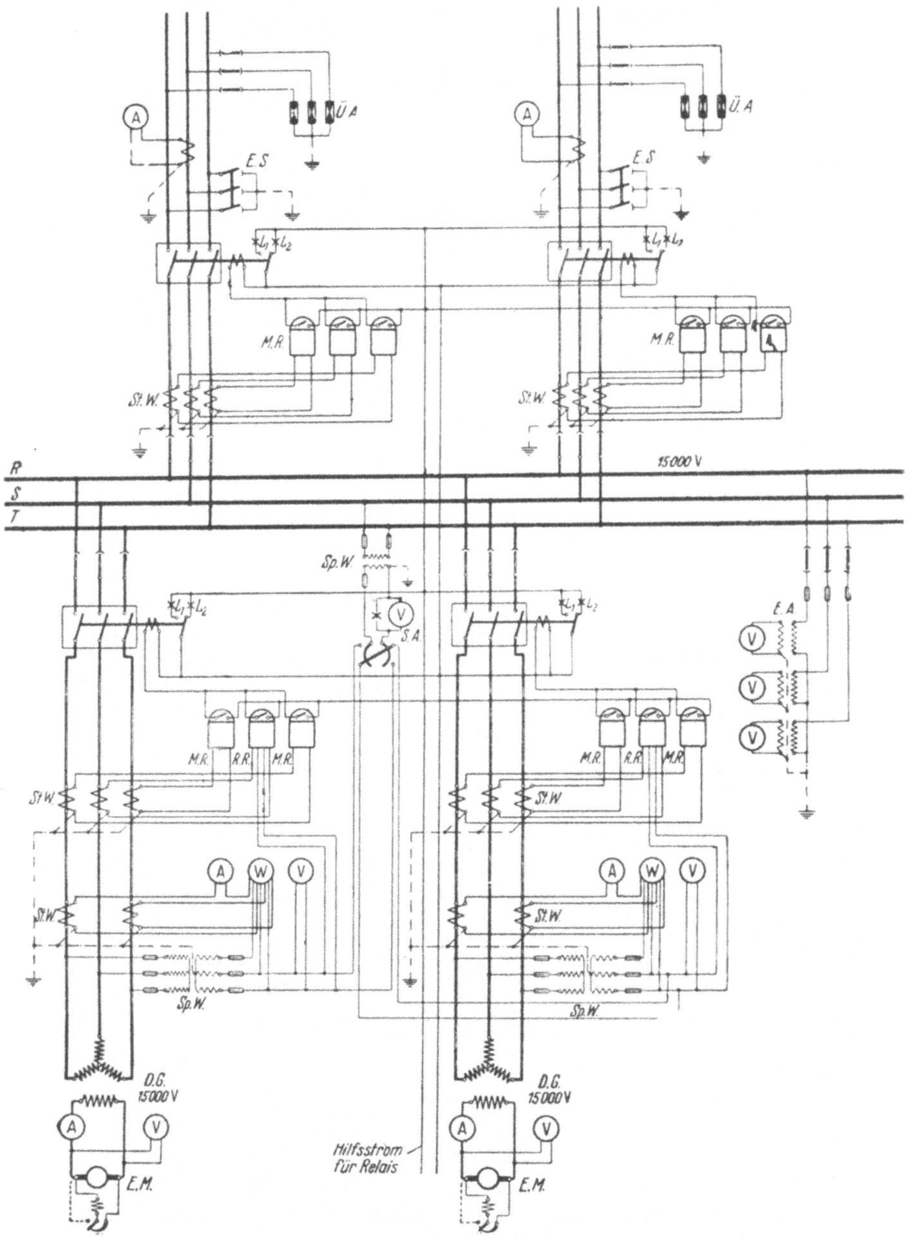

Abb. 169. Hochspannungs-Drehstromzentrale mit Relaisauslösung der Schalter.

kann ebenfalls auf den Übersichtsplan Abb. 159 zurückgeführt werden, weist aber gegenüber dem vorigen Plan verschiedene Abweichungen auf. So sind die Hochspannungsschalter mit *Relaisauslösung* ausgestattet. Die Zahl der Überstromrelais ist für jede Maschine auf zwei beschränkt, die *sekundär*, d. h. über Stromwandler betätigt werden (entsprechend Abb. 23). Der als Hilfsstrom dienende Gleichstrom kann z. B. von einer kleinen Akkumulatorenbatterie geliefert werden. Die Schalterstellung wird durch Merklampen L_1 und L_2 angezeigt (vgl. Abb. 19). In der Regel wird, wie auch im Schaltplan angenommen ist, für die Relais die Arbeitsschaltung angewendet, doch kann sie gegebenenfalls durch die Ruheschaltung ersetzt werden, damit die Relais auch dann ansprechen, wenn der Hilfsstrom aus irgendeinem Grunde unterbrochen ist. Zu den beiden Überstromrelais kommt noch ein Richtungsrelais, welches bei einem Wechsel der Energierichtung zur Wirkung kommt (vgl. Abb. 25) und dadurch verhindert, daß der betreffende Generator, vorübergehend als Motor arbeitend, von den Sammelschienen Strom aufnimmt. Die Zahl der Meßgeräte ist möglichst beschränkt. Es ist für jede Maschine ein Strom-, ein Spannungs- und ein Leistungsmesser vorgesehen, letzterer in der Zweiwattmeterschaltung. Für die Meßgeräte sind eigene Wandler vorhanden, zwei Strom- und ein dreiphasiger Spannungswandler. An den letzteren ist auch der Synchronismusanzeiger angeschlossen.

Für die Energieübertragung sind *Freileitungen* angenommen. Die Schalter hierfür sind, um eine sichere Wirkung auch dann zu gewährleisten, wenn eine Leitung Erdschluß besitzt, *allpolig* mit Überstromauslösung ausgestattet. Dagegen sind die Strommessungen wiederum auf je *einen* Pol der Netzleitungen beschränkt. Um etwa notwendig werdende Arbeiten an den Leitungen gefahrlos vornehmen zu können, müssen sie, nachdem sie von den Sammelschienen abgetrennt sind, geerdet werden. Dies kann durch Einlegen der an die Leitungen angeschlossenen Erdungsschalter *E.S.* unmittelbar im Werk geschehen.

Zur ständigen Prüfung des Isolationszustandes der Anlage steht ein *Erdschlußanzeiger E.A.* mit den Sammelschienen in Verbindung. Seine Voltmeter sind an Spannungswandler angeschlossen, deren primäre Wicklung über einen Pol geerdet ist (vgl. Abb. 342).

Als *Überspannungsschutz* sind mit den Freileitungen Ventilableiter verbunden. Zu beachten ist, daß die Erdungsleitung für den Überspannungsschutz den Vorschriften gemäß getrennt von der Erdungsleitung für die Wandler ausgeführt werden muß. Die Primärwicklungen der Wandler für die Erdschlußanzeige dienen auch, als Erdungs*drossel*spulen wirkend, zur Ableitung statischer Überspannungen.

83. Hochspannungs-Drehstromzentrale mit Transformatoren.

Abb. 170 zeigt den Wirkschaltplan einer Drehstromzentrale nach Art des Übersichtschaltplanes Abb. 160. Es handelt sich also um ein Werk, bei dem jedem Generator ein *Transformator* zugeordnet ist, um seine Spannung heraufzusetzen. Die Generatorspannung mag, um eine Zahl

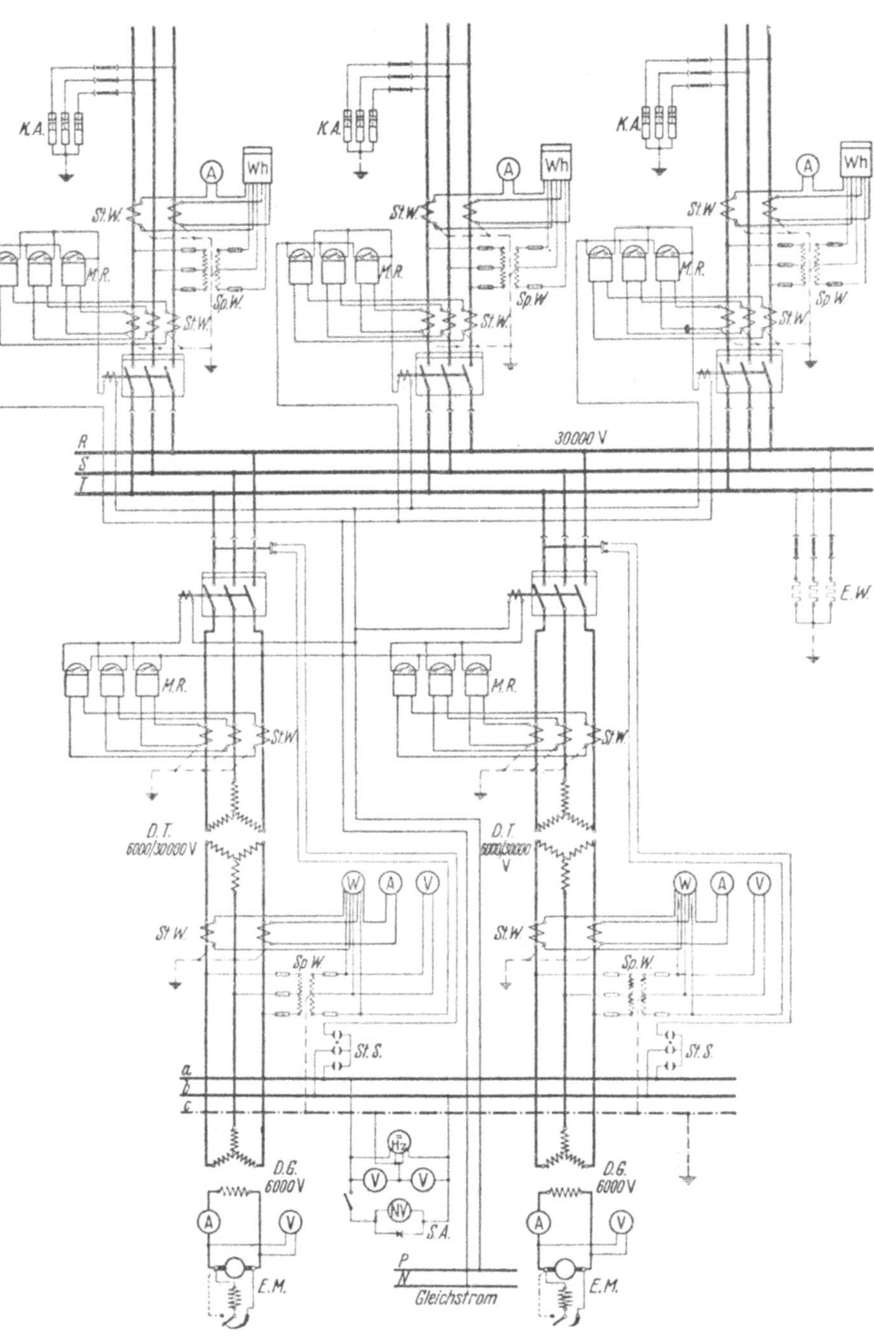

Abb. 170. Hochspannungs-Drehstromzentrale mit Transformatoren.

zu nennen, 6000 Volt betragen, während die Sammelschienenspannung, d. h. die Transformatorenoberspannung, zu 30 000 Volt angenommen werden kann. Der Plan lehnt sich an Ausführungen der SSW an. Die Drehstromgeneratoren stehen mit den zugehörigen Transformatoren in fester Verbindung. Die Maschinenhauptschalter, Expansionsschalter, befinden sich zwischen Transformatoren und Sammelschienen. Die Schalter sind, um einer Überlastung der Maschinen vorzubeugen, allpolig mit sekundär betätigter *Relaisauslösung* versehen. Der Auslösestrom für die Relais kann von besonderen Hilfsschienen, die von einer Gleichstromquelle gespeist werden, abgenommen werden. Die für die Maschinen erforderlichen Meßgeräte sind vor den Transformatoren, also auf der 6000 Volt-Seite, über Wandler eingebaut. Die Leistungsmesser sind nach dem Zweiwattmeterverfahren geschaltet, unter Anwendung eines mit zwei Wicklungen versehenen und in V-Schaltung verbundenen Spannungswandlers (vgl. Abb. 67 und 68). An eine Wicklung des letzteren ist auch die Parallelschalteinrichtung angeschlossen. Sie entspricht der Abb. 158, und es sind demgemäß die Maschinentrennschalter mit Hilfskontakten versehen.

Die Schalter in den von den Sammelschienen abgehenden *Freileitungen* sind ebenso wie die Maschinenschalter eingerichtet. Jede Leitung enthält einen Zähler in Zweiwattmeterschaltung.

Alle abgehenden Leitungen enthalten, um *Überspannungen* unschädlich zu machen, Ventilableiter in Gestalt von Kathodenfallableitern *K.A.* Elektrostatische Überspannungen werden durch die Erdungswiderstände *E.W.* abgeleitet.

84. Hochspannungs-Drehstromzentrale mit Transformatoren und Transformatoren-Umschaltschiene.

Der in Abb. 171 angegebene Wirkschaltplan eines größeren Kraftwerkes stützt sich, wie der vorige auf das Übersichtsschaltbild Abb. 160. Es ist jedoch für den Plan die *einpolige* Darstellungsweise gewählt. Alle Einzelheiten, wie z. B. die Meßgeräte, sind der besseren Übersicht wegen fortgelassen.

Es sind im Werk drei Drehstromgeneratoren aufgestellt. Mit jedem derselben ist eine Erregermaschine gekuppelt. Die Generatorspannung betrage 6000 Volt. Jeder Generator arbeitet wieder auf einen ihm zugehörigen Transformator gleicher Leitung. Doch ist durch eine besondere Umschaltschiene die Möglichkeit gegeben, daß ein Generator auch mit einem beliebigen anderen Transformator in Verbindung gesetzt werden kann. Das Umschalten wird durch entsprechende Bedienung der Trennschalter bewirkt. Die Transformatoren, in denen die Spannung auf 30 000 Volt heraufgesetzt wird, stehen mit *Doppelsammelschienen* — die beiden Schienensätze sind mit *A* und *B* bezeichnet — in Verbindung. Die Vorzüge dieses Systems sind in Abschn. 76 ausführlich erörtert worden.

Die zur Verbindung der Transformatoren mit den Sammelschienen dienenden Leistungsschalter sind mit *Überstrom-Zeitrelais* versehen. Das gleiche gilt für den Kupplungsschalter *K.S.* der beiden Schienensysteme. Die Schalter sind sämtlich für *Fernsteuerung* eingerichtet, was allerdings im Schaltplan nicht zum Ausdruck gebracht ist. Um an einem Schalter gefahrlos arbeiten zu können, müssen die ihm vorgeschalteten Trennschalter unbedingt zuverlässig ausgeschaltet sein. Ist von den Schalterzellen aus die Schaltstellung der zugehörigen Trennschalter nicht sichtbar, so werden in Anlagen größeren Umfanges *Merklampen* angewendet, die die Stellung der Trennschalter erkennen lassen. So

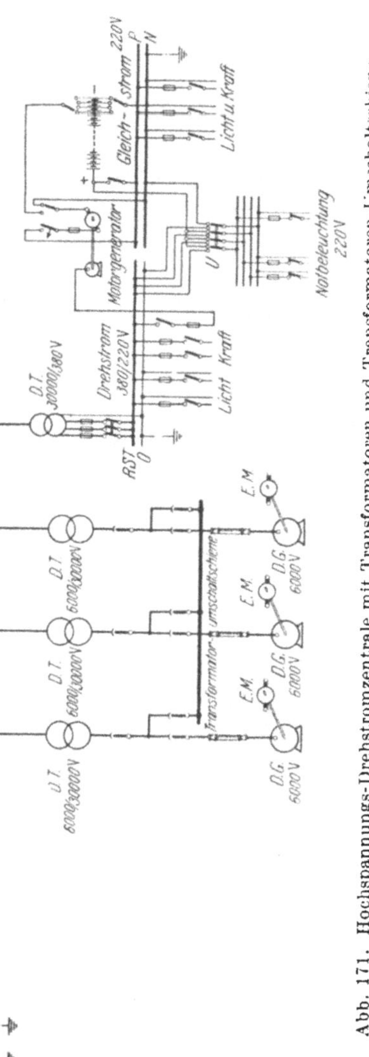

Abb. 171. Hochspannungs-Drehstromzentrale mit Transformatoren und Transformatoren-Umschaltschiene.

wird ein versehentliches Arbeiten in einer noch spannungsführenden Zelle verhindert, wobei jedoch, um Irrtümer infolge durchgebrannter Lampen oder beschädigter Leitungen auszuschließen, die Einrichtung so getroffen sein muß, daß die Lampen bei ausgeschalteten Trennschaltern aufleuchten. Die Kontaktvorrichtung zur Betätigung der Merk-

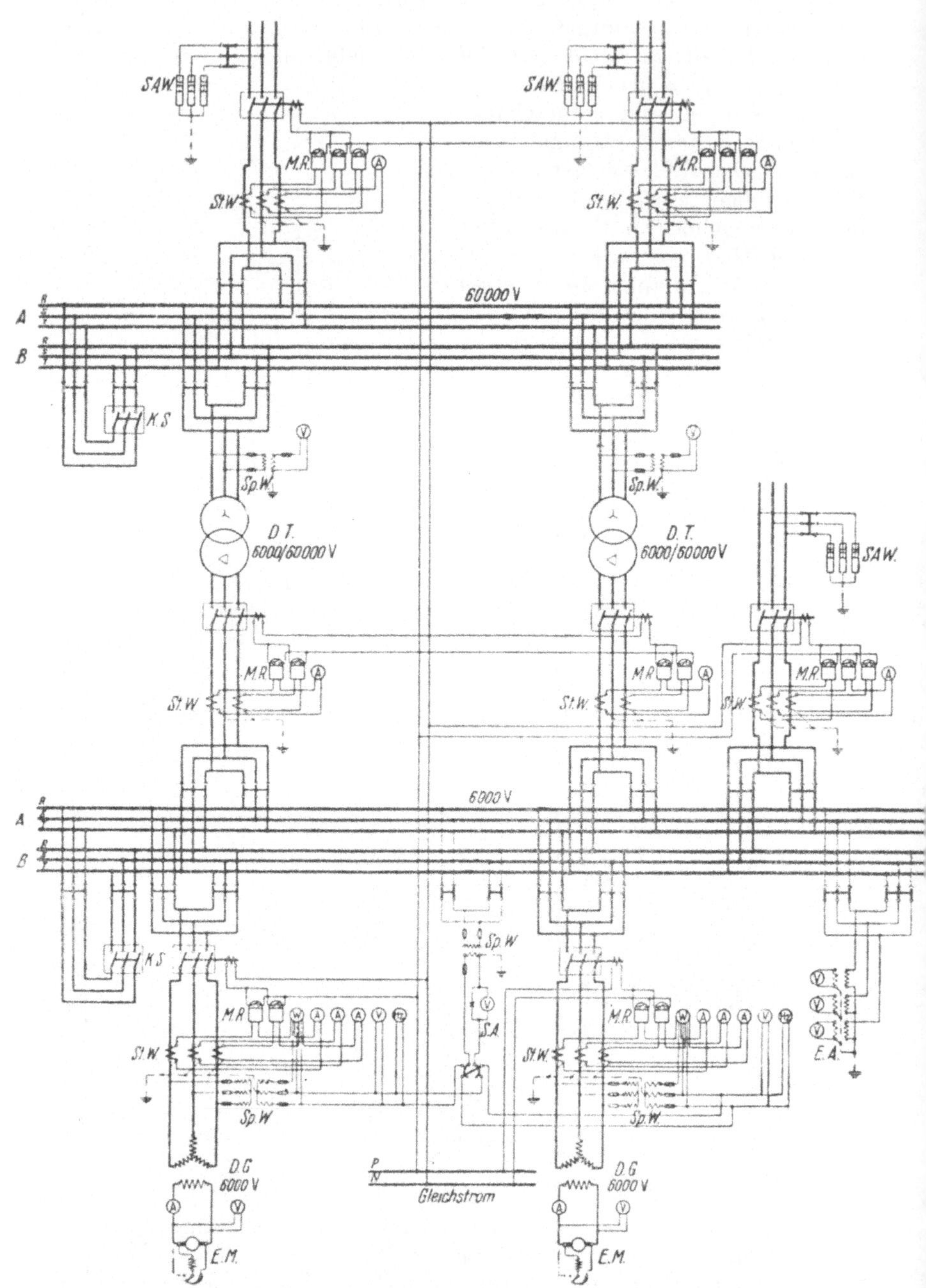

Abb. 172. Hochspannungs-Drehstromzentrale mit Transformatoren und Zwischensammelschienen.

lampen ist an allen in Betracht kommenden Trennschaltern im Schaltplan angedeutet. In der Nähe der Trennschalter können umgekehrt auch Merklampen zum Anzeigen der Schaltstellung der zugehörigen Leistungsschalter angebracht werden, um ein versehentliches Ziehen eines Trennschalters unter Strom zu verhindern.

Von den abgehenden Leitungen sind drei als *Freileitungen*, zwei als *Kabel* ausgeführt. Die Freileitungen erhalten als Sicherung gegen *Überspannungen* je einen Kathodenfallableiter. Außerdem sind an beide Sammelschienen Erdungsdrosselspulen gelegt. Letztere, über Vorschaltwiderstand und Hochspannungssicherung angeschlossen, dienen gleichzeitig zur Betätigung der Isolationsmeßgeräte (vgl. Abschn. 203).

Ein weiterer Überspannungsschutz ist den Generatoren noch dadurch gegeben, daß ihre Verbindungen mit den Transformatoren durch Kabel hergestellt ist. Diese sind für die doppelte Betriebsspannung isoliert (vgl. Abschn. 202).

Für den *Eigenbedarf* des Werkes (vgl. Abschn. 79) ist ein besonderer Drehstromtransformator aufgestellt, der an die 30 000 Volt-Schienen angeschlossen ist und die Spannung auf 380/220 Volt herabsetzt (vgl. Abb. 192). Mittels eines *Umformers*, der als asynchroner Motorgenerator (s. Abschn. 149) ausgebildet ist, wird ferner Gleichstrom von 220 Volt erzeugt, für den auch eine kleine Akkumulatorenbatterie vorgesehen ist. Ein Teil der Lichtanschlüsse kann nach Belieben auf das Drehstrom- oder das Gleichstromnetz geschaltet werden. Von einer derartigen Umschaltmöglichkeit wird häufig für die *Notbeleuchtung* Gebrauch gemacht, die dann im allgemeinen mit Drehstrom betrieben, bei sinkender oder ausbleibender Drehstromspannung aber durch einen Selbstumschalter auf die Stationsbatterie umgeschaltet wird.

85. Hochspannungs-Drehstromzentrale mit Transformatoren und Sammelschienen für die Unter- und Oberspannung.

Im Schaltplan Abb. 172 sind Sammelschienen sowohl für die Maschinenspannung, zu 6000 Volt angenommen, als auch für die Transformatorenoberspannung, sie betrage 60 000 Volt, vorhanden. Für beide Spannungen ist das *Doppelsammelschienensystem* zur Anwendung gebracht. Der Plan entspricht also dem allgemeinen Kraftlauf, Abb. 163.

Der mit den Leistungsschaltern, ausgenommen den Kupplungsschaltern, verbundene Überstromschutz arbeitet mit *Sekundärrelais*. Als Hilfsstrom für die Relais dient Gleichstrom, der besonderen Hilfsschienen entnommen wird. Bei den Transformatoren, die primär in Dreieck, sekundär in Stern geschaltet sind, ist die Anbringung der Schalter auf die Primärseite beschränkt worden. Die Trennschalter sind mit Rücksicht auf leichte Umschaltbarkeit von einem Sammelschienensystem auf das andere dreipolig ausgeführt.

Die Anordnung der Meßgeräte und der Synchronisiereinrichtung bietet gegenüber den vorhergehenden Schaltplänen nichts Neues. Es sind hierfür die gleichen Wandler benutzt, die zur Betätigung der Relais dienen. Für jede Maschine ist auch ein Frequenzmesser vorhanden.

Zur ständigen Überwachung des Isolationszustandes der Anlage steht mit den Maschinensammelschienen ein *Erdschlußanzeiger* in Verbindung.

Von den 60 000 Volt-Sammelschienen führt eine Anzahl *Freileitungen* ins Netz. Für die Versorgung des näheren Umkreises der Zentrale ist auch eine Freileitung von den 6000 Volt-Sammelschienen abgenommen.

Als *Überspannungsschutz* ist in jede abgehende Freileitung ein Satz Ventilableiter in der Ausführung als SAW-Ableiter eingebaut.

86. Drehstromzentrale für Höchstspannung.

Den Wirkschaltplan für ein Drehstromwerk sehr hoher Spannung, dem ein Entwurf der AEG zugrunde gelegt ist, zeigt Abb. 173. Er entspricht wie der vorige, dem Kraftlaufschema Abb. 163, ist jedoch *einpolig* durchgeführt; alles für das Verständnis des Planes Unwesentliche ist nicht gezeichnet. Zwei große Drehstromgeneratoren mit angebauten Erregermaschinen arbeiten bei einer Spannung von 6000 Volt auf ein *Doppelsammelschienensystem*. Die Maschinenschalter besitzen selbsttätige Überstrom- und Richtungsrelaisauslösung.

Durch zwei *Transformatoren* von gleicher Leistung wie die Generatoren wird eine Erhöhung der Spannung auf 100 000 Volt vorgenommen. Auch für diese Spannung sind die Sammelschienen doppelt vorhanden. Die Transformatoren sind primär in Dreieck, sekundär in Stern geschaltet. Die Leistungsschalter, Druckgasschalter, sind für *Fernsteuerung* eingerichtet und mit *Überstromrelais* ausgestattet. Die beiderseits der Transformatoren befindlichen Schalter sind elektrisch miteinander gekuppelt, so daß beim Auslösen des Schalters auf der einen Seite auch der Schalter auf der anderen Seite auslöst; auf diese Schalter wirken auch, zum Schutz der Transformatoren, *Differentialrelais* (s. Abschn. 92) ein.

An den 6000 Volt-Sammelschienen ist der Anschluß eines weiteren Transformators bemerkenswert, welcher auf 15 000 Volt transformiert und unmittelbar in eine Freileitung übergeht. Alle *Freileitungen* sind mit Erdungsschaltern versehen.

An die sekundären Sternpunkte der Transformatoren sind *Erdschlußspulen nach* PETERSEN (*P.D.*) angeschlossen (s. Abschn. 202). Ein weiterer Überspannungsschutz ist nicht vorhanden, vielmehr ist die Isolation der ganzen Anlage mit einem entsprechend hohen Sicherheitsgrad ausgeführt.

Für den örtlichen Bedarf ist eine Transformierung herunter auf 500 Volt vorgenommen. Hierfür dienen zwei an die 6000 Volt-Sammelschienen angeschlossene Transformatoren. Außerdem steht für den *Eigenbedarf* eine Spannung von 220 Volt zur Verfügung, die durch zwei weitere Transformatoren erzielt wird und u. a. zum Betrieb eines als *Umformer* dienenden Motorgenerators nutzbar gemacht wird. Mit dem von dem Umformer gelieferten Gleichstrom wird die Beleuchtung des Werkes besorgt, wie er auch den Hilfsstrom für die vielen zur Betätigung der Schalter erforderlichen Relais liefert. Durch Aufstellung einer kleinen Akkumulatorenbatterie wird eine große Betriebssicherheit ge-

währleistet, indem sie als unabhängige Stromquelle für die Schalterauslösung auch dann wirksam ist, wenn die Drehstromspannung in der
Zentrale durch starke Kurzschlüsse derartig beeinflußt wird, daß auch
der kleine Umformer unregelmäßig arbeitet. Aus diesem Grunde sind
die Auslösestromkreise auch unmittelbar von der Batterie abgenommen.

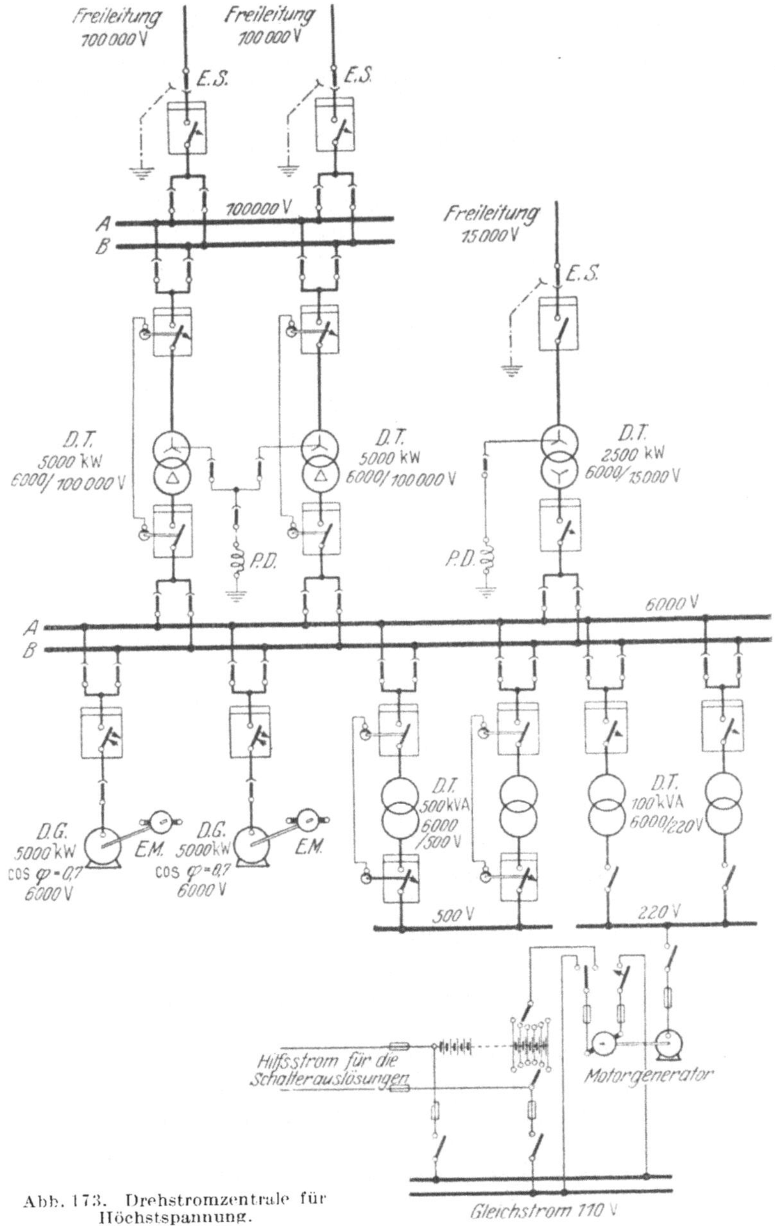

Abb. 173. Drehstromzentrale für
Höchstspannung.

VIII. Umspannanlagen.

A. Transformatoren.

87. Der Einphasentransformator.

Transformatoren oder *Umspanner* dienen dazu, die Spannung eines Wechselstromes zu verändern, sie herauf- oder herunterzusetzen. Sie besitzen demgemäß zwei Wicklungen, eine primäre und eine sekundäre.

Das Übersetzungsverhältnis eines Transformators hängt von dem Verhältnis der Windungszahlen beider Wicklungen ab. Meistens werden die Transformatoren als *Öltransformatoren* hergestellt.

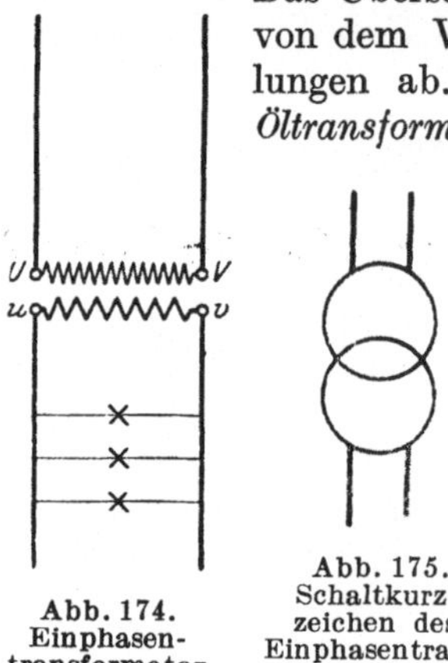

Abb. 174.
Einphasentransformator.

Abb. 175.
Schaltkurzzeichen des
Einphasentransformators.

Das Wicklungsschema des *Einphasentransformators* zeigt Abb. 174. Der hochgespannte Wechselstrom wird der Wicklung UV zugeführt, während der auf die Gebrauchsspannung heruntertransformierte Strom der Wicklung uv entnommen wird. Die Stromverbraucher sind durch einige Glühlampen angedeutet. Im vorliegenden Falle ist also UV die primäre, uv die sekundäre Wicklung, doch kann auch umgekehrt — zur Herauftransformierung der Spannung — uv als primäre, UV als sekundäre Wicklung dienen. In jedem Falle werden durch die großen Buchstaben die Klemmen der Hochspannungsseite, durch die kleinen Buchstaben die der Niederspannungsseite gekennzeichnet.

Abb. 175 gibt das Schaltkurzzeichen des VDE für den Einphasentransformator wieder, welches die magnetische Verkettung des primären und sekundären Kreises andeuten soll.

88. Der Drehstromtransformator.

In Drehstromanlagen können zur Umspannung drei Einphasentransformatoren zusammengeschaltet werden. Doch zieht man in der Regel einen entsprechend ausgebildeten *Drehstromtransformator* vor. Dieser besitzt für jede Phase eine primäre und eine sekundäre Wicklung. Die Wicklungen der verschiedenen Phasen können in *Dreieck* oder in *Stern* verkettet sein. Auch die sog. *Zickzackschaltung* wird häufig angewendet. Die Verkettungsart kann auf der primären und sekundären Seite verschieden gewählt werden. Als Klemmenbezeichnung ist U, V, W für die Hochspannungsseite und u, v, w für die Niederspannungsseite festgelegt. Ist der Sternpunkt einer Wicklungsseite aus dem Transformator herausgeführt, so wird die betreffende Klemme mit O bzw. o bezeichnet. In Abb. 176 bis 179 sind einige Schaltungsbeispiele von Transformatoren schematisch dargestellt. Nähere Angaben über die verschiedenen „*Schaltgruppen*" und ihre Bedeutung enthalten die „Regeln für die Bewertung und Prüfung von Transformatoren" (RET) des VDE[1].

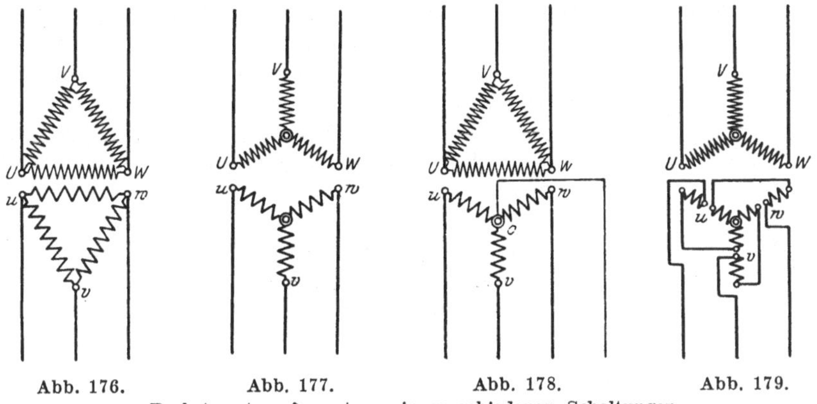

Abb. 176.   Abb. 177.   Abb. 178.   Abb. 179.

Drehstromtransformatoren in verschiedenen Schaltungen.

Das Schaltkurzzeichen des VDE für einen Drehstromtransformator (unter Angabe der Schaltung) zeigt Abb. 180.

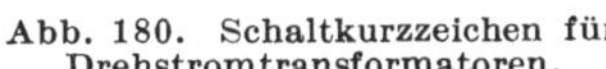
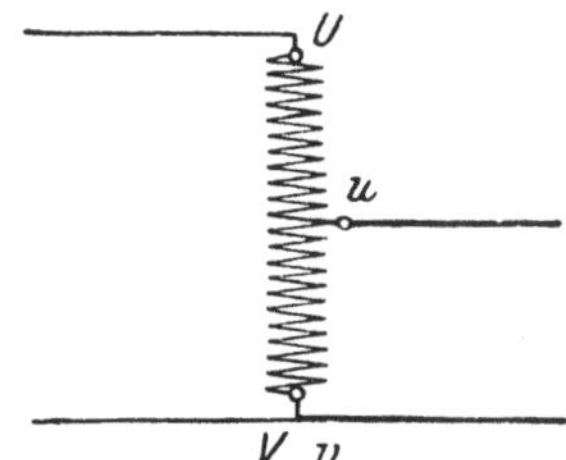

Abb. 180. Schaltkurzzeichen für Drehstromtransformatoren.

Abb. 181. Einphasentransformator in Sparschaltung.

89. Transformatoren in Sparschaltung.

Transformatoren in Sparschaltung besitzen nur *eine* Wicklung. Wird diese an die primäre Spannung angeschlossen, so kann ihr eine beliebig kleinere als sekundäre Spannung entnommen werden. Abb. 181 zeigt das Schaltbild eine *Spartransformators für Einphasenstrom*, bei dem die sekundäre Spannung die Hälfte der primären beträgt. Transformatoren der gleichen Art können aber auch zur Spannungserhöhung benutzt werden. Auch *Drehstrom*transformatoren lassen sich in Sparschaltung herstellen.

Allgemeine Verwendung finden Transformatoren in Sparschaltung nicht, da Niederspannungs- und Hochspannungswicklung nicht voneinander isoliert sind. Sie bieten jedoch dort Vorteile, wo die Spannung nur um einen verhältnismäßig kleinen Betrag zu ändern ist.

---

[1] S. auch MANGOLD, Transformatorenschaltungen und ihre Eigenschaften. AEG-Mitt. 1941, 1.

90. Regeltransformatoren.

Transformatoren können auch zur Spannungsregelung verwendet werden. Von den verschiedenen Regelverfahren sei hier nur die Stufenregelung berücksichtigt. Beim *Einphasen-Regeltransformator* wird die eine Sekundärleitung fest angeschlossen, dagegen kann der Anschluß der anderen Leitung geändert und dadurch ein mehr oder weniger großer Teil der Sekundärwicklung für die Abnahme der Spannung herangezogen werden. Beim *Drehstrom-Regeltransformator* wird an jede Phase eine Leitung beweglich angeschlossen. Wo es angängig ist, wird für Regeltransformatoren die *Sparschaltung* benutzt.

Abb. 182 zeigt das Schaltbild eines regelbaren Spartransformators für Drehstrom. Die Anschlüsse u, v, w sind veränderlich. Praktisch werden die für die Spannungsregelung in Betracht kommenden Punkte der Wicklung zu Kontakten geführt derart, daß die Spannung aller Phasen mittels einer Kurbel oder eines Regulierschalters gleichmäßig verändert werden kann.

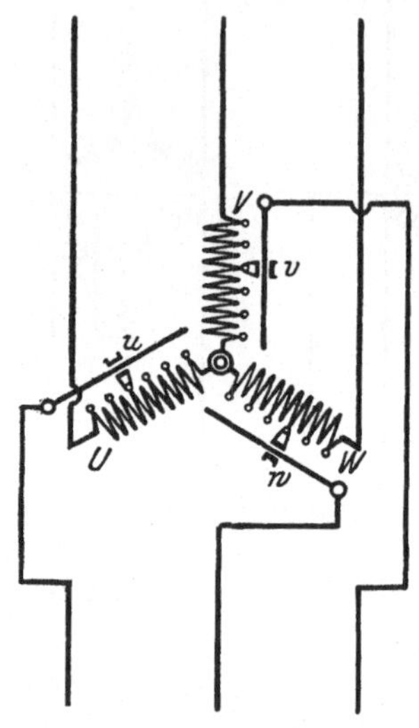

Abb. 182. Drehstrom-Regeltransformator.

Transformatoren mit nur einer Regulierstufe oder einigen wenigen Stufen finden als *Anlaßtransformatoren* vielfach bei Drehstrom-Synchronmotoren und Einankerumformern Verwendung.

91. Transformatoren in Skottscher Schaltung.

Ältere Wechselstromanlagen sind noch vereinzelt nach dem *Zweiphasensystem* ausgeführt. Der Zweiphasenstrom setzt sich aus zwei Wechselströmen zusammen, die um eine Viertelperiode gegeneinander verschoben sind. Um aus einem Zweiphasennetz Drehstrom entnehmen zu können, z. B. zum Anschluß von Drehstrommotoren, kann man sich zweier Einphasentransformatoren in der Skottschen *Schaltung* bedienen, die in Abb. 183 schematisch dargestellt ist. Es ist *unverketteter* Zweiphasenstrom angenommen, mit den Leitungen $Q'-S'$ und $R'-T'$. Je eine Phase des Zweiphasensystems arbeitet auf die Primärwicklung eines der beiden Transformatoren, die Sekundärwicklung des Transformators $T\,II$ ist mit dem Mittelpunkt der Sekundärwicklung des Transformators $T\,I$ verbunden. Die Drehstromleitungen R, S, T werden auf die in der Abbil-

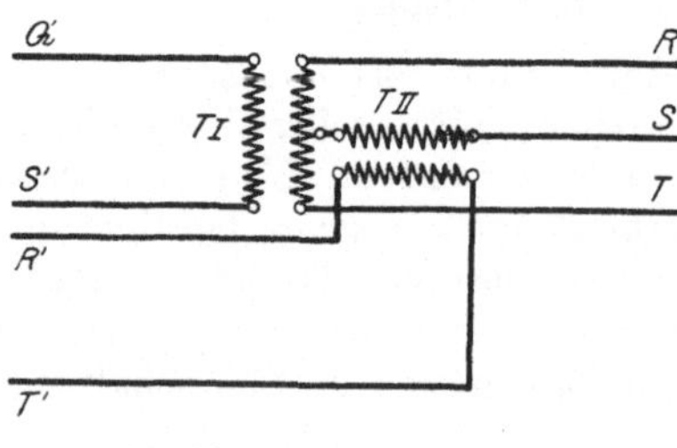

Abb· 183. Transformatoren in Skottscher Schaltung.

dung angegebene Weise angeschlossen. Damit sich eine gleichmäßige Belastung aller Zweige ergibt, müssen bezüglich der Übersetzung beider Transformatoren bestimmte Verhältnisse eingehalten werden.

Die SKOTTsche Schaltung kann auch umgekehrt angewendet, d. h. zur Umwandlung von Drehstrom in Zweiphasenstrom benutzt werden.

92. Differentialschutz für Transformatoren.

Das zum Abschalten fehlerhafter Leitungen oder schadhafter Hochspannungsgeneratoren dienende *Differentialschutzsystem* kann auch zum Schutz größerer Hochspannungstransformatoren angewendet werden. Die Schaltung entspricht der in Abschn. 199 und 206 erörterten. Auf die auf der Primär- und Sekundärseite des Transformators befindlichen Leistungsschalter wirkt ein Differentialrelais ein, das über beiderseits des Transformators eingebaute Stromwandler angeschlossen ist. Die Wicklungen der letzteren werden, dem Übersetzungsverhältnis des Transformators entsprechend, so bemessen, daß, solange der Transformator in Ordnung ist, die sekundären Spannungen beider Wandler gleich groß sind. Das Relais ist dann wirkungslos. Tritt dagegen ein Fehler im Transformator auf, z. B. Kurzschluß einer Spule oder auch nur weniger Windungen, so erhält das Relais, da nunmehr die beiden Spannungen verschieden sind, Strom, und es werden daher die Schalter ausgelöst[1].

93. Transformator mit Buchholzschutz.

Transformatoren werden, wie bekannt, in der Regel als Öltransformatoren ausgeführt. Um Störungen an derartigen Transformatoren unschädlich zu machen, hat sich der BUCHHOLZ-Schutz bewährt, ein Schutzrelais, das zwischen den Transformator und das mit ihm verbundene Ölausgleichsgefäß eingebaut wird. Bei Windungs- oder Gestellschluß, aber auch bei größeren Überlastungen oder Kurzschlüssen entwickeln sich aus den Isoliermitteln gasförmige Zersetzungsprodukte, welche beim Übertritt in das Ausgleichsgefäß die Betätigung des BUCHHOLZ-Relais herbeiführen.

In Abb. 184 ist eine BUCHHOLZ-Schutzschaltung nach einer Ausführung der SSW dargestellt. *L* sei die Ölleitung zwischen Transformator und Ausgleichsgefäß *A*, das BUCHHOLZ-Relais sei durch *B* angedeutet. Beiderseits des Transformators befinden sich Schalter. Auf sie wirkt je eine Spannungsspule ein, für deren Erregung Gleichstrom von z. B. 110 Volt Spannung zur Verfügung steht. Für das BUCHHOLZ-Relais selbst ist eine Gleichstromhilfsquelle von 24 Volt vorgesehen. Tritt nun eine kleine, mit einer nur geringen Gasentwicklung verbundene Störung im Transformator auf, so schließt sich im BUCHHOLZ-Relais lediglich der Alarmkontakt C_1. Damit wird die Glühlampe L_1 zum Auf-

---

[1] FLEISCHHAUER, Der hochempfindliche Differential-Stromschutz für Leistungstransformatoren. SZ **9** (1929) S. 545. — GEISE, Der stabilisierte Differentialschutz. SZ **12** (1932) S. 413 und SZ **16** (1936) S. 283.

leuchten gebracht. Gleichzeitig wird über den Umschalter U das Hilfsrelais R_1 geschlossen und somit die Hupe H eingeschaltet. Durch den Umschalter kann diese, nachdem man auf den Fehler aufmerksam

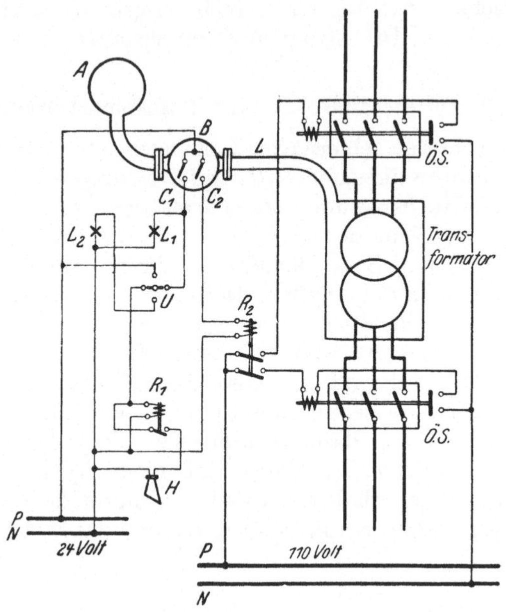

Abb. 184. BUCHHOLZ-Schutzschaltung für einen Transformator.

geworden ist, abgeschaltet werden, doch leuchtet alsdann die Lampe L_2 auf. Sie dient als Warnlampe und brennt so lange, bis der Fehler beseitigt ist.

Tritt infolge eines gröberen Transformatorfehlers eine stärkere Gasentwicklung ein, so wird der Abschaltkontakt C_2 des BUCHHOLZ-Relais geschlossen. Das Hilfsrelais R_2 kommt zur Wirkung, und es werden die Spannungsspulen der Schalter erregt, so daß ein sofortiges beiderseitiges Abschalten des Transformators die Folge ist[1].

B. Transformatoren- und Schaltstationen.

94. Grundlegende Schaltungen von Transformatorenanlagen.

Transformatoren zum *Heraufsetzen* der Spannung werden, wo es erforderlich ist, im allgemeinen unmittelbar in den Elektrizitätswerken aufgestellt und bilden dann einen organischen Bestandteil der Stromerzeugungsanlage. Beispiele für Zentralenschaltungen mit Transformatoren finden sich im vorigen Kapitel.

---

[1] Vgl. WEISSMANN, Wie wird ein Transformator am zweckmäßigsten geschützt? SZ **15** (1935) S. 67.

Transformatoren, welche die Übertragungsspannung auf die Gebrauchsspannung *herabsetzen*, sind in jeder Hochspannungsanlage in mehr oder weniger großer Zahl vorhanden und nach Bedarf auf die verschiedenen mit elektrischer Energie zu versorgenden Stadtteile oder bei Überlandzentralen, auf die einzelnen Ortschaften verteilt. Für Fabriken oder andere Großabnehmer elektrischer Energie wird in der Regel je ein eigener Transformator aufgestellt.

Das Kraftlaufschema einer *Transformatorenstation* für Einphasen- oder Drehstrom zeigt die Schaltskizze Abb. 185. Durch ein Kabel oder eine Freileitung wird dem Transformator T über Trenn- und Leistungs-

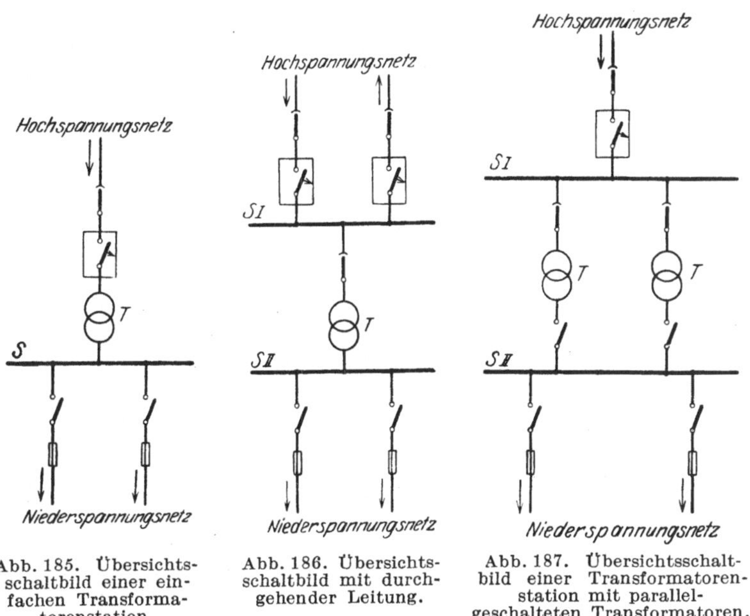

Abb. 185. Übersichts-schaltbild einer einfachen Transforma-torenstation.

Abb. 186. Übersichts-schaltbild mit durch-gehender Leitung.

Abb. 187. Übersichtsschalt-bild einer Transformatoren-station mit parallel-geschalteten Transformatoren.

schalter mit Überstromauslösung die Hochspannung zugeführt. Der dem Transformator entnommene Niederspannungsstrom gelangt über die Verteilungsschienen S mittels der Verteilungsleitungen an die Verbrauchsstellen.

Häufig ist die Transformatorenanlage gleichzeitig als *Schaltstation* für das Hochspannungsnetz ausgebildet, indem ein Teil der zugeführten Energie durch Freileitungen zum Transformator gelangt. Dieser Fall ist in dem Kraftlaufschema Abb. 186, in dem $S\,I$ die Hochspannungs-, $S\,II$ die Niederspannungsschienen bedeuten, zur Darstellung gebracht.

Ein *Parallelbetrieb* mehrerer Transformatoren auf das Niederspannungsnetz ist in Abb. 187 angenommen. Bei der Herstellung der Transformatorenanschlüsse ist darauf zu achten, daß hinsichtlich der sekundären Spannung aller Transformatoren *Phasengleichheit* besteht (Anwendung einer Phasenlampe!). Beim Anschluß von *Drehstromtrans*-

formatoren ist ferner *gleiche Reihenfolge der Phasen* zu berücksichtigen. Phasengleichheit kann im allgemeinen nur erzielt werden, wenn die parallel zu schaltenden Transformatoren der gleichen Schaltgruppe angehören (s. Abschn. 88).

Im vorstehenden wurde angenommen, daß der dem Transformator zugeführte Hochspannungsstrom unmittelbar auf die Gebrauchsspannung gebracht wird. Bei großen Versorgungsgebieten wird aber der von dem Kraftwerk mit hoher Spannung, z. B. 100 000 Volt, gelieferte Strom häufig noch einer Zwischentransformierung unterworfen. Zu diesem Zwecke werden an wichtigen Punkten des Versorgungsgebietes *Umspannwerke* errichtet, in denen der Strom auf eine weniger hohe Spannung, z. B. 30 000 Volt, herabgesetzt wird, und die ihrerseits die Transformatorenstationen in den Ortschaften speisen, in welchen die Gebrauchsspannung hergestellt wird. Als Beispiel ist in Abb. 188 das Übersichtsschaltbild eines Umspannwerkes mit zwei Speiseleitungen und drei abgehenden Leitungen dargestellt, und zwar ist sowohl für die Ober- als auch für die Unterspannung das *Doppelsammelschienensystem* angenommen (vgl. Abschn. 76).

Sollen mehrere Kraftwerke, deren Spannungen verschieden sind, miteinander gekuppelt werden, d. h. auf dasselbe Hochspannungsnetz arbeiten, so müssen die Spannungen in den für das Zusammenarbeiten in Betracht kommenden Netzteilen auf den gleichen Wert gebracht werden. Die diesem Zwecke dienenden Transformatoren können in besonderen Unterstationen aufgestellt werden.

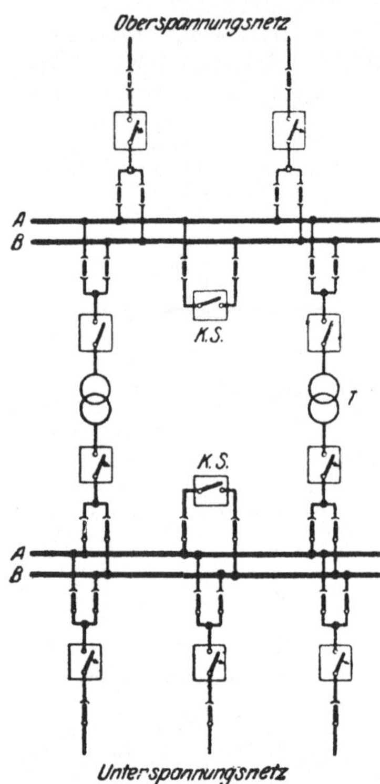

Abb. 188. Übersichtsschaltbild eines Umspannwerkes mit Doppelsammelschienen.

Im folgenden sollen Schaltpläne für eine Anzahl typischer Fälle von *Drehstrom-Transformatorenstationen* wiedergegeben werden. Die Schaltung von *Einphasenanlagen* ergibt sich daraus in sinngemäßer Vereinfachung.

95. Transformatorenstation einfachster Art.

Die an das Kabelnetz eines Großstadtgebietes angeschlossenen Transformatoren gelangen häufig in eisernen Säulen zur Aufstellung, die an zahlreichen Punkten der Stadt errichtet werden. Derartige Stationen sind, abgesehen von gelegentlichen Revisionen, völlig ohne Aufsicht und müssen daher bei hoher Betriebssicherheit größtmögliche Einfachheit aufweisen.

Das Schaltbild solcher Transformatorenstellen, wie sie im Bereich eines *Elektrizitätswerkes* für Leistungen bis etwa 70 kVA zu finden sind, ist in Abb. 189 wiedergegeben. Die Hochspannung beträgt 3000 V, die Niederspannung 125 Volt. An den Hochspannungsschienen sind

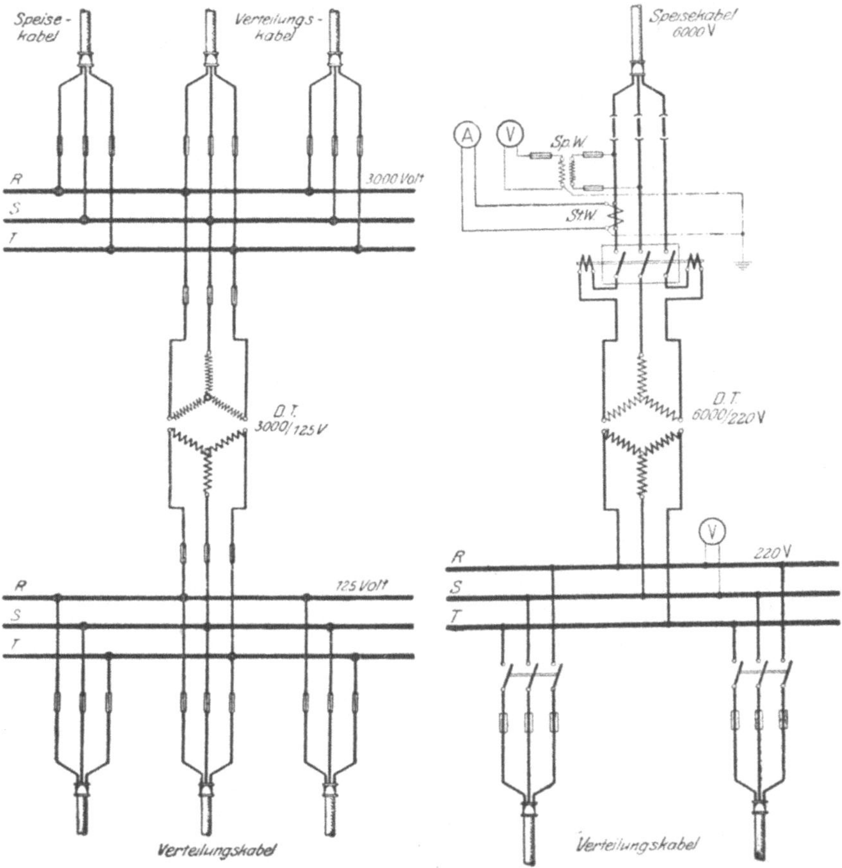

<table>
<tr><td>Abb. 189. Transformatorenstation ein
fachster Art (Wirkschaltbild)</td><td>Abb. 190. Station mit Einzeltransformator
(Wirkschaltbild).</td></tr>
</table>

außer dem vom Kraftwerk kommenden Speisekabel noch zwei Verteilungskabel angeschlossen, die nach anderen Transformatorstationen führen. Der Kraftlauf entspricht also der Abb. 186. Der Forderung nach Einfachheit wird namentlich dadurch Rechnung getragen, daß Schalter gänzlich vermieden sind. Der Überstromschutz, auch auf der Hochspannungsseite, wird durch Schmelzsicherungen erzielt, was bei der verhältnismäßig geringen Leistung und Spannung ohne Bedenken ist.

96. Station mit Einzeltransformator.

Den Schaltplan einer an ein Kabelnetz angeschlossenen Transformatorenstation, etwa für eine Fabrik oder ein größeres Geschäftshaus zeigt Abb. 190. Die allgemeine Anordnung entspricht dem Kraftlauf Abb. 185. Die Hochspannung von 6000 Volt wird mittels des *Speisekabels* zugeführt und gelangt über Trennschalter und den dreipoligen Leistungsschalter an die Primärklemmen des Drehstromtransformators $D.T$. Der Schalter ist mit primärer unmittelbar wirkender Überstromauslösung ausgestattet, die jedoch nur für zwei Pole vorgesehen ist. Zur Feststellung der elektrischen Verhältnisse dient der über einen Spannungswandler angeschlossene Spannungsmesser für die Primärspannung und der über einen Stromwandler in einen Pol des Zuführungskabels gelegte Strommesser.

Die Wicklungen des Transformators sind primär und sekundär in Stern geschaltet. Die Sekundärspannung beträgt 220 Volt. Sie kann an einem an zwei der Verteilungsschienen R, S, T angeschlossenen Spannungsmesser nachgeprüft werden. Der zur Feststellung der Belastung des Transformators hochspannungsseitig angeschlossene Strommesser kann je nach den Umständen auch durch einen solchen auf der Niederspannungsseite ersetzt werden, wodurch der Stromwandler erspart wird.

Durch eine Anzahl *Verteilungskabel* wird die elektrische Energie dem Niederspannungsnetz zugeführt.

97. Station mit parallel geschalteten Transformatoren.

In Abb. 191 ist der Wirkschaltplan einer Transformatorenstation mit zwei parallel geschalteten Drehstromtransformatoren zur Darstellung gebracht, dem das Übersichtsschaltbild Abb. 187 zugrunde liegt. Es ist angenommen, daß die Station an das Netz einer Überlandzentrale angeschlossen ist. Die Speiseleitung ist demgemäß als Freileitung ausgeführt. Die Primärspannung betrage 15 000 Volt.

Die *Speiseleitung* führt über Trenn- und Leistungsschalter zu den Hochspannungsschienen und enthält an Meßgeräten lediglich einen Zähler. Derselbe ist nach dem Zweiwattmeterverfahren angeschlossen, zeigt also auch bei ungleicher Belastung der Zweige die an die Transformatorenstation gelieferte Arbeit richtig an. Zum Schutz gegen *Überspannungen* sind mit der Freileitung unmittelbar nach ihrem Eintritt in die Transformatorenstation drei gegen Erde geschaltete Überspannungsableiter (z. B. SAW-Ableiter) verbunden.

Die Transformatoren sind an die Hochspannungsschienen, wiederum über Trenn- und Leistungsschalter, angeschlossen. Letztere besitzen, wie auch der Schalter in der Speiseleitung, eine primäre unmittelbar wirkende Überstromauslösung. Die Verbindung der Transformatoren mit den Verteilungsschienen für die Niederspannung erfolgt über dreipolige Handschalter und Schmelzsicherungen. Die Verteilung der Belastung auf die beiden Transformatoren kann an den Strommessern niederspannungsseitig geprüft werden.

Das Niederspannungsnetz ist mit (geerdetem) *Nulleiter* durchgeführt. Die verkettete Spannung — für den Anschluß von Motoren — beträgt 380 Volt, die Spannung zwischen Haupt- und Nulleiter — für den Anschluß der Beleuchtung — 220 Volt. Einige Anschlußleitungen für Kraft und Licht sind im Schaltplan angegeben.

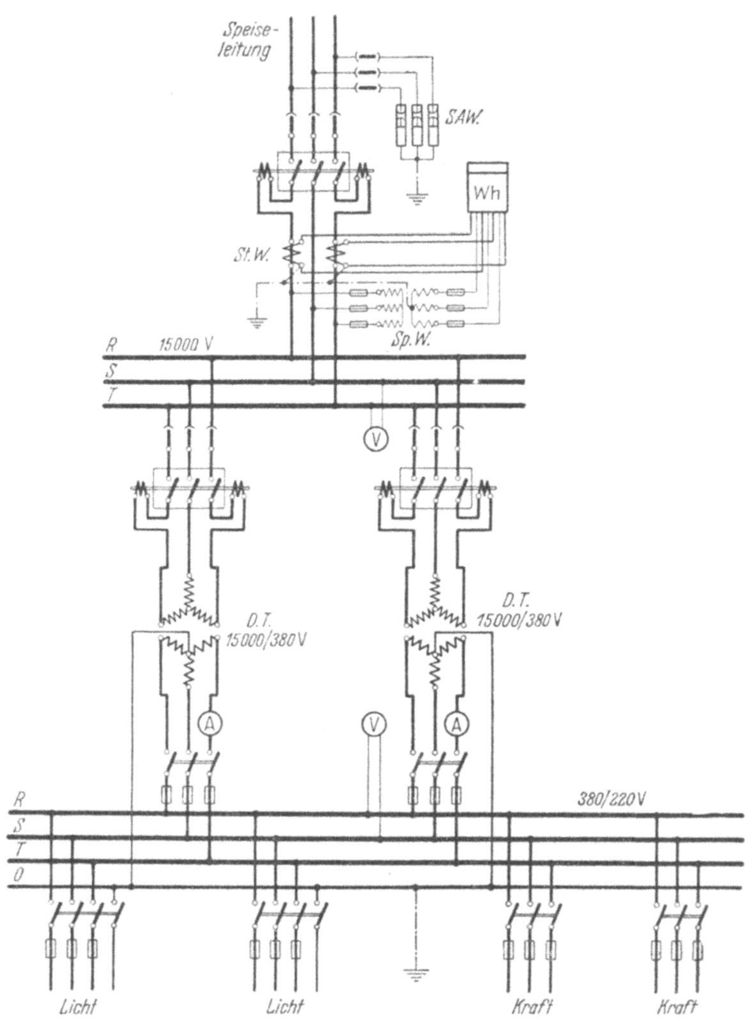

Abb. 191. Station mit parallelgeschalteten Transformatoren.

98. Fahrbare Netztransformatorenstation.

Für vorübergehende Anschlüsse oder für Aushilfszwecke können sich transportable Netztransformatoren als recht nützlich erweisen. In Abb. 192 ist das Wirkschaltbild einer fahrbaren Transformatorenstation

dargestellt, wie sie in einem Elektrizitätswerk ausgebildet ist[1]. Die
Zahl der eingebauten Apparate ist möglichst beschränkt, ohne jedoch
die Betriebssicherheit und vielseitige Verwendbarkeit der Einrichtung
zu beeinträchtigen. Die Hochspannung von 10 000 Volt wird über

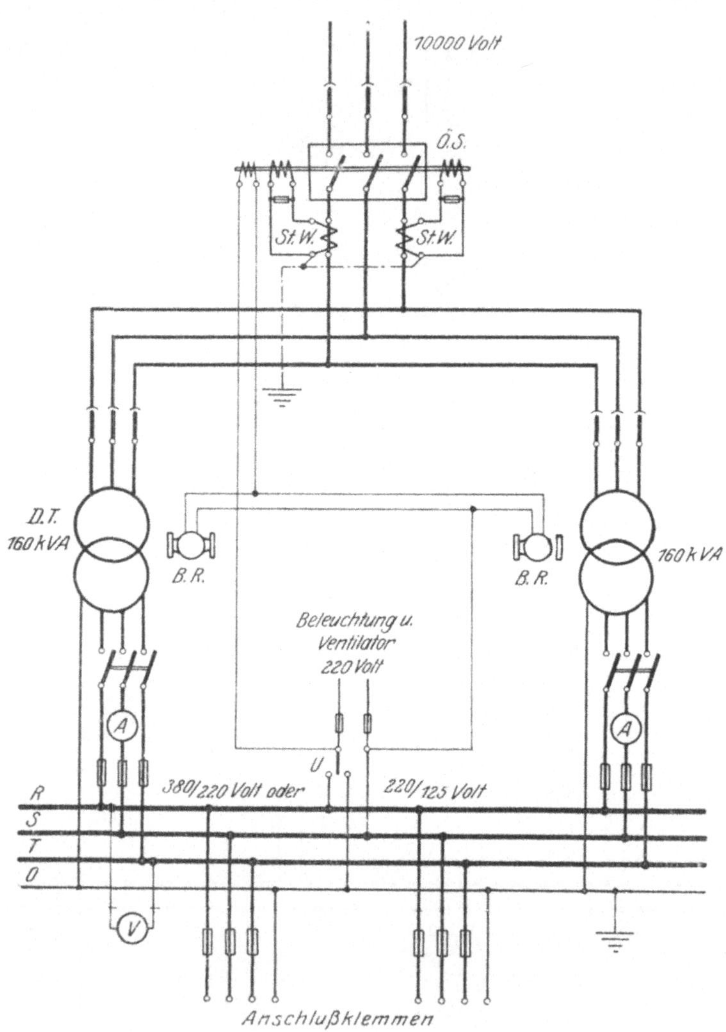

Abb. 192. Fahrbare Transformatorenstation.

Trenn- und Leistungsschalter den Sammelschienen zugeführt. Letzterer,
z. B. als Ölschalter ausgebildet, besitzt sekundäre unmittelbare Zeit-
auslösung bei Überstrom. Die Auslösezeit ist dadurch von der Belastung
abhängig gemacht, daß zur Auslösespule eine Schmelzsicherung parallel

---

[1] Lütze, Eine fahrbare Netztransformatorenstation. ETZ 51 (1930) S. 110.

gelegt ist. Durch die Sicherung ist die Spule also für gewöhnlich kurzgeschlossen. Erst nachdem die Sicherung geschmolzen ist — und das tritt um so schneller ein, je größer die Überlastung ist —, kann der Strom seinen Weg durch die Spule nehmen und die Auslösung herbeiführen. Außerdem wirkt auf den Schalter noch eine Spannungsspule ein, die ihn auslöst, wenn der für die Transformatoren vorgesehene BUCHHOLZ-*Schutz* in Wirksamkeit tritt. Der für die BUCHHOLZ-Relais *B.R.* erforderliche Hilfsstrom wird unmittelbar dem Niederspannungsnetz entnommen.

Jeder der beiden Transformatoren, die einzeln oder parallel arbeiten können, steht lediglich über Trennschalter mit den Hochspannungsschienen in Verbindung. An die Niederspannungsschienen ist er über einen Handschalter und Schmelzsicherungen (Griffsicherungen!) angeschlossen. Eine Nullschiene ist vorgesehen. Die Spannung auf der Sekundärseite kann, ohne den Transformator zu öffnen, auf 400/231 bzw. 231/133 Volt, entsprechend den normalen Spannungen von 380/220 bzw. 220/125 Volt eingestellt werden, um den verschiedensten Netzverhältnissen Rechnung zu tragen, Sie kann an dem Netzvoltmeter gemessen werden. Die Belastung der Transformatoren läßt sich durch je einen auf der Niederspannungsseite eingebauten Strommesser feststellen. Die Hilfsspannung für die BUCHHOLZ-Relais, ebenso die für die Beleuchtung und für die Belüftung des Wagens notwendige Spannung kann mittels eines einpoligen Umschalters *U* bei jeder gewählten Netzspannung auf 220 Volt eingestellt werden.

99. Umspannwerk.

Als Beispiel einer größeren Transformatorenanlage ist, in Anlehnung an eine Ausführung der AEG, in Abb. 193 die Schaltung eines Umspannwerkes wiedergegeben, in dem Drehstrom von 25 000 Volt Spannung auf 6000 Volt herabgesetzt wird.

Den 25 000 Volt-Schienen wird die elektrische Energie vom entfernten Kraftwerk durch eine *Freileitung* über einen Hochspannungsschalter zugeführt. Der mit dem Schalter verbundene Überstromschutz wird, wie auch bei den übrigen Schaltern der Station — im vorliegenden Falle sind durchweg Druckgasschalter zur Anwendung gekommen — durch sekundär angeschlossene Relais (Überstromzeitrelais) bewirkt. Der Hilfsstrom für dieselben wird einer kleinen, aus Primärelementen gebildeten Batterie von ungefähr 20 Volt Spannung entnommen, wie sie z. B. unter dem Namen Mammutelemente von der Firma Mix & Genest, Berlin, hergestellt werden. Zur Feststellung der Strombelastung ist in die Speiseleitung ein Strommesser eingebaut, Ein Teil der zugeführten Energie wird durch eine weitere Fernleitung, die in gleicher Weise wie die Speiseleitung mit Apparaten ausgestattet ist, nach einem anderen Versorgungsgebiet weitergeleitet.

Die Herabsetzung der Spannung auf den Betrag von 6000 Volt geschieht durch zwei parallel geschaltete Transformatoren. Die auf ihrer Primärseite liegenden Schalter sind mit denen auf der Sekundärseite elektrisch gekuppelt, indem durch eine Kontaktvorrichtung bei einer Auslösung des primären auch eine Auslösung des zum gleichen Transformator gehörenden sekundären Schalters bewirkt wird (s. auch Abschn. 86).

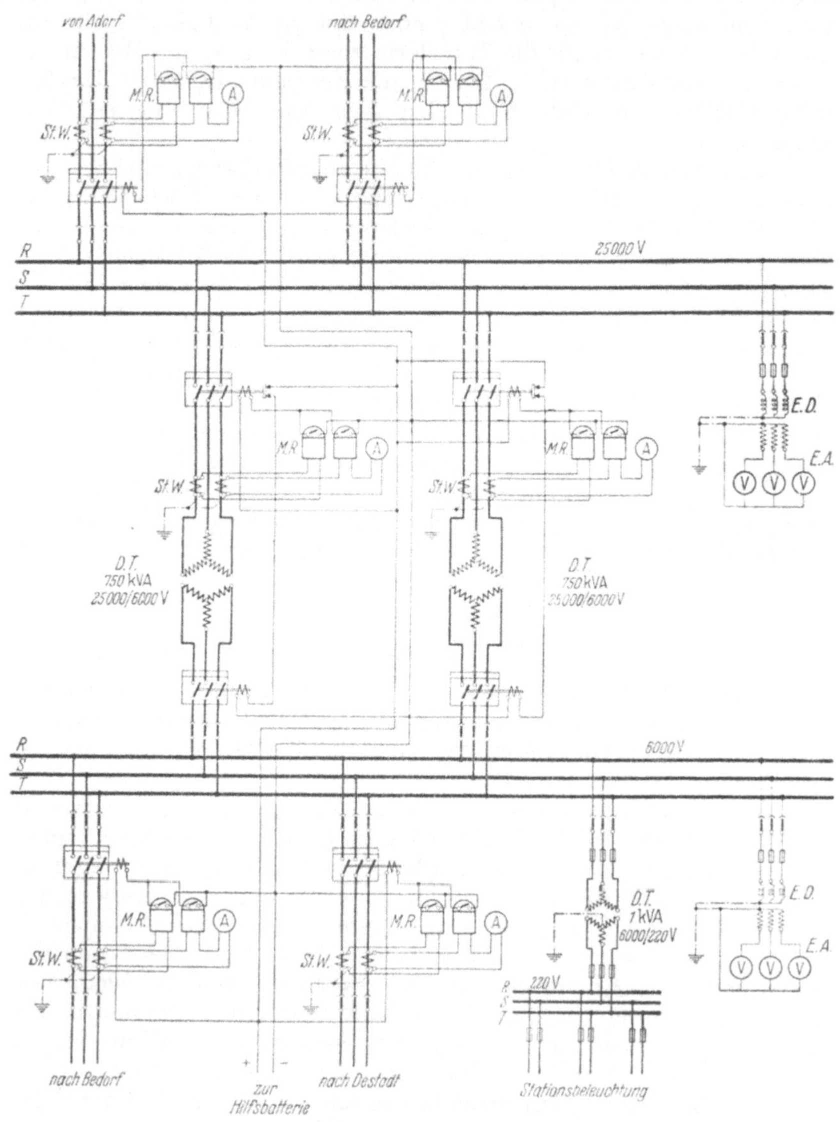

Abb. 193. Umspannwerk.

Von den 6000 Volt-Sammelschienen gehen zwei *Freileitungen* ab. Die in sie eingebauten Apparate entsprechen völlig denen in den 25 000 Volt-Leitungen.

An den Sammelschienen beider Spannungen liegen, um elektrostatische *Überspannungen* zu beseitigen, Erdungsdrosselspulen *E.D.* Sie bilden gleichzeitig die primäre Wicklung von Wandlern, an die sekundär die als *Erdschlußanzeiger E.A.* dienenden Spannungsmesser angeschlossen sind. Wenn die Umstände es erfordern, können als weiterer Überspannungsschutz mit den Freileitungen noch Ventilableiter, z. B. SAW-Ableiter, verbunden werden.

Ein an die 6000 Volt-Sammelschienen angeschlossener kleiner Stationsformator, der auf 220 Volt transformiert, deckt den *Eigenverbrauch* der Station an elektrischen Strom für Beleuchtung usw.

100. Umspannwerk mit Reservegenerator und Umformer.

Der Schaltplan, Abb. 194, bezieht sich auf eine Umspannstation, in der jedoch auch für eine Eigenerzeugung des Stromes Vorsorge getroffen

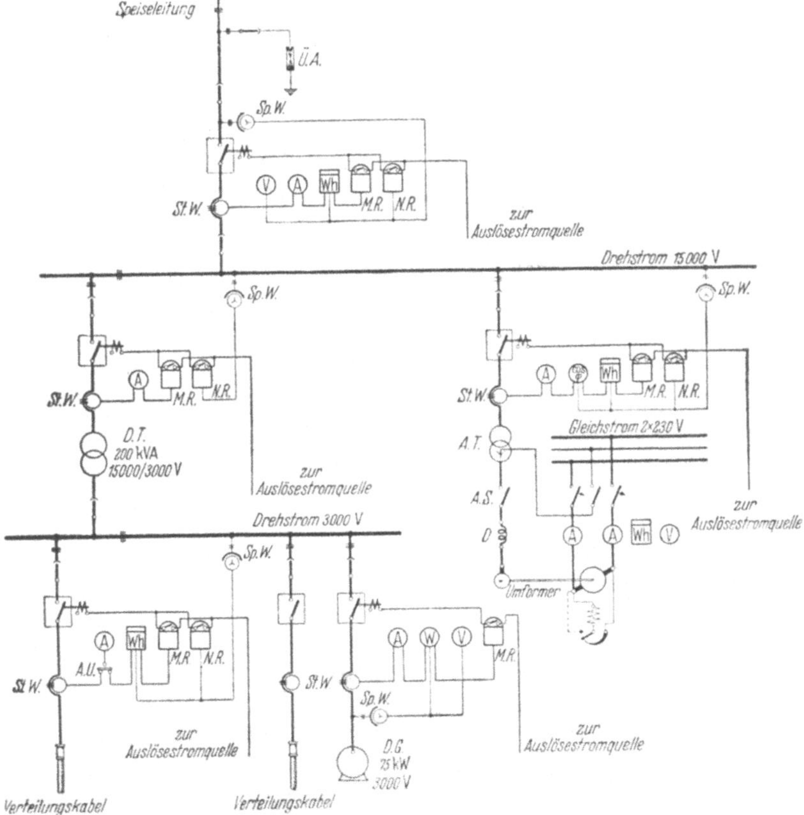

Abb. 194. Umspannwerk mit Generator und Umformer.

ist. Er ist einpolig gezeichnet, die Anzahl der Leitungen bzw. Apparate ist durch eine entsprechende Zahl kleiner Querstriche angedeutet. Der durch eine *Freileitung* zugeführte Drehstrom besitzt eine Spannung von 150000 Volt, die in einem Transformator auf 3000 Volt herabgesetzt wird. Für jede der beiden Spannungen ist ein Schienensystem vorhanden. Von den Unterspannungsschienen führt eine Anzahl *Verteilungskabel* in das Kraftnetz. Zur Reserve ist ein *Drehstromgenerator* für 3000 Volt Spannung aufgestellt, der aber nur dann auf die Schienen geschaltet werden darf, wenn die Stromlieferung über den Transformator eingestellt ist. Falls auch ein Parallelbetrieb des Generators mit dem Transformator beabsichtigt wäre, müßte noch ein Synchronismusanzeiger eingebaut sein. An die Oberspannungsschienen ist ferner ein *Einankerumformer* angeschlossen, der Gleichstrom zum Betriebe eines Dreileiter-Lichtnetzes mit einer Spannung von 2×230 Volt liefert. Die Schaltung des Umformers ist in Abschn. 158 ausführlich erörtert.

Alle in der Anlage vorhandenen Leistungsschalter sind allpolig mit Überstrom- und, abgesehen vom Generatorschalter, außerdem mit Unterspannungsauslösung versehen, die durch sekundär angeschlossene und durch Gleichstrom betätigte Relais bewirkt wird. Die für die Relais notwendigen Strom- und Spannungswandler sind für den gleichzeitigen Anschluß der Meßgeräte ausgenutzt. In der Anlage, die dem vorliegenden Schaltplan zugrunde gelegt wurde, ist für jedes Verteilungskabel ein Amperemeterumschalter vorgesehen. Dadurch wird eine Ersparnis an Strommessern herbeigeführt, indem für jedes Kabel zur Feststellung der Stromstärke in den drei Leitungen nur *ein* Gerät erforderlich ist (vgl. Abschn. 28, letzter Absatz). In die zur Stromzuführung dienende Freileitung ist zum Schutz gegen *Überspannungen* ein Ventilableiter eingebaut. Die Verteilungskabel bedürfen keines derartigen Schutzes.

101. Schaltstation eines Drehstrom-Überlandwerkes.

Transformatorstationen sind im allgemeinen gleichzeitig Schaltstellen für die in Betracht kommenden Teile des Leitungsnetzes. Der Vollständigkeit wegen soll nachfolgend noch ein Beispiel für Schaltstationen gegeben werden, in denen Transformatoren nicht aufgestellt sind.

Abb. 195 stellt den Schaltplan eines im Bereich eines Überlandwerkes errichteten Hauptspeisepunktes dar. Die Station hat die Aufgabe, die vom entfernten Kraftwerk zugeführte Hochspannungsenergie zu messen und nach den verschiedenen Ortschaften weiterzuleiten. Zuführungsleitung und Verteilungsleitungen sind als Freileitungen gedacht. Die Zuleitung liefert den Drehstrom über Trennschalter und den Expansionsschalter S an die Verteilungsschienen mit 15000 V. Die Meßgeräte sind in bekannter Weise über Wandler angeschlossen. Der Leistungsmesser ist als schreibendes Instrument durch eckige Umrahmung gekennzeichnet. Der in der Zuleitung liegende Zähler und Leistungsmesser sind in Zweiwattmeterschaltung angeschlossen, die Abzweige sind nur mit einem Zähler für Drehstrom gleicher Belastung und einem Amperemeter ausgestattet. Die Expansionsschalter in der Zuleitung und den Verteilungsleitungen sind mit aufgebauten Überstrom-Auslösern J versehen. Als Überspannungsschutz sind an die Zuleitung gegen Erde geschaltete Kathodenfallableiter K angeschlossen.

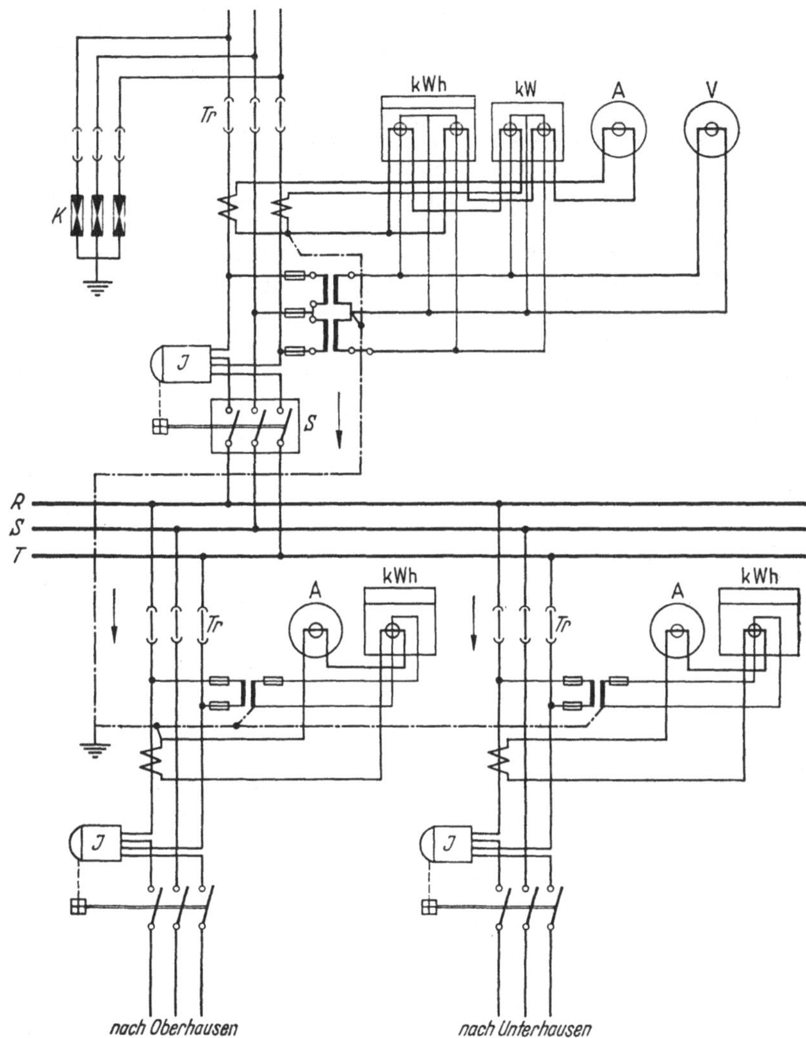

Abb. 195. Schaltstation eines Überlandwerkes.

C. Drehtransformatoren.

102. Der Drehtransformator als Spannungsregler.

Der Drehtransformator ist nach Art des Drehstrom-Induktionsmotors gebaut, vgl. Abschn. 109 und 110. Er besitzt wie dieser einen dreiphasig gewickelten Ständer, der einen Läufer umschließt; er unterscheidet sich von ihm aber dadurch, daß der Läufer nicht in Drehung

kommt, sondern in beliebiger Lage festgestellt werden kann. Ständer-
und Läuferwicklung entsprechen nun den beiden Wicklungen eines
Transformators. In der Regel wird die Läuferwicklung als *primäre*, die
Ständerwicklung als die *sekundäre Wicklung* aufgefaßt, doch können
die Rollen der beiden Wicklungen auch
vertauscht sein. Wird die primäre Wicklung, auch *Erregerwicklung* genannt, an
das Netz angeschlossen, so wird in der
sekundären Wicklung, die in der Folge
als *Zusatzwicklung* bezeichnet werden
soll, eine Spannung erzeugt, die dem
Verhältnis der Windungszahlen beider
Wicklungen entspricht, aber je nach
der Einstellung des Läufers eine Phasenabweichung zur primären Spannung
zeigt. Dieser Umstand kann zur Spannungsregelung benutzt werden. In diesem Sinne wird der Transformator auch
als *Drehregler* bezeichnet.

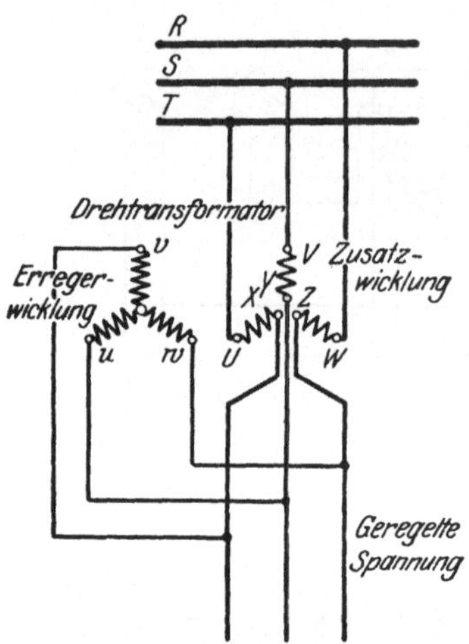

Abb. 196. Spannungsregelung durch
Drehtransformator.

Abb. 196 zeigt die grundlegende
Schaltung für das Verfahren. Es soll
die Spannung der von R, S, T ausgehenden Netzleitung geregelt werden. Die
Erregerwicklung $u\,v\,w$ des Drehtransformators ist an die Leitung angeschlossen. Die Zusatzwicklung besteht aus den Strängen $U\,X$, $V\,Y$,
$W\,Z$. In jede der drei Drehstromleitungen ist ein Strang eingeschaltet. Es setzt sich daher die zu regelnde Netzspannung mit der Zusatzspannung des Drehtransformators zu einer resultierenden Spannung zusammen, die je nach der Einstellung des Läufers verschieden groß ist.
Der höchste Wert ergibt sich als Summe von Netz-
spannung und Zusatzspannung, der kleinste Wert als
deren Differenz. Innerhalb dieser Grenzen kann demnach die Spannungsregelung vorgenommen werden.

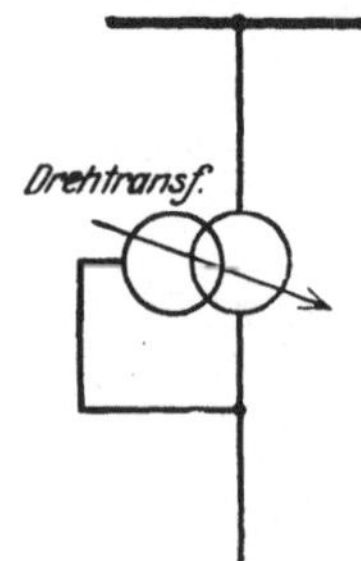

Abb. 197. Dreh-
transformator
(Schaltzeichen).

In Abb. 197 ist die vorstehend erläuterte Schaltung einpolig durch das Schaltzeichen des VDE vereinfacht dargestellt. Der Pfeil durch die den Drehtransformator darstellenden Kreise deutet die Regelbarkeit an.

Drehtransformatoren werden besonders häufig zur
Spannungsregelung von Einankerumformern (s. Abschnitt 157b) benutzt.

103. Spannungsregelung einer Drehstrom-Hochspannungsleitung.

In Abb. 198 ist eine Hochspannungsleitung R, S, T dargestellt,
deren Spannung ebenfalls durch einen Drehtransformator beeinflußt
werden kann. Die Schaltung entspricht grundsätzlich derjenigen von
Abb. 196, doch sind außer den üblichen für Hochspannung in Betracht

kommenden Apparaten — Schalter mit Überstromauslösung und Trennschalter — noch einige Schutzeinrichtungen nach Patenten der SSW
vorgesehen, die einen störungsfreien Betrieb gewährleisten sollen. So
sind jeder Phase der in die Hochspannungsleitung eingefügten Zusatzwicklung des Drehtransformators Kondensatoren C parallel geschaltet,

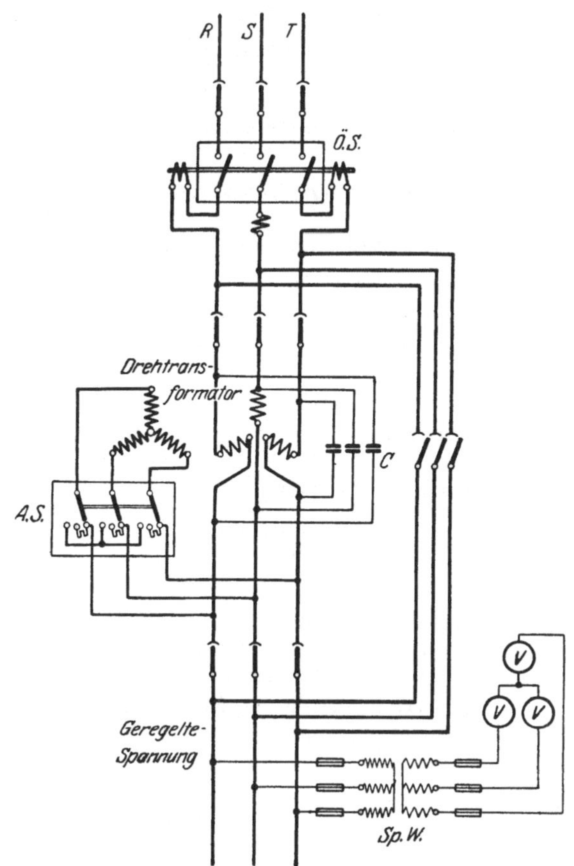

Abb. 198. Spannungsregelung einer Hochspannungsleitung durch
Drehtransformatoren.

die die Wicklungen gegen in der Leitung etwa auftretende Überspannungen schützen sollen. Durch einen vor die Erregerwicklung des Drehtransformators gelegten Anlaßschalter $A.S.$ und eine die Zusatzwicklung
überbrückende Umgehungsleitung mit Trennschaltern ist dafür gesorgt,
daß der Drehtransformator jederzeit ohne Betriebsunterbrechung zu-
und abgeschaltet werden kann. Um die Erregerwicklung vor Überspannungen zu bewahren, die beim Öffnen des Schalters an ihr auftreten können, ist dieser mit Schutzwiderständen und Kurzschlußkontakten versehen.

Die durch einen Drehtransformator geregelte Spannung unterscheidet sich von der ungeregelten Spannung übrigens nicht nur ihrer Größe nach, sondern es tritt auch eine geringe Phasenabweichung ein, die sich aber durch Anwendung eines „*Doppeldrehtransformators*" vermeiden läßt[1]. Überhaupt sind noch mancherlei Sonderschaltungen für Drehtransformatoren möglich, auf die jedoch hier nicht näher eingegangen werden kann.

IX. Wechselstrommotoren.

A. Synchronmotoren.

104. Schaltung und Eigenschaften von Motoren.

Jeder Wechselstromgenerator läßt sich im allgemeinen auch als Motor betreiben. Die Wicklung des Ständers wird vom Wechselstromnetz gespeist, das drehbar angeordnete Magnetrad, das den Läufer bildet, ist wie beim Generator mit Gleichstrom erregt. Abb. 199 zeigt das Schaltbild eines *synchronen Drehstrommotors* (vgl. Abb. 142 u. 143). Für die Erregung stehe eine Akkumulatorenbatterie zur Verfügung. Doch ist meistens eine eigene Erregermaschine vorhanden.

Während des Betriebes läuft der Motor *synchron*, d. h. seine Drehzahl ist die gleiche wie die, mit welcher die Maschine als Generator bei derselben Frequenz betrieben werden müßte, und sie ist völlig unabhängig von der Belastung. *Bei richtiger Erregung stellt der Synchronmotor eine induktionsfreie Belastung des Netzes dar*, es tritt also keine Phasenverschiebung zwischen der Spannung und dem vom Motor aufgenommenen Strom ein. Bei Untererregung bleibt dagegen der Strom gegen die Spannung zurück, bei Übererregung eilt er der Spannung voraus. Durch Übererregen von Synchronmotoren kann daher die im Netz meist vorhandene Phasenverzögerung des Stromes mehr oder weniger aufgehoben, der Leistungsfaktor also verbessert werden.

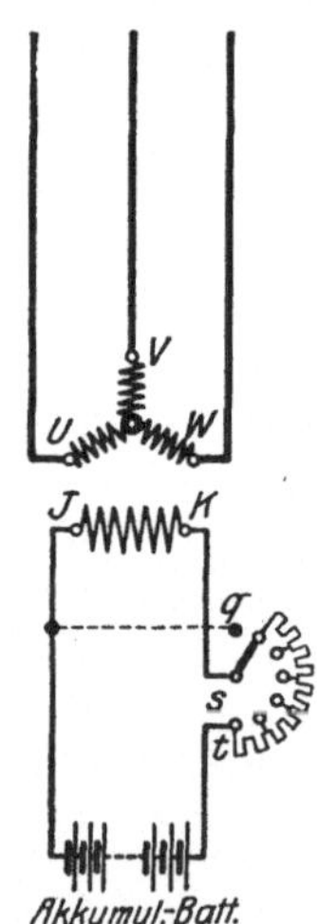

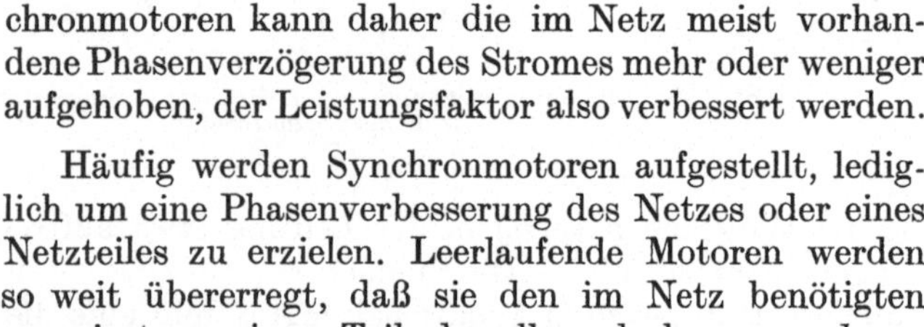
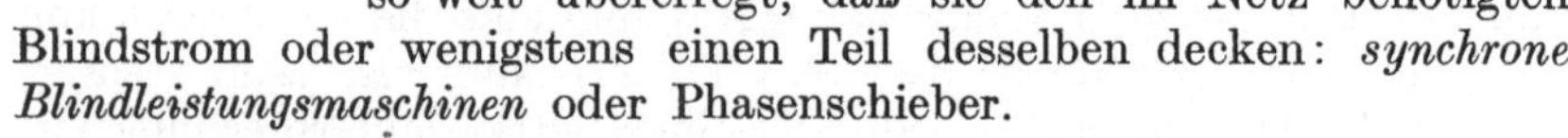

Abb. 199. Synchroner Drehstrommotor.

Häufig werden Synchronmotoren aufgestellt, lediglich um eine Phasenverbesserung des Netzes oder eines Netzteiles zu erzielen. Leerlaufende Motoren werden so weit übererregt, daß sie den im Netz benötigten Blindstrom oder wenigstens einen Teil desselben decken: *synchrone Blindleistungsmaschinen* oder Phasenschieber.

Gewisse Schwierigkeiten bietet das Anlassen der Synchronmotoren. Die verschiedenen *Anlaßverfahren* werden nachstehend kurz erörtert.

---

[1] LIWSCHITZ und ZEHRUNG, Größere Drehtransformatoren. SZ **9** (1929) S. 521.

105. Anlassen mittels Anwurfmotors.

Synchronmotoren, einerlei ob sie mit *Einphasen-* oder *Mehrphasen-strom* betrieben werden, laufen im allgemeinen nicht von selbst an, sie müssen vielmehr, ehe sie an das Netz gelegt werden, erst auf die synchrone Drehzahl gebracht werden. *Das Anlassen von Synchronmotoren kann daher in der gleichen Weise erfolgen, wie bei Wechselstromgeneratoren, die zu bereits im Betriebe befindlichen Maschinen parallel geschaltet werden.* Als Anwurfmotor kann entweder ein mit dem Synchronmotor gekuppelter Gleichstrom-Nebenschlußmotor oder ein Drehstrom-Induktionsmotor benutzt werden. Durch Anwendung eines Drehzahlreglers muß die Möglichkeit gegeben sein, die synchrone Drehzahl einzuregulieren.

Um den Augenblick für das Einschalten des Motors herauszufinden, ist ein *Synchronismusanzeiger* einzubauen.

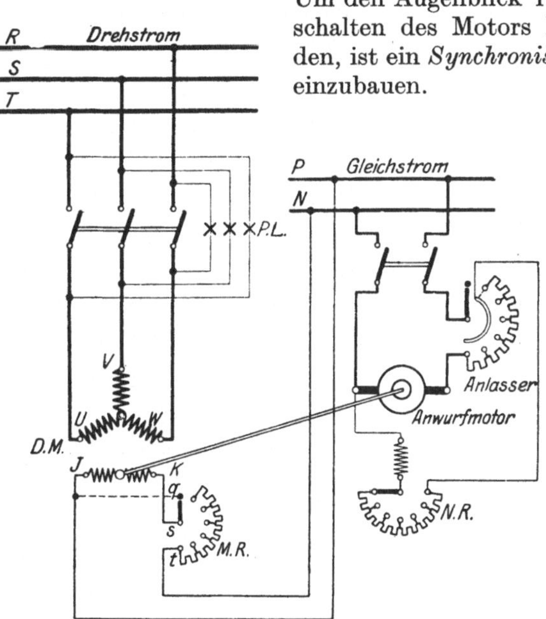

Abb. 200. Drehstrom-Synchronmotor mit Gleichstrom-Anwurfmotor.

Das allgemeine Schaltbild eines Drehstrom-Synchronmotors, der durch einen Gleichstrommotor angeworfen wird, zeigt Abb. 200. Alles Unwesentliche ist in der Abbildung fortgelassen. Der Anwurfmotor wird mit dem Anlasser in Gang gesetzt, der Drehstrom-Synchronmotor *D.M.* mit dem Magnetregler *M.R.* auf die Netzspannung erregt und die Drehzahl mittels des Nebenschlußreglers *N.R.* so lange verändert, bis die Phasenlampen *P.L.* den Synchronismus anzeigen. Phasenlampen sind für alle drei Motorleitungen vorgesehen, um an dem gleichzeitigen Aufleuchten der Lampen erkennen zu können, daß die Reihenfolge der Phasen des Motors mit der Phasenfolge des Netzes übereinstimmt (vgl. Abschn. 75b). Sobald Synchronismus eingetreten ist, wird der Synchronmotor mittels des dreipoligen Schalters an das Drehstromnetz angeschlossen, während der Gleichstrommotor von seinem Netz abgetrennt wird. Der Drehstrommotor kann nunmehr belastet werden.

106. Drehstromseitiges Anlassen des Synchronmotors.

Häufig wird bei *Drehstrom-Synchronmotoren* ein vereinfachtes Anlaßverfahren angewendet, indem sie unmittelbar vom *Drehstromnetz* aus in Gang gesetzt werden. Um den Anlauf zu ermöglichen, wird in die Polschuhe der Maschine eine in sich kurzgeschlossene Hilfswicklung gelegt, die als „Dämpferwicklung" bezeichnet wird, da sie gleichzeitig die Aufgabe hat, zur Beruhigung des Ganges der Maschine z. B. bei Belastungsschwankungen, beizutragen. Das Anlassen des Motors ist auf diese Weise jedoch nur bei Leerlauf oder geringer Belastung möglich. Auch ist, um einen größeren Stromstoß zu vermeiden, ein *Anlaßtransformator* erforderlich, der gegebenenfalls in Sparschaltung ausgeführt sein kann. Bei dem geschilderten Anlaßverfahren werden, solange der Synchronismus noch nicht erreicht ist, in der *Magnetwicklung hohe Spannungen* induziert. Um die damit verbundene Gefahr abzuwenden, ist sie während des Anlassens zu unterteilen oder über Widerstände kurzzuschließen.

Die grundlegende Schaltung für einen von der Wechselstromseite aus anzulassenden Synchronmotor ist in Abb. 201 angegeben. Die Dämpferwicklung ist, da sie auf die Schaltung ohne Einfluß ist, fortgelassen. Ein Synchronismusanzeiger ist nicht erforderlich. Beim Anlassen wird dem Motor zunächst nur ein Teil der Netzspannung zugeführt, indem der Anlaßschalter *A.S.* in die Mittelstellung gebracht wird. Hierbei ist die Magnetwicklung über den Magnetschalter *M.S.* zunächst noch (über einen Widerstand) kurzgeschlossen. Der Motor läuft alsdann *wie ein asynchroner Induktionsmotor* an, da die Dämpferwicklung wie die Wicklung eines Kurzschlußläufers (vgl. Abschn. 110) wirkt. Ist die synchrone Drehzahl nahezu erreicht, so schnappt der Motor infolge der in ihm wirksamen synchronisierenden Kraft (vgl. Abschnitt 75a, erster Absatz), nachdem er durch Anschließen der Magnetwicklung an die Erregermaschine erregt wird (*M.S.* nach rechts), in den Synchronismus hinein. Nunmehr wird der Motor sofort auf die volle Betriebsspannung geschaltet (*A.S.* nach rechts), und er kann jetzt beliebig belastet werden.

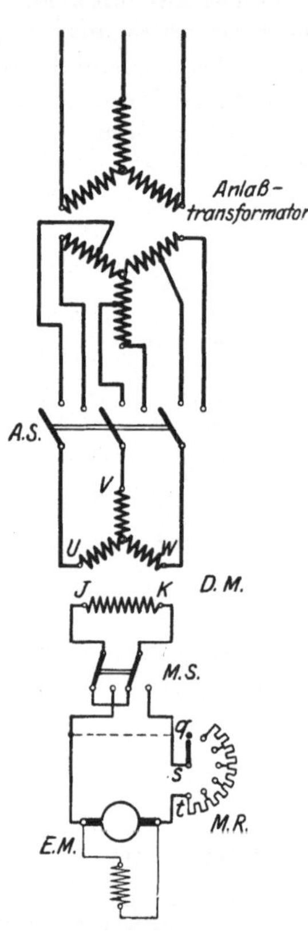

Abb. 201. Drehstrom-Synchronmotor mit Anlaßtransformator.

107. Drehstrom-Synchronmotoren mit Anlaufwicklung.

Namentlich die angenehme Eigenschaft der Synchronmotoren, daß sie ohne Phasenverschiebung, also mit dem Leistungsfaktor *1* betrieben werden können, läßt ihre Verwendung vorteilhaft erscheinen. Es hat daher nicht an Bestrebungen gefehlt, Synchronmotoren zu bauen, die auch *mit voller Last* anlaufen können. Zur Erreichung dieses Zweckes haben z. B. die SSW bei ihren selbstanlaufenden Drehstrom-Synchronmotoren die in den Polschuhen untergebrachte Dämpferwicklung zu einer regelrechten Anlaufwicklung ausgebildet, die wie die Läuferwicklung eines asynchronen Drehstrommotors wirkt und wie beim Schleifringläufer (s. Abschn. 116) über drei Schleifringe und Bürsten mit einem dreiteiligen Anlaßwiderstand in Verbindung steht[1]. Im Schaltbild Abb. 202 sind die Bürsten mit u, v, w bezeichnet, der Anlasser hat die gleichen Klemmenbezeich-

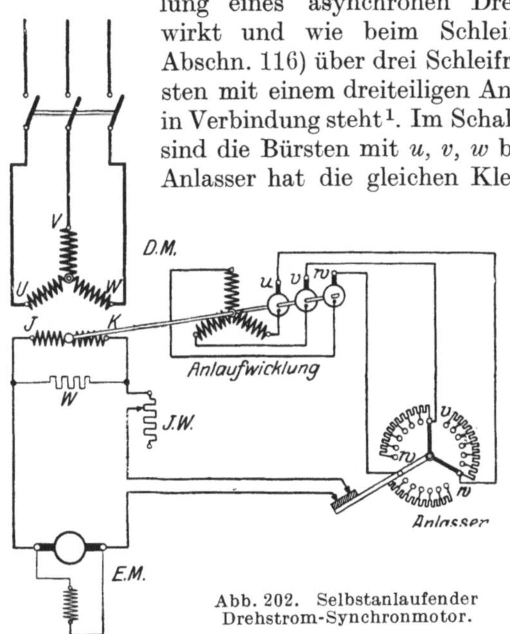

Abb. 202. Selbstanlaufender
Drehstrom-Synchronmotor.

nungen erhalten. Auf der letzten Anlaßstufe wird der Erregergleichstrom über Hilfskontakte, die von der Anlasserkurbel aus geschlossen werden, selbsttätig eingeschaltet, worauf der Motor die synchrone Drehzahl annimmt und mit dieser bei allen Belastungen weiterläuft. Im Betriebe wirkt die kurzgeschlossene Anlaufwicklung als Dämpferwicklung. Wie das Schaltbild, das für die Kurzschlußstellung des Anlaßwiderstandes gezeichnet ist, erkennen läßt, ist parallel zur Gleichstrom-Erregerwicklung noch ein Widerstand W gelegt. Er soll ein Durchschlagen der Wicklung infolge der beim Anlassen in ihr auftretenden hohen Spannung verhüten (s. Abschn. 106). Der weiter angegebene Justierwiderstand $J.W.$ dient zur richtigen Einstellung des Erregerstromes, die bei der erstmaligen Inbetriebsetzung des Motors vorzunehmen ist. Ein Magnetregler ist nicht erforderlich.

---

[1] BICHTELER, Ein neuer Synchronmotor für Anlauf mit großem Moment. SZ 2 (1922) S. 133.

Im Schaltbild ist als Gleichstromquelle für die Erregung eine kleine Nebenschlußmaschine, die Erregermaschine *E.M.* angenommen. Für die Zuführung des Erregerstromes sind selbstverständlich zwei Schleifringe erforderlich, so daß der Motor im ganzen fünf Schleifringe besitzt. Zweckmässigerweise wird die Erregermaschine mit dem Motor unmittelbar gekuppelt.

Die Bedienung des Motors beim Ingangsetzen besteht, wie zum Schluß noch festgestellt werden mag, lediglich darin, daß, nachdem durch den Hauptschalter die Verbindung mit dem Netz hergestellt ist, der Anlasser in die Kurzschlußstellung geführt wird.

In ähnlicher Weise, wie vorstehend erörtert, geht die AEG bei ihrem selbstanlaufenden Synchronmotor vor. Sie legt, von einigen konstruktiven Änderungen im Aufbau der Maschine abgesehen, in die Polschuhe eine *zwei*phasige Wicklung. Während die eine Phase dauernd kurzgeschlossen ist, wird die andere über zwei Schleifringe zu einem Anlaßwiderstand geführt. Erst nachdem dieser kurzgeschlossen ist, wird die Gleichstromerregung eingeschaltet.

108. Drei-Schaltermethode für den Selbstanlauf großer Synchronmotoren.

Neuerdings wird für den Selbstanlauf großer Synchronmaschinen die sogenannte Drei-Schalter-Methode (KORNBACHER-Schaltung) angewendet, die in der Abb. 203 angegeben ist. Beim Anlaufvorgang ist zunächst der Sternpunktschalter *S* des als Spartransformator ausgebildeten Anlaßtransformators *A* geschlossen und der Hauptschalter *H* eingelegt. Der mit einer für den Anlauf geeigneten Dämpferwicklung versehene Synchronmotor *M* liegt also an der Anzapfung des Transformators und läuft mit einer Teilspannung als Asynchronmotor an, wobei der Erregungsschalter *E.S.* der zugehörigen Erregermaschine geöffnet ist, so daß auch die Erregerwicklung des Synchronmotors für die Bildung des Anlaufdrehmomentes herangezogen wird. Hat der Motor die Enddrehzahl als Asynchronmotor nahezu erreicht, so wird der Stern-

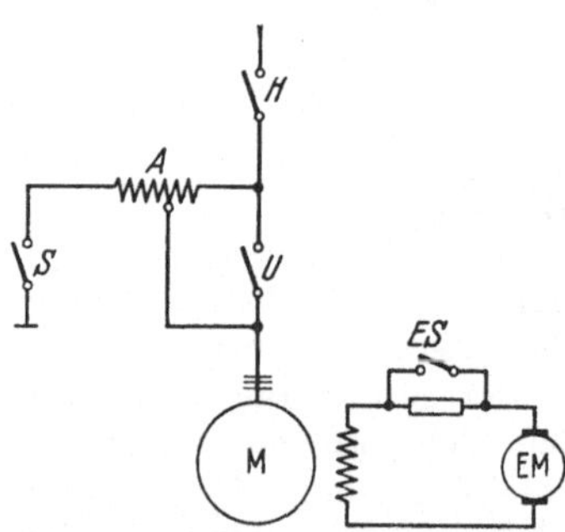

Abb. 203. Dreischaltermethode zum Anlassen großer Synchronmotoren.

punktschalter *S* geöffnet, so daß der Motor über einen Teil der Wicklung des Anlauftransformators, der jetzt als Drosselspule wirkt, an der vollen Netzspannung liegt. Nun wird auch der Erregungsschalter *E.S.* geschlossen, die Maschine erregt sich und kommt in Synchronismus. Jetzt kann der Überbrückungsschalter *Ü* geschlossen werden, womit der Anlaufvorgang beendet ist.

B. Induktionsmotoren.

(Asynchronmotoren.)

109. Allgemeines.

Auch beim *Induktionsmotor* wird der Netzstrom lediglich der Wicklung des *Ständers* zugeführt. In der Wicklung des *Läufers* wird der zur Erzeugung des Drehmomentes erforderliche Strom dagegen durch Induktion hervorgerufen. Der Motor kann in mancher Hinsicht mit einem Transformator verglichen werden, dessen *primäre Wicklung* auf dem Ständer, dessen *sekundäre Wicklung* auf dem Läufer untergebracht ist.

Die Drehzahl der Induktionsmotoren nimmt mit zunehmender Belastung ein wenig ab, sie laufen also nicht synchron und werden daher auch *Asynchronmotoren* genannt. Sie finden namentlich für den Betrieb mit *Drehstrom* ausgedehnteste Verwendung.

110. Der Drehstrommotor mit Kurzschlußläufer.

Der nach Schaltung und Aufbau einfachste Induktionsmotor besitzt einen *Kurzschlußläufer*, d. h. einen Läufer, dessen Wicklung in sich kurzgeschlossen ist. Die dreiphasige, in Stern oder Dreieck verkettete Wicklung des Ständers mit den Klemmen U, V, W wird über einen drei-

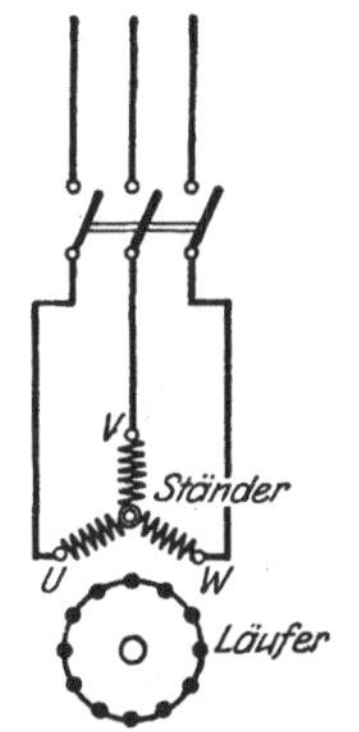

Abb. 204.
Drehstrommotor mit
Käfigläufer.

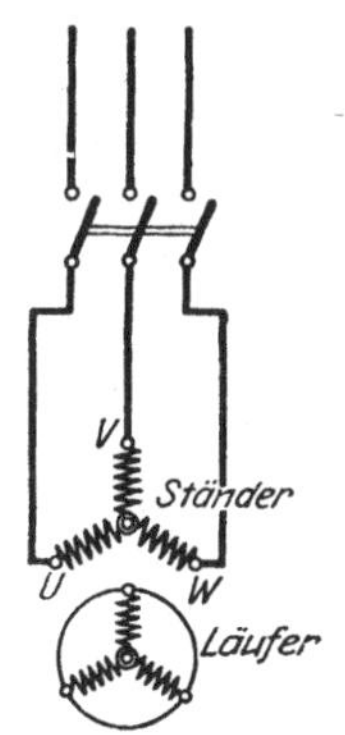

Abb. 205.
Drehstrommotor mit
Phasenläufer.

Abb. 206.
Schaltkurzzeichen des
Drehstrommotors mit
Kurzschlußläufer.

poligen Schalter unmittelbar an das Netz angeschlossen. Die Wicklung des Läufers kann als *Käfigwicklung* ausgeführt sein: eine Anzahl am Umfange des Läufers untergebrachte Drähte ist auf beiden Stirnseiten durch Kupfer- oder Aluminiumringe miteinander verbunden, Abb. 204. Oder der Läufer erhält eine Phasenwicklung, Abb. 205. Das Schaltkurzzeichen für den Kurzschlußläufermotor zeigt Abb. 206.

Im Augenblicke des Anlassens entnehmen die Motoren mit Kurzschlußläufer dem Netz einen großen Strom; seine Stärke beträgt das etwa Fünf- bis Achtfache der normalen Betriebsstromstärke. Sie wurden daher früher namentlich für kleinere Leistungen angewendet, werden jedoch heute vielfach auch für große Leistungen gebaut, da man durch neuere Bauweisen des Motors (Motor mit Wirbelstromläufer, Doppelnutmotor usw.) eine erhebliche Herabsetzung des Anlaufstromes erreicht hat, doch beträgt er immerhin noch ein Mehrfaches des normalen Stromes.

Damit beim Anlassen eines Drehstrommotors mit Kurzschlußläufer die ihm vorgeschalteten Schmelzsicherungen infolge des großen Stromstoßes nicht ansprechen, muß er im allgemeinen stärker gesichert werden, als dem Betriebsstrom entspricht. Das bedeutet aber, daß die Sicherungen für den normalen Betrieb des Motors nicht richtig bemessen sind. Um diesen Übelstand zu beheben, verwendet man verzögert abschaltende Sicherungen, die während der kurzen Anlaufzeit den hohen Anlaufstrom aushalten, ohne abzuschmelzen, bei lange andauernden Überschreitungen der Nennstromstärke, aber wie gewöhnliche Sicherungen ansprechen, so daß der Motor nach erfolgtem Anlauf richtig gesichert ist.

Um den Motor vor Überlastung zu schützen, können auch sog. Bimetallrelais verwendet werden. Ein solches Relais besitzt einen Zweistoffstreifen, z. B. eine Nickel-Chromlegierung mit großer Wärmeausdehnungszahl verschweißt mit einer Eisen-Nickellegierung mit sehr kleiner Wärmeausdehnungszahl. Bei Stromdurchgang erwärmt sich der Streifen und biegt sich nach der Seite der Legierung mit der geringeren Wärmeausdehnungszahl durch, wobei er einen Kontakt abhebt und einen Schützstromkreis unterbricht. Zum Abschalten von Kurzschlüssen werden dem Schütz noch Sicherungen vorgeschaltet. Abb. 207 zeigt das Fernschalten eines Drehstrommotors, der durch ein Bimetallrelais geschützt ist. Die Betätigung des Einschaltschützes S erfolgt durch einen Druckknopf E, der in beliebiger Entfernung vom Motor angebracht

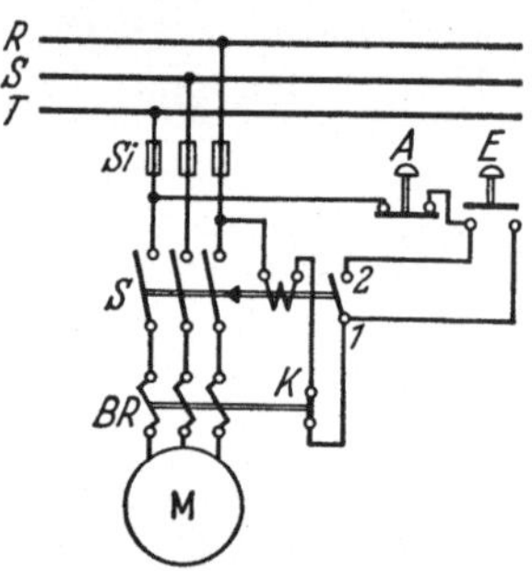

Abb. 207. Schema einer durch Druckknöpfe bedienten Fernschalteinrichtung mit Bimetallrelais für einen Kurzschlußläufermotor.

sein kann. Durch das Einschaltschütz wird der Ständer des Motors ans Netz gelegt, so daß der Motor anläuft. Nach dem Loslassen des Einschaltdruckknopfes hält sich die Schützspule über die Hilfskontakte 1—2 selbst. Betätigt man den Ausschaltdruckknopf A, so wird der Stromkreis unterbrochen und der Motor abgeschaltet. Dasselbe erfolgt auch, wenn das Bimetallrelais $B.R.$ bei überlastetem Motor zum Ansprechen kommt und den Kontakt K öffnet.

111. Der Kurzschlußläufermotor mit Steuerschalter.

Um die Drehrichtung eines Induktionsmotors umzukehren, sind lediglich zwei der drei Zuführungsleitungen hinsichtlich ihres Anschlusses an die Klemmen des Motors zu vertauschen. Abb. 208 zeigt einen Kurzschlußläufermotor in Verbindung mit einem dreipoligen Umschalter U, durch welchen die Umsteuerung vorgenommen werden kann. Je nach der Stellung des Schalters werden die Klemmen V und W mit verschiedenen Netzleitungen in Verbindung gebracht, während die Klemme U stets an der gleichen Netzleitung angeschlossen bleibt. Eine Änderung der Drehrichtung darf nur bei stillstehendem Motor vorgenommen werden, da andernfalls ein unzulässig hoher Stromstoß auftritt.

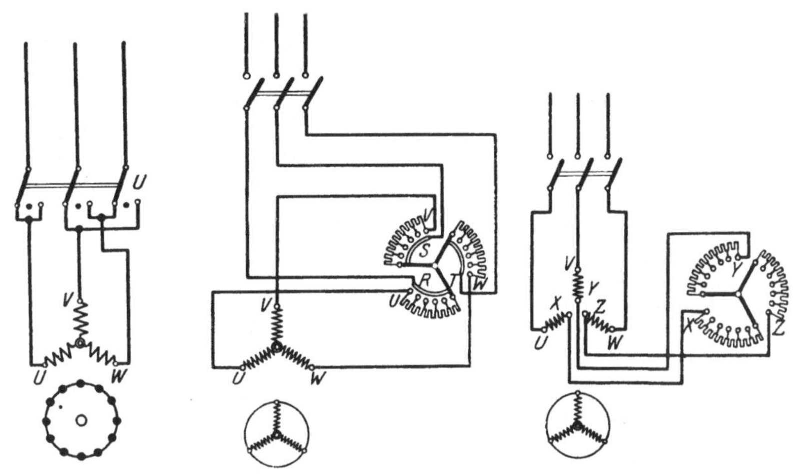

Abb. 208. Drehstrommotor mit Umkehr-Steuerschalter.

Abb. 209. Drehstrommotor mit Anlasser vor dem Ständer.

Abb. 210. Drehstrommotor mit Anlasser hinter dem Ständer.

112. Der Kurzschlußläufermotor mit Anlasser.

Um den Stromstoß beim Anlauf des Motors herabzusetzen, können in Reihe zur Ständerwicklung Anlaßwiderstände gelegt werden. Die Anzugskraft des Motors geht bei diesem Verfahren allerdings erheblich herunter, daher wird es nur für solche Maschinen benutzt, bei denen ein hohes Anzugsmoment nicht erforderlich ist, z. B. für Motoren zum Antrieb von Ventilatoren und Zentrifugalpumpen.

Das Schaltbild eines *Drehstrommotors mit Ständeranlasser* zeigt Abb. 209. Der dreiteilig ausgeführte Anlasser ist *vor* den Ständer gelegt. Die Zuführungsleitungen werden an die Klemmen R, S, T des Anlassers angeschlossen, die Verbindung des letzteren mit dem Motor wird über die Klemmen U, V, W hergestellt.

Abb. 210 zeigt eine andere Schaltung des Anlassers. Hier ist er *hinter* den Ständer gelegt. Die Enden X, Y, Z der in offenen Stern geschalteten Ständerwicklungen werden mit den gleichlautenden Klemmen des Anlassers verbunden, dessen drei Kontaktfedern miteinander in leitender Verbindung stehen und somit den Sternpunkt der Wicklung herstellen.

Die Verbindung des Motors mit dem Netz wird in jedem Falle durch einen dreipoligen Schalter bewirkt.

113. Der Kurzschlußläufermotor mit Anlaßtransformator.

Anstatt die dem Motor zugeführte Spannung durch Anlaßwiderstände herabzusetzen, kann man zur Erzielung eines kleinen Anlaufstromes auch einen *Anlaßtransformator* anwenden, mit dessen Hilfe dem Motor zunächst nur eine Teilspannung zugeführt wird, während er auf die volle Netzspannung erst geschaltet wird, nachdem er in Gang gekommen ist.

In Abb. 211 ist der *Anlaßtransformator in Sparschaltung* ausgeführt. Am sechspoligen Umschalter U sind folgende Schaltstellungen vorhanden: Ausschaltstellung (links), Anlaßstellung (Mitte), Betriebsstellung (rechts). Das Anlassen des Motors erfolgt einfach dadurch, daß der Schalter von links nach rechts herübergeführt wird.

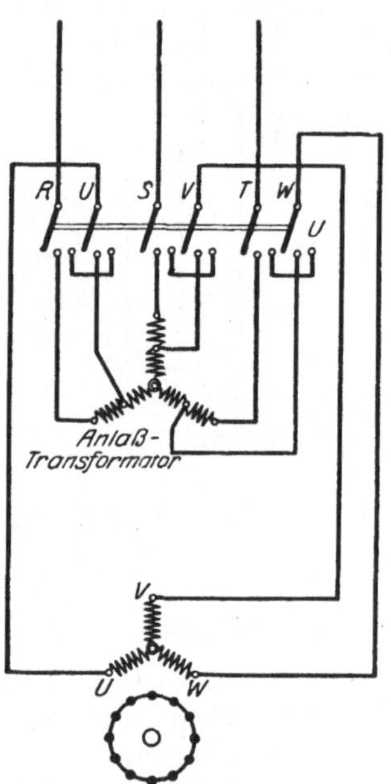

Abb. 211. Drehstrommotor mit Anlaßtransformator.

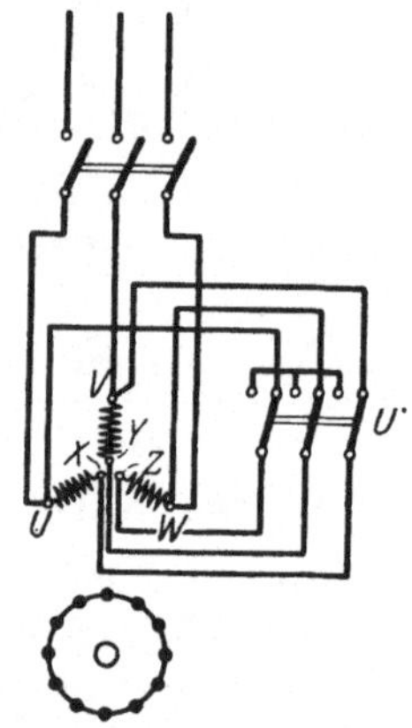

Abb. 212. Drehstrommotor mit Stern-Dreieckschalter.

114. Der Kurzschlußläufermotor mit Stern-Dreieckschaltung.

Der beim Anlassen eines Drehstrommotors mit Kurzschlußläufer auftretende Stromstoß kann bei betriebsmäßig in Dreieck geschalteten Motoren auch dadurch herabgesetzt werden, daß die Wicklungen des Ständers zunächst in *Stern* verbunden, dann aber, sobald der Motor angelaufen ist, auf *Dreieck* umgeschaltet werden.

Das Schaltbild eines Motors in Verbindung mit einem *Stern-Dreieckschalter* zeigt Abb. 212. Der Umschalter U ist beim Anlassen aus Stellung links (Sternschaltung) in Stellung rechts (Dreieckschaltung) zu bringen. der dreipolige Netzschalter wird bei dieser Anordnung nicht entbehrlich, doch kann er auch mit dem Stern-Dreieckschalter vereinigt werden. So ist z. B. bei dem in Abb. 213 dargestellten *Stern-Dreieck-Walzenschalter* ein besonderer Netzschalter nicht erforderlich. Wie das Schaltbild zeigt, sind mit dem Schalter zwei Sätze von Kontaktfingern verbunden. Die Walze kann nun drei verschiedene Stellungen einnehmen: in Stellung *0* ist der Motor ausgeschaltet, in Stellung *1* wird die Verbindung des Ständers mit dem Netz hergestellt, wobei die Wicklungen

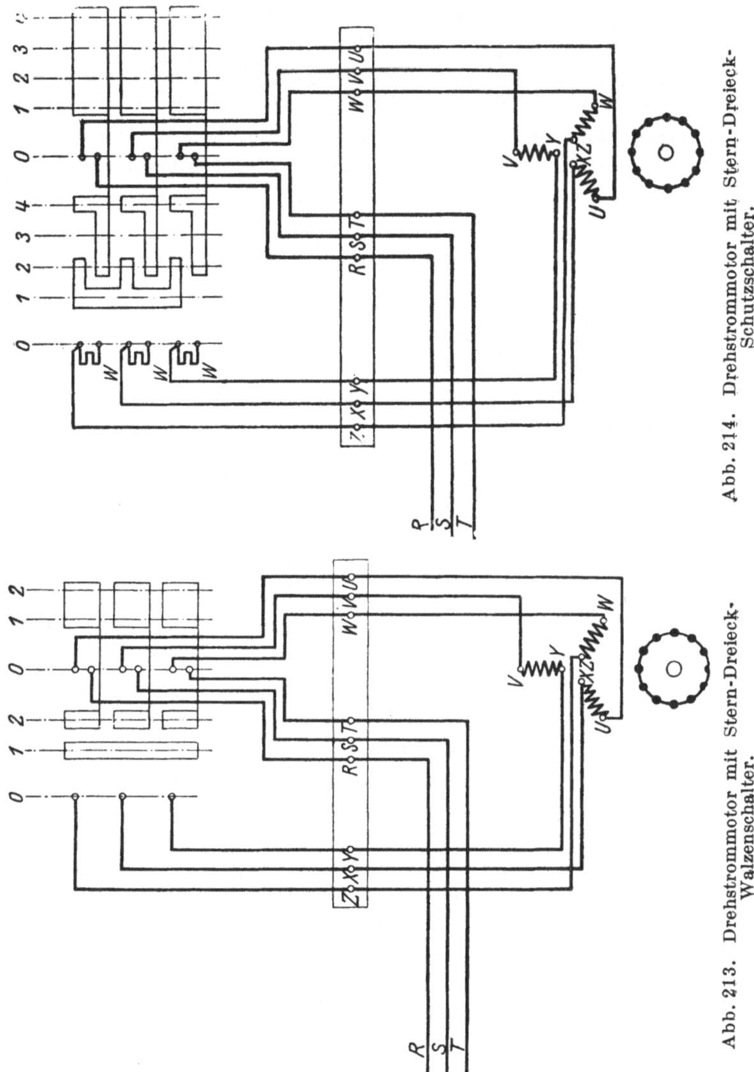

Abb. 214. Drehstrommotor mit Stern-Dreieck-Schutzschalter.

Abb. 213. Drehstrommotor mit Stern-Dreieck-Walzenschalter.

in Stern verkettet sind, in Stellung *2*, der Betriebsstellung, wird die Umschaltung zum Dreieck vorgenommen.

Bei der Stern-Dreieckschaltung treten statt des einen großen Stromstoßes beim Anlauf des Motors zwei kleinere Stromstöße auf, der eine beim Anschließen des zunächst in Stern geschalteten Motors an das

Netz, der andere beim Umschalten auf Dreieck. Der letztere Stromstoß ist erfahrungsgemäß der größere. Um ihn zu beschränken, hat NATALIS eine Schutzschaltung angegeben, die von den SSW ausgeführt wird. Bei Anwendung des *Stern-Dreieck-Schutzschalters* wird, wie Abb. 214 erkennen läßt, jeder Phase des Motors, nachdem dieser, Stellung *1* der Schaltwalze, in Sternschaltung angelassen ist, zunächst ein Widerstand W parallel gelegt, Stellung *2*. Sodann wird in Stellung *3* der Sternpunkt aufgelöst, und es entsteht Dreiecksverkettung, jedoch so, daß in jeder Phase noch einer der Schutzwiderstände enthalten ist, der Stromstoß also entsprechend abgeschwächt wird. Schließlich werden, Stellung *4*, auch diese Widerstände kurzgeschlossen, womit die normale Betriebsschaltung des Motors erreicht ist.

115. Der polumschaltbare Motor.

Die Drehzahl eines Induktionsmotors hängt bei gegebener Frequenz von der Zahl seiner Pole ab. Die Ständerwicklung läßt sich nun durch entsprechende Anordnung so einrichten, daß sie für zwei verschiedene Polzahlen umgeschaltet werden kann, so daß auch zwei verschiedene Geschwindigkeiten eingestellt werden können. Um weitere Geschwindigkeitsstufen zu erhalten, werden zwei (gegebenenfalls auch drei) getrennte Wicklungen angewandt, die auch ihrerseits wieder polumschaltbar eingerichtet werden können.

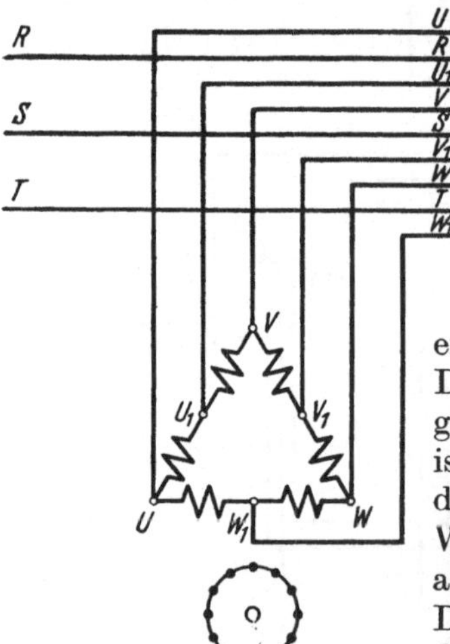

Abb. 215. Polumschaltbarer Drehstrommotor.

In Abb. 215 ist als Beispiel die Schaltung eines polumschaltbaren Motors, die sog. DAHLANDER-*Schaltung* für zwei Drehzahlen gegeben. Jede Phase der Ständerwicklung ist in zwei Hälften unterteilt. In Stellung *1* des zugehörigen Walzenschalters sind die Wicklungshälften jedes Stranges hintereinandergeschaltet, und die drei Phasen sind in Dreieck verkettet. Unter Berücksichtigung der räumlichen Anordnung der Wicklungsteile bildet sich dabei eine bestimmte Anzahl von Polen aus, und der Motor stellt sich auf eine entsprechende Drehzahl ein. In Stellung *2* des Schalters werden beide Hälften jedes Stranges parallel geschaltet und eine Verkettung in Stern vorgenommen. Dabei ergibt sich die halbe Polzahl gegenüber Stellung *1* und demnach die doppelte Drehzahl. Der Motor ist also z. B. umschaltbar für 1500/3000 Umdrehungen je Minute. Polumschaltbare Motoren werden hauptsächlich für Werkzeugmaschinen, Zentrifugen, Fördereinrichtungen, Rollgänge, Rührwerke usw. gebraucht.

116. Der Drehstrommotor mit Schleifringläufer.

Ein sehr gebräuchliches Anlaßverfahren für Drehstrommotoren besteht in der Einschaltung von Widerständen vor den *Läufer*.

In Abb. 216 ist, der normalen Ausführung entsprechend, angenommen, daß die Läuferwicklung dreiphasig ausgeführt ist. Die freien Enden der in Stern verketteten Wicklungsstränge sind an *Schleifringe*

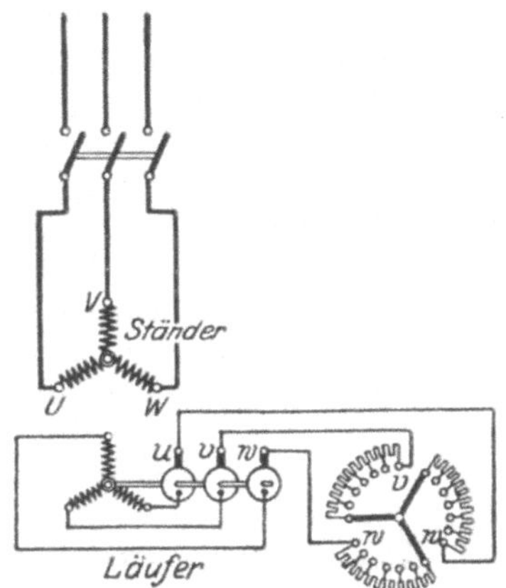

Abb. 216.
Drehstrommotor mit Schleifringläufer
und Anlasser.

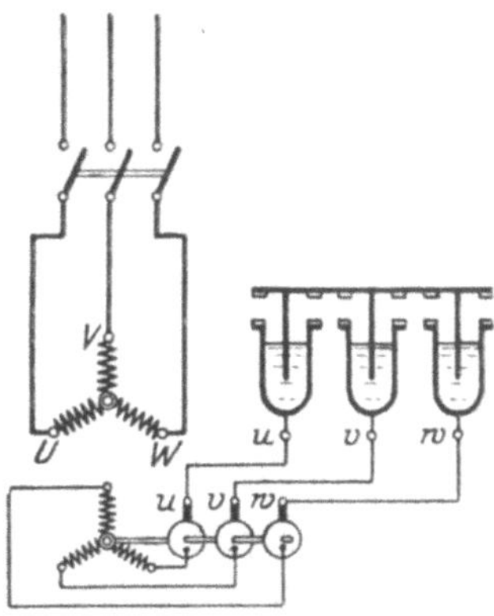

Abb. 217.
Drehstrommotor mit Schleifringläufer
und Flüssigkeitsanlasser.

angeschlossen, die auf die Welle des Läufers gesetzt und über Bürsten u, v, w mit den gleicherweise bezeichneten Klemmen des *dreiteiligen Anlaßwiderstandes* verbunden sind. Um kurze Verbindungsleitungen zwischen Motor und Anlasser zu erhalten, ist letzterer möglichst nahe am Motor aufzustellen. Wie das Schaltbild erkennen läßt, liegen zwischen je zwei Läuferbürsten *zwei* Teile des Anlaß-widerstandes. Beim Drehen der Kurbel in Richtung nach den Kurzschlußkontakten werden die einzelnen Stufen nacheinander abgeschaltet, bis der Anlasser und damit auch der Läufer kurzgeschlossen ist. Im normalen Betriebe verhält sich der Motor wie ein solcher mit Kurzschlußläufer.

In Abb. 217 ist das Schaltbild für einen Drehstrommotor mit Schleifringläufer und *Flüssigkeits-anlasser* dargestellt. Das Anlassen geschieht durch allmähliches Eintauchen der Platten in die Flüssig-keit, meist eine 3—5 %ige Sodalösung. Abb. 218 zeigt das Schaltkurz-zeichen für den Schleifringläufermotor.

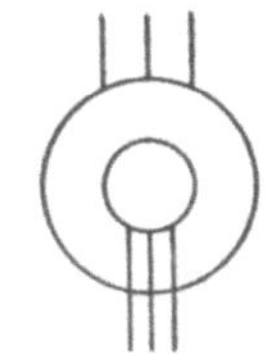

Abb. 218.
Schaltkurzzeichen
des Drehstrommotors
mit Schleifringläufer.

Häufig wird bei den Motoren eine Vorrichtung angebracht, durch welche die Schleifringe, nachdem der Anlauf bewirkt ist, unter sich kurzgeschlossen werden, so daß alsdann die Bürsten abgehoben werden können: *Bürstenabhebevorrichtung*.

117. Der Drehstrommotor mit Anlasser in Kahlenbergschaltung.

Die von KAHLENBERG angegebene Anordnung, gibt die Möglichkeit, bei einem Drehstrommotor mit Schleifringläufer eine große Zahl von Anlaßstufen bei einer verhältnismäßig geringen Zahl von Kontakten am Anlasser zu erhalten. Die Schaltung geht aus Abb. 219 hervor, sie hat der in Abschn. 59 besprochenen Schaltung für Anlasser von Gleichstrommotoren als Vorbild gedient. Die drei Teile des Anlaßwiderstandes sind gewissermaßen ineinandergeschaltet. Die Schleiffeder der Anlasserkurbel ist so breit, daß sie gleichzeitig drei Kontakte bedecken kann. In der gekennzeichneten Stellung liegt vor jedem Läuferstrang der volle Anlaßwiderstand. Beim Drehen der Kurbel nach rechts wird nacheinander, und zwar abwechselnd aus den Läuferphasen u, v, w eine Widerstandsstufe abgeschaltet, bis der Anlasser kurzgeschlossen ist. Gegenüber der normalen Ausführung hat die KAHLENBERG-Schaltung, auch u—v—w-Schaltung genannt, den Nachteil, daß in den Widerstandsgrößen der drei Läuferphasen beim Anlassen vorübergehend geringe Verschiedenheiten auftreten und daher auch die Stromstärke in ihnen ungleich ist. Diese Unsymmetrie drückt sich durch eine etwas geringere Anzugskraft des Motors aus.

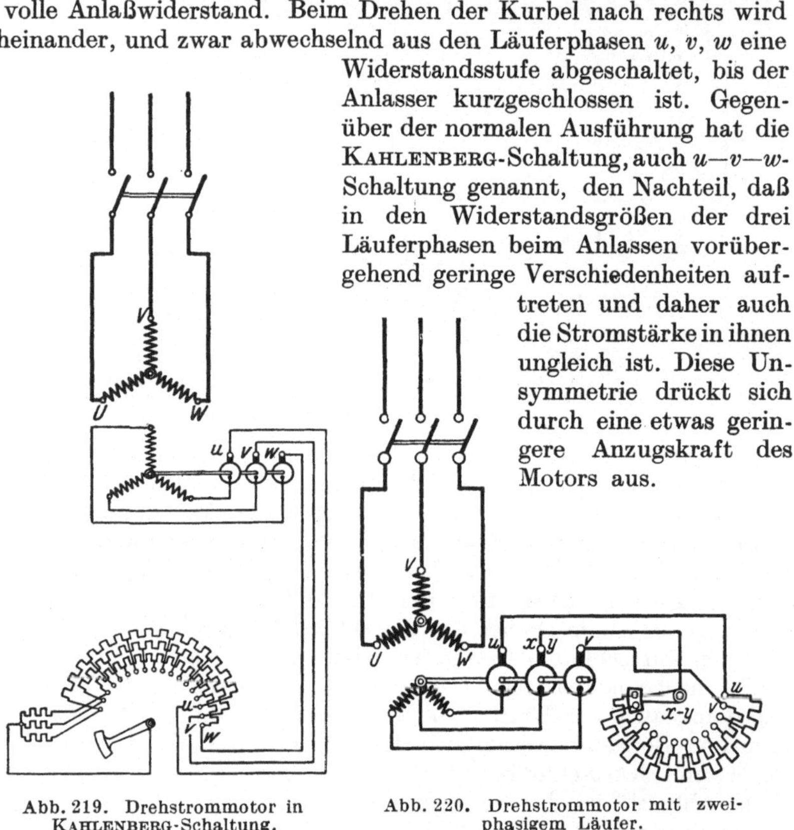

<table>
<tr><td>Abb. 219. Drehstrommotor in
KAHLENBERG-Schaltung.</td><td>Abb. 220. Drehstrommotor mit zwei-
phasigem Läufer.</td></tr>
</table>

118. Der Drehstrommotor mit zweiphasigem Läufer.

Bei einem anderen Verfahren wird die Zahl der Kontakte am Anlaßwiderstand eines Drehstrommotors dadurch eingeschränkt, daß der Läufer *zweiphasig* gewickelt wird, eine Ausführungsart, die besonders bei Aufzugsmotoren zur Anwendung kommt. Außerdem kann der Anlasser in KAHLENBERG-Schaltung ausgeführt werden, wofür Abb. 220 die Schaltung zeigt. Die mit den beiden freien Enden der Läuferwicklung in Verbindung stehenden Bürsten u und v führen zu gleicherart bezeichneten Klemmen des Anlassers, die an dem Verkettungspunkt der Läuferstränge angeschlossene Bürste $x-y$ ist mit dem Kurbeldrehpunkt verbunden.

119. Der Einphasenmotor.

Der Ständer des *einphasigen Induktionsmotors* ist von der gleichen Bauart wie der des Drehstrommotors, doch besitzt er nach Abb. 221 nur eine *einphasige Arbeitswicklung UV*, außerdem aber eine gegen diese um den Polabstand versetzte Hilfswicklung WZ. Letztere ist nur für den Anlauf erforderlich, und sie wird daher nach dem Anlassen ausgeschaltet. Mittels der Drosselspule D (oder eines Kondensators) wird dem Strome der Hilfswicklung eine Phasenverschiebung gegenüber dem Hauptstrom, von dem er abgezweigt ist, erteilt. Durch Anwendung eines zweckmäßig ausgebildeten Anlaßschalters $A.S.$ läßt sich erreichen, daß die Hilfswicklung beim Anlassen zunächst eingeschaltet, dann aber beim Weiterschalten in die Betriebsstellung wieder abgetrennt wird. Der Läufer kann mit Kurzschlußwicklung versehen sein oder über

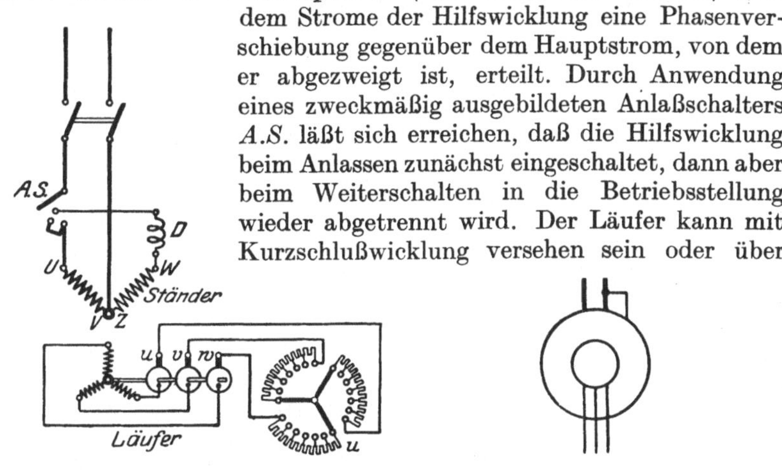

Abb. 221. Einphasenmotor mit Hilfswicklung.

Abb. 222. Schaltkurzzeichen des Einphasenmotors mit Hilfswicklung.

Schleifringe in bekannter Weise mit einem Anlaßwiderstand in Verbindung stehen. Er wird in der Regel, wie in der Abbildung angenommen, dreiphasig ausgeführt. Um den Motor umzusteuern, sind die Enden der Hilfswicklung hinsichtlich ihrer Verbindung mit dem Netze zu vertauschen.

Die Anzugskraft des Einphasen-Induktionsmotors — das Schaltkurzzeichen zeigt Abb. 222 — ist gering, und er findet daher nur eine recht beschränkte Verwendung für Antriebe mit kleinen Leistungen.

120. Regelung der Drehzahl.

Eine gleichmäßige *Geschwindigkeitsregelung* läßt sich bei den Drehstrommotoren mit Schleifringläufer *durch Einschalten von Widerständen vor den Läufer* erreichen. Der Anlasser selbst kann zum Regulieren benutzt werden, wenn er ganz oder teilweise für Dauerbelastung eingerichtet ist. Andernfalls müssen ihm noch besondere Regelwiderstände vorgeschaltet werden. In den Widerständen wird ein Teil der

Läuferleistung vernichtet bzw. in Wärme umgesetzt, was durch eine entsprechend größere Stromentnahme des Ständers aus dem Netz ausgeglichen wird. Es tritt also ein Energieverlust auf, der um so größer ausfällt, je weiter die Drehzahl herabgesetzt wird. Das Verfahren ist aber nur mit Einschränkungen zu empfehlen. Eine Heraufregulierung über die synchrone Drehzahl ist bei den Induktionsmotoren naturgemäß nicht möglich.

121. Wendeanlasser.

Die Umlaufrichtung eines Drehstrommotors kann, wie bereits in Abschn. 111 erörtert wurde, durch Auswechseln des Anschlusses von irgend zwei der drei Zuführungsleitungen geändert werden.

Die Schaltung eines *Wendeanlassers* für einen Drehstrommotor mit Schleifringläufer ist in Abb. 223 dargestellt. Die mit S bezeichnete Netzleitung ist unmittelbar an die Klemme V des Motors gelegt, während die Leitungen R und T zum Anlasser geführt sind. Die Kurbel desselben ist ähnlich wie die eines normalen Anlassers ausgebildet, besitzt aber, von ihr isoliert, noch einen vierten Arm, der zwei ebenfalls voneinander isolierte Schleiffedern trägt. Durch diese wird der Anschluß der Netzleitungen R und T mit den Motorklemmen U und W bewirkt, und zwar ist die Verbindung und damit die Drehrichtung des Motors eine andere, je nachdem die Anlasserkurbel nach rechts oder links gedreht wird. Die drei Widerstandsabteilungen des Anlassers werden dabei in jedem Falle vor die betreffenden Wicklungsteile des Läufers gelegt und beim Drehen der Kurbel allmählich kurzgeschlossen.

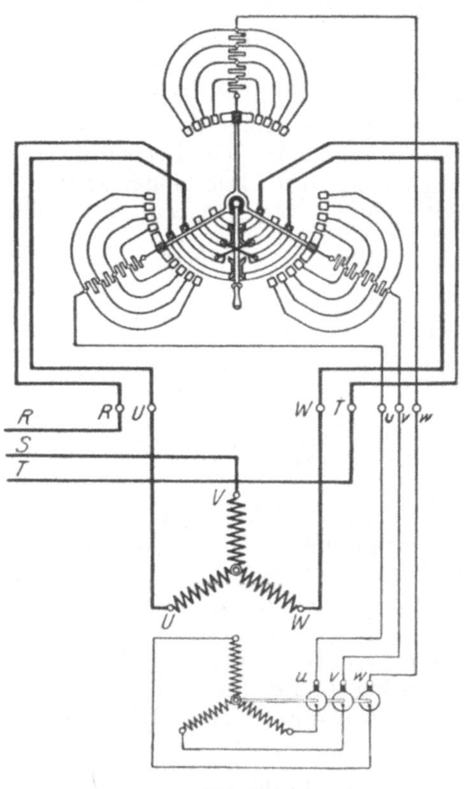

Abb. 223.
Drehstrommotor mit Wendeanlasser.

122. Schaltwalzenanlasser.

Wie für Gleichstrommotoren (vgl. Abschn. 62), so werden auch für Drehstrommotoren vielfach Walzenanlasser den Flachbahnanlassern vorgezogen. Einen Schaltwalzenanlasser einfachster Art für einen Drehstrommotor mit Schleifringläufer (nach F. Klöckner, Köln) zeigt Abb. 224. Das Ein- und Ausschalten des Motors wird durch den dreipoligen Netzschalter vorgenommen, die Schaltwalze vertritt lediglich die Stelle des Läuferanlassers. In Stellung *0* der Anlaßwalze sind zunächst sämtliche Stufen des dreiteiligen Anlaßwiderstandes in den Läuferkreis eingeschaltet, und zwar liegen zwischen je zwei Läuferbürsten *zwei* volle Widerstandsteile (wie bei Abb. 216). In Stellung *1* der Walze wird aus jedem Widerstandsteil eine Stufe herausgenommen. In Stellung *2* tritt keine Änderung in den Widerstandsverhältnissen ein; sie soll nur dazu

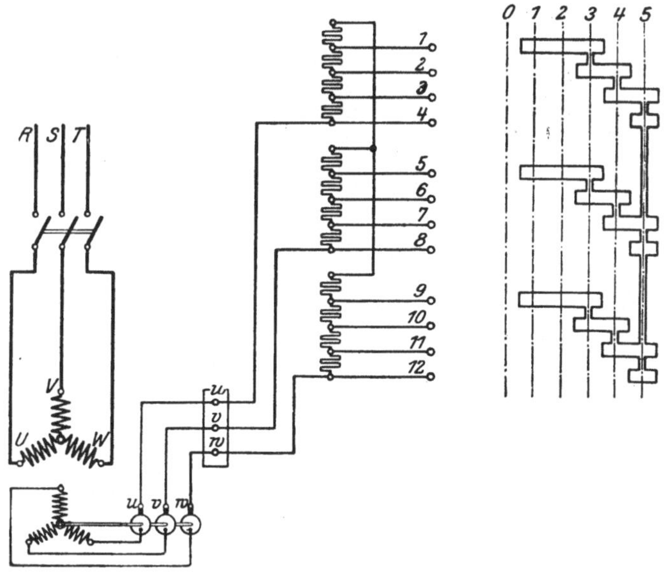

Abb. 224. Schaltwalzenanlasser für einen Drehstrommotor ohne Netzabschaltung.

dienen, zur Vermeidung von Stromstößen das Anlassen etwas zu verzögern. In Stellung *3* wird je eine Stufe abgeschaltet, in Stellung *4* eine weitere Stufe, in Stellung *5*, der Betriebsstellung, ist schließlich der Läufer kurzgeschlossen.

In Abb. 224 ist die Schaltung für eine Anlaßwalze zur Darstellung gebracht, mit der auch der Anschluß des Motors an das Leitungsnetz bewirkt wird, so daß ein besonderer Schalter in den Zuführungsleitungen nicht erforderlich ist. Um die Verbindung der Ständerwicklung mit dem Netz herzustellen, sind an der Walze die unteren sechs Kontaktschienen vorgesehen, durch welche die Klemme *U* des Motors an die Leitung *R*, *V* an *S* und *W* an *T* gelegt wird. *0* ist die Ausschaltstellung. In dieser, wie auch in der ersten Anlaßstellung, sind sämtliche Stufen des Anlaßwiderstandes im Läufer wirksam. Beim Weiterdrehen der Walze wird die Abschaltung der Widerstandsstufen vorgenommen, jedoch, im Gegensatz zum vorigen Schaltbild, nicht gleichzeitig in allen drei Strängen, sondern, der KAHLENBERG-Schaltung entsprechend, nach-

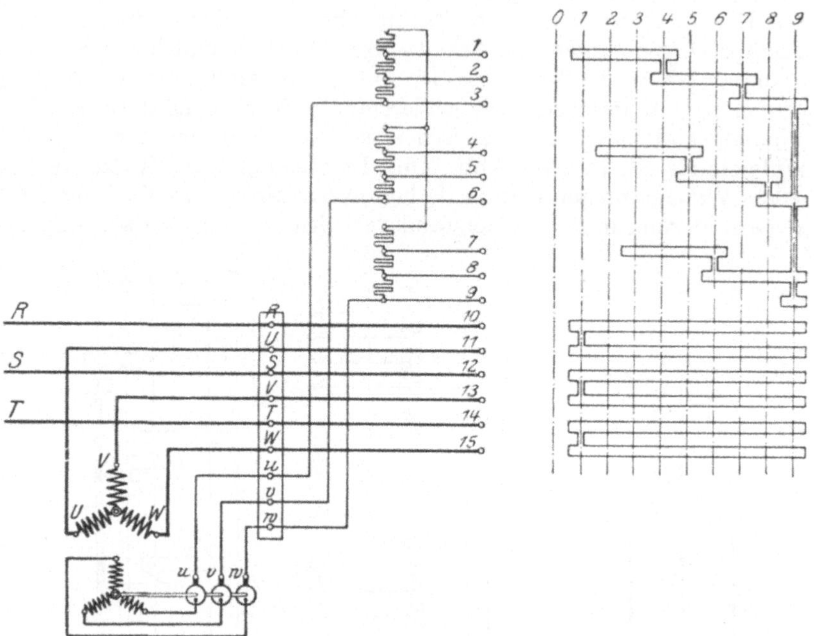

Abb. 225. Schaltwalzenanlasser für einen Drehstrommotor mit Netzabschaltung.

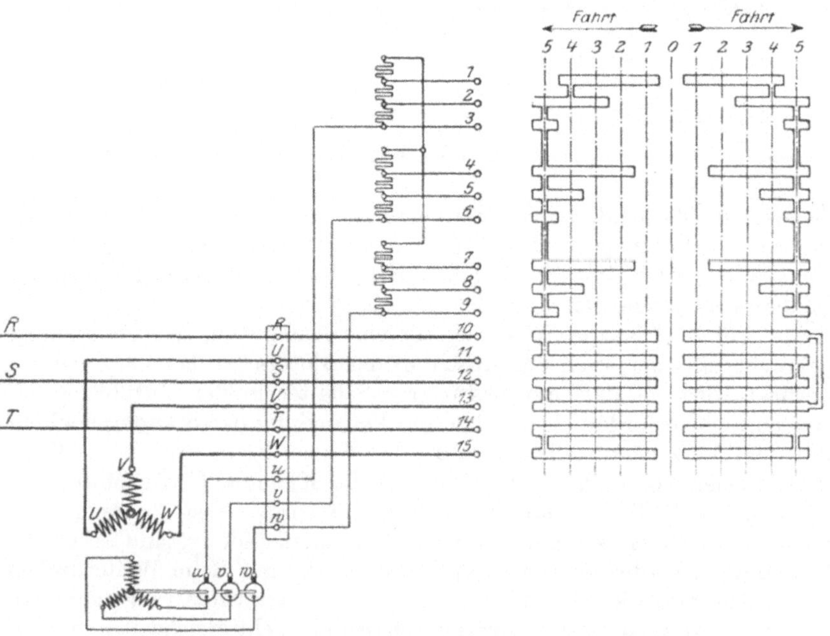

Abb. 226. Steuerwalze für einen Drehstrommotor.

einander. In Stellung *2* wird vom oberen und mittleren Widerstandsteil je eine Stufe abgetrennt, in Stellung *3* eine Stufe vom unteren Widerstandsteil, in *4* eine weitere Stufe von oben, in *5* eine weitere Stufe aus der Mitte, in *6* eine Stufe von unten usw. In Stellung *9* schließlich ist der Läufer kurzgeschlossen.

123. Steuerwalzen.

Das Schaltbild für eine *Drehstromsteuerwalze* zeigt Abb. 226. Die Walze ist für jede Drehrichtung ähnlich durchgebildet, wie bei dem in der vorigen Abbildung dargestellten Walzenanlasser, nur ist die Zahl der Anlaßstufen eingeschränkt. Die Umsteuerung des Motors wird durch Austausch der Leitungsanschlüsse R und S bewirkt.

Die erörterte Schaltung kann bei Kranen sowohl für die Fahrmotoren als auch für den Hubmotor benutzt werden. Mit letzterem ist eine mechanische Bremse zu verbinden, auf die ein Drehstrom-Bremsmagnet einwirkt. Das Senken erfolgt, nachdem durch letzteren die Bremse gelüftet ist, in der Weise, daß der Motor in der entsprechenden Drehrichtung angelassen wird, worauf. sobald die Last in Bewegung gekommen ist, zwecks Erzielung einer Bremswirkung auf die andere, dem Heben entsprechende Richtung umgeschaltet wird. Die Anwendung einer derartigen *Gegenstromschaltung* erfordert eine sehr zuverlässige Bedienung seitens des Kranführers, damit einerseits beim Senken die Last nicht „durchgeht“ und andererseits nicht statt eines Senkens ein Heben eintritt.

Auf die von verschiedenen Firmen entwickelten *Sicherheitssenkschaltungen*, bei denen der vorgenannte Übelstand vermieden ist, kann hier nicht eingegangen werden. Wo es möglich ist, wird man häufig für den Betrieb von Kranen auf den Drehstrom verzichten und Gleichstrom verwenden.

124. Druckknopfsteuerung für einen Drehstrommotor.

Oft ist es erwünscht, ein Fall, der namentlich bei Werkzeugmaschinen vorkommt, den Antriebsmotor durch Druckknöpfe zu bedienen[1]. Mit diesem Verfahren ist nicht nur eine Zeitersparnis verbunden, sondern es ermöglicht auch im Falle einer Gefahr ein sofortiges Stillsetzen der Maschinen.

In Abb. 227 ist eine Schaltung dargestellt, die es ermöglicht, einen *Drehstrommotor mit Kurzschlußläufer* durch Druckknöpfe anzulassen und abzustellen. Eine der Stromzuführungsleitungen R, S, T ist unmittelbar an den Motor U, V, W gelegt, während die beiden anderen Leitungen je über ein zu einem Schütz S gehörendes Kontaktpaar a bzw. b geführt sind. Die Spule des Schützes kann durch Hilfsleitungen über die *Druckknöpfe* „halt“ und „ein“ vom Netz erregt werden. Wird der Druckknopf „ein“ betätigt, so wird, wie sich leicht im Schaltbild verfolgen

---

[1] Vgl. BLECK, Druckknopfsteuerungen an Werkzeugmaschinen. SZ **9** (1929) S. 710; s. auch MELLER, Bremsschaltung bei Drehstrom-Einzelantrieb von Werkzeugmaschinen. SZ **13** (1933) S. 51.

läßt, der Hilfsstromkreis geschlossen, die Spule zieht ihren Magnetkern
ein, und das Schütz schließt über a und b die Zuführungsleitungen: der
Motor läuft. Hieran ändert sich auch nichts, wenn nunmehr der Druckknopf losgelassen wird, da dann das Schütz über die „Haltekontakte" h
erregt bleibt. Erst durch Bedienen des Druckknopfes „halt" wird der
Erregerstrom unterbrochen und dadurch der Motor zum Stillstand gebracht.

Die in Abb. 228 wiedergegebene Schaltung ist eine Erweiterung der
vorigen in dem Sinne, daß auch eine *Umsteuerung* des Motors vorgenommen werden kann. Es sind nunmehr zwei vom Netz erregte Schütze,

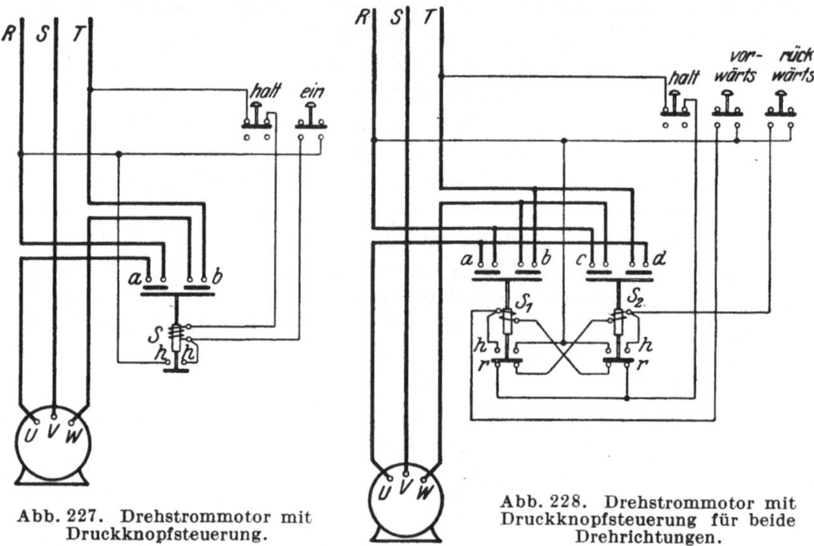

Abb. 227. Drehstrommotor mit
Druckknopfsteuerung.

Abb. 228. Drehstrommotor mit
Druckknopfsteuerung für beide
Drehrichtungen.

S_1 und S_2, notwendig. Bei der Betätigung des Druckknopfes „vorwärts"
spricht das Schütz S_1 an, die Stromzuführung wird über a und b geschlossen, und der Motor kommt in einer bestimmten Drehrichtung zum
Anlauf. Beim Drücken des Knopfes „rückwärts" werden unter dem
Einfluß des Schützes S_2 zwei der Leitungsanschlüsse des Motors über
die Kontaktstücke c und d vertauscht, wodurch sich der entgegengesetzte Drehsinn ergibt. Ein gleichzeitiges Ansprechen beider Schütze,
falls etwa versehentlich beide Knöpfe gedrückt werden, ist durch eine
Verriegelung in der Weise unmöglich gemacht, daß jeweils der Erregerstrom des einen Relais über Ruhekontakte r des anderen Relais geschlossen ist. Durch den Druckknopf „halt" wird die Erregung der
Schütze unterbrochen und der Motor ausgeschaltet.

125. Lastenaufzug mit Antrieb durch Drehstrommotor mit Kurzschluß-
läufer.

Aufzüge werden heute allgemein elektrisch betrieben. Die Anforderungen, die an die Schaltung von Aufzügen gestellt werden, sind sehr

verschiedenartig. An einen Lastenaufzug werden andere Bedingungen geknüpft als an einen Personenaufzug. Vor allem muß die denkbar größte Sicherheit für den Betrieb des Aufzuges gewährleistet sein, und die Elektrizität ist hier demnach nicht nur Kraftquelle, sondern sie dient auch zur Betätigung einer Anzahl Sicherheitsorgane. So muß z. B. durch entsprechende Verriegelung erreicht werden, daß der Fahrkorb sich nur bei geschlossenen und gesperrten Fahrschachttüren in Bewegung setzen kann. Ferner muß, wenn die für Aufzüge vorgeschriebene Fangvorrichtung in Wirksamkeit tritt, die Antriebsmaschine selbsttätig stillgesetzt werden.

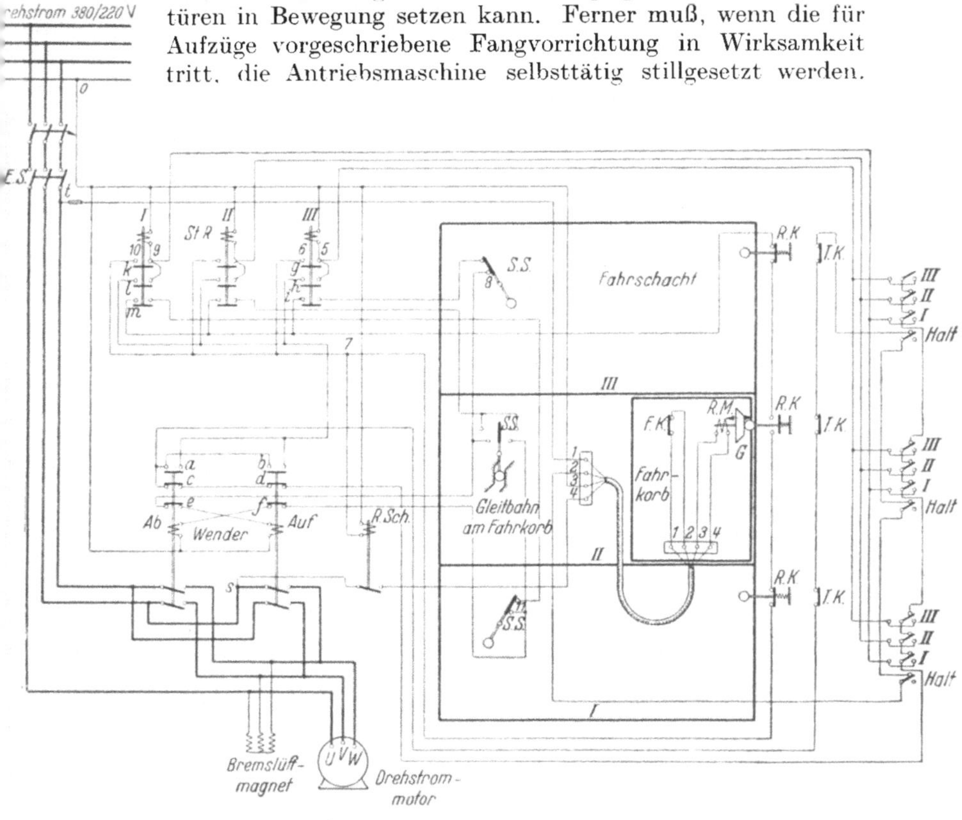

Abb. 229. Drehstrommotor zum Betrieb eines Lastenaufzuges.

Das letztere muß bei Personenaufzügen auch eintreten, wenn bei der Aufwärtsbewegung der Fahrkorb aus irgendeinem Grunde eine zu große Beschleunigung annimmt. Es gibt eine große Zahl von Lösungen, durch welche die genannten Forderungen erfüllt werden können. In nachfolgendem soll, lediglich als Beispiel einer Aufzugsanlage, das Schaltbild eines *Lastenaufzuges* gegeben werden, wobei jedoch nur das Grundsätzliche berücksichtigt ist, alle Einzelheiten dagegen unterdrückt werden sollen. Abb. 229 zeigt das Wirkschaltbild eines solchen Aufzuges. Die Wirkungsweise der Schaltung läßt sich jedoch weitaus leichter an einem Stromlaufschaltbild verfolgen, wie es die Abb. 229a darstellt.

Für das Schaltbild sind drei Stockwerke angenommen, doch kann es leicht auf beliebig viel Geschosse übertragen werden. Der Antrieb erfolgt durch einen *Drehstrommotor mit Kurzschlußläufer,* der über einen dreipoligen Hauptschalter mit Überstromauslösung vom vorhandenen Drehstromnetz mit Nullleiter gespeist wird. Ein zweiter Schalter, der Notendschalter *E.S.,* wird mechanisch ausgeschaltet, falls der Fahrkorb durch eingetretene Störungen seine Betriebsendstellungen überschreitet. Die Steuerung des Motors für Auf- und Abbewegung erfolgt mittels des „Wenders" durch Schütze, wobei die Umkehrung der Drehrichtung des Motors in bekannter Weise durch Vertauschen von zwei der drei Zuführungsleitungen geschieht. Für jedes Stockwerk ist ein Steuerrelais *St.R.* vorhanden, welches auf die Schütze einwirkt. *S.S.* sind Stockwerk-Schachtschalter, in den Endgeschossen einfache, in den Zwischengeschossen zweiseitig wirkende Schalter. Sie werden betätigt durch eine am Fahrkorb angebrachte Doppelgleitbahn. *T.K.* sind Türkontakte, welche im Steuerstromkreis liegen und erst in der Schließstellung des Türschlosses geschlossen sind.

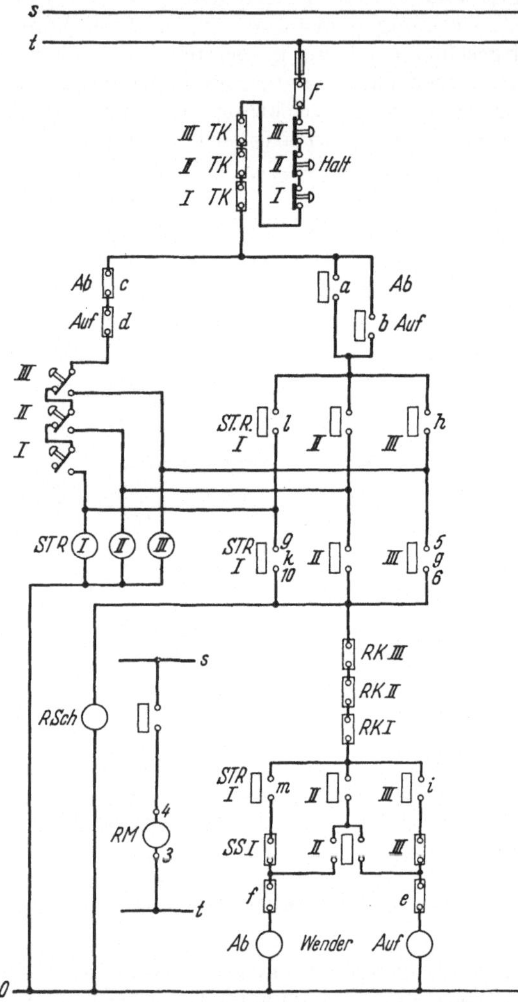

Abb. 229a. Drehstrommotor zum Betrieb eines Lastenaufzuges, Stromlaufbild hierzu.

Die Sperrung der Türschlösser erfolgt mechanisch über ein Riegelgestänge, das beim Einfahren des Fahrkorbes in die gewählte Haltestelle durch eine ausschwenkende Gleitbahn *G* ausgelöst wird. Diese bleibt während der Fahrt bis zum Erreichen der gewählten Haltestelle durch den Riegelmagnet *R.M.* zurückgezogen. Die mit dem Riegelgestänge verbundenen Riegelkontakte *R.K.* geben den Steuerstromkreis erst frei, wenn die Gleitbahn zurückgezogen und damit die Tür, an der der

Fahrkorb steht und von der er wegfahren soll, verriegelt ist. *R.Sch.* ist das Riegelschütz. Der am Fahrkorb angebrachte Fangkontakt ist mit *F.K.* bezeichnet, er wird durch das Gestänge der Fangvorrichtung zwangläufig in die Ausschaltstellung gedrückt, wenn die Fangvorrichtung aus irgendeinem Grunde wirksam wird. Eine Klemmleiste im Fahrkorb trägt die Klemmen *1* bis *4*, gleichlautend mit einer gleichartigen Leiste im Fahrschacht. Die Verbindung beider Klemmleisten wird durch eine biegsame Leitung, das Hängekabel, hergestellt. Der Strom für die Steuerung des Motors und für die Sicherheits- und Hilfseinrichtungen wird von einer Phase des Drehstromnetzes abgenommen, und zwar zwischen den Punkten *t* und *o*, die Außenleitung *t* ist gesichert.

Die Bedienung des Aufzuges erfolgt durch Druckknöpfe, die außerhalb des Fahrkorbes am Aufzugsschacht angebracht sind. Die Zahl der Druckknöpfe in jedem Stockwerk entspricht der Zahl der Stockwerke, außerdem ist noch je ein Halteknopf vorgesehen. Soll nun z. B. der Fahrkorb aus Stockwerk II nach Stockwerk III gefahren werden, so geschieht dies durch Betätigung des Druckknopfes III, und zwar einerlei, in welchem Stockwerk das erfolgt. Dadurch wird folgender Stromkreis geschlossen: *t*—1—*F.K.*—2—Halteknöpfe—*T.K.*—Kontakte *c* und *d* am Wender — Druckknöpfe (III gedrückt) —5—Spule des *St.R.* III—*o*. Die Folge ist, daß die Hilfskontakte des Steuerrelais geschlossen werden und am Kontakt *g* eine Stromverzweigung eintritt: 5—6—7—*R.Sch.*—*o*. Indem das Riegelschütz seinen Schalter schließt, wird auch der Stromkreis des Riegelmagneten geschlossen: *s*—4—*R.M.*—3—0. Das hat zur Folge, daß der Riegelmagnet die bewegliche Gleitbahn *G* zurückzieht, das Riegelgestänge zur Verriegelung freigegeben und der Riegelkontakt im Stockwerk II geschlossen wird. Dadurch wird folgender Stromkreis über den Abzweig von 7 geschlossen: 7—*R.K.*—Kontakt *i* am *St.R.* III—*S.S.*—8—Kontakt *e* am Wender — „Auf"-Spule—*o*. Damit bekommt der Motor Strom. Während der nun eingeleiteten Fahrt erhält, sobald der Druckknopf III losgelassen wird, die Spule des Steuerrelais III weiter Strom über den Selbsthaltestromkreis: *t*—1—*FK.*—2—Halteknöpfe—*T.K.*—Kontakt *b* am Wender — Kontakt *h* am *St.R.* III—5—Spule des *St.R.* III—*o*. Beim Einfahren des Fahrkorbes in die gewählte Haltestelle wird der Stockwerkschalter *S.S.* durch die Doppelgleitbahn am Fahrkorb in die Ausschaltstellung gedrückt, wodurch der Stromkreis für die „Auf"-Spule am Wender unterbrochen wird. Die Folge davon ist, daß der Selbsthaltestromkreis am Kontakt *b* des Wenders ebenfalls unterbrochen wird und auch die Stromkreise für das Riegelschütz und den Riegelmagnet stromlos werden.

Soll umgekehrt der Fahrkorb von Stockwerk III nach Stockwerk I fahren, so kann dies erreicht werden, indem in irgendeinem der Geschosse auf den Druckknopf I gedrückt wird. Dadurch wird nachstehender Stromkreis geschlossen: *t*—1—*F.K.*—2—2—Halteknöpfe—*T.K.*—Kontakte *c* und *d* am Wender — Druckknöpfe (I gedrückt)—9—Spule des *St.R.* I—*o*. Nachdem der Stromkreis für das Riegelschütz über den Kontakt *k* am Steuerrelais I vom Abzweig 9 über 10 und 7 geschlossen worden ist und dadurch der Riegelmagnet die Gleitbahn *G* zurückgezogen und auch den Riegelkontakt im Stockwerk III geschlossen hat, wird folgender Stromkreis für die Abfahrt wirksam: 7—*R.K.*—Kontakt *m* am *St.R.* I—*S.S.*—11—Kontakt *f* am Wender — „Ab“-Spule—*o*. Die weitere Betätigung der Steuerorgane erfolgt sinngemäß wie oben beschrieben.

Bei der für den Betrieb vorgeschriebenen Bremse werden die Bremsbacken durch Federkraft an die Bremsschiene angelegt. Gegen die Wirkung der Federn werden die Backen durch den Bremslüftmagneten geöffnet, solange der Stromkreis für den Antriebsmotor geschlossen ist. Beim Ausbleiben des Stromes ist demnach ein sicheres Einfallen der Bremse gewährleistet.

126. Personenaufzug mit Drehstrommotor mit Schleifringläufer.

Bei *Personenaufzügen* muß die Betätigung der Steuerung des Fahrkorbes im Korbe selber vorgenommen werden. Abb. 230 zeigt das grundsätzliche Schaltbild eines derartigen Aufzuges mit Innensteuerung. Der Antrieb erfolgt im vorliegenden Falle durch einen *Drehstrommotor mit Schleifringläufer.* Der Anlasser wird betätigt durch das Anlasserschütz *A.S.*, und zwar erfolgt

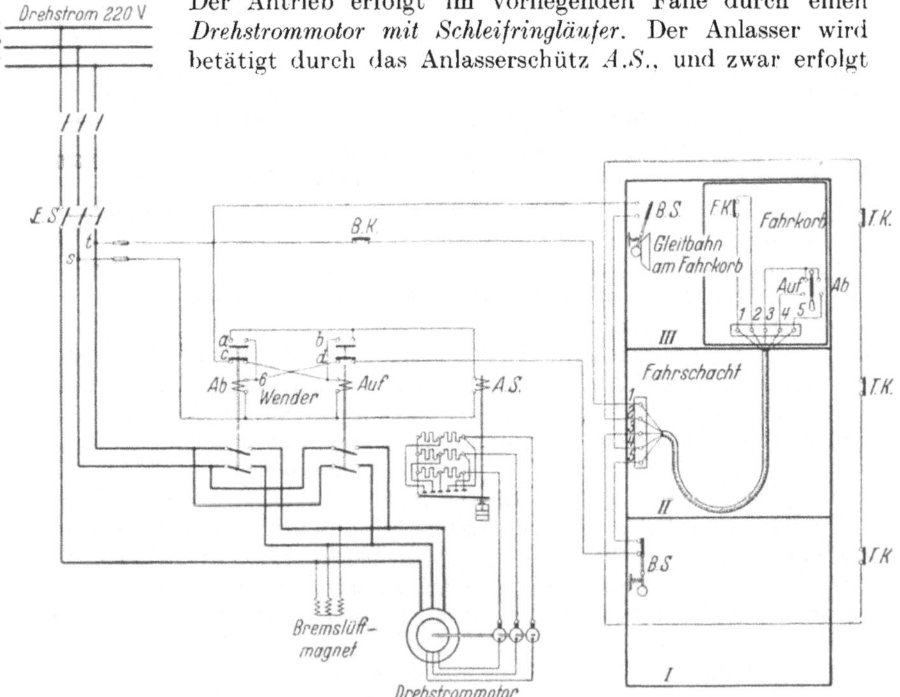

Abb. 230. Drehstrommotor zum Betrieb eines Personenaufzuges.

das Kurzschließen der Widerstände durch Anlegen einer Brücke an die Kontakte, deren Hub durch eine Öl- oder Luftdämpfung verlangsamt wird. Es können jedoch auch Schützselbstanlasser verwendet werden, wofür in Abb. 231 ein Beispiel gegeben ist. Die Umkehrung der Drehrichtung des Motors erfolgt in der gleichen Weise wie im vorigen Abschnitt angegeben ist. *B.K.* ist ein Reglerkontakt, der den Steuerstromkreis unterbricht und damit das Triebwerk stillsetzt, wenn der Fahrkorb bei der Aufwärtsfahrt eine zu große Beschleunigung annimmt.

Der Aufzug wird durch eine *Hebelsteuerung* vom Fahrkorb aus bedient. Die Verriegelung der Türen erfolgt von innen durch einen Handhebel, dem hier also die Aufgabe der Türsperrung zugewiesen ist. An der obersten und untersten Haltestelle sind Betriebsendschalter *B.S.* vorhanden, die den Steuerstrom für die Auf- bzw. Abfahrt beim Einfahren in die Haltestelle unterbrechen. Beim Einfahren in die Zwischengeschosse muß der Fahrkorb durch Loslassen des Steuerhebels zur Ruhe gebracht werden.

Soll der Fahrkorb aus der gezeichneten Stellung heraus von Stockwerk III nach Stockwerk II gefahren werden, so wird nach Umlegen des Steuerhebels auf „Ab" folgender Stromkreis geschlossen: $t-B.K.-1-F.K.-2-T.K.-3-$ Steuerhebel „Ab" $-5-B.S.-$Kontakt *d* am Wender — „Ab"-Spule—*s*.

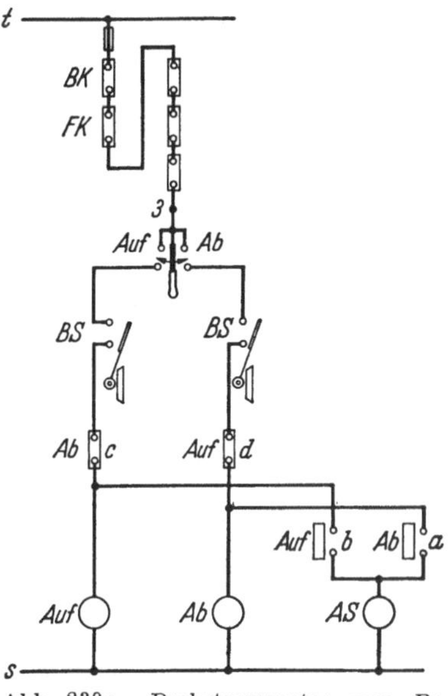

Abb. 230a. Drehstrommotor zum Betrieb eines Personenaufzuges, Stromlaufbild hierzu.

Hierbei tritt eine Stromverzweigung ein, durch die das Anlasserschütz Strom bekommt: Abzweigung 6—Kontakt *a* am Wender — *A.S.*—*s*.

Auf Einzelheiten der Schaltung kann hier nicht näher eingegangen werden.

127. Schützenselbstanlasser.

Ein Beispiel für die Selbstanlaßschaltung eines Drehstrommotors mit Schleifringläufer ist in Abb. 231 gegeben[1]. Die Einrichtung tritt in Wirksamkeit, sobald der Hauptschalter des Motors von Hand oder selbsttätig (z. B. durch einen Schwimmer) geschlossen wird. In eine der drei Zuführungsleitungen zum Ständer des Motors ist ein „*Stromwächter*" *W* eingeschaltet, ein Relais, dem die Aufgabe zufällt, die Anlaßschütze — es sind entsprechend den für jede Phase vorgesehenen drei Widerstandsstufen auch drei Schütze vorhanden — nacheinander zu betätigen. Infolge des beim Einschalten des Motors auftretenden Stromstoßes wird der Anker des Stromwächters, ehe noch die Anlaßschützen zur Wirkung kommen können, gehoben, aber unmittelbar darauf, nachdem der Stromstoß abgeklungen ist, wieder losgelassen. Das Schütz S_1 wird nunmehr über die vom Netz abgezweigten Hilfsleitungen erregt, und eine Stufe

---

[1] Vgl. BLECK, Druckknopfsteuerungen an Werkzeugmaschinen. SZ 9 (1929) S. 710.

des Anlaßwiderstandes wird abgeschaltet. Infolge des hierbei von neuem auftretenden Stromstoßes wiederholt sich das Spiel, und es sprechen nacheinander die Schütze S_2 und S_3 an, wodurch der Anlaßwiderstand allmählich kurzgeschlossen wird und der Motor die Betriebsstellung erreicht. Die an den Schützen vorgesehenen Haltekontakte h sorgen dafür, daß die bereits zur Wirkung gekommenen Schütze auch dann

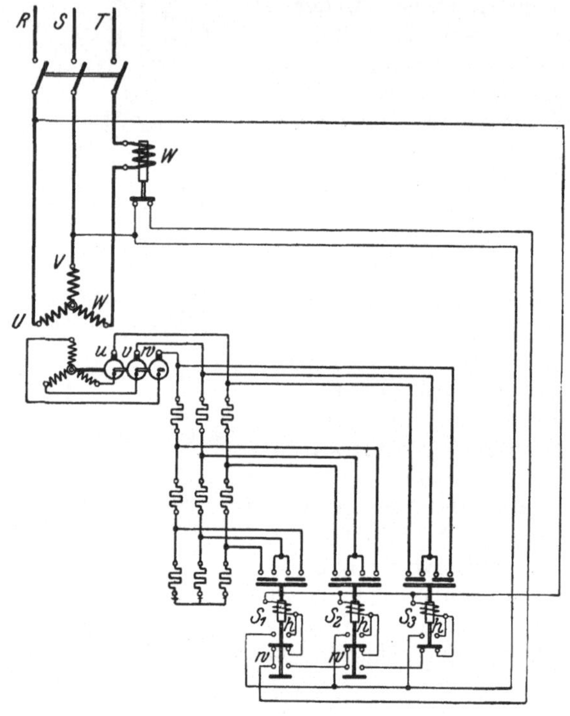

Abb. 231.   Schützenselbstanlasser.

erregt bleiben, wenn der Stromwächter gehoben hat. Die „Weiterschaltkontakte" w vermitteln die Zuführung des Erregerstromes von einem Anlaßschütz zum nächsten.

128. Drehstrommotoren im Anschluß an ein Niederspannungsnetz.

In Abb. 232 ist der Schaltplan für eine Motorenanschlußanlage einfachster Art, etwa für einen Fabrikbetrieb, gegeben. Die beiden Drehstrommotoren $D.M.$ sind an die Verteilungsschienen R, S, T angeschlossen. Die Zuführungsleitung enthält einen dreipoligen Hauptschalter. Zur Spannungskontrolle dient der Spannungsmesser. Der in die Leitung eingebaute Wattstundenzähler entspricht der Zweiwattmeterschaltung. Jeder Motor ist über Schalter und Sicherungen angeschlossen. Einen ungefähren Anhalt für die jeweilige Belastung der einzelnen Motoren erhält man durch Beobachtung der in je einem Pole vorgesehenen Strommesser. Selbstverständlich kann der Schaltplan auf beliebig viele Motoren ausgedehnt werden.

Es empfiehlt sich, Schalter, Sicherungen und Meßgeräte mit den Verteilungsschienen auf einer gemeinsamen *Motorenschalttafel* zu vereinigen. Die Anlasser sind in möglichster Nähe der Motoren aufzustellen.

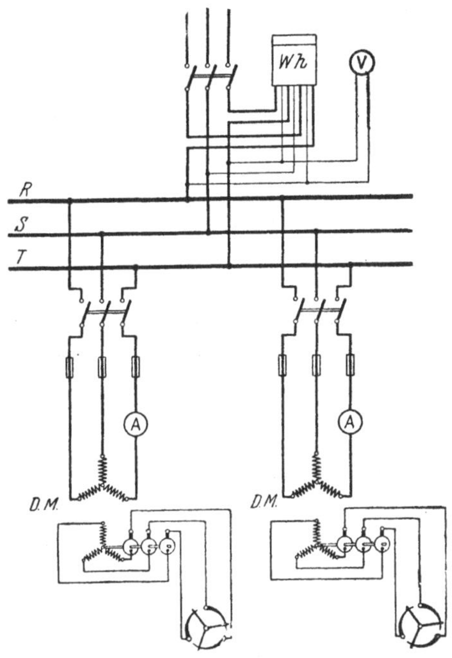

Abb. 232. Anschluß von Drehstrommotoren an ein Niederspannungsnetz.

Statt durch Schmelzsicherungen kann der Schutz gegen Überlastung auch durch Überstromschalter vorgenommen werden. Sehr empfehlenswert sind auch *Motorschutzschalteinrichtungen*, die mit verzögerter Überstromauslösung meist durch Bimetallrelais sowie mit einer Unterspannungsauslösung ausgestattet sind, welch letztere auch dann wirkt, wenn der Strom nur mit *einer* Leitung ausbleibt.

129. Drehstrommotoren im Anschluß an ein Hochspannungsnetz

Große Motoren können, um die Zwischenschaltung von Transformatoren zu vermeiden, für *Hochspannung* gewickelt und unmittelbar an das Hochspannungsnetz angeschlossen werden. Das im vorigen Abschnitt gegebene Schaltbild ändert sich dann entsprechend: die Meßgeräte werden über Strom- und Spannungswandler angeschlossen; Trennschalter sind anzuordnen, um die einzelnen Teile spannungslos machen zu können; zum Ein- und Ausschalten der Motoren werden Hochspannungsschalter verwendet. Bei der in Schaltbild Abb. 233

10*

wiedergegebenen Anlage besitzen die Schalter eine selbsttätige Überstromauslösung und außerdem, um die Motoren beim Ausbleiben der Spannung vom Netz zu trennen, eine Unterspannungsauslösung (vgl. Abb. 10).

Bei höheren Spannungen als ungefähr 6000 bis höchstens 15 000 Volt, je nach der Größe des Motors, zieht man den Anschluß der Motoren über Transformatoren vor.

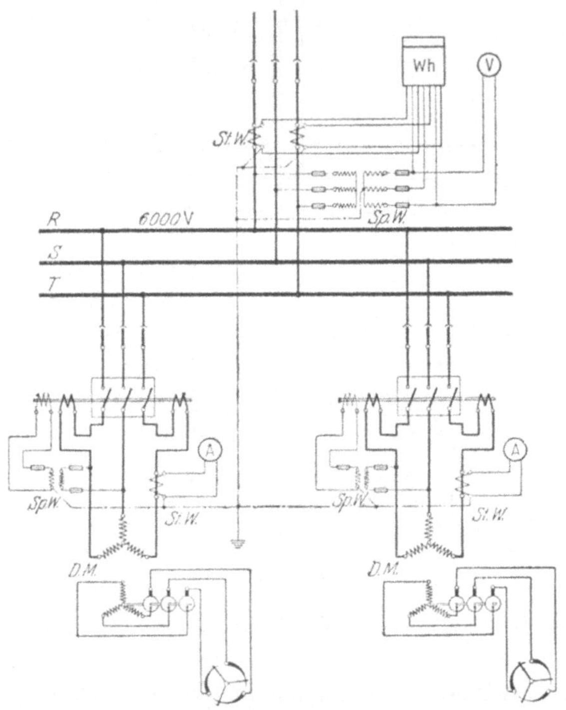

Abb. 233. Anschluß von Drehstrommotoren an ein Hochspannungsnetz.

C. Kollektormotoren.

130. Allgemeines.

Daß sich die Umlaufzahl der Induktionsmotoren nicht in einfacher und wirtschaftlicher Weise regeln läßt, wie z. B. beim Gleichstrom-Nebenschlußmotor, ist seiner Verwendung häufig hinderlich. Für Antriebe, bei denen eine Geschwindigkeitsregelung erforderlich ist, können mit Vorteil *Kollektormotoren* angewendet werden. Diese haben einen Ständer nach Art desjenigen eines Induktionsmotors und einen Läufer nach Art eines Gleichstromankers. Bei den *Einphasen-Kollektormotoren* besitzt der Läufer je Polpaar zwei Reihen *Bürsten*, wie die Gleichstrommaschine. Bei *Drehstrom-Kollektormotoren* sind auf dem des Läufers *drei*

Reihen Bürsten je Polpaar angeordnet, die gegeneinander um 120° versetzt sind (der doppelte Polabstand zu 360° angenommen!). Die Kollektormotoren arbeiten im allgemeinen mit einem Leistungsfaktor, der nicht nennenswert vom Wert I abweicht.

131. Der Einphasen-Hauptschlußkollektormotor.

Die Schaltung des *Hauptschlußkollektormotors* für Einphasenstrom, Abb. 234, entspricht der des Hauptschlußmotors für Gleichstrom. Doch wird der Ständer wie beim Induktionsmotor ohne ausgeprägte Polansätze ausgeführt, die Magnetwicklung *EF* vielmehr in Nuten des als Hohlzylinder ausgebildeten Ständers eingelegt. Ferner gibt man dem Motor eine *Kompensationswicklung GH*, welche ebenfalls in Nuten des

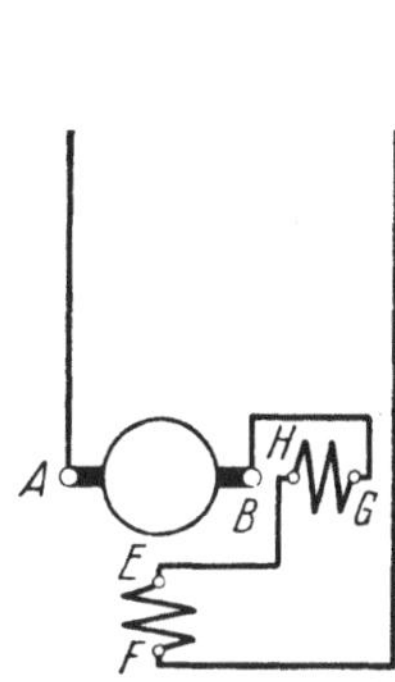

Abb. 234. Einphasen-Hauptschluß-
Kollektormotor.

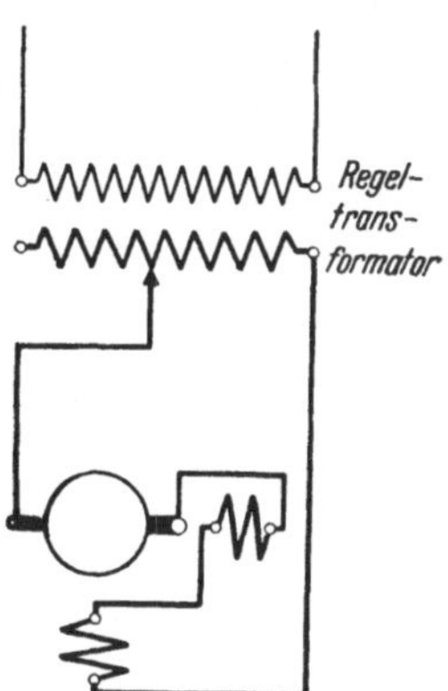

Abb. 235. Hauptschluß-Kollektormotor
mit Regeltransformator.

Ständers untergebracht wird und den Zweck hat, das Magnetfeld des Ankers *AB* aufzuheben, in ähnlicher Weise wie bei den kompensierten Gleichstrommaschinen (vgl. Abschn. 37). Das Anlassen des Motors und die Regelung seiner Drehzahl geschieht mit Hilfe eines vor den Motor gelegten Regeltransformators, Abb. 235. Über die Abhängigkeit der Drehzahl von der Belastung gilt dasselbe wie für den Gleichstrom-Hauptschlußmotor: sie nimmt bei zunehmender Belastung stark ab, bei Leerlauf geht der Motor durch. Der Motor hat ein weites Anwendungsgebiet im elektrischen *Vollbahnbetrieb* gefunden.

132. Der Einphasen-Kurzschlußkollektormotor.

Bei einem anderen Kollektormotor für Einphasenstrom, dem *Kurzschlußkollektormotor*, wird der Wechselstrom lediglich der Ständerwicklung *EF*, Abb. 236, zugeführt. In der Läuferwicklung wird dagegen durch Induktionswirkung ein Strom hervorgerufen. Die Bürsten *A* und *B* des Läufers sind kurzgeschlossen. Sie befinden sich beim Einschalten des Stromes zunächst in einer bestimmten Lage, der Nullstellung. Erst wenn sie aus dieser herausgeschoben werden, läuft der Motor je nach der Verschiebungsrichtung im einen oder anderen Sinne, an. Das Anlassen geschieht daher, wie auch das Umsteuern und das Regeln der Geschwindigkeit, lediglich durch Verschieben der Bürsten[1]. Der Kurzschlußkollektormotor besitzt ebenfalls Hauptschlußcharakter: seine Drehzahl geht bei abnehmender Belastung stark in die Höhe.

Die Firma BBC verwendet für ihren Kurzschlußmotor einen *festen* Bürstensatz $A_1 B_1$ und einen *beweglichen* Bürstensatz $A_2 B_2$, Abb. 237, eine Anordnung, die zuerst von DÉRI angegeben wurde und eine sehr feinstufige Regelung der Drehzahl ermöglicht.

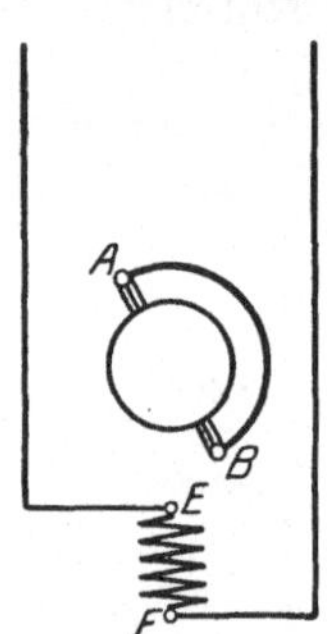

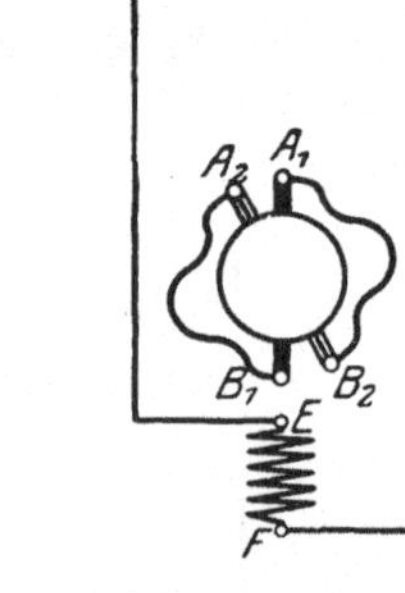

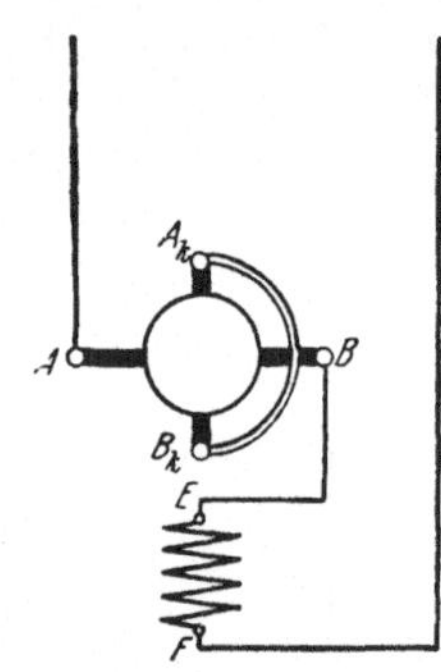

Abb. 236. Einphasen-Kurzschlußkollektormotor.

Abb. 237. Kurzschlußkollektormotor mit festen und beweglichen Bürsten (nach DÉRI).

Abb. 238. Einphasen-Hauptschluß-Kurzschlußkollektormotor (nach WINTER und EICHBERG).

133. Der Hauptschluß-Kurzschlußkollektormotor.

In einem von WINTER und EICHBERG erfundenen Motor finden sich gewissermaßen der Hauptschluß- und der Kurzschlußkollektormotor vereinigt, Abb. 238. Der Läufer erhält *zwei* feststehende Bürstensätze des einen Satzes, A_k und B_k, sind kurzgeschlossen. Das Anlassen und Regeln des Motors erfolgt durch einen *Regeltransformator,* an dem die dem Läufer über die Bürsten A und B zugeführte Spannung eingestellt werden kann.

134. Der Drehstrom-Hauptschlußkollektor motor.

a) Motor mit einfachem Bürstensatz. Beim *Hauptschlußkollektormotor* für Drehstrom sind Ständerwicklung und Läufer hintereinandergeschaltet. Abb. 239 zeigt das Schaltbild eines derartigen Motors. Abb. 240 das vereinfachte Zeichen des VDE. Die Ständerwicklung ist in der gleichen Weise wie beim Induktionsmotor bezeichnet. Die Läuferbürsten heißen x, y, z. Das Anlassen des Motors sowie die Regelung seiner Geschwindigkeit wird durch Verschieben der Bürsten bewirkt. Die Drehzahl steigt bei gegebener Belastung in dem Maße an, wie die Bürsten aus der Nullstellung herausgeschoben werden. Um eine andere Drehrichtung des Motors zu erzielen, sind die Bürsten in entgegenge-

---

[1] In den Schaltbildern der Kollektormotoren sind betriebsmäßig **verstellbare** Bürsten *schraffiert,* feste Bürsten *voll* angegeben.

setzter Richtung zu verschieben und außerdem zwei der drei Zuleitungen
zu vertauschen.

Der Hauptschlußkollektormotor für Drehstrom zeigt das charakteristische Verhalten des Gleichstrom-Hauptschlußmotors. Er muß daher gegebenenfalls durch einen
Zentrifugalschalter geschützt
werden, durch den er bei unzulässig hoher Drehzahl abgeschaltet wird.

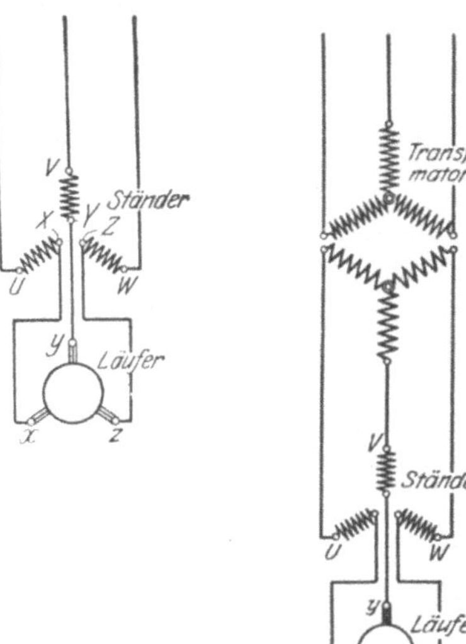

Abb. 240. Schaltkurz-
zeichen des Drehstrom-Haupt-
schluß-Kollektormotors.

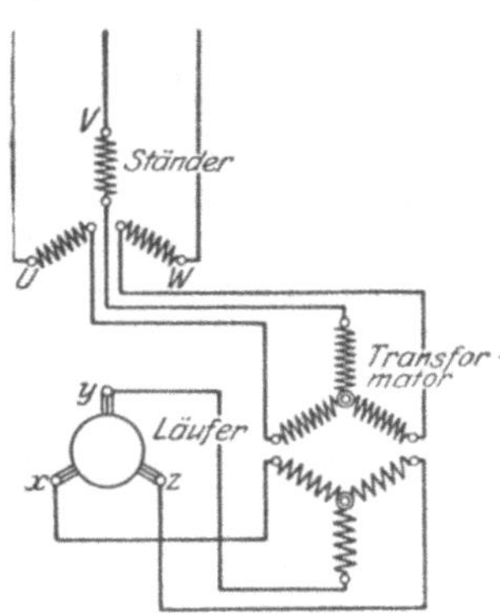

Abb. 241. Hauptschluß-
Kollektormotor mit
Vordertransformator.

Abb. 242. Hauptschluß-
Kollektormotor mit
Zwischentransformator.

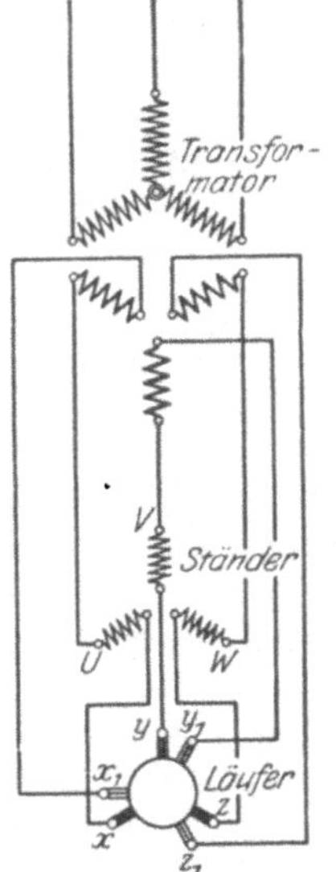

Abb. 243. Hauptschluß-Kollektormotor
mit doppeltem Bürstensatz und
Vordertransformator.

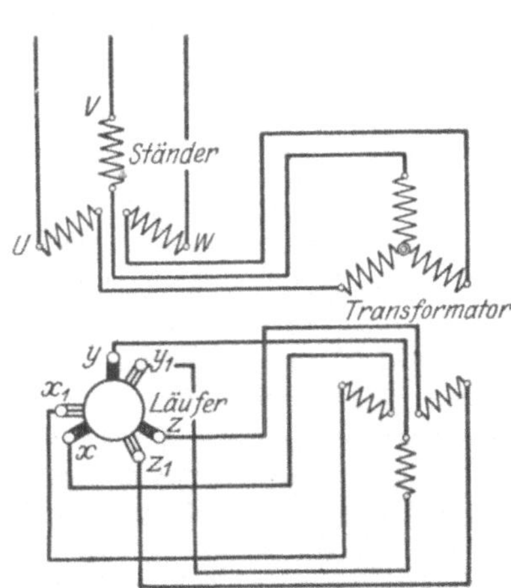

Abb. 244. Hauptschluß-Kollektormotor
mit doppeltem Bürstensatz und
Zwischentransformator.

Da der Kollektor nur verhältnismäßig niedrige Spannungen verträgt, so ist bei höheren Betriebsspannungen ein Transformator erforderlich. In Abb. 241 ist das Schaltbild des Motors mit einem ihm vorgeschalteten Transformator: *Vordertransformator*, in Abb. 242 das Bild des Motors mit einem zwischen Ständer und Läufer angeordneten Transformator: *Zwischentransformator*, wiedergegeben.

b) Motor mit doppeltem Bürstensatz. Bei einer Ausführungsform der SSW wird jede Bürstenreihe des Drehstrom-Kollektormotors in zwei Hälften geteilt, von denen nur die eine auf dem Bürstenumfang verstellbar ist, während die andere feststeht. Bei dieser Anordnung kann durch Verschieben der beweglichen Bürsten eine besonders weitgehende Regelung der Drehzahl erzielt werden. Die Schaltung eines solchen Motors mit *Vordertransformator* zeigt Abb. 243, die eines Motors mit *Zwischentransformator* Abb. 244. x, y, z sind die festen, x_1, y_1, z_1 die beweglichen Bürsten.

Ein Hauptanwendungsgebiet des Hauptschlußkollektormotors sind regelbare Lüfter bis zu Leistungen von mehreren 100 kW.

135. Der Drehstrom-Nebenschlußkollektormotor.

a) Motor mit Läuferspeisung. Einen Motor mit *Nebenschlußcharakter*, d. h. mit einer bei wechselnder Belastung annähernd gleichbleibender Geschwindigkeit, zeigt Abb. 245. Abb. 246 gibt das Schaltkurzzeichen wieder. Der Netzstrom wird über die Schleifringe U, V, W dem Läufer zugeführt, der noch eine zweite Wicklung, die Regelwick-

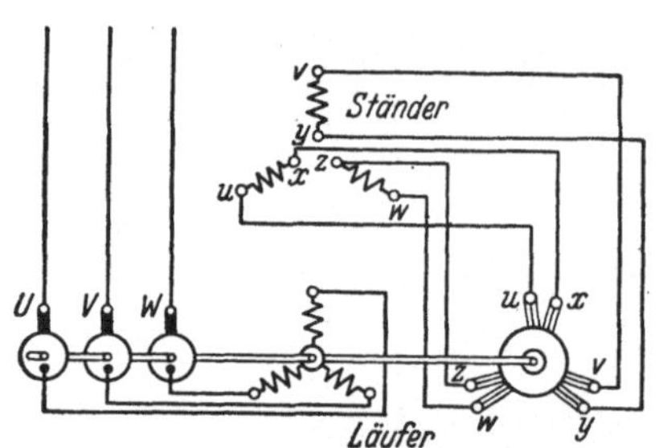

Abb. 245. Nebenschluß-Kollektormotor mit Läuferspeisung.

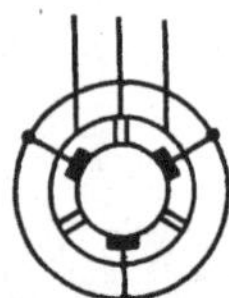

Abb. 246. Schaltkurzzeichen des Drehstrom-Nebenschluß-Kollektormotors mit Läuferspeisung.

lung, trägt, die mit einem Kollektor in Verbindung steht. Der Kollektor ist mit zwei Bürstensätzen u, v, w und x, y, z ausgestattet. Die Bürsten des einen Satzes sind zu den Anfängen der drei Phasen ux, vy, wz der Ständerwicklung, die des anderen zu deren Enden geführt, wie es im Schaltbild angegeben ist. Die beiden Bürstensätze lassen sich gegeneinander mittels eines Zahnradantriebes verschieben.

Befinden sich die zusammengehörigen Bürsten, also u und x, v und y, w und z, auf den gleichen Kollektorlamellen, so sind die Ständerphasen kurzgeschlossen, und der Motor verhält sich wie ein gewöhnlicher Induktionsmotor, nur daß im Gegensatz zu diesem der Läufer der primäre, der Ständer der sekundäre Teil ist. Der Läufer dreht sich also mit annähernd synchroner Geschwindigkeit. Werden die Bürsten gegeneinander verstellt, so wird am Kollektor eine mehr oder weniger große Spannung abgegriffen und dem Ständer zugeführt, wodurch sich die Drehzahl ändert. Ist der eine Bürstensatz im Sinne der Drehrichtung voraus, so läuft der Motor *übersynchron*, ist der andere Bürstensatz voraus, so läuft er *untersynchron*. Bei jeder Bürstenstellung erhält man eine bestimmte, mit der Belastung nur wenig abnehmende Drehzahl, die auch von Spannungsschwankungen des speisenden Netzes weitgehend unabhängig ist.

Auch das Anlassen des Motors geschieht durch Verändern der Bürstenstellung. Dabei ist, ehe der Hauptschalter eingelegt wird, auf die niedrigste Geschwindigkeit einzustellen. Bei größeren Motoren wird zur Verminderung des Anlaufstromes zwischen Ständer und Läufer ein Anlaßwiderstand gelegt. Das Umsteuern des Motors wird durch Vertauschen zweier Zuleitungen bewirkt.

Mit dem Motor[1] läßt sich ein Regelbereich von 1:5 erreichen, das gegebenenfalls auch bis auf 1:10 ausgedehnt werden kann.

b) Motor mit Ständerspeisung.
Ein von der AEG entwickelter Drehstrom-Kollektormotor mit Nebenschlußcharakter[2], Abb. 247, besitzt Ständerspeisung. Doch ist auf dem Ständer außer der Hauptwicklung UVW noch eine Hilfswicklung uvw untergebracht, die in den gleichen Nuten wie die Hauptwicklung liegt. Die Hilfswicklung steht über der Ständerwicklung (Sekundärwicklung) eines *Drehtransformators*, der Regelwicklung, mit dem Läufer des Motors in Verbindung. Die Läuferwicklung (Primärwicklung) des

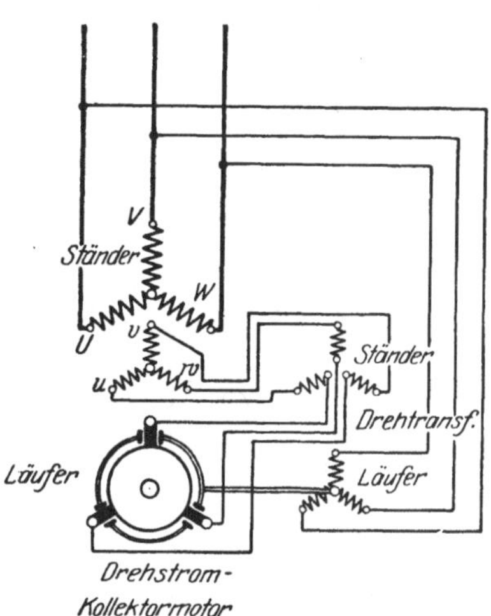

Abb. 247. Nebenschluß-Kollektormotor mit Ständerspeisung und Drehtransformator.

Drehtransformators liegt am Netz. Die dem Läufer des Motors über seine Bürsten aufgedrückte Spannung setzt sich nach vorstehendem aus zwei Teilen zusammen: einmal aus der Spannung der Hilfswicklung des Motorständers und sodann aus der Ständerspannung des Drehtransformators. Letztere kann bekanntlich in ihrer Phasenlage, je nach der Einstellung des Läufers, verändert werden, und zwar so, daß sich eine resultierende Spannung ergibt, die, falls die Teilspannungen gleich groß gemacht werden, zwischen einem größten Wert und dem Werte Null beliebig einstellbar ist.

---

[1] S. auch BALTZ, Drehstrom-Nebenschlußmotor und Arbeitsmaschine. ETZ **57** (1936) S. 233.

[2] ROSENTHAL, Stufenlos regelbare Drehstrom-Nebenschlußmotoren mit Ständerspeisung. AEG-Mitt. 1929, S. 327. — RUPPRECHT, Vordringen des ständergespeisten Drehstrom-Nebenschluß-Kommutatormotors. AEG-Mitt. 1940, S. 139.

Ist nun die dem Läufer des Motors aufgedrückte Spannung Null, also nur die in ihm vom Ständerfeld induzierte Spannung wirksam, so läuft der Motor mit nahezu synchroner Drehzahl. Von dieser entfernt er sich dagegen, wenn die aufgedrückte Spannung größer wird.

Mit der Verstellung des Läufers des Drehtransformators geht nun eine Verstellung der Bürstenbrücke des Motors Hand in Hand. Damit wird erreicht, daß die dem Motorläufer aufgedrückte Spannung zu der in ihm induzierten Spannung parallel liegt, d. h. daß sie ihr entweder *gleich-* oder *entgegengerichtet* ist. Die Gesamtspannung im Läufer ist also gleich der Summe von induzierter und aufgedrückter Spannung oder gleich der Differenz beider Spannungen. Hat die aufgedrückte Spannung die *gleiche* Richtung wie die induzierte Spannung, so nimmt der Motor eine *übersynchrone* Drehzahl an, die um so höher liegt, je größer die Gesamtspannung ist. Ist die aufgedrückte Spannung der induzierten Spannung *entgegengerichtet*, wird die Gesamtspannung also kleiner, so ergibt sich eine *untersynchrone* Drehzahl.

In der praktischen Ausführung sind der Läufer des Drehtransformators und die Bürstenbrücke des Motors in bestimmter Weise durch Zahnräder miteinander verbunden, und sie können durch ein gemeinsames Handrad verstellt werden. Die mechanische Verbindung beider Teile ist in der Abbildung durch Doppellinien angedeutet. Mit dem Motor läßt sich innerhalb eines weiten Regelbereiches (1:3 und höher) eine stufenlose Änderung der Drehzahl erzielen.

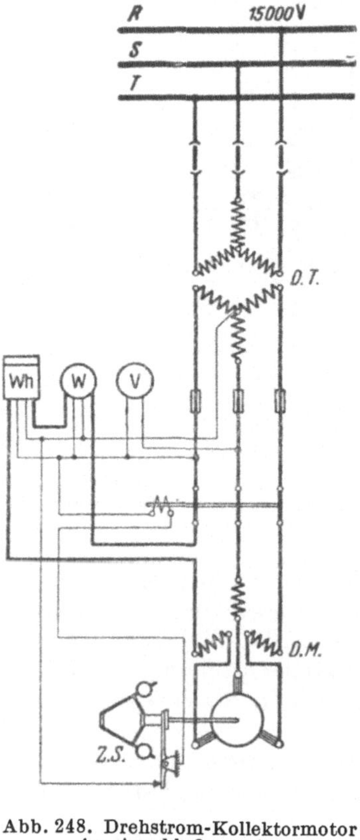

136. Drehstrom-Kollektormotor im Anschluß an ein Hochspannungsnetz.

Die Verbindung eines *Hauptschluß-kollektormotors* mit einem Drehstrom-Hochspannungsnetz zeigt das Schaltbild Abb. 248. Durch einen (Vorder-) Transformator *D.T.* wird eine für den Kollektor zulässige Niederspannung hergestellt, die über Sicherungen und einen dreipoligen *Schalter mit selbsttätiger Unterspannungsauslösung* dem Drehstrommotor *D.M.* zugeführt wird. Spannungsmesser, Leistungsmesser und Zähler geben über die elektrischen Verhältnisse Aufschluß. Um ein Durchgehen des Motors bei zu geringer Belastung auszuschließen, ist mit ihm ein Zentrifugalschalter *Z.S.* verbunden, der mit der Spannungsauslösung des Haupt-

Abb. 248. Drehstrom-Kollektormotor im Anschluß an ein Hochspannungsnetz.

schalters hintereinander geschaltet ist, so daß beim Überschreiten einer bestimmten Geschwindigkeit der Strom des Auslösemagneten unterbrochen und somit der Motor vom Netz getrennt wird.

D. Induktionsmotoren mit Phasenausgleich.

137. Allgemeines.

Nicht der ganze von einem Induktionsmotor aufgenommene Strom verrichtet nutzbare Arbeit. Ein Teil dient als Erregerstrom lediglich zur Aufrechterhaltung des magnetischen Feldes; er bleibt hinter der Spannung um eine Viertelperiode zurück, ist also ein Blindstrom. Diese Erscheinung äußert sich in der Weise, daß zwischen dem dem Netz entzogenen Strom und der Netzspannung eine Phasenverschiebung eintritt, wobei der Strom verzögert ist. *Durch den Anschluß asynchroner Motoren wird daher, besonders wenn sie nicht mit voller Belastung laufen, der Leistungsfaktor der Anlage herabgesetzt.* Um die Phasenverschiebung aufzuheben, kann man für Drehstrommotoren größerer Leistung besondere *Phasenkompensatoren* vorsehen, welche — unter Zuhilfenahme eines Kollektors — den für die Magnetisierung erforderlichen Erregerstrom liefern, so daß er nicht dem Netz entnommen zu werden braucht.

Da der Phasenausgleich stets am sekundären Teil des Motors vorgenommen wird, im allgemeinen also *vom Läufer aus* geschieht, so setzt die Anwendung eines Kompensators einen Schleifringläufer voraus.

Bei kleineren und mittleren Leistungen kann die für die Kompensierung erforderliche Einrichtung auch organisch mit dem Motor, der alsdann auch einen Kurzschlußläufer besitzen kann, verbunden werden. Phasenkompensierte Motoren stellen gewissermaßen die Vereinigung eines Induktionsmotors mit einem Kollektormotor dar.

138. Die Drehstrom-Erregermaschine mit Eigenerregung.

Bei der von SCHERBIUS angegebenen Anordnung wird die Phasenverschiebung eines Induktionsmotors durch eine kleine Drehstrom-Kollektormaschine aufgehoben. Der Ständer dieser Maschine, die gewöhnlich als *Drehstrom-Erregermaschine*[1] bezeichnet wird, erhält jedoch eine besonders einfache Form. Häufig wird er lediglich durch ein einfaches Schutzblech ersetzt, also ganz ohne Wicklungen ausgeführt, da ihm nur die Aufgabe zufällt, den magnetischen Schluß der Maschine zu bilden. Der Läufer der Maschine, der durch einen kleinen Motor angetrieben wird, ist in der für Drehstrom-Kollektormotoren üblichen Weise (vgl. z. B. Abb. 239) mit einem dreiteiligen Bürstensatz versehen. Um auch bei den größten Stromstärken einen funkenfreien Lauf der Erregermaschine zu erzielen, kann ihr Ständer mit Wendespulen ausgestattet werden.

---

[1] Vgl. z. B., auch für die folgenden Abschnitte: BECKMANN, Verbesserung des Leistungsfaktors. AEG-Mitt. 1923, 154.

In Abb. 249 ist die grundlegende Schaltung unter Fortlassung des Anlaßwiderstandes angegeben. Der Drehstrom-Induktionsmotor, dessen Leistungsfaktor verbessert werden soll, wird — nachdem er in üblicher Weise angelassen ist — mit der Erregermaschine verbunden, mit welcher

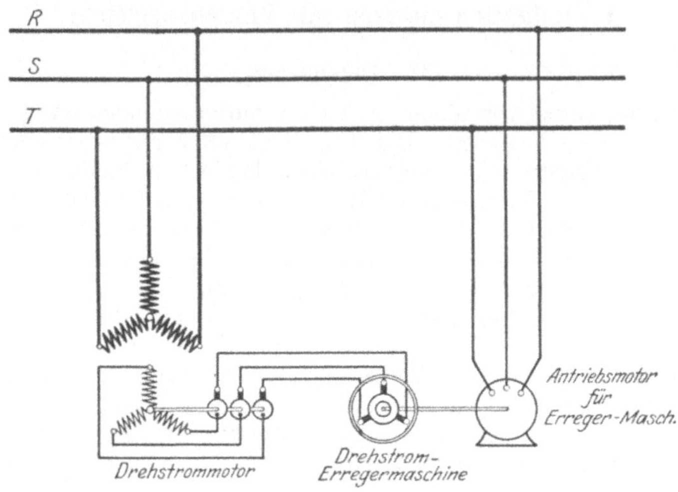

Abb. 249. Drehstrommotor mit eigenerregter Erregermaschine.

der zu ihrem Antrieb dienende Drehstrommotor (z. B. mit Kurzschlußläufer) unmittelbar gekuppelt ist. Erfolgt der Antrieb der Erregermaschine *übersynchron* im Sinne des von ihr erzeugten Drehfeldes, so

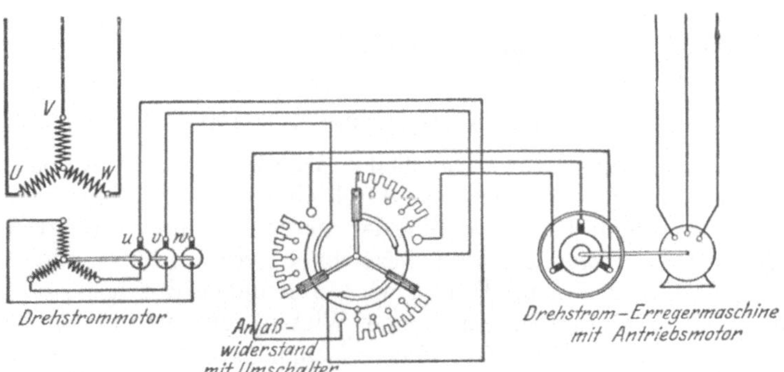

Abb. 250. Drehstrommotor mit Erregermaschine und Anlasser.

wird dem Läufer des Induktionsmotors eine Spannung aufgedrückt durch welche die Phasenverschiebung des Motors aufgehoben wird.

Abb. 250 zeigt die gleiche Schaltung, nur ist auch der Anlaßwiderstand des zu kompensierenden Motors aufgenommen, der, nach einer Ausführung von BBC, so eingerichtet ist, daß, nachdem der Motor angelassen, der Anlasser also kurzgeschlossen ist, durch Weiterdrehen der

Anlasserkurbel in die Endstellung sein Läufer von selbst auf die Erregermaschine geschaltet wird.

Mit der vorstehend behandelten eigenerregten Erregermaschine kann bei Vollast eine vollkommene Kompensierung erzielt werden, doch ist sie bei geringer Last weniger wirksam.

139. Die Drehstrom-Erregermaschine mit Selbsterregung.

Eine Erregermaschine, mit der sich auch bei verhältnismäßig kleinen Belastungen des Induktionsmotors der Leistungsfaktor I oder auch eine Phasen*voreilung* des Stromes erzielen läßt, ist von KOZISEK angegeben und wird von den SSW gebaut. Sie wird als *selbsterregte Erregermaschine*[1]

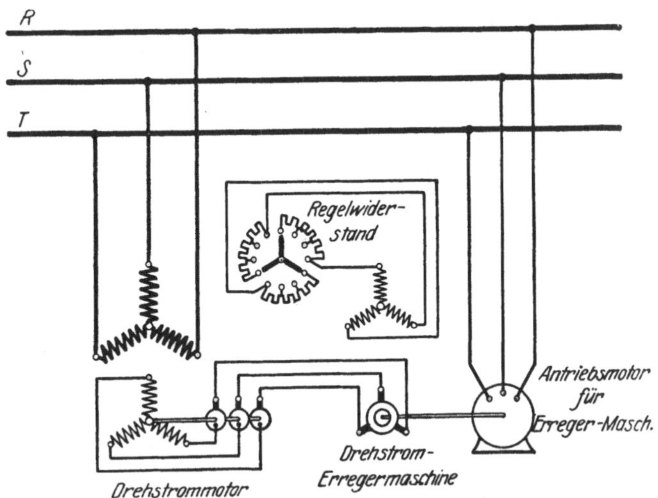

Abb. 251. Drehstrommotor mit selbsterregter Erregermaschine.

geführt und unterscheidet sich von der eigenerregten Maschine wesentlich dadurch, daß sie einen gewickelten Ständer besitzt. In der Ständerwicklung wird, vom Läufer ausgehend, eine Spannung induziert, die bei einem geeigneten Verhältnis ihres ohmschen und induktiven Widerstandes eine Selbsterregung der Maschine zur Folge hat, so daß dieser Strom von der Schlupffrequenz an den Läufer des Induktionsmotors abgeben kann. Die Ständerwicklung der Erregermaschine kann als *Kurzschlußwicklung* oder auch als *Phasenwicklung*, Abb. 251, ausgeführt werden. In letzterem Falle kann sie, wie es auch in der Abbildung angegeben ist, mit regelbaren Widerständen in Verbindung gebracht werden, durch welche sich der Leistungsfaktor des Induktionsmotors während des Betriebes auf einen gewünschten Wert einstellen läßt, ein Erfolg, der gegebenenfalls aber auch durch Änderung der Drehzahl des Antriebsmotors erzielt werden kann.

---

[1] DRP. 471182.

140. Der Frequenzwandler.

Zur Aufhebung der Phasenverschiebung eines Drehstrommotors dient auch der *Frequenzwandler*, wie er von HEYLAND, und zwar ursprünglich für die Drehzahlregelung eines Induktionsmotors (vgl. Abschn. 189) angegeben und von den SSW ausgebildet wurde. Der Frequenzwandler ähnelt der eigenerregten Drehstrom-Erregermaschine, unterscheidet sich aber von ihr dadurch, daß sein Läufer außer dem Kollektor noch drei Schleifringe besitzt, die in bestimmter Weise an die Wicklung angeschlossen sind, und durch welche ihm vom Drehstromnetz aus über einen Transformator ein magnetisches Feld aufgedrückt wird. Dadurch wird seine Wirkung von der Belastung des zu kompensierenden Induktionsmotors unabhängig; er ist also auch bei kleiner Belastung wirksam.

Abb. 252 zeigt die Schaltung. Der Läufer des Induktionsmotors wird, nachdem dieser angelassen ist, in bekannter Weise auf die Kollek-

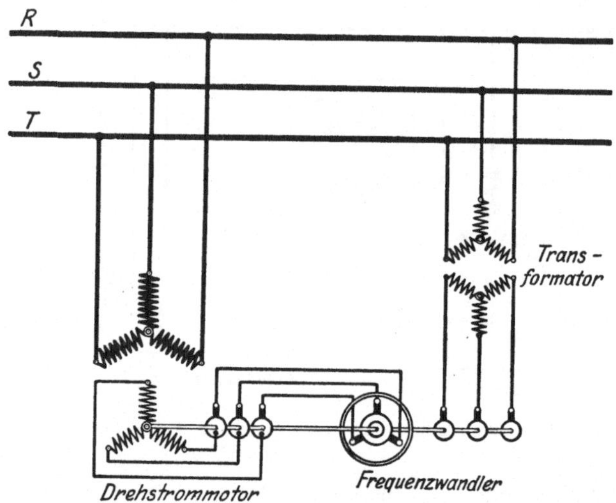

Abb. 252. Drehstrommotor mit Frequenzwandler.

torbürsten des Frequenzwandlers geschaltet. Der Wandler muß *synchron* mit dem Induktionsmotor angetrieben werden; er wird daher mit diesem, wenn der die gleiche Polzahl hat, unmittelbar gekuppelt. Doch kann er, um kleine Abmessungen zu erhalten, auch für eine geringere Polzahl wie der Induktionsmotor und daher erhöhte Drehzahl eingerichtet werden; in diesem Falle ist ein Zahnradvorgelege einzuschalten (vgl. Abb. 311). Der Ständer des Frequenzwandlers kann zwar grundsätzlich ohne Wicklung ausgeführt werden, doch versieht man ihn zur Erzielung funkenfreien Laufs in der Regel mit einer Wendewicklung.

Der Leistungsfaktor des Drehstrommotors kann durch geeignete Phasenlage der Sekundärspannung des Erregertransformators — z. B. unter Anwendung eines Drehtransformators — auf einen bestimmten

Wert eingestellt, oder es kann auch die Verbindung des Frequenzwandlers mit dem Motor durch eine verstellbare Kupplung hergestellt werden, welche die magnetischen Achsen beider Maschinen gegeneinander zu verdrehen erlaubt.

141. Die Drehstrom-Erregermaschine mit Netzerregung.

Die Drehstrom-Erregermaschine mit Netzerregung der SSW[1], die wie die Maschine mit Selbsterregung von KOZĪSEK entwickelt wurde, kann man sich aus dem Frequenzwandler hervorgegangen denken. Ihr Ständer besitzt jedoch wie derjenige eines normalen Drehstrom-Induktionsmotors eine dreiphasige Wicklung. Wie das Schaltbild Abb. 253 zeigt, sind die Wicklungsenden einerseits mit den auf dem Kollektor

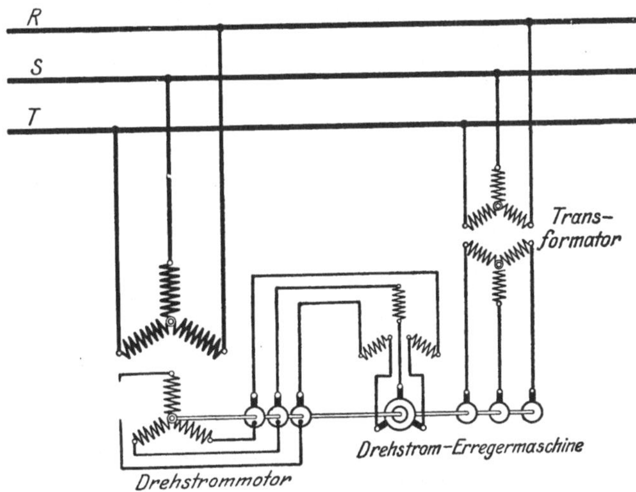

Abb. 253. Drehstrommotor mit vom Netz erregter Erregermaschine.

der Erregermaschine schleifenden Bürsten, andererseits mit den Schleifringen des zu kompensierenden Hauptmotors verbunden. Die Schleifringe der Erregermaschine stehen, wie beim Frequenzwandler, über einen Transformator mit dem Drehstromnetz in Verbindung. Auch wird die Erregermaschine wie beim Wandler mit der Hauptmaschine unmittelbar gekuppelt oder, bei abweichender Polzahl, durch ein Rädergetriebe verbunden.

Die Erregermaschine mit Netzerregung zeichnet sich durch besonders günstige Stromwendeverhältnisse am Kollektor aus, und sie zeigt demgemäß nur geringe Neigung zur Funkenbildung. Es ist dies darauf zurückzuführen, daß durch die Ständerwicklung, die wie die Kompensationswicklung einer Gleichstrommaschine wirkt, das Ankerfeld aufgehoben wird (s. Abschn. 37).

---

[1] KOZISEK, Drehstrom-Erregermaschine mit Fremderregung. ETZ **46** (1925) S. 142.

Die Einstellung auf den gewünschten Leistungsfaktor kann z. B. mittels einer regelbaren Kupplung (s. Abschn. 140) geschehen und wird meist so vorgenommen, daß der Induktionsmotor bei normaler Belastung mit dem Leistungsfaktor I arbeitet. Bei geringerer Belastung, insbesondere bei Leerlauf, tritt dann ein Überschuß an Blindstrom auf, so daß der Motor mit *phasenvoreilendem* Strom arbeitet, mit anderen Worten Blindleistung an das Netz abgibt.

Von der Möglichkeit, daß ein mit einer vom Netz erregten Erregermaschine ausgerüsteter Induktionsmotor Blindleistung erzeugen kann, wird vielfach auch dann Gebrauch gemacht, wenn eine motorische Leistung nicht benötigt wird, es sich vielmehr lediglich darum handelt, den Leistungsfaktor des Netzes zu verbessern. In diesem Falle wird der Erregertransformator mit Regulierstufen versehen, um sich dem jeweiligen Blindleistungsbedarf bequem anpassen zu können. Die *asynchrone Blindleistungsmaschine* — sie wurde von Schenkel entwickelt — bildet ein Gegenstück zum übererregten Synchronmotor (vgl. Abschn. 104).

142. Der Drehstrom-Induktionsmotor mit Eigenkompensierung.

a) Motor mit Ständerspeisung. Bei einem von Heyland angegebenen Induktionsmotor wird die Phasenkompensierung am Motor selbst vorgenommen, ein besonderer Kompensator erübrigt sich also. Der Netzstrom wird, wie bei einem normalen Drehstrom-Induktionsmotor, vom Ständer aufgenommen. Dieser besitzt jedoch noch eine Hilfswicklung, Ebenso trägt der sonst in gewöhnlicher Weise mit Kurzschlußwicklung versehene oder mit Schleifringen und Anlaßwiderstand ausgestattete Läufer eine Hilfswicklung. An diese ist ein kleiner Kollektor angeschlossen, der einen dreiteiligen Bürstensatz trägt. Die Bürsten sind mit der Ständerhilfswicklung verbunden, die den für die Erregung des Motors erforderlichen Blindstrom liefert. Dieser braucht also nicht mehr dem Netz entnommen zu werden, und es wird daher bei geeigneter Bürstenstellung die Phasenverschiebung des vom Motor aufgenommenen Stromes aufgehoben; bei Leerlauf und geringer Belastung tritt Phasenvoreilung des Stromes ein.

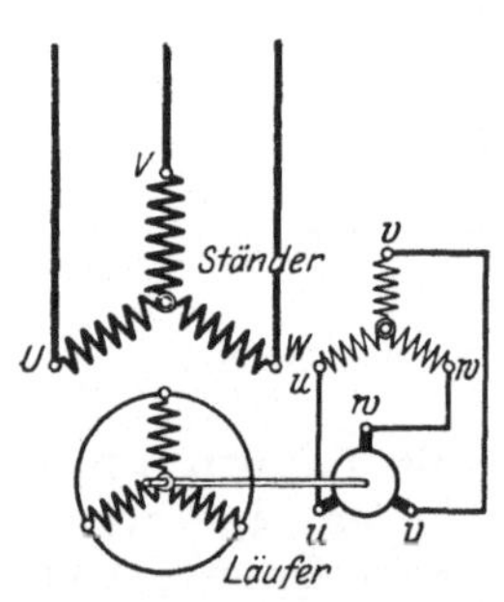

Abb. 254. Kompensierter Motor mit Ständerspeisung.

Abb. 254 zeigt das Schaltbild des vorstehend gekennzeichneten Motors unter der Annahme eines Kurzschlußläufers. Er eignet sich namentlich für kleinere Leistungen.

b) Motor mit Läuferspeisung. Einem von Osnos erfundenen kompensierten Motor wird der Netzstrom über den Läufer mittels Schleifringe zugeführt. Der Läufer bildet also den primären Teil des Motors. In den Nuten des Läufers ist außer der eigentlichen Arbeitswicklung

auch die nur wenig Platz einnehmende Kompensationswicklung untergebracht. Mit dieser ist ein Kollektor verbunden, der wiederum mit
einem dreiteiligen Bürstensatz ausgestattet ist. Der *Ständer* des Motors
stellt dessen sekundären Teil vor. Er steht mit dem dreiteiligen Anlaßwiderstand in Verbindung. In seiner Wicklung wird bei der Drehung
des Läufers eine Spannung induziert, die einen Strom zur Folge hat.
Außerdem wird der Wicklung aber auch der dem Kollektor entnommene
Erregerstrom aufgedrückt.

Abb. 255 zeigt die allgemeine Schaltung des nach vorstehenden Gesichtspunkten gebauten kompensierten Motors der Sachsenwerke[1].

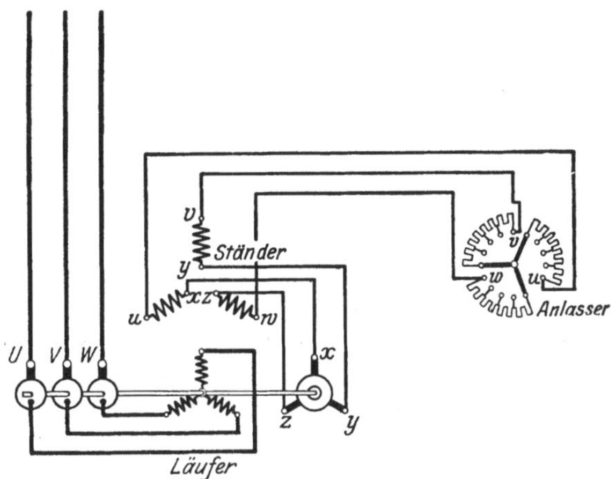

Abb. 255. Kompensierter Motor mit Läuferspeisung.

Er kann als eine vereinfachte Form des in Abschnitt 133a dargestellten Motors aufgepaßt werden. Während dieser zwecks Regelung der
Drehzahl einen doppelten Bürstensatz trägt, vgl. Abb. 245, besitzt der
kompensierte Motor nur einfache Bürsten auf dem Kollektor. Der
Motor arbeitet mit einem günstigen Wirkungsgrad, und sein Leistungsfaktor hat bei den verschiedensten Belastungen den Wert 1. Auch
kann — durch entsprechende Einstellung der Bürsten — dem Strom
gegenüber der Spannung eine Phasenvoreilung erteilt werden.

143. Der Drehstrom-Induktionsmotor mit Gleichstromerregung.

Der Induktionsmotor kann auch zum Zweck der Phasenkompensierung mit einer *Gleichstrom-Erregermaschine* ausgerüstet werden. Der
Motor wird, dem Schaltbild Abb. 256 entsprechend, mit Hilfe eines
dreiteiligen Anlaßwiderstandes in bekannter Weise in Gang gesetzt. Der
Regler der zur Erregung vorgesehenen, mit dem Motor gekuppelten

---

[1] HARTWANGER, Fortschritte im Bau kompensierter Motoren. ETZ 49 (1928)
S. 1253.

Nebenschlußmaschine ist hierbei zunächst geöffnet. Ihr Anker wirkt wie ein Teil des Anlaßwiderstandes. Nach erfolgtem Anlauf wird der Regler geschlossen und somit der Läuferwicklung der von der Gleichstrommaschine gelieferte Strom aufgedrückt. Der Motor nimmt alsdann die *synchrone* Drehzahl an und verhält sich überhaupt wie ein Synchronmotor, arbeitet also bei richtiger Erregung mit dem Leistungsfaktor 1. Tritt starke Überlastung ein, so fällt die Maschine aus dem Synchronismus und läuft dann asynchron weiter, um bei Entlastung wieder selbsttätig die synchrone Geschwindigkeit zu erreichen. Die beschriebene Bauart setzt einen Motor voraus, dessen Wicklungen der Eigenart des Betriebes angepaßt sind. Die Erregermaschine kann mit dem Motor konstruktiv vereinigt werden. Die Anordnung wird häufig als *synchronisierter Asynchronmotor* bezeichnet.

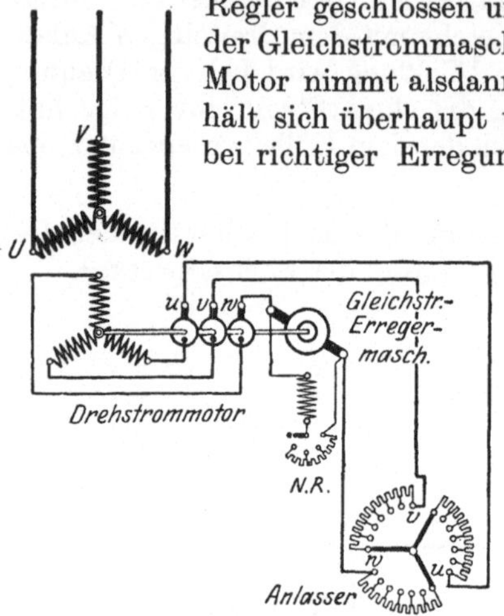

Abb. 256. Drehstrommotor mit Gleichstromerregermaschine.

144. Phasenkompensierung durch Kondensatoren.

Die einfachste Möglichkeit, um die durch Induktionsmotoren — oder auf andere Weise — in einem Netz hervorgerufene Phasenverzögerung des Stromes aufzuheben, bietet die Anwendung von *Kondensatoren*. Das Mittel ist seit längerer Zeit bekannt, hat sich aber erst seit verhältnis-

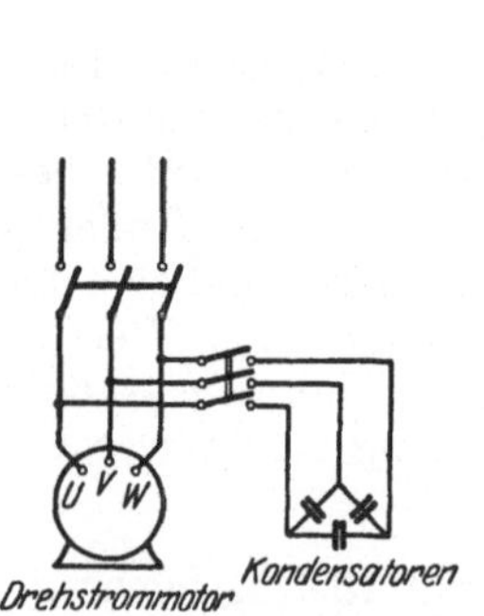

Abb. 257. Drehstrommotor mit Kondensatorenbatterie.

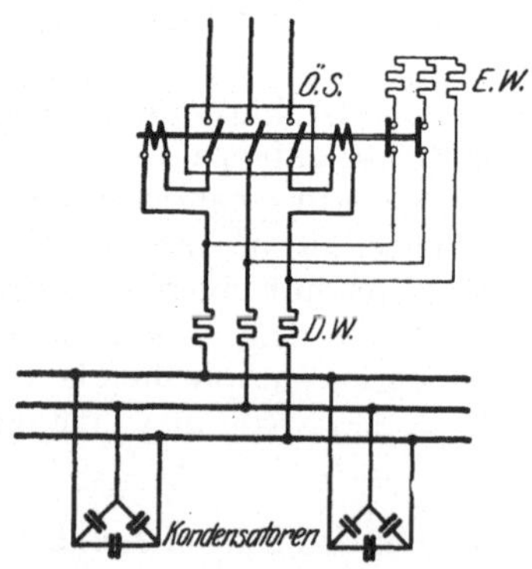

Abb. 258. Kondensatoren mit Anschlußleitung für ein Hochspannungsnetz.

mäßig kurzer Zeit in größerem Umfange eingeführt, nachdem es gelungen ist, brauchbare Kondensatoren preiswert herzustellen; es wird heute in ausgedehntester Weise angewendet und hat die in den vorausgehenden Abschnitten behandelten kompensierten Motoren fast vollständig verdrängt. Abb. 257 zeigt einen Drehstrom-Induktionsmotor — mit Kurzschluß- oder Schleifringläufer — mit einem ihm parallel geschalteten Satz in Dreieck verbundener Kondensatoren. Bei Hochspannung empfiehlt es sich, den Kondensatoren Dämpfungswiderstände vorzuschalten, um die beim Laden vzw. Entladen auftretenden Stromstöße abzuschwächen.

Aus Ersparnisgründen kann für eine Anzahl Motoren auch eine gemeinsame Kondensatorenbatterie eingebaut werden. Eine solche „Gruppenverbesserung" des Leistungsfaktors — nach einer Ausführung der SSW — soll durch die Abb. 258 zur Darstellung gebracht werden, die den Anschluß von Kondensatoren an ein Hochspannungsnetz zeigt. Damit Restladungen aus der Batterie entfernt werden, sind Entladungswiderstände *E.W.* vorgesehen, welche beim Abschalten der Kondensatoren vom Netz mit Hilfe des Hochspannungsschalters selbsttätig eingeschaltet werden. *D.W.* sind die Dämpfungswiderstände.

X. Umformeranlagen.

145. Allgemeines.

Um die dem Wechselstrom eigenen Vorteile mit denen des Gleichstromes zu verbinden, wird häufig ein gemischtes System angewendet, indem im Hauptwerk *Wechselstrom* erzeugt, ein Teil desselben aber — gegebenenfalls in besonderen Unterstationen — in *Gleichstrom* umgewandelt wird. Für diese Umwandlung stehen *Umformer* verschiedener Art zur Verfügung. Die Mehrzahl derselben läßt sich auch umgekehrt zur Umwandlung von Gleichstrom in Wechselstrom benutzen, doch kommt dieser Fall verhältnismäßig selten vor, und er ist daher im nachfolgenden im allgemeinen nicht berücksichtigt.

A. Synchrone Motorgeneratoren.

146. Gleichstromseitiges Anlassen des Motorgenerators.

Die Umwandlung von Wechselstrom in Gleichstrom kann in *Motorgeneratoren* vorgenommen werden, die aus einem *Wechselstrommotor* und einem mit ihm gekuppelten *Gleichstromgenerator* zusammengesetzt sind. In vielen Fällen bevorzugt man bei Motorgeneratoren die Anwendung eines *synchronen* Wechselstrommotors. Er ist für *Einphasen-* und *Drehstrom* gleich gut geeignet und hat gegenüber dem asynchronen Motor den Vorteil durchaus gleicher Umlaufzahl bei allen Belastungen. Vor allem aber kommt in Betracht, daß durch ihn der *Leistungsfaktor* des Netzes nicht verschlechtert wird, sondern sogar, durch Übererregen, verbessert werden kann, ein Umstand, der namentlich bei größeren Umformerleistungen häufig ausschlaggebend ist (vgl. Abschn. 104). Dagegen ist dem *Anlassen* des Synchronmotors besondere Aufmerksamkeit zu widmen.

In vielen Fällen ist ein Anlassen des Umformers von der *Gleichstromseite* aus möglich. Die Gleichstrommaschine wird zunächst als Motor betrieben, und ihre Drehzahl wird so lange verändert, bis der Synchronismus erreicht ist. Hierauf wird der Synchronmotor, nachdem seine Spannung auf die Netzspannung einreguliert ist, eingeschaltet, worauf schließlich der normale Betrieb hergestellt, d. h. die Gleichstrommaschine durch entsprechende Erregung zur Stromlieferung herangezogen wird.

Die anzuwendende Schaltung ist in Abb. 259 für eine Niederspannungsanlage angegeben. *D.M.* bedeutet den synchronen Drehstrommotor, er ist an die Schienen *R*, *S*, *T* gelegt. Zur Feststellung der vom Motor aufgenommenen Stromstärke ist ein Strommesser eingebaut. Spannungsmesser sind sowohl für die Netzspannung als auch für die

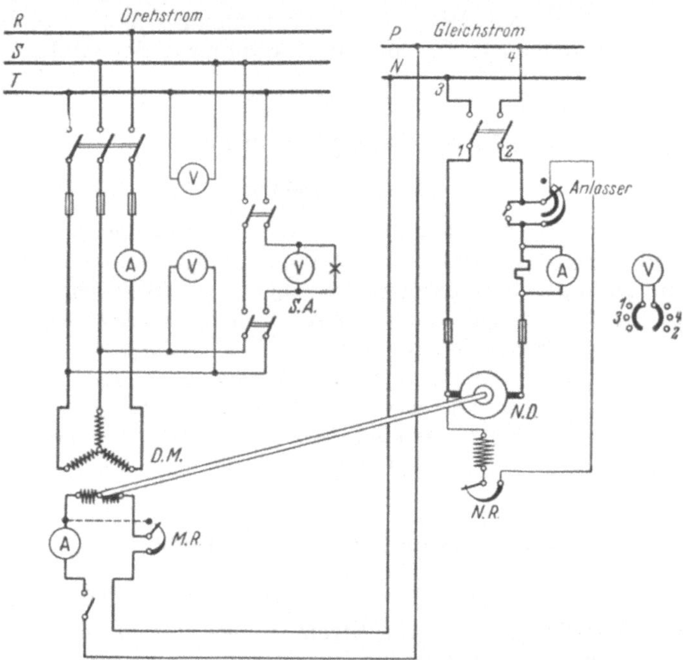

Abb. 259. Synchroner Motorgenerator mit Gleichstromanlasser.

Motorspannung vorgesehen. Der aus Phasenlampe und Phasenvoltmeter bestehende *Synchronismusanzeiger* kann mittels kleiner Schalter einerseits an zwei Leitungen des Drehstrommotors und andererseits an die entsprechenden Drehstromschienen gelegt werden. Der Erregerstrom des Drehstrommotors, dessen Stärke durch den Magnetregler *M.R.* eingestellt werden kann, wird von den Gleichstromsammelschienen *P* und *N* entnommen, falls nicht eine eigene Erregermaschine vorhanden ist. Der für die Gleichstrom-Nebenschlußmaschine *N.D.* vorgesehene Anlasser wird im normalen Betrieb durch einen Schalter überbrückt. Doch ist die Kurbel des Anlassers während des Betriebes in der Arbeitsstellung zu belassen, damit die Erregung der Maschine nicht verlorengeht. Der Nebenschlußregler *N.R.* dient zum Einstellen der Gleichstromspannung, doch fällt ihm auch während der Anlaßperiode die Aufgabe des Drehzahlreglers zu. Es ist daher (vgl. Abschn. 58) der Ausschaltkontakt fortzulassen. Ein Strom- und ein Spannungsmesser, letzterer mit Umschalter für die Maschinen- und Netzspannung, geben für die elektrischen Verhältnisse auf der Gleichstromseite Aufschluß.

Voraussetzung für die Anwendung des geschilderten Anlaßverfahrens ist, daß Gleichstrom jederzeit zur Verfügung steht, daß also neben dem Umformer noch eine weitere, von einer Dampfmaschine, einem Ölmotor oder dgl. angetriebene Gleichstromdynamo aufgestellt ist. Das gilt auch für den Fall, daß eine Akkumulatorenbatterie vorhanden ist, da die Möglichkeit gegeben sein muß, diese vor der ersten Inbetriebnahme des Umformers aufzuladen.

147. Motorgenerator mit Anwurfmotor.

Zum Anlassen des Synchronmotors kann auch ein Hilfsmotor angewendet werden, wie Schaltplan Abb. 260 für eine Hochspannungsanlage zeigt. Der synchrone Drehstrommotor ist unmittelbar an das Hoch-

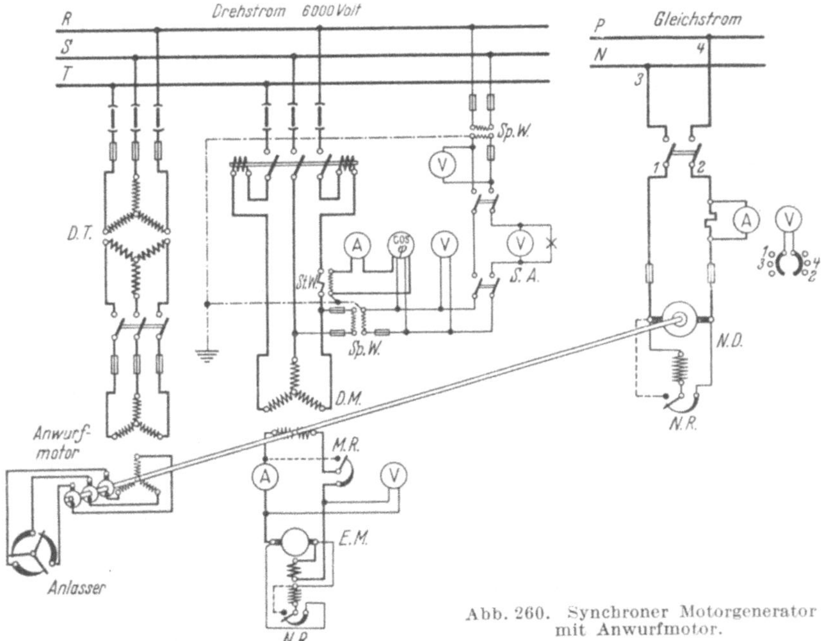

Abb. 260. Synchroner Motorgenerator mit Anwurfmotor.

spannungsnetz angeschlossen. Die Auswahl der Meßgeräte entspricht im wesentlichen dem vorigen Schaltbild, doch ist, um den Einfluß der Erregerstromstärke auf den Leistungsfaktor erkennbar zu machen, noch ein Phasenmesser eingebaut. Die im Schaltbild angenommene besondere Erregermaschine, im vorliegenden Falle mit Doppelschlußwicklung, kann mit dem Maschinensatz unmittelbar gekuppelt sein.

Als *Anwurfmotor* dient ein Drehstrom-Induktionsmotor, der mit Rücksicht auf seine verhältnismäßig kleine Leistung über einen Transformator angeschlossen ist, bei größeren Leistunger. aber auch hochspannungsseitig betrieben werden kann. Er ist für die im Vergleich zum Synchronmotor nächst niedrige Polzahl zu bauen, damit seine Drehzahl etwas höher ausfällt. Durch den für Dauerbelastung bemessenen Anlaßwiderstand wird sie alsdann so weit herunterreguliert, daß der Synchronismus erreicht wird und der Hauptmotor eingeschaltet werden kann. Nachdem dies geschehen ist, wird der Anwurfmotor vom Netz abgeschaltet und, falls er durch eine ausrückbare Kupplung mit dem Maschinensatz verbunden ist, stillgesetzt.

148. Drehstromseitiges Anlassen des Motorgenerators.

Der Schaltplan eines zur Umformung von *Drehstrom* in Gleichstrom dienenden synchronen Motorgenerators, der *von der Drehstromseite* aus angelassen wird, ist in Abb. 261 zur Darstellung gebracht. Der Synchronmotor ist, wie in Abschn. 106 dargelegt wurde, mit einer *Dämpferwicklung* zu versehen. Auch ist ein *Anlaßtransformator* erforderlich. Die Bedienung gestaltet sich einfacher als bei den vorstehend erörterten Anlaßverfahren, da der Drehstrommotor von selbst in den Synchronismus hineinläuft. Die beim Anlassen, nachdem der Schalter geschlossen ist, vorzunehmenden Handgriffe sind an erwähnter Stelle eingehend geschildert worden.

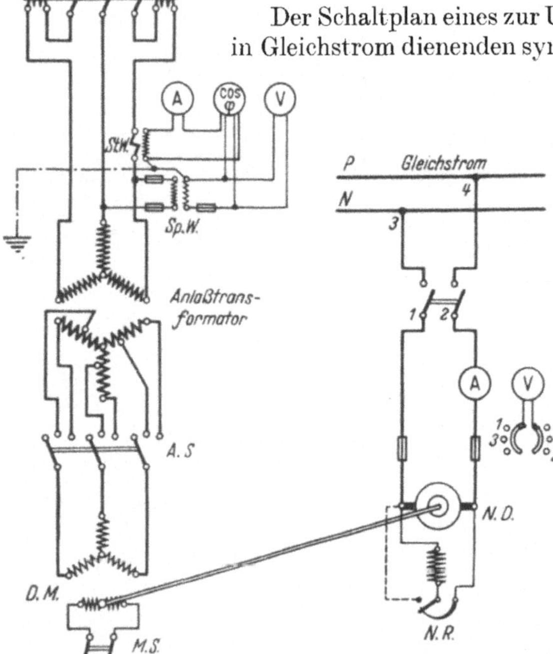

Abb. 261. Synchroner Motorgenerator für drehstromseitiges Anlassen.

B. Asynchrone Motorgeneratoren.

149. Motorgenerator für Niederspannung.

Den mannigfachen Vorzügen des Synchronmotors steht als Nachteil das etwas umständliche Anlaßverfahren gegenüber. Handelt es sich im besonderen um die Umformung von *Drehstrom*, so wird man daher häufig zum asynchronen *Induk-*

tionsmotor greifen, bei dem das Anlassen in einfachster Weise vorgenommen werden kann. Das Schaltkurzzeichen eines derartigen Umformers zeigt Abb. 262.

Den Schaltplan einer Anlage mit einem *asynchronen Motorgenerator* gibt Abb. 263 wieder. Der über einen dreipoligen Überstromschalter (mit zweipoliger Auslösung) an das Netz angeschlossene Drehstrommotor besitzt einen Schleifringläufer und wird über Flüssigkeitswiderstände angelassen. Die Gleichstromdynamo ist als Nebenschlußmaschine gewickelt. Zur Feststellung der drehstromseitig aufgenommenen Leistung ist ein Wattmeter eingebaut (Dreiwattmeterschaltung, Abschn. 29b, 1. Absatz). Ampere- und Voltmeter geben Einblick in die Strom- und Spannungsverhältnisse, mit Hilfe des vorgesehenen Umschalters können alle drei Leiterspannungen gemessen werden. Die Gleichstromseite enthält an Meßgeräten lediglich einen Strommesser und einen Spannungsmesser.

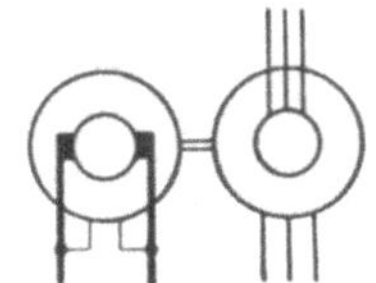

Abb. 262.
Schaltkurzzeichen für einen asynchronen Motorgenerator: Drehstrommotor mit Gleichstromgenerator.

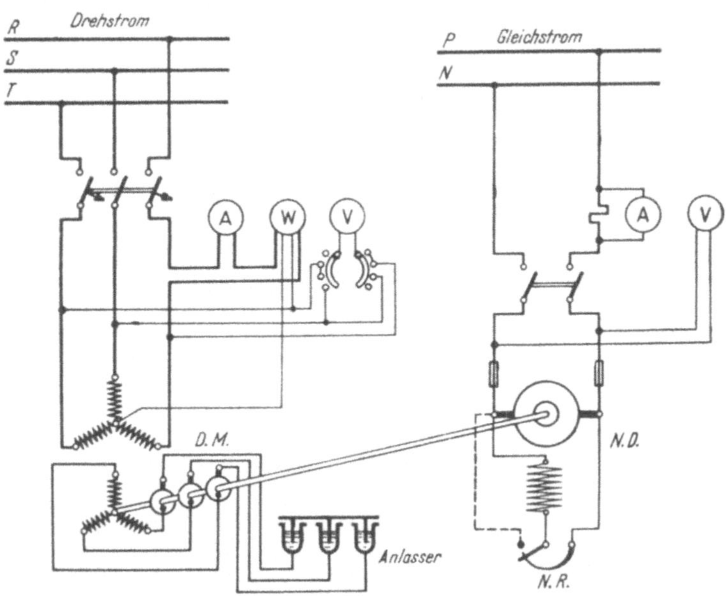

Abb. 263. Asynchroner Motorgenerator für Niederspannung.

150. Motorgenerator für Hochspannung.

Der Induktionsmotor des Umformers kann, wenigstens bei größeren Leistungen, auch unmittelbar für *Hochspannung* eingerichtet sein (vgl. Abschn. 129). Im Schaltplan Abb. 264 wird der hochgespannte Drehstrom dem Motorgenerator durch ein Kabel, in bekannter Weise über Trenn- und Leistungsschalter, zugeführt. Der für die Relaisauslösung des letzteren benötigte Hilfsstrom wird den Sammelschienen der Gleichstromseite entnommen. Die Relais sowohl als auch alle Meßgeräte (Leistungsmesser und Zähler in Zweiwattmeterschaltung!) sind über Wandler angeschlossen.

Die mit dem Drehstrommotor gekuppelte Nebenschlußdynamo liefert Niederspannungsgleichstrom, der durch eine Anzahl Verteilungsleitungen dem Gleichstromnetz zugeführt wird. Durch eine Akkumulatorenbatterie findet die Anlage eine wünschenswerte Vervollständigung.

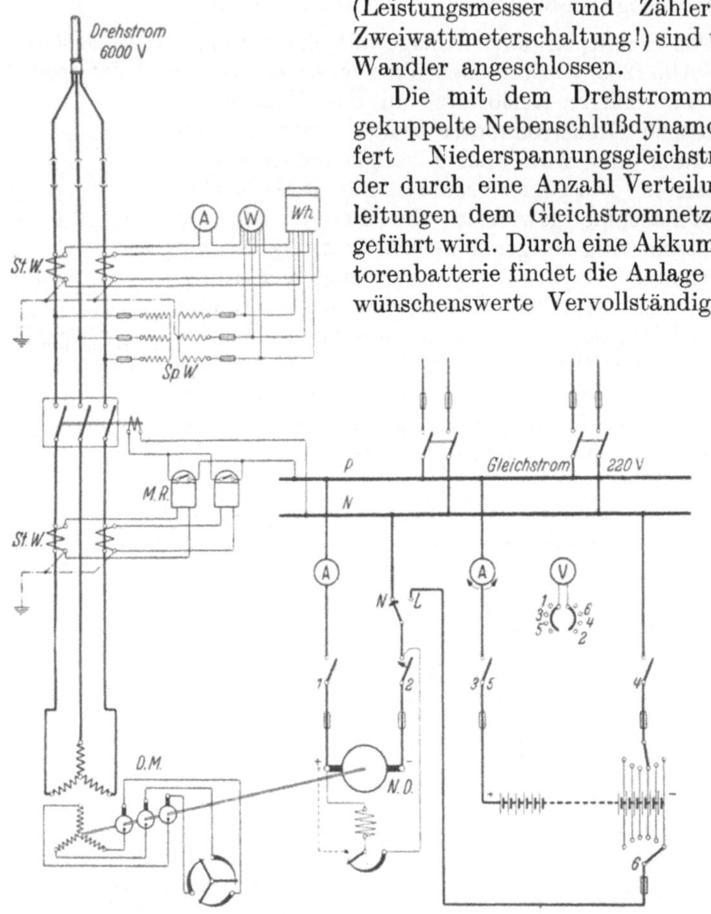

Abb. 264. Asynchroner Motorgenerator für Hochspannung.

151. Umformeranlage zum Betrieb einer Grubenbahn.

Abb. 265 zeigt den Schaltplan einer kleineren *Umformeranlage zum Betrieb einer Grubenbahn* nach einer Ausführung der SSW. Derartige Bahnen werden zweckmäßig mit Gleichstrom betrieben. Es muß daher, da in dem betreffenden Werk sonst nur Drehstrom zur Verfügung steht, eine Umformung vorgenommen werden.

Es sind *zwei asynchrone Motorgeneratoren M.G.* aufgestellt. Die Drehstromspannung beträgt 500 Volt. Für die Leistungsschalter ist Überstromauslösung in zwei Leitungen vorgesehen.

Die Gleichstrommaschinen für 230 Volt Spannung besitzen *Doppelschlußwicklung*, und es ist daher, um einen sicheren Parallelbetrieb zu gewährleisten, eine *Ausgleichsleitung* (vgl. Abschn. 43) verlegt worden.

Die zweipoligen Hauptschalter sind nur im positiven Pole mit Überstromauslösung versehen. Im gleichen Pol befinden sich überdies Schmelzsicherungen (vgl. Abschn. 7a, letzter Absatz). Der negative Pol ist nicht gesichert, da er mit den Schienen verbunden, also geerdet ist. Der positive Pol ist auf die Fahrleitung geschaltet. Der Einbau von Meßgeräten ist auf das unbedingt notwendige Maß beschränkt worden.

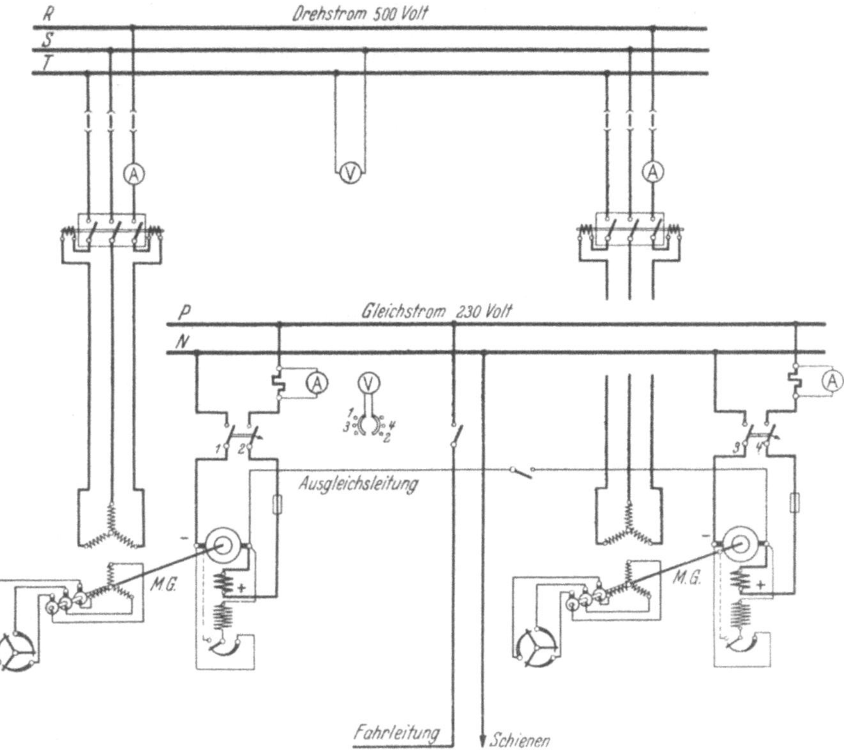

Abb. 265. Umformeranlage zum Betrieb einer Grubenbahn.

152. Umformeranlage zum Betrieb einer Straßenbahn.

Als weiteres Beispiel der Anwendung asynchroner Motorgeneratoren ist in Abb. 266 der Schaltplan der Umformeranlage für eine elektrische Straßenbahn gegeben. Es handelt sich darum, den von einem Elektrizitätswerk gelieferten und über eine Freileitung zugeführten Drehstrom von 8000 Volt Spannung in den für den Betrieb der Bahn erforderlichen Gleichstrom überzuführen. Dieser wird, da die zu speisende Strecke eine Länge von mehr als 8 km hat, mit der verhältnismäßig hohen Spannung von 1000 Volt erzeugt.

Der in die *Freileitung* eingebaute Hochspannungsschalter, ein ölarmer Schalter (s. Abschn. 8), ist, um Überlastungen vorzubeugen, mit Überstromauslösung versehen, und zwar in sekundärer unmittelbarer Anordnung. Durch Schmelzsicherungen, die zu den Auslösespulen parallel

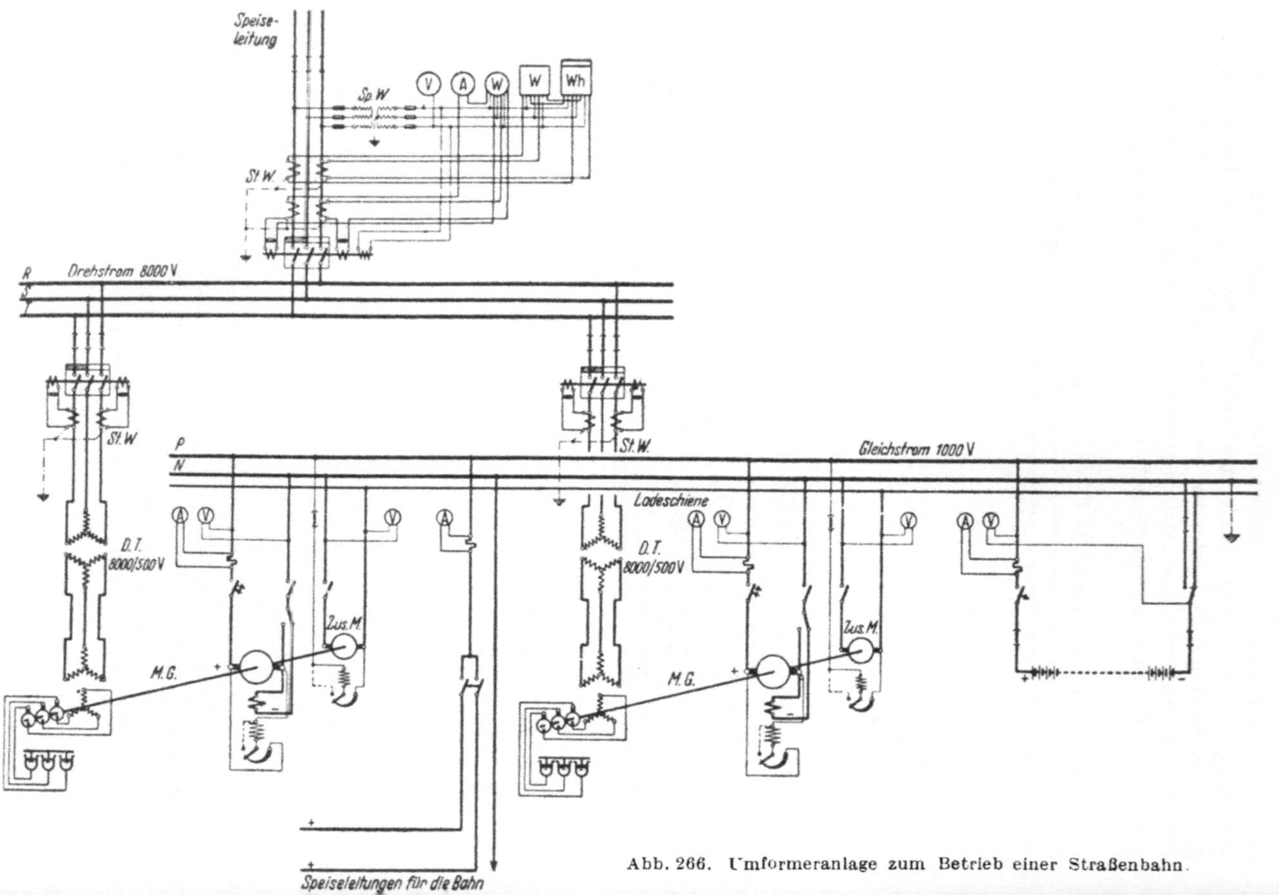

Abb. 266. Umformeranlage zum Betrieb einer Straßenbahn.

geschaltet sind, wird die Auslösezeit von der Größe der Überlastung abhängig gemacht (s. Abschn. 98). Damit bei ausbleibendem Strom die Leitung sofort selbsttätig abgeschaltet wird, wirkt auf den Schalter auch ein an den Spannungswandler angeschlossener Unterspannungsmagnet ein. Die für die Freileitung angewendeten Meßgeräte bieten nichts Bemerkenswertes. Zur Feststellung der zugeführten elektrischen Arbeit ist außer einem Zähler ein registrierender Leistungsmesser vorhanden. Gegebenenfalls ist für die Freileitung ein Überspannungsschutz vorzusehen.

Für die Umformung des Stromes sind zwei *Motorgeneratoren* aufgestellt, von denen in der Regel nur einer im Betriebe ist. Der den Umformern zugeführte Drehstrom wird durch je einen Transformator zunächst auf eine Spannung von 500 Volt herabgesetzt. Durch die vor den Transformatoren liegenden Schalter (mit Überstromzeitauslösung) kann der gewünschte Umformersatz in Betrieb genommen werden. Die Antriebsseite jedes Umformers bildet ein asynchroner *Drehstrommotor* mit Flüssigkeitsanlasser. Er treibt die mit ihm gekuppelte *Gleichstrom-Doppelschlußdynamo* an, welche die für den Bahnbetrieb erforderliche Spannung liefert. Ihr positiver Pol ist mit der zugehörigen Sammelschiene über einen Schalter mit selbsttätiger Überstrom- und Rückstromauslösung, ihr negativer Pol mit der entsprechenden Schiene über einen einfachen Handschalter verbunden. Eine Ausgleichsleitung für die beiden Doppelschlußmaschinen ist nicht vorgesehen, da, wie schon bemerkt wurde, der Betrieb im allgemeinen von einer einzigen Maschine gedeckt wird, ein Parallelbetrieb also nicht in Frage kommt.

Zur Unterstützung der Umformer und als vorübergehende Reserve ist eine *Pufferbatterie* (485 Elemente) aufgestellt. Sie steht mit der positiven Sammelschiene über einen Überstromschalter in Verbindung. Ihr negativer Pol kann über einen Umschalter entweder auf die negative Sammelschiene — Parallelbetrieb — oder für das gelegentliche Aufladen der Batterie auf eine besondere Ladeschiene geschaltet werden. Die für die Ladung notwendige höhere Spannung wird durch Einschalten einer *Zusatzmaschine,* deren Spannung zwischen 50 und 300 Volt veränderlich ist, erzielt. Je eine solche ist mit den Motorgeneratoren gekuppelt und läuft für gewöhnlich leer mit. Beim Laden der Batterie ist der für sie vorgesehene einpolige Handschalter zu schließen. Dadurch wird sie mit der Betriebsmaschine in Reihe geschaltet, deren Spannung somit entsprechend erhöht wird. Während der Batterieladung wird die Hauptschlußwicklung der Betriebsmaschine mittels eines Umschalters unwirksam gemacht, so daß diese die Eigenschaften einer Nebenschlußmaschine annimmt.

Von der positiven Gleichstromsammelschiene gehen zwei *Speiseleitungen* aus, die mit den Fahrleitungen verbunden sind. Die negative Sammelschiene ist geerdet und steht durch eine Leitung mit den Schienen der Bahnstrecke in Verbindung. Auf den Einbau eines Überstromschutzes in die Speiseleitungen konnte verzichtet werden, da der Überstromschalter der gerade im Betrieb befindlichen Maschine auch die Leitungen sichert.

C. Einankerumformer.

153. Bauart und Schaltung des Umformers.

Der *Einankerumformer* entspricht in seiner Bauweise völlig einer Gleichstrommaschine, nur besitzt der Anker außer dem Kollektor noch Schleifringe — zwei bei *Einphasen-*, drei oder sechs bei *Drehstrom* —,

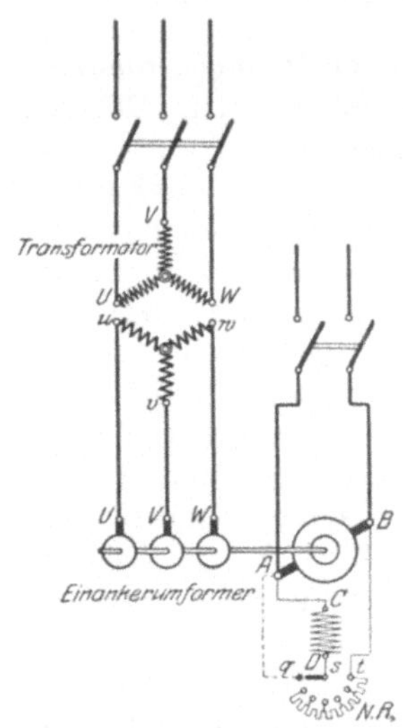

Abb. 267. Dreiphasiger Einankerumformer für Drehstrom.

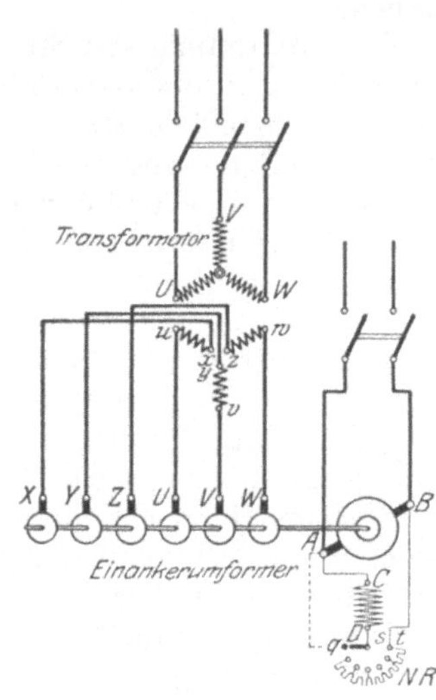

Abb. 268. Mehrphasiger Einankerumformer für Drehstrom.

die mit seiner Wicklung in bestimmter Weise verbunden sind. Kollektor und Schleifringe werden gewöhnlich auf entgegengesetzten Seiten des Ankers angeordnet. Über die Schleifringe wird der umzuformende *Wechselstrom* dem Anker zugeführt, am Kollektor wird der *Gleichstrom* entnommen. Meistens werden die Umformer mit Wendepolen ausgestattet. Da das zwischen Wechsel- strom- und Gleichstromspannung bestehende Über- setzungsverhältnis nicht beliebig gewählt werden kann, vielmehr einen bestimmten, hauptsächlich von der Phasenzahl des Wechselstromes abhängigen Wert hat, so muß mit dem Umformer in der Regel noch ein *Transformator* verbunden werden.

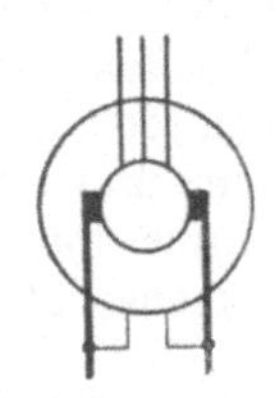

Abb. 269. Schaltkurz- zeichen des (dreiphasi- gen) Einanker- umformers.

Die Schaltbilder Abb. 267 und 268 beziehen sich auf den *Drehstrom-Gleichstrom-Umformer*, und zwar ist der dreiphasige Umformer (3 Schleifringe) und der sechsphasige Umformer (6 Schleifringe) mit den üblichen Klemmen- bezeichnungen dargestellt. Das Schaltkurzzeichen des Einankerum- formers zeigt Abb. 269.

154. Gleichstromseitiges Anlassen des Umformers.

Ein an ein Wechselstromnetz angeschlossener Einankerumformer verhält sich wie ein *Synchronmotor*. Die für den synchronen Motorgenerator angegebenen Anlaßverfahren lassen sich daher sinngemäß auch auf den Einankerumformer anwenden.

So zeigt Abb. 270, unter Fortlassung der Meßgeräte, die Schaltung *eines Drehstrom-Gleichstrom-Umformers* für den Fall, daß er *von der Gleichstromseite* angelassen werden soll (vgl.Abschnitt 146 und Abb. 259).

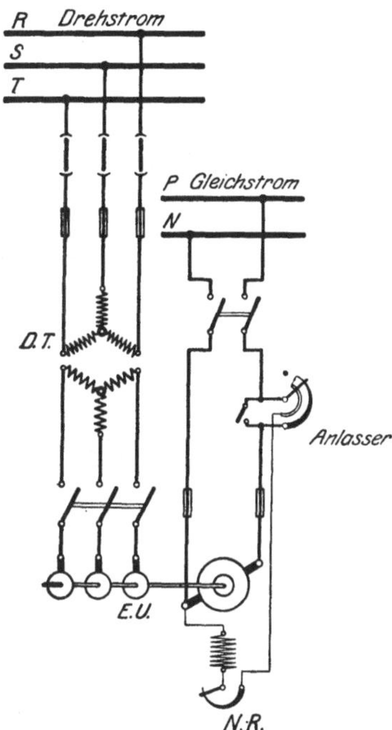

Abb. 270. Einankerumformer mit Gleichstromanlasser.

Der Umformer wird wie ein Gleichstrommotor mit Hilfe des *Anlaßwiderstandes* in Gang gebracht und, nachdem die Drehzahl mittels des Nebenschlußreglers auf Synchronismus einreguliert ist, an das Drehstromnetz angeschlossen, worauf zum normalen Betrieb übergegangen, der Umformer also gleichstromseitig belastet werden kann.

Die Verbindung des Einankerumformers *E.U.* mit dem Drehstromnetz erfolgt nach dem Schaltbild auf der *Niederspannungsseite* des Transformators, dessen Sekundärspannung der gewünschten Gleichstromspannung — unter Berücksichtigung der Übersetzung des Umformers — entsprechen muß. Sie ist gleich der vom Umformer bei der normalen Drehzahl gelieferten Wechselstromspannung, ehe er mit dem Transformator verbunden wird. Der Synchronismusanzeiger wird in der Regel niederspannungsseitig angeschlossen. Schmelzsicherungen auf der Drehstromseite als Schutz gegen Überlastung, wie im Schaltbild angenommen, sind nur bei kleinen Leistungen und nicht zu hohen Spannungen zu empfehlen. Bei Hochspannung werden, wie bekannt, Schalter mit Selbstauslösung vorgezogen.

155. Umformer mit Anwurfmotor.

Soll das Anlassen des Umformers durch einen *Anwurfmotor* erfolgen, so kann nach Abb. 271 geschaltet werden, die sich wieder auf einen *Drehstrom-Gleichstrom-Umformer* bezieht (vgl.Abschn. 147 und Abb.260). Bei kleineren Leistungen empfiehlt es sich, den Hilfsmotor, einen asynchronen Induktionsmotor, mit Niederspannung zu betreiben, ihn also an die Sekundärseite des Transformators anzuschließen. Bei größeren Leistungen kann er gegebenenfalls auch unmittelbar an Hochspannung gelegt werden.

Im Schaltbild sind sowohl auf der Hochspannungs- als auch auf der Niederspannungsseite des Transformators Schalter vorgesehen. Der hochspannungsseitige Schalter besitzt selbsttätige Überstromauslösung.

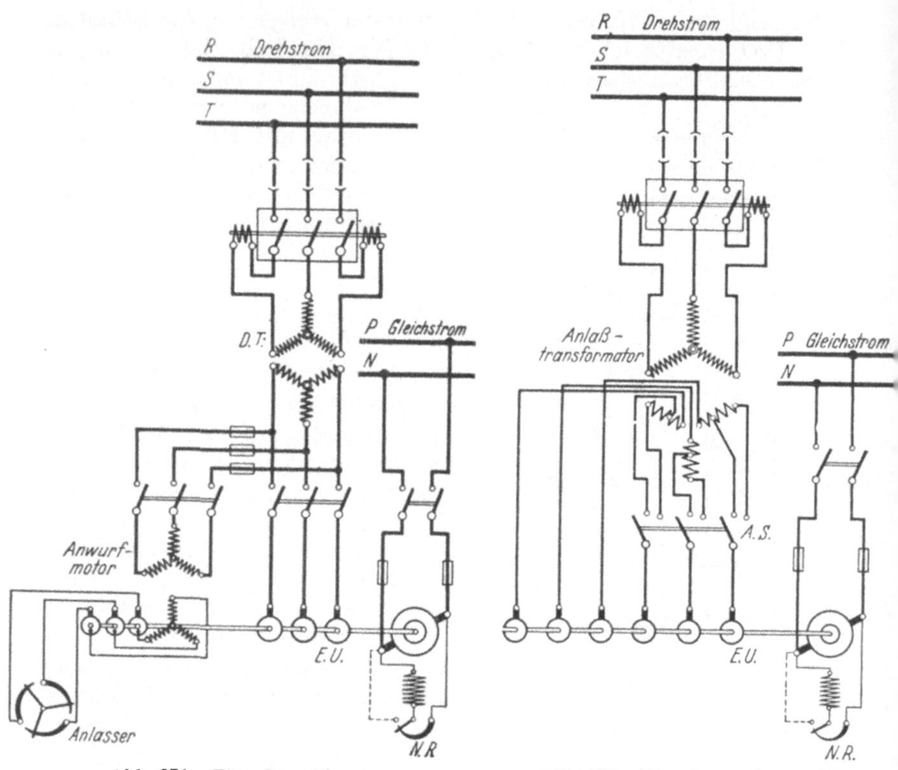

<table>
<tr><td align="center">Abb. 271.   Einankerumformer
mit Anwurfmotor.</td><td align="center">Abb. 272.   Einankerumformer für
drehstromseitiges Anlassen.</td></tr>
</table>

156. Drehstromseitiges Anlassen des Umformers.

Einankerumformer, die *vom Drehstromnetz* aus angelassen werden sollen, erhalten eine *Dämpferwicklung* (s. Abschn. 106). In Abb. 272 ist die Schaltung für einen sechsphasigen *Drehstrom-Gleichstrom-Umformer*, also einen Umformer mit *sechs* Schleifringen angegeben (vgl. Abschn. 148 und Abb. 261). Beim dreiphasigen Umformer vereinfacht sich das Schaltbild entsprechend. Die Sekundärwicklung des dem Umformer vorzuschaltenden Transformators ist, um die für das Anlassen erforderliche Teilspannung zu erhalten, mit einer Anzapfung versehen. Die Spannung wird dem Umformer über den Anlaßschalter *A.S.* zugeführt. Es sei daran erinnert, daß die Magnetwicklung mit Rücksicht auf die in ihr induzierte hohe Spannung während der Anlaßperiode (durch einen besonderen Schalter) in mehrere Teile zu trennen oder in sich (gegebenenfalls über einen Widerstand) kurzzuschließen ist. Ist der Synchronismus erreicht, so wird der Umformer mit der für den normalen Betrieb in Frage kommenden Stromstärke erregt und an die volle Drehstromspannung gelegt.

Die Polarität des vom Umformer gelieferten Gleichstromes ist, je nach der Polstellung, bei welcher die Maschine in Synchronismus gelangt, verschieden. Sie hängt also vom Zufall ab. Bei kleinen Leistungen empfiehlt es sich daher, die Verbindung des Umformers mit dem Gleichstromnetz über einen Umschalter herzustellen und diesen so einzulegen, wie es den erhaltenen Polen entspricht. Es sind jedoch auch verschiedene Verfahren ausgebildet worden, nach denen sich die gewünschte Polarität unmittelbar am Umformer erzielen läßt. Bei dem Verfahren der SSW z. B. wird falsche Polarität durch kurzes Öffnen des Anlaßschalters richtiggestellt. Dieses Umpolen darf jedoch nur bei stark geschwächtem Magnetstrom und bei der Anlaßspannung erfolgen, muß also vorgenommen werden, bevor die Maschine an die volle Spannung gelegt wird. Sobald nach Feststellung der richtigen Polarität der Umformer voll erregt ist, ist der Anlaßschalter sofort auf die Betriebsspannung umzulegen.

157. Spannungsregelung des Einankerumformers.

Im Gegensatz zum Motorgenerator, bei dem sich die erzeugte Gleichstromspannung durch den Nebenschlußregler beliebig einstellen läßt, wird beim Einankerumformer durch Regulieren des Erregerstromes die Spannung kaum beeinflußt. Die Größe des Erregerstromes bestimmt vielmehr, ebenso wie beim Synchronmotor (vgl. Abschn. 104), lediglich die Phasenverschiebung zwischen Stromstärke und Spannung. Es besteht daher auch beim Einankerumformer die Möglichkeit, den *Leistungsfaktor* des Wechselstromnetzes durch Übererregen der Maschine zu verbessern.

Um eine *Spannungsregelung* herbeizuführen, müssen besondere Hilfsmittel angewendet werden. Von den in der Praxis eingeführten Regelungsverfahren sollen nachfolgend einige kurz behandelt, und es sollen die in Frage kommenden Schaltungen für den Fall der Umformung von *Drehstrom* in Gleichstrom angegeben werden.

a) Regelung durch Drosselspulen. Es werden nach Abb. 273 vor den Umformer *Drosselspulen* gelegt. Die in ihnen auftretende Spannung setzt sich mit der Sekundärspannung des Transformators zusammen, so daß die Gesamtspannung kleiner oder größer ausfällt: kleiner wird sie, wenn der vom Umformer aufgenommene Strom gegen die Spannung *verzögert* ist, sie wird größer, wenn der Strom *vorauseilt*. Unter der Wirkung der Drosselspulen kann daher durch Einstellen des Erregerstromes, da von ihm die Art und Größe der Phasenverschiebung zwischen Strom und Spannung abhängt (Unter- oder Übererregen!), die dem Umformer zugeführte Wechselspannung und mithin auch die von ihm gelieferte Gleichspannung beeinflußt werden. Die auf diese Weise erzielbare Spannungsregelung ist zwar nur verhältnismäßig klein, aber ausreichend, um z. B. die Gleichspannung bei wechselnder Belastung konstant zu halten.

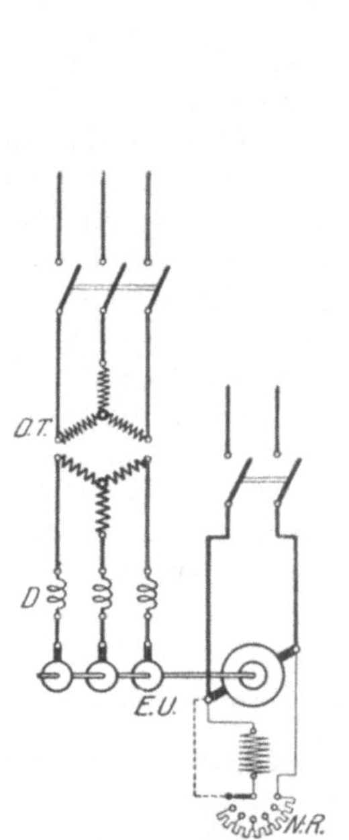

Abb. 273.
Spannungsregelung eines Einankerumformers mit Drosselspulen.

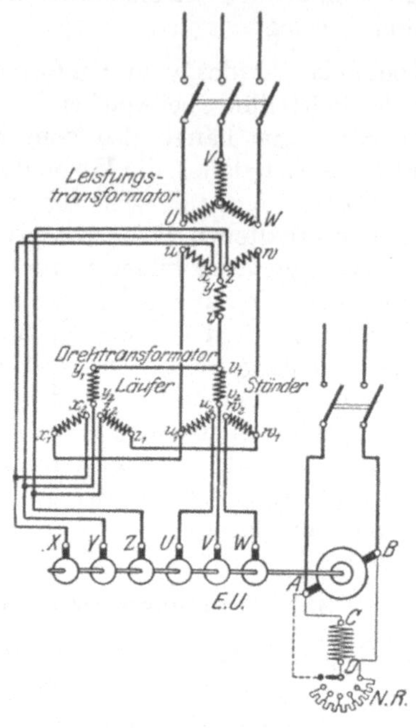

Abb. 274.
Spannungsregelung eines sechsphasigen Umformers durch einen Drehtransformator.

b) Regelung mittels Drehtransformators. Ein sehr brauchbares Verfahren der Spannungsregelung von Einankerumformern, auch innerhalb weiterer Grenzen, ergibt sich durch Verwendung eines Drehtransformators (s. Abschn. 102). Die *Erregerwicklung* desselben (meistens der Läufer) wird an die Sekundärspannung des vor dem Umformer liegenden Transformators — er soll zum Unterschied vom Drehtransformator als *Leistungstransformator* bezeichnet werden — angeschlossen, während die *Zusatzwicklung* (der Ständer) dem Umformer vorgeschaltet wird. Die in dieser induzierte Spannung setzt sich daher mit der Sekundärspannung des Leistungstransformators zusammen. Die sich so ergebende Gesamtspannung, also die den Schleifringen des Umformers zugeführte Spannung, ist nun je nach der Einstellung des Läufers des Drehtransformators verschieden groß. Es läßt sich somit die vom Umformer gelieferte Gleichspannung, da ihre Höhe von der Schleifringspannung abhängt, auf den gewünschten Wert einregulieren.

In Abb. 274 ist die Schaltung eines *sechsphasigen Umformers* in Verbindung mit einem Drehtransformator angegeben. Die Ständerwicklung (im vorliegenden Falle die Zusatzwicklung) des Drehtransformators ist mit $U_1 u_2$, $v_1 v_2$, $w_1 w_2$, die Läuferentwicklung (Erregerwicklung) mit x_1, y_1, z_1 bzw. $x_1 x_2$ usw. bezeichnet.

158. Umformeranlage mit Drehtransformator.

Den Schaltplan eines großen Umformers, der im Elektrizitätswerk einer größeren Stadt aufgestellt ist und dazu dient, einen Teil des im Werk erzeugten hochgespannten Drehstromes in Gleichstrom für den Betrieb der elektrischen Straßenbahn umzuwandeln, zeigt Abb. 275.

Der *Umformer* ist sechsphasig gebaut, trägt also sechs Schleifringe. Der Drehstrom hat eine Spannung von 3000 Volt, wird aber im vorgeschalteten Transformator, dem *Leistungstransformator*, so weit herabgesetzt (auf 367 Volt), daß der vom Umformer gelieferte Gleichstrom die für den Betrieb der Bahn erforderliche Spannung von 550 Volt hat. Die Regelung der Gleichspannung geschieht durch einen *Drehtransformator*. Zum Anlassen des Umformers dient ein *Anwurfmotor*. Zuführungsleitung und Hauptverbindungsleitungen sind mit Rücksicht auf die verhältnismäßig großen Entfernungen zwischen Drehstrom- und Umformerwerk als Kabel verlegt, im Schaltplan jedoch, abgesehen von der Verbindung zwischen Transformator und Umformer, als Einzelleitung gezeichnet.

Im einzelnen ist folgendes zu bemerken. Der vom Drehstromwerk gelieferte Strom wird den Schienen R, S, T der Umformeranlage zugeführt. An die Sammelschienen ist der Leistungstransformator über den Hochspannungsschalter angeschlossen. Dieser besitzt im vorliegenden Falle keine selbsttätige Ausschaltung, da der Überstromschutz bereits in der vom Drehstromwerk kommenden Hauptzuführungsleitung vorgenommen ist, ist aber für Fernsteuerung eingerichtet (s. Abschn. 9), so daß das Einschalten des Transformators und damit des Umformers von der Hauptschalttafel aus erfolgen kann. Zum Spannungsvergleich kann ein Voltmeter über einen Umschalter einerseits an die durch den Transformator erhöhte Spannung des Umformers, andererseits an die von den Drehstromgeneratoren gelieferte Spannung gelegt werden. Der Phasenvergleich erfolgt durch einen Synchronismusanzeiger besonderer Bauart, der an die gleichen Spannungen angeschlossen werden kann. Ein Phasenmesser gibt über den Leistungsfaktor Aufschluß, dessen Größe von der Einstellung der Erregung des Umformers am Nebenschlußregler abhängt.

Der Transformator ist primär in Stern geschaltet. Die offene Sekundärwicklung ist mit dem Umformer bzw. dem schon erwähnten Drehtransformator nach Art der Abb. 274 verbunden. Zur Bewältigung der großen Stromstärke, die durch die verhältnismäßig geringe Spannung bedingt ist, sind je drei Kabel parallel geschaltet.

Der zum Anwerfen dienende Drehstrom-Induktionsmotor wird unmittelbar mit Hochspannung betrieben. Er ist über den Hochspannungsschalter an die 3000-Volt-Sammelschienen angeschlossen. Auch dieser Schalter besitzt Fernbetätigung. Ein Strommesser gibt einen Anhaltspunkt für die Belastung des Motors. Gegen Überlastung ist er durch Schmelzsicherungen geschützt. Der Flüssigkeitsanlasser des Motors dient gleichzeitig zum Einregulieren der Drehzahl und wird durch einen kleinen Gleichstrommotor (im Plan nicht eingezeichnet) von der Schalttafel aus gesteuert.

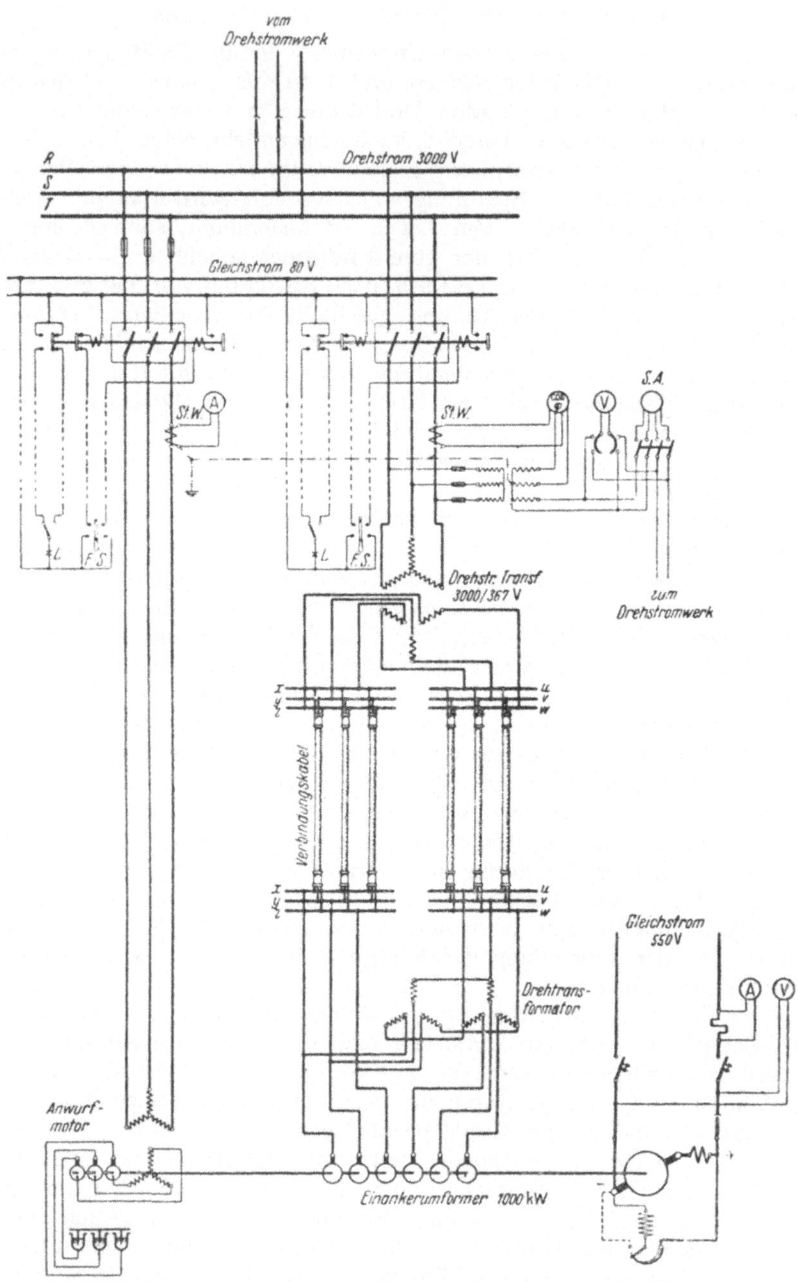

Abb. 275. Drehstrom-Gleichstromumformer in einem Elektrizitätswerk.

Alle in der Anlage vorhandenen Leistungsschalter sind mit Merklampen ausgestattet (s. Abb. 18), durch welche das ordnungsmäßige Ein- und Ausschalten gemeldet wird. Als Hilfsstrom für die Relais und die Fernschaltung steht Gleichstrom mit einer Spannung von 180 Volt aus einer Akkumulatorenbatterie an den Schienen P und N zur Verfügung. Auch der Motor zur Bedienung des Flüssigkeitsanlassers sowie ein motorischer Antrieb des Nebenschlußreglers für den Umformer (im Plan ebenfalls nicht angegeben) werden von diesen Schienen gespeist.

Auf der *Gleichstromseite* des Umformers ist der negative Pol der Anlage geerdet (Schienen der Bahnanlage). Die Hauptschalter beider Pole besitzen Überstrom- und Rückstromauslösung. Auch enthält der positive Pol einen Trennschalter. Spannungs- und Strommesser vervollständigen die Gleichstromausrüstung.

D. Kaskadenumformer.

159. Bauart und Schaltung der Umformer.

Eine Mittelstellung zwischen dem synchronen Motorgenerator und dem Einankerumformer nimmt der von BRAGSTAD und LA COUR angegebene *Kaskadenumformer* ein. Er besteht aus einem Drehstrom-Induktionsmotor und einer Gleichstrom-Nebenschlußmaschine, die mechanisch miteinander gekuppelt und elektrisch in der Weise verbunden sind, daß der im Läufer des Motors induzierte Strom der Ankerwicklung der Gleichstrommaschine zugeführt wird. Die Drehzahl, auf welche sich der Kaskadenumformer im Betriebe einstellt, ist durch die Summe der Polzahlen des Drehstrommotors und der Gleichstrommaschine bestimmt.

Der Läufer des Drehstrommotors ist in der Regel zwölfphasig gewickelt. Im Schaltbild, Abb. 276, sind jedoch der Deutlichkeit wegen nur sechs Phasen gezeichnet. Das eine Ende jedes Stranges ist mit der Wicklung des Gleichstromankers fest verbunden, und zwar in Punkten, die um einen der Versetzung der Phasen des Läufers entsprechenden Winkel auseinanderliegen. Die freien Enden der Phasen können sämtlich durch einen Kurzschlußring R überbrückt werden und bilden dann den Sternpunkt der Wicklung. Drei um 120° gegeneinander versetzte Phasen stehen aber außerdem über Schleifringe und Bürsten mit dem Anlaßwiderstand u, v, w in Verbindung. Der Anlaßwiderstand hat nur je zwei Stufen und wird mittels des Umschalters U bedient. Da der Umformer auch beim Anlassen nicht ohne Erregung laufen darf — seine Drehzahl könnte sich sonst in unzulässiger Weise steigern —, so ist der Nebenschlußregler $N.R.$ der Gleichstrommaschine ohne Ausschaltkontakt auszuführen.

Das *Anlassen* des Umformers geschieht von der Drehstromseite aus, und zwar nach einer Anweisung der SSW in folgender Weise. Sobald der dreipolige Hauptschalter geschlossen wird, läuft der Motor *asynchron* an. Hierbei ist der Umschalter U zunächst nach links eingelegt, also nur je *eine* Stufe des Anlaßwiderstandes dem Läufer des Motors vorgeschaltet. Nunmehr wird der Umschalter in die mittlere Stellung gebracht, d. h. der Anlaßwiderstand mit den in Reihe liegenden Drosselspulen *Dr* eingeschaltet. Die Drosselspulen, Synchronisierdrosseln genannt, haben die Eigenschaft, ihren Scheinwiderstand abhängig von der ihnen aufgedrückten Periodenzahl stark zu verändern, haben also ihren kleinsten Widerstand bei der synchronen Drehzahl des Kaskadenumformers. Die hochlaufende Maschine bleibt bei richtiger Bemessung der Synchronisierdrosseln und Anlaufwiderstände im Synchronismus hängen, was man daran erkennt, daß die Pendelungen des an die Läuferleitungen gelegten Voltmeters V mit zweiseitigem Ausschlag immer langsamer werden und schließlich ganz aufhören. Die Gleichstrommaschine, deren Nebenschlußregler vorher auf einen bestimmten Wert einzustellen ist, erregt sich. Der Anlasserwiderstand und die Synchronisierdrosseln können jetzt durch Umlegen des Umschalters nach rechts kurzgeschlossen werden, und der Umformer läuft synchron weiter. Mit Hilfe eines Hebels werden sodann durch den schon erwähnten Kurzschlußring die freien Enden sämtlicher Wicklungsteile des Läufers miteinander verbunden und gleichzeitig die Bürsten von den Schleifringen abgehoben. Nachdem noch die Gleichspannung am Nebenschlußregler auf den richtigen Wert nachreguliert ist, wird schließlich der Umformer auf das Gleichstromnetz geschaltet und zur Stromlieferung an dieses herangezogen.

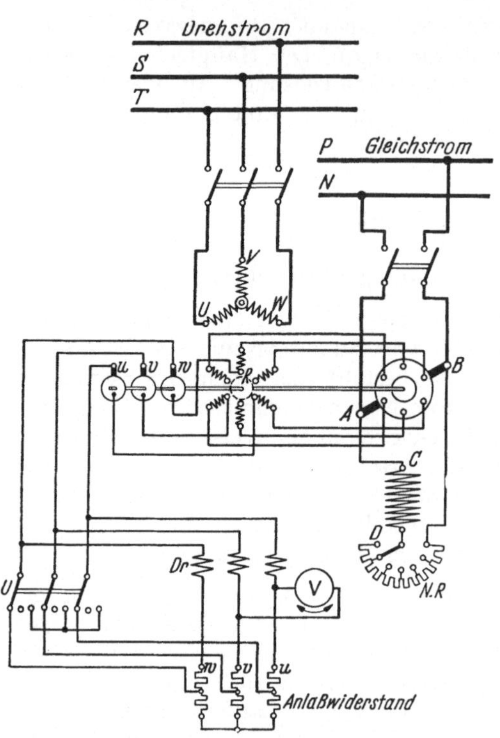

Abb. 276. Kaskadenumformer.

Eine *Regelung der Gleichspannung*, allerdings nur in engen Grenzen, ist beim Kaskadenumformer durch Einstellen des Nebenschlußreglers in derselben Weise möglich wie beim Einankerumformer, dem Drosselspulen vorgeschaltet sind (s. Abschn. 157a). Der Induktionsmotor vertritt gewissermaßen die Stelle der Drosselspulen.

In dem Kaskadenumformer wird nur ein Teil der dem Drehstrommotor zugeführten Leistung zum mechanischen Antrieb der Gleichstrommaschine, nach Art eines *Motorgenerators*, benutzt, der übrige Teil tritt unmittelbar als Wechselstrom in die Gleichstrommaschine über und wird in dieser, wie in einem *Einankerumformer*, in Gleichstrom verwandelt. Der Kaskadenumformer zeichnet sich daher dem Motorgenerator gegenüber durch geringeren Raumbedarf und höheren Wirkungsgrad aus. Er kann unmittelbar an Hochspannung angeschlossen werden, ein Transformator, wie beim Einankerumformer, ist also im allgemeinen nicht erforderlich. Wegen der in einer Anlage mit Kaskadenumformer notwendigen Apparate und Meßgeräte kann auf Abb. 263 und 264 verwiesen werden. Sowohl Einankerumformer als auch Kaskadenumformer sind durch das Fortschreiten der Stromrichtertechnik überholt und werden kaum mehr gebaut. Man findet sie aber noch in älteren Anlagen.

XI. Stromrichteranlagen[1].

160. Allgemeines.

An die Stelle maschinenmäßiger Umformer sind heute zum großen Teil Stromrichter getreten. Man gliedert sie in:

Gleichrichter zur Erzeugung von Gleichstrom aus Wechselstrom oder Drehstrom;

Wechselrichter zur Erzeugung von Wechselstrom bzw. Drehstrom aus Gleichstrom;

Umrichter zur Erzeugung von Wechselstrom bzw. Drehstrom einer bestimmten Frequenz aus solchem einer anderen Frequenz.

In der Starkstromtechnik werden heute folgende Formen von Stromrichtern angewendet:

A. Trockengleichrichter.

Jede Elektrode besteht aus einer Metallplatte, auf die eine dünne Selenschicht aufgebracht wird, als Gegenelektrode dient eine aufgespritzte Weichmetallegierung. Sie werden verwendet bis etwa 300 V und bei niederen Spannungen für Ströme von 10000 A und darüber. Für kleine Ströme auch als Hochspannungsgleichrichter bis 100 kV verwendbar. Die früher auch in der Starkstromtechnik verwendeten Kupferoxydulgleichrichter werden heute nur mehr als Meßgleichrichter und als Sperrventile verwendet. Die Gleichrichter lassen den Wechselstrom nur in einer bestimmten, in den Grundschaltbildern Abb. 277 bis Abb. 280 durch Pfeile angedeuteten Richtung durch und sperren ihn in der Gegenrichtung.

161. Grundschaltungen von Trockengleichrichtern.

Für die Trockengleichrichter sind folgende Grundschaltungen gebräuchlich:

Die 4 Schaltungen unterscheiden sich hauptsächlich durch die Welligkeit des erzeugten Gleichstroms, die bei der Einwegschaltung

---

[1] Eine ausführliche Darstellung gibt das Buch „Stromrichteranlagen der Starkstromtechnik" von Dr.-Ing. Helmut Anschütz, Springer 1951.

nach Abb. 277 120 %, bei der Drehstrom-GRÄTZ-Schaltung aber nur mehr 4 % beträgt.

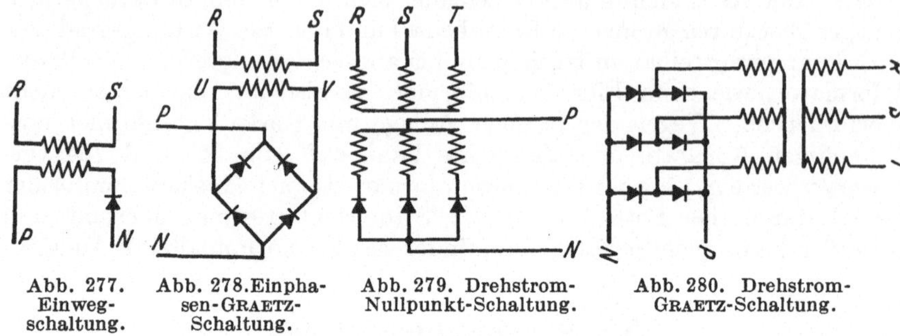

Abb. 277. Einwegschaltung.   Abb. 278. Einphasen-GRAETZ-Schaltung.   Abb. 279. Drehstrom-Nullpunkt-Schaltung.   Abb. 280. Drehstrom-GRAETZ-Schaltung.

162. Regelung von Trockengleichrichtern.

Die Regelung von Trockengleichrichtern kann z. B. durch einen Regeltransformator erfolgen. Abb. 281 zeigt eine solche kleine Gleichrichteranlage für Einphasenstrom und eine Gleichspannung von 24 V. Es sind 4 Gleichrichter in GRAETZ-Schaltung verwendet, die über einen kleinen Regeltransformator RT gespeist werden. Die Akkumulatorenbatterie besteht, der angegebenen Gleichspannung entsprechend, aus 12 Zellen.

Eine zweite Regelmöglichkeit, die wesentlich häufiger angewendet wird, besteht in der Anwendung vormagnetisierter

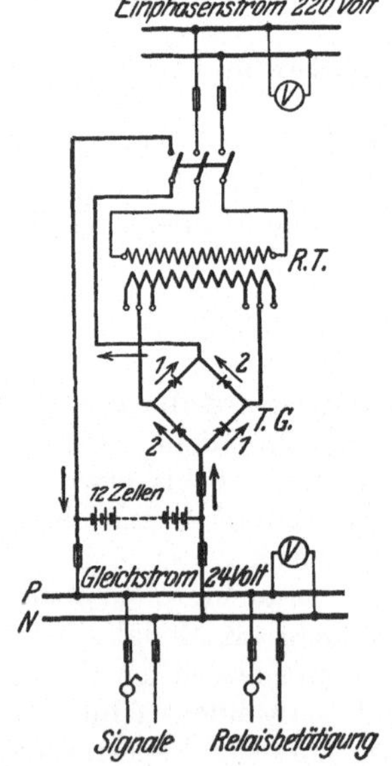

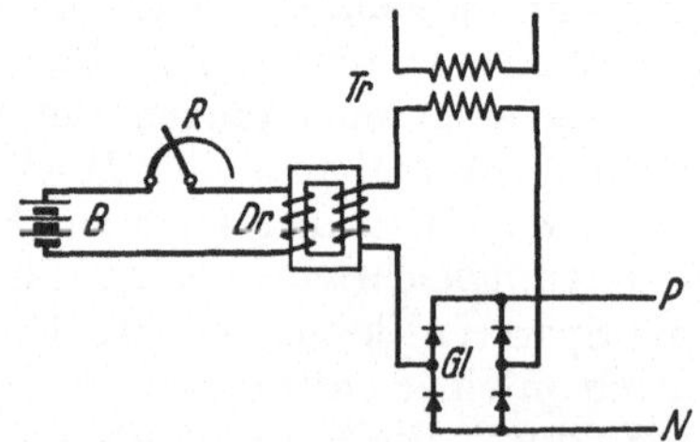

Abb. 281. Trockengleichrichter mit Regeltransformator.   Abb. 282. Grundschaltung eines Trockengleichrichters mit vormagnetisierter Regeldrossel.

Drosselspulen. Man schaltet zu diesem Zweck in den Wechselstromkreis eines Trockengleichrichters eine Drosselspule Dr mit zwei getrennten Wicklungen, von denen die eine vom gleichzurichtenden Wechselstrom durchflossen wird, während die andere mit Gleichstrom gespeist werden kann. Je nach der Stärke des Gleichstromes ändert sich die Vormagnetisierung des Eisenkerns der Drosselspule Dr, deren Scheinwiderstand bei voller Vormagnetisierung — also gesättigtem Eisenkern — am kleinsten, ohne Vormagnetisierung durch Gleichstrom aber einen Maximalwert besitzt. Man kann also mit geringen Regelleistungen die Spannung am Gleichrichter in weiten Grenzen ändern. Abb. 282 zeigt die Grundschaltung eines solchen Gerätes. Entnimmt man den zur Vormagnetisierung erforderlichen Gleichstrom nicht wie in Abb. 282 einer fremden Stromquelle, sondern benutzt den Verbrauchergleichstrom selbst zur Vormagnetisierung, so kann man eine bis zum Sättigungspunkt der Drosselspule vom Verbraucherstrom nahezu unabhängige Gleichspannung erhalten.

163. Trockengleichrichter zum Laden einer Akkumulatorenbatterie.

Eine Anwendung dieser Schaltung zur Ladung einer Akkumulatorenbatterie zeigt die Abb. 283.

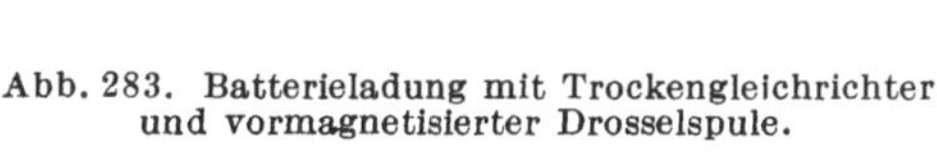

G Trockengleichrichter
Tr Umspanner
Dr vormagnetisierte Drossel
S dreipoliger Schalter
B Akkumulatorenbatterie

Abb. 283. Batterieladung mit Trockengleichrichter und vormagnetisierter Drosselspule.

164. Trockengleichrichter für große Stromstärken.

Trockengleichrichter werden auch für sehr große Stromstärken gebaut. Das Übersichtsschaltbild für eine derartige Anlage von 3 V und

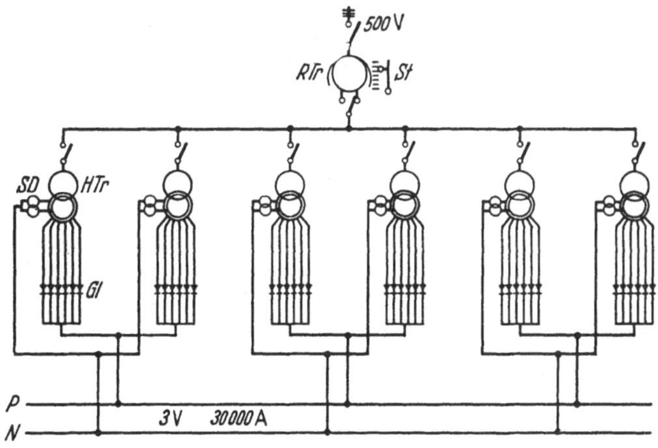

Abb. 284. Grundschaltung einer Trockengleichrichteranlage von 3 V und 30000 A.

30000 A zeigt Abb. 284. Die ganze Anlage wurde in 6 Gruppen zu je 5000 A, 3 V unterteilt, die jeweils über einen Hochstromtransformator *HTr* mit Saugdrossel *SD* an den gemeinsamen Regeltransformator *RTr* angeschlossen sind. Die Regelung erfolgt durch einen gemeinsamen Stufenschalter in 20 Stufen von 1—3 V.

165. Generatorische Bremsschaltung mit Trockengleichrichter.

Ein besonders interessantes Anwendungsbeispiel des Trockengleichrichters bietet Abb. 285. Er wird hier zum generatorischen Abbremsen eines Drehstrom-Kurzschlußläufers verwendet, wobei nach der Abschaltung des Motors der Ständer mit Gleichstrom gespeist wird.

Durch den Druckknopf „Ein“ wird der Motor an das Drehstromschütz gelegt. Das Einschaltschütz *Es* hält sich über den Selbsthaltekontakt „*s*“. Bei Betätigung des Schützes „Aus“ fällt das Einschalt-

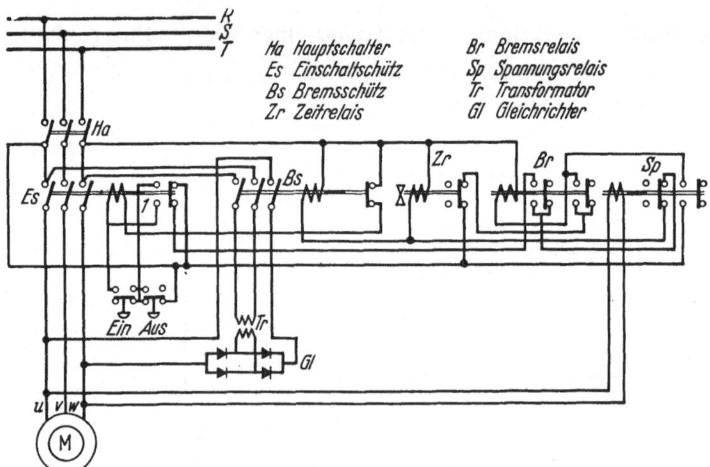

Abb. 285. Verwendung eines Trockengleichrichters zum Abbremsen eines Induktionsmotors mit Kurzschlußläufer.

schütz ab und schließt über einen Ruhekontakt den Steuerstromkreis für das Bremsschütz *Bs*, das den Gleichrichter auf den Ständer des Kurzschlußläufermotors schaltet, wenn dort keine Spannung mehr vorhanden ist, d. h. wenn auch das Spannungsrelais *Sp*, das an den Motorklemmen liegt, abgefallen ist. Gleichzeitig mit dem Bremsschütz wurde ein Zeitrelais *ZR* betätigt, das die Bremsschaltung eine bestimmte, einstellbare Zeit aufrecht erhält, die so bemessen sein muß, daß der Motor sicher zum Stillstand kommt. Durch ein Bremsrelais *BR* wird die Schaltung vorbereitet und nach Beendigung wieder in ihren Ausgangszustand gebracht, so daß der Motor wieder von neuem eingeschaltet werden kann. Einschaltschütz *Es* und Bremsschütz *Bs* sind so verriegelt, daß eine gleichzeitige Einschaltung nicht erfolgen kann.

B. Quecksilberdampfgleichrichter.

166. Allgemeines.

Quecksilberdampfgleichrichter werden verwendet, wo Trockengleichrichter nicht mehr wirtschaftlich eingesetzt werden können. Man verwendet für kleinere Leistungen luftleer gepumpte Glaskolben aus Hartglas, für höhere Ansprüche bis zu den allergrößten Leistungen dagegen werden Eisengefäße verwendet.

167. Einphasengleichrichter.

Die Umwandlung von Wechselstrom in Gleichstrom erfolgt nach einem bestimmten Spannungsverhältnis. Die für die gewünschte Gleichspannung erforderliche Wechselspannung wird durch einen Einphasentransformator ET, hergestellt, der dem Gleichrichter gleich vorgeschaltet ist und auch in Sparschaltung ausgeführt werden kann.

Der transformierte Wechselstrom wird den aus Graphit hergestellten und in seitlichen Armen des Glasgefäßes G untergebrachten Anoden A_1 und A_2 über Sicherungen zugeführt. Der Gleichstrom wird an der aus Quecksilber bestehenden Kathode K und dem Mittelpunkt O der Transformatorwicklung abgenommen. Erstere bedeutet für den Gleichstrom den positiven, letztere den negativen Pol. Die Gleichrichterwirkung erfolgt unter Lichtbogenbildung im Glaskolben, indem der Strom nur in bestimmter Richtung — von den Anoden A zur Kathode K — durchgelassen wird. Die Zündung erfolgte ursprünglich durch eine Vorrichtung, welche ein Kippen des Glaskolbens notwendig machte. Diese

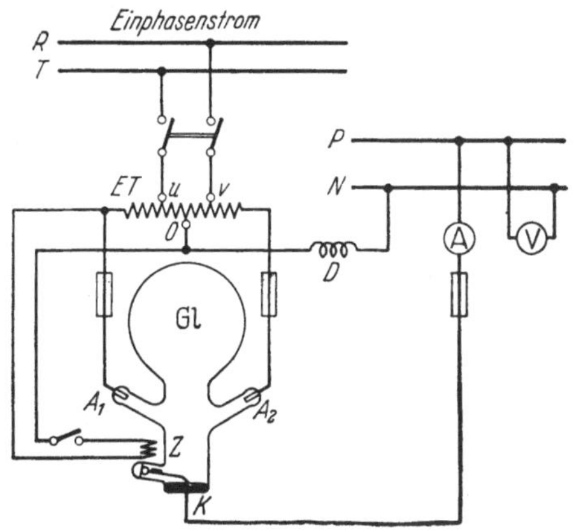

Abb. 286. Einphasen-Gleichrichter.

Art der Zündung wird nicht mehr angewendet. Man kann dagegen, z. B. wie im Schaltbild Abb. 286 dargestellt, den Lichtbogen auch dadurch einleiten, daß eine in das Quecksilber der Kathode tauchende Nadel (Zündnadel) durch die magnetische Wirkung der Zündspule Z herausgezogen wird (Tauchzündung). Die Drosselspule D dient dazu, die Welligkeit des Gleichstroms nach Möglichkeit zu verringern.

168. Gleichrichter für Drehstrom.

Soll Drehstrom in Gleichstrom umgewandelt werden, so ist der Gleichrichter mit 3 Anoden oder einem Vielfachen davon auszustatten. In Abb. 287 ist der Schaltplan einer Drehstrom-Gleichrichteranlage niedergelegt. Der umzuformende Strom wird dem in Stern geschalteten Drehstromtransformator DT zugeführt: Um die Gleichspannung regeln zu können, ist der Drehstromtransformator auf der Oberspannungsseite regelbar ausgeführt und kann innerhalb gewisser Grenzen eingestellt werden. Die Sekundärspannung wird über Anodensicherungen Si den Anoden $A_1 A_2 A_3$ des Gleichrichters zugeführt. Das Gleichstromnetz ist an die Kathode K angeschlossen, die den positiven Gleichstrompol bildet, und an den Sternpunkt des Transformators, den negativen Pol. Beim Einlegen des Drehstromschalters S erhält auch der Hilfstransformator HT Spannung, und der Zündstromkreis schließt sich über die Ruhekontakte des Hilfsrelais HR, den Widerstand w, den Trockengleichrichter T, Zündspule Z, Zündnadel, Kathode und die Spule des Hilfsrelais HR. Wenn die Zündspule Strom bekommt, hebt sie die Zündnadel an, und der Gleichrichter zündet. Mit der Zündung setzt auch sofort ein Lichtbogen zu den unter Spannung stehenden Erregeranoden a_1 und a_2 ein, der einen Stromkreis über die Spule des Hilfsrelais HR schließt, das Hilfsrelais zieht an und unterbricht den Strom in der Zündspule, so daß die Zündnadel wieder abfällt. Wenn der Erregerlichtbogen aus irgendeinem Grunde erlischt, so fällt das Hilfsrelais ab und der Zündvorgang wiederholt sich.

Bei größeren Gleichrichtern wird das Glasgefäß mit 6 oder mehr Anoden ausgerüstet, wobei für die vorgeschalteten Transformatoren besondere Schaltungen notwendig werden.

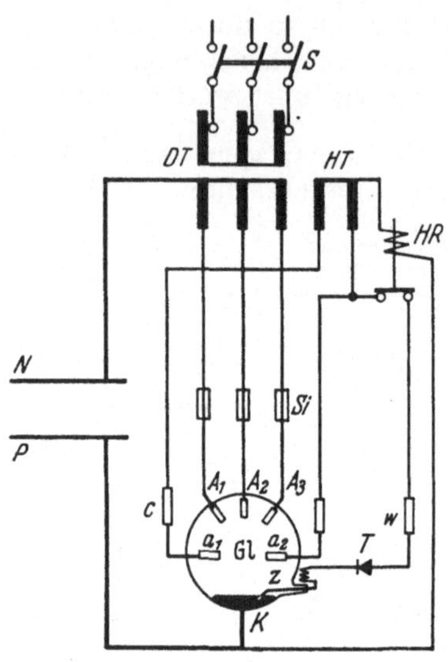

Abb. 287.   Drehstrom-Gleichrichter.

169 Großgleichrichter für Drehstrom.

Bei Quecksilberdampfgleichrichtern größerer Leistung wird statt des Glaskolbens ein gut abgedichtetes eisernes Gehäuse verwendet. Bei kleineren Gefäße wird nach dem Leerpumpen das Eisengefäß auch ähnlich wie bei den Glasgleichrichtern zugeschweißt, während bei großen Gefäßen das Vacuum dauernd überwacht und durch automatisches Abpumpen eventuell eindringender Gasspuren stets einwandfrei gehalten wird. Die allgemeine Schaltung eines Drehstrom-Großgleichrichters unterscheidet sich nicht wesentlich von der Schaltung größerer Glasgleichrichter, jedoch wird bei großen Leistungen meist die Sechsphasen- oder Zwölfphasenschaltung angewendet. Bei einem Eisengefäß kann die in Abschn. 167 beschriebene Tauchzündung in etwas veränderter Form verwendet werden, meist wird jedoch bei größeren Eisengefäßen die sogenannte Spritzzündung angewendet. Hierbei wird beim Zündvorgang ein Verdrängerkörper in ein Solenoid, das als Zündspule dient, hineingezogen, so daß das innerhalb des Solenoids befindliche Quecksilber gegen die feststehende Zündnadel gespritzt wird und so die Zündung einleitet.

170. Messung des Vakuums (Piranischaltung).

Bei dauernd abgepumpten Gefäßen ist die Messung des Vacuums besonders wichtig. Neben rein mechanischen Meßverfahren verwendet man

auch elektrische Vacuum-Meßeinrichtungen. Bei der Vakuum-Meß-
einrichtung System PIRANI wird ein im Vakuum liegender Hitzdraht H
von einem konstanten Strom gespeist. Die Temperatur und damit der
ohmsche Widerstand des Hitzdrahtes nimmt nun in starkem Maße je
nach der Güte des Vacuums und der dadurch veränderten Wärmeleit-
fähigkeit der den Draht umgebenden Gase ab oder zu. Verwendet man
nun diesen Hitzdraht als einen Zweig einer WHEATSTONEschen Brücke,
so ändert sich auch der Strom im angeschlossenen Galvanometer H je

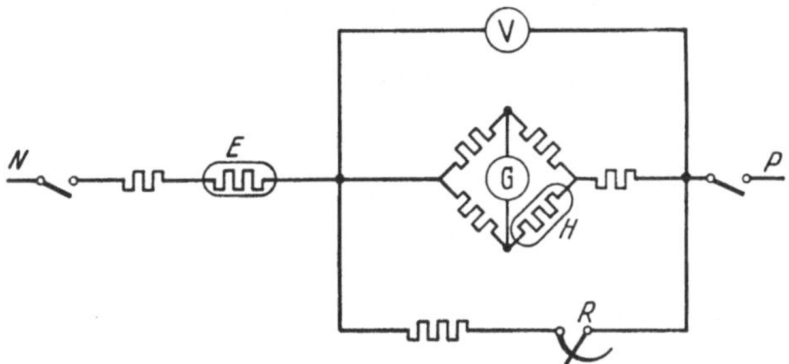

Abb. 288. Vakuummessung System PIRANI.

nach der Güte des Vakuums, das also an der in tausendstel mm
Quecksilbersäule geeichten Skala des Galvanometers direkt abgelesen
werden kann. Der die Brücke Br speisende Strom wird durch Eisen-
drahtlampe E konstant gehalten und kann mit dem Regler R eingestellt werden.

171. Gleichrichter für Drehstrom in Parallelschaltung und mit selbst-tätiger Zündung.

Um in einem Gleichrichterkolben eine größere Stromstärke zu bewältigen, ist eine künstliche Kühlung notwendig. Erforderlichenfalls
werden zur Erzielung höherer Leistung mehrere Gleichrichter parallel
geschaltet.

In Abb. 289 ist der Schaltplan für zwei parallel arbeitende Gleichrichter dargestellt, nach einer Ausführung der Gleichrichter-Gesellschaft
m. b. H. Die beiden Apparate werden gewöhnlich in einem gemeinsamen Schrank untergebracht und sind mit einer selbsttätigen Zündung
ausgestattet. Der den Gleichrichtern vorgeschaltete Transformator
$D.T.$, in Sparschaltung ausgeführt, ist an die Drehstromschienen R,
S, T angeschlossen. Er besitzt einige Regulierstufen, durch die ein
Regelbereich von ungefähr $\pm 10\%$ der verlangten mittleren Gleichstromspannung erzielt wird. Sein Sternpunkt ist mit der Nullschiene 0
des Drehstromnetzes verbunden. Sekundär arbeitet er auf die Sammelschienen R_1, S_1, T_1. An diese sind die Gleichrichter über Drosselspulen
mit ihren Anoden angeschlossen. Die Gleichstromsammelschienen P und
N sind in bekannter Weise an die Gleichrichterkathoden einerseits
und den Transformatorsternpunkt andererseits gelegt. In die zur posi-

tiven Schiene führenden Verbindungsleitungen sind zum Ausgleich von Schwankungen der Stromstärke weitere Drosselspulen eingefügt.

Auch die bereits im vorigen Abschnitt erörterte Hilfserregung fehlt den Gleichrichtern nicht. Es sind zu zwei der Phasen des Transformators Hilfswicklungen *uv* mit dem Mittelpunkt *o* angeordnet, welche über Drosselspulen *d* mit den Hilfsanoden a_1 und a_2 der Gleichrichter verbunden sind. Um zuzeiten geringer Belastung mit nur *einem* Gleichrichter arbeiten zu können, kann die Hilfserregung jedes Apparates durch einen *Erregerschalter E.S.* unterbrochen werden.

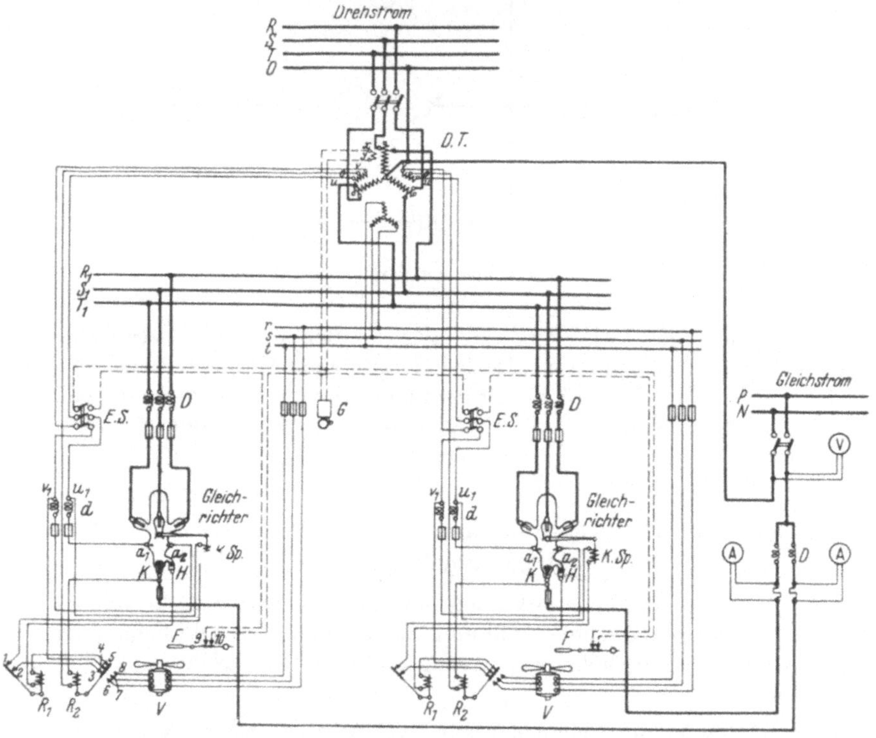

Abb. 289. Drehstrom-Gleichrichter in Parallelschaltung.

Die erforderlichen Ausgleichswiderstände sind der besseren Übersicht wegen im Schaltbild fortgelassen.

Dem Relais R_2 fällt außer seiner Mitwirkung bei der Zündung noch die weitere Aufgabe zu, den zur *Kühlung* der Gleichrichter vorgesehenen Ventilator *V*, der von einem kleinen Drehstrom-Induktionsmotor mit Kurzschlußläufer angetrieben wird, in Gang zu setzen. Wenn nämlich die Kontakte *3, 4, 5* getrennt werden, werden gleichzeitig die Kontakte *6, 7, 8* überbrückt. Dadurch wird die Verkettung der drei Ständerwicklungen des Motors hergestellt und dieser zum Anlauf gebracht, jedoch erst nachdem die Zündung einwandfrei erfolgt ist. Der Drehstrommotor des Ventilators ist für eine niedrige Spannung ausgeführt und wird gespeist von einer besonderen, über den Regeltransformator angebrachten dreiphasigen Transformatorwicklung, die auf die Schienen r, s, t arbeitet.

Durch den aufsteigenden Luftstrom des Ventilators wird nun auch der Fächer F gehoben. Dieser Vorgang hat folgende Wirkung. Beim Einlegen des Erregerschalters wurde noch ein besonderer Stromkreis, der als Signalstromkreis bezeichnet werden soll und im Schaltplan durch gestrichelte Linien angegeben ist, geschlossen. Seine Stromquelle wird von der über einen Wicklungsstrang des Regeltransformators gelegten Wicklung xy gebildet, und er enthält eine elektrische Glocke G. Während des Ingangsetzens des Gleichrichters läutet diese so lange, bis die vom Fächer beeinflußten Kontakte *9*, *10*, welche vorher geschlossen waren, geöffnet sind, was erst bei annähernd voller Drehzahl des Drehstrommotors eintritt. Es wird also durch die Glocke der ordnungsmäßige Verlauf des ganzen Zündvorganges überwacht. Durch entsprechende Einstellung eines Gegengewichtes auf den Fächer kann erreicht werden, daß die Glocke bereits anspricht, wenn ein Nachlassen in der Drehzahl des Ventilators eintritt, wenn also z. B. eine Sicherung des Motors durchgebrannt ist. Ein derartiger Fehler wird daher schon während des Betriebes angezeigt.

172. Gleichrichter in Verbindung mit der Eigenbedarfsanlage eines Drehstromwerkes.

Abb. 290 zeigt eine Eigenbedarfsanlage (vgl. Abschn. 79) für eine Drehstrom-Hochspannungszentrale oder ein größeres Umspannwerk nach einem Entwurf der SSW. An die Hochspannungsschienen ist ein *Transformator* angeschlossen, dessen Leistung dem Eigenbedarf entspricht. Auf den Einbau eines besonderen Schalters vor dem Transformator ist, um die Kosten herabzusetzen, verzichtet, es sind lediglich Trennlaschen vorgesehen. Der Überstromschutz ist Schmelzsicherungen übertragen. Um ein zu gewaltsames Ansprechen der Sicherungen bei einem Kurzschluß zu verhindern, sind ihnen auf der Hochspannungsseite Dämpfungsdrosselspulen D vorgeschaltet. Es ist bei dieser Anordnung vorausgesetzt, daß die Spannung nicht über ungefähr 20 000 Volt und die Transformatorleistung nicht über etwa 50 kVA liegt. Die Sekundärspannung des Transformators ist zu 380/220 Volt angenommen.

Über einen *Regeltransformator R.T.* ist an die 380-Volt-Schienen ein kleiner Quecksilberdampfgleichrichter G gelegt, der eine Gleichspannung von 220 Volt liefert, die für Signalzwecke, Fernbetätigung der Schalter usw. herangezogen werden kann. Auch die *Notbeleuchtung*, die normalerweise mit Wechselstrom von 220 Volt betrieben wird, kann auf die Gleichspannung umgelegt werden, was im Falle des Ausbleibens der Wechselspannung durch eine auf den Schalter U einwirkende Spannungsspule selbsttätig geschieht. Zur Erhöhung der Betriebssicherheit dient eine kleine Akkumulatorenbatterie. Die für die Ladung derselben erforderliche Spannung kann mit Hilfe des Regeltransformators eingestellt werden (s. auch die Eigenbedarfsanlagen in Abb. 171 und 173).

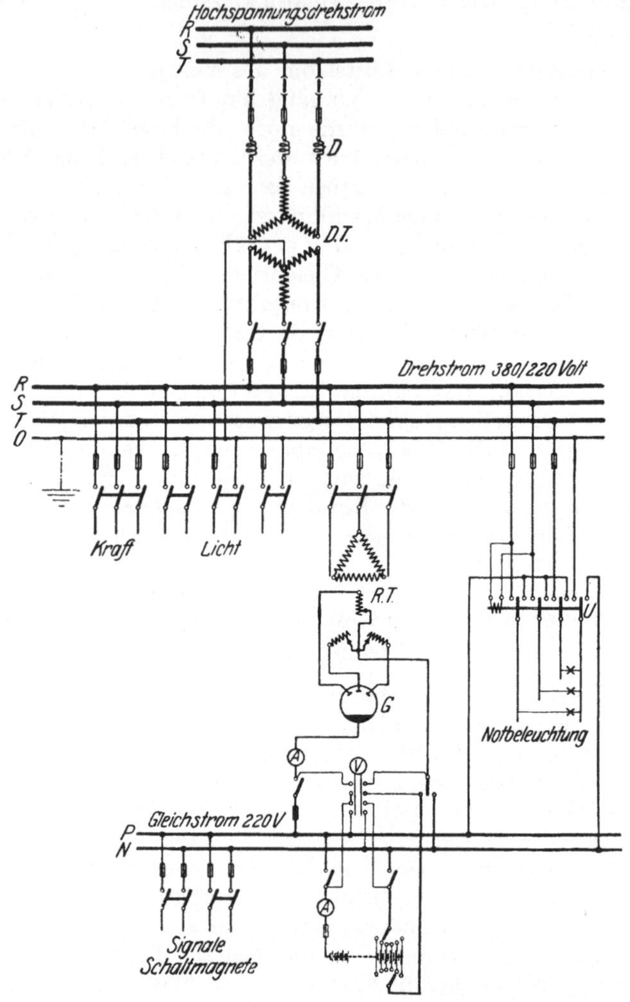

Abb. 290. Gleichrichter in der Eigenbedarfsanlage eines Drehstromwerkes.

173. Spannungsregelung der Quecksilberdampfgleichrichter.

Vor Einführung der Gittersteuerung wurde die Spannung ausnahmslos durch Änderung der Größe der Anodenspannung geregelt. Hierfür stehen folgende Möglichkeiten zur Verfügung:

a) Drehtransformatoren. Sie können vor oder hinter dem Haupttransformator angeordnet werden. (Abb. 291). Die Verwendung von Drehtransformatoren hat den Vorteil stufenloser Spannungsregelung, ist aber kostspielig.

b) Transformatoren mit Anzapfungen und aufgebautem Lastschalter, Abb. 292. Außerdem ist noch eine Reihe von anderen Anordnungen für Regelung mit Stufentransformatoren entwickelt worden, die aber alle

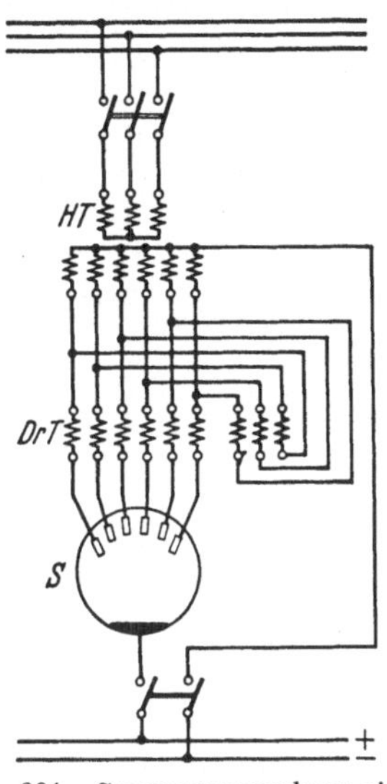

Abb. 291. Spannungsregelung eines Stromrichters durch Drehtransformator.

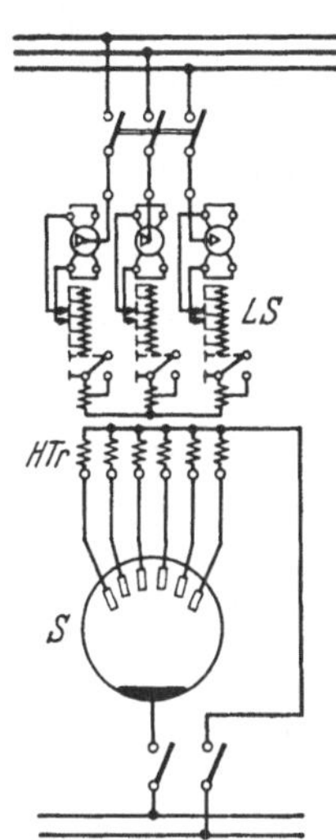

Abb. 292. Spannungsregelung eines Stromrichters durch Transformator mit Lastschalter.

an Bedeutung verloren haben, da die Spannungsregelung durch Änderung der Größe der Anodenspannungen besonders bei größeren Leistungen fast völlig durch die Spannungsregelung mit Hilfe der Gittersteuerung verdrängt worden ist.

c) Gittersteuerung. Die Gittersteuerung gestattet eine verlustlose und stufenlose Regelung der vom Stromrichter abgegebenen Spannung. Bei dieser Regelungsart bleibt die Größe der Anodenspannung unverändert.

Die Gitter werden in Form durchlöcherter Bleche oder Graphitplatten zwischen den Anoden und der Kathode angebracht und haben die Aufgabe, den Stromfluß von der Anode zur Kathode zu steuern. Legt man nämlich an die Gitter eine gegenüber der Kathode negative Spannung, so kann kein Stromfluß zustande kommen, weil die in der Kathode erzeugten Ionen, die für den Stromtransport notwendig sind, von dem negativ aufgeladenen Gitter abgestoßen werden und nicht zur Anode gelangen können. Verwendet man nun eine Steuereinrichtung, welche gestattet, in einem beliebigen Zeitpunkt der Halbwelle die negative Gitter-Spannung in eine positive umzukehren, so setzt zu diesem Zeitpunkt auch der Lichtbogen und damit der Stromfluß ein. Man kann damit also beliebig große Teile der Anodenspannungs-Halbwellen abschneiden. Das Erlöschen des Lichtbogens tritt jedesmal beim Durchgang des Anodenstromes durch Null bzw. beim Übergang des Stromes auf die nächste Anode von selbst ein[1].

---

[1] siehe KOSACK, Elektrische Schaltanlagen, 10. Auflage, S. 198.

174. Magnetische Spannungsstoßsteuerung.

Für die Beaufschlagung der Gitter sind verschiedene Verfahren entwickelt worden. Sie haben alle die Aufgabe, im synchronen Takt der Netzfrequenz dem Gitter zum Zwecke der Zündung eine positive Spannung zu erteilen und während der Sperrzeit eine negative Spannung an das Gitter zu legen. Diese negative Gitterspannung (Sperrspannung) wird meist über eine Trockengleichrichteranordnung aus dem Drehstromnetz entnommen. Ihr muß die positive Zündspannung überlagert werden, die man dem Gitter, z. B. durch umlaufende Steuerscheiben, zuführen kann (veraltet) oder auch in Form von Spannungsstößen aus

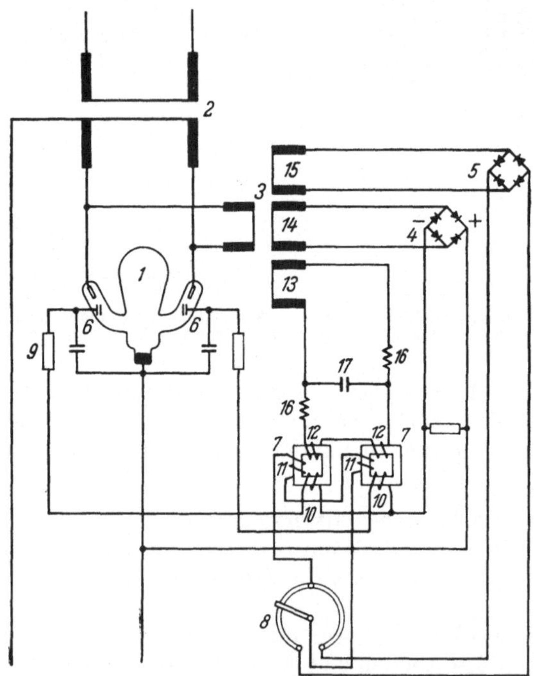

Abb. 293. Spannungsregelung eines Stromrichters durch Gittersteuerung
(Spannungsstoßsteuerung).

gesättigten Transformatoren. Ein solche Anordnung zeigt Abb. 293, bei der zur Vereinfachung und besseren Übersicht die Schaltung der Tauchzündung und der Erregung weggelassen worden ist.

Die Steuergitter *6* des Gleichrichters *1* sind über die Wicklungen *10* der Stoßtransformatoren *7* mit dem negativen Pol des Trockengleichrichters *4* verbunden, so daß sie im Ruhezustand unter negativer Vorspannung stehen. Die Erregerwicklungen *12* der Stoßtransformatoren *7* liegen über den Transformator *13* an der Spannung des speisenden Netzes. Etwaige Oberwellen des Netzes werden durch einen Siebkreis, der aus den Drosselspulen *16* und einem Kondensator *17* besteht, von den Er-

regerwicklungen *12* ferngehalten. Die zweite Erregerwicklung *11* ist
für die Gleichstrom-Vormagnetisierung der Stoßtransformatoren *7* bestimmt und liegt über einen als Spannungsteiler geschalteten Widerstand *8* an dem Gleichrichter *5*. Die Sättigung der Stoßtransformatoren *7*
durch die Vormagnetisierungswicklung *11* ist so ausgelegt, daß eine
Feldänderung nur in der Nähe des Nulldurchganges der resultierenden
Erregung eintritt. Diese sehr rasch verlaufenden Feldänderungen erzeugen in der Wicklung *10* der Stoßtransformatoren hohe positive und
negative Spannungsstöße, die sich der negativen Sperrspannung über-
lagern. Die positiven Spannungsstöße heben dann die negative Sperrspannung am Gitter auf und zünden die zugehörige Anode. Die Feldänderung wird immer dort eintreten, wo sich die Gleichstromampere-
windungen der Vormagnetisierungswicklung *11* und die Wechselstrom-
amperewindungen der Wicklung *12* aufheben. Durch Änderung der
Gleichstrom-Vormagnetisierung, die mit Hilfe des Reglers *8* vorgenommen werden kann, läßt sich daher die Lage des Nulldurchganges
der resultierenden Erregung und damit der Zeitpunkt der Zündung
innerhalb jeder Halbwelle genau einstellen und dadurch die Spannung
beliebig regeln. Bei Anwendung der Steuerung durch die Gleichstrom-
vormagnetisierung lassen sich leicht in Abhängigkeit vom Gleichstrom-
kreis Kompoundierungen und selbsttätige Spannungsregelungen durch-
führen. Diese Steuerungsart hat daher besonders weite Verbreitung gefunden[1].

175. Toulonsteuerung.

Eine andere Möglichkeit der Verschiebung des Zündzeitpunktes
bietet auch die Verschiebung der Phasenlage des gesamten Steuersatzes
mit Hilfe eines vorgeschalteten Drehtransformators, die sogenannte
Toulon-Steuerung. Der Drehtransformator kann von Hand oder
motorisch über Druckknöpfe verstellt werden. Eine Anlage nach diesem
System zeigt die Abb. 294. Es handelt sich um eine Gleichrichteranlage,
wie sie von der AEG als Versuchseinrichtung für Laboratorien geliefert
wird.

Der gleichzurichtende Drehstrom wird den drei Anoden des Glas-
stromrichters über den Transformator *D.T.* zugeführt. Dieser ist primär
in Dreieck, sekundär in Stern verkettet. Die Quecksilberkathode des
Stromrichters stellt, wie immer, für die Gleichstromseite den positiven
Pol dar, den negativen Pol bildet der Sternpunkt des Transformators.
Der Gleichstrom wird den Sammelschienen *P* und *N* über einen zweipoligen Umschalter (Stellung links!) zugeführt. An Hilfseinrichtungen
sind, abgesehen von den erforderlichen Schmelzsicherungen, ein selbsttätiger Überstromschalter, die Kathodendrossel *D* zur Glättung des
abgenommenen Gleichstromes sowie Spannungs- und Strommesser vorgesehen.

Der dem Stromrichter vorgeschaltete Transformator besitzt noch eine
dreiphasige Hilfswicklung. Sie steht über einen Drehregler *D.R.* (s. Ab-

---

[1] Kosack, E., Elektrische Schaltanlagen, 10. Auflage, S. 198.

schn. 102) mit einem kleinen Hilfstransformator, dem Gitter- oder Steuertransformator *St.T.*, in Verbindung, dessen sekundäre Spannung über die Gitterwiderstände *G.W.* den Steuergittern des Stromrichters zugeführt wird. Sein Sternpunkt ist über den Widerstand *W*, dem der Kondensator *C* parallel gelegt ist, mit der Kathode des Stromrichters verbunden. Je nach der Stellung des Drehreglers wird die Phase der Steuerspannung

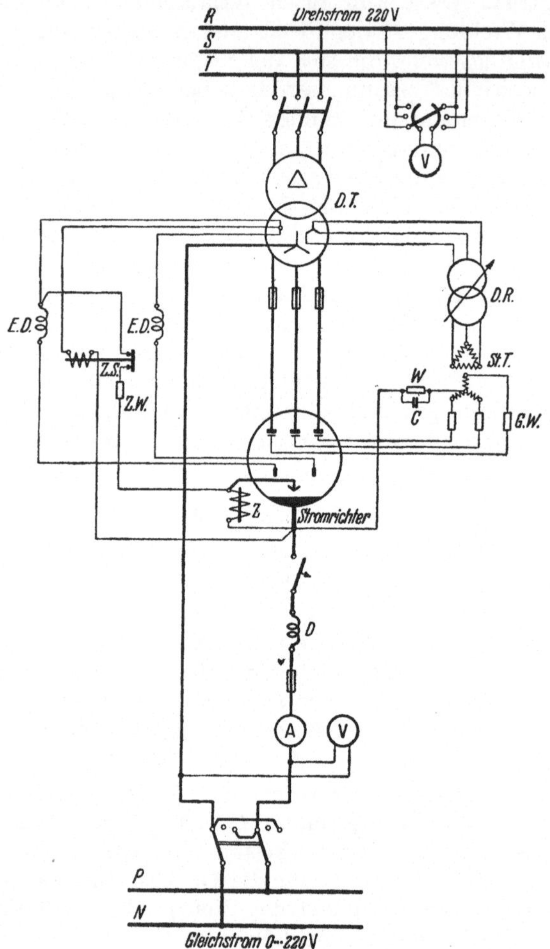

Abb. 294. Spannungsregelung eines Stromrichters durch Gittersteuerung (Toulonsteuerung).

gegenüber der Anodenspannung mehr oder weniger verschoben, und somit kann die gewünschte Gleichspannung eingestellt werden.

Eine weitere einphasige Hilfswicklung des Transformators führt über Drosselspulen *E.D.* zu den Erregeranoden des Stromrichters. Diese halten bekanntlich die Lichtbogenbildung und damit den Betrieb des Gleichrichters auch bei schwacher Belastung aufrecht. Für das Anlassen des Stromrichters ist eine Tauchzündung vorgesehen. Sie wird durch den Zündmagneten Z betätigt, der unter Vorschaltung des Zündwiderstandes $Z.W.$ an die Erregerwicklung des Transformators angeschlossen ist und nach erfolgter Zündung durch den Zündschalter $Z.S.$ selbsttätig wieder abgeschaltet wird.

Der Stromrichter kann, als *Wechselrichter* arbeitend, zur Energierückgabe aus dem Gleichstrom- in das Drehstromnetz veranlaßt werden. Voraussetzung hierfür ist, daß das zu versorgende Drehstromnetz bereits von anderen Stromerzeugern gespeist wird, daß also der Wechselrichter „netzgeführt" arbeitet. Um zum Wechselrichterbetrieb überzugehen, muß zunächst die Spannung des Gleichstromnetzes mittels des zweipoligen Umschalters (Stellung rechts!) umgeschaltet werden, damit die Richtung des Stromes im Stromrichter unverändert bleibt. Sodann ist der Drehregler so weit zu verstellen, daß der Strommesser die gewünschte Belastung anzeigt.

176. Stromrichter zum Betrieb eines regelbaren Gleichstrommotors.

Der gittergesteuerte *Gleichrichter* ermöglicht es, um aus dem vielseitigen Anwendungsgebiet ein Beispiel herauszugreifen, einen an ein Drehstromnetz angeschlossenen Gleichstrommotor in weiten Grenzen stufenlos zu regeln, in ähnlicher Weise wie es auch mit Hilfe der LEONARD-*Schaltung* (Abschn. 180 bis 181) geschehen kann. Der Schaltplan Abb. 295, einer Ausführung der AEG entsprechend[1], bezieht sich auf einen *Eisengleichrichter* mit sechs *Haupt-* und drei *Erregeranoden*. Er ist über Trenn- und Leistungsschalter, wie immer unter Vorschaltung eines Transformators, an das Drehstromnetz angeschlossen. Meßgeräte sind im Plan nicht eingetragen. Auch ist auf die Art der Zündung nicht eingegangen. Die Anlage arbeitet nach dem Verfahren der *magnetischen Stoßsteuerung*. Die dafür erforderlichen Einrichtungen stehen über den „Isoliertransformator" $I.T.$ mit dem Drehstromnetz in Verbindung. Durch kleine Hilfstransformatoren werden Spannungsstöße erzeugt, die den Gittern zugeführt werden und den Stromfluß einleiten. Es sind drei solcher Steuer- oder Stoßtransformatoren $St.T.$ vorhanden, die über den Drehregler $D.R.$ an das Drehstromnetz gelegt sind. Ihre Verbindung mit den Steuergittern des Stromrichters geschieht über die Gitterwiderstände $G.W.$ Durch den Drehregler kann der Zündzeitpunkt des Stromrichters eingestellt und damit die von diesem gelieferte Gleichspannung, die dem Anker des zu regelnden Gleichstrommotors $G.M.$ über die Glättungsdrossel D zugeführt wird, geregelt werden. Der Transformator $V.T.$ liefert über kleine Trockengleichrichter $T.G.$ eine Gleichstromvormagnetisierung für die Stoßtransformatoren. W ist ein Hilfswiderstand, C ein Hilfskondensator.

Die Nebenschlußwicklung des *Regelmotors* wird durch Gleichstrom erregt, für dessen Erzeugung ein besonderer Hilfsgleichrichter erforder-

---

[1] ANSCHÜTZ und STÖHR, Aufbau und Wirkungsweise von Stromrichtern für Regelantriebe. AEG-Mitt. 1937, 177. S. auch BAYHA, Regelantriebe mit Stromrichtern. SZ Bd. 13 (1933) S. 303.

lich ist. Doch kann dieser erspart werden, indem, wie in der Abbildung
auch angenommen ist, die Erregeranoden des Hauptgleichrichters über
den Erregertransformator *E.T.* unmittelbar zur Erzeugung des für die
Motorerregung erforderlichen Gleichstromes ausgenutzt werden. Der
Motor wird auf diese Weise stets gleichbleibend erregt. *Seine Regelung
geschieht demnach ausschließlich durch Verändern der Ankerspannung,*
der die Drehzahl proportional ist.

Um zu verhindern, daß der Motor bei fehlender Erregung in Betrieb
gesetzt wird oder bei ausfallender Erregung in Betrieb bleibt, was ein

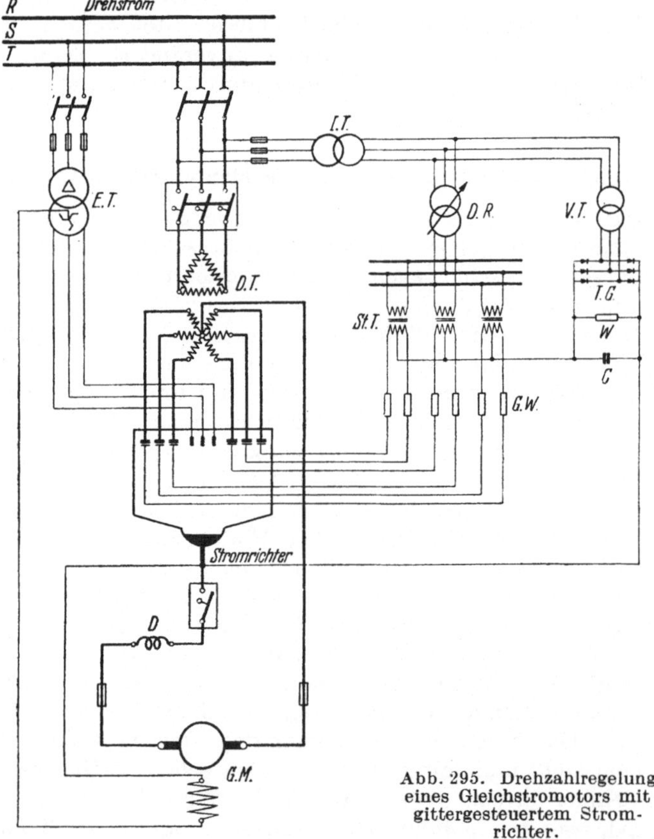

Abb. 295. Drehzahlregelung
eines Gleichstromotors mit
gittergesteuertem Strom-
richter.

„Durchgehen" des Motors zur Folge haben könnte, werden sowohl der
Gleichstrom- wie auch der Hochspannungsschalter mit einer Unterspannungsauslösung versehen, die an die Erregerspannung des Motors
angeschlossen ist. Um zu gewährleisten, daß der Drehregler im Gitter-
kreis bei der Inbetriebnahme stets in der tiefsten Stellung steht, in der
die Gitter völlig gesperrt sind, wird der Gleichstromschalter mit einem
Sperrkontakt ausgestattet, derart, daß er sich nicht einlegen läßt, solange der Regler noch nicht die untere Endstellung einnimmt.

177. Umkehrbetrieb von stromrichtergespeisten Gleichstrommotoren.

Ist für den Motor nicht nur eine Drehzahlregelung erforderlich, sondern wird auch eine Umsteuerbarkeit verlangt, z. B. bei Antrieben von Förderanlagen oder Walzenstraßen, so sind eigentlich 2 Stromrichter in der sogenannten Kreuzschaltung und dementsprechend für den Haupttransformator zwei sekundäre Wicklungen erforderlich. Es steht dann jeweils der eine Stromrichter als Gleich-, der andere als Wechselrichter bereit, und die Umsteuerung des Motors erfolgt ohne Stromunterbrechung durch Umkehr des Ankerstromes. In Abb. 296 ist der Grundgedanke der in Betracht kommenden Schaltung angedeutet. Bei der Umsteuerung wird der Motor elektrisch unter Energierückgewinnung

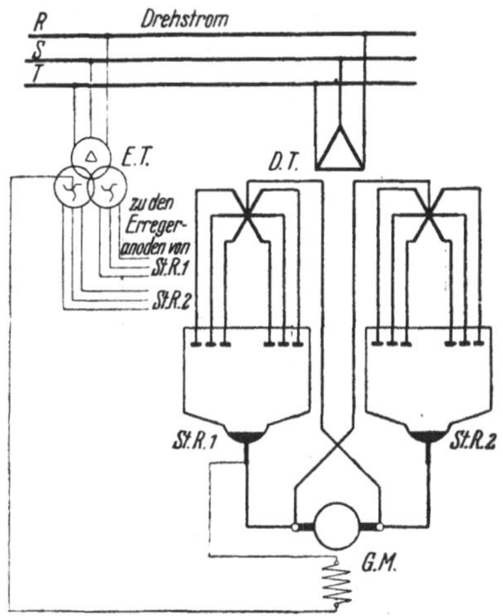

Abb. 296. Umkehrbetrieb eines Gleichstrommotors über Stromrichter (Kreuzschaltung).

abgebremst, wobei er die ihm von der Gleichstromseite zugeführte Bremsenergie an das Drehstromnetz zurückgibt. (Sogenannter ruhender LEONARD-Umformer.) Nach diesem Prinzip wurde eine Reihe von Umkehrantrieben ausgeführt. Da der Aufwand bei dieser Anordnung aber unverhältnismäßig groß ist — es ist ja nur immer einer der beiden vorhandenen Stromrichter in Tätigkeit — so ist in den letzten Jahren die Schaltung so abgeändert worden, daß nur ein einziger Stromrichter benutzt wird, der jedesmal beim Wechsel der Stromrichtung durch einen im Ankerstromkreis des Umkehrmotors liegenden Schalter so umgeschaltet wird, daß die Richtung des Stromes im Stromrichter immer dieselbe bleibt, während sich die Stromrichtung im Umkehrmotor beim Bremsen und Umsteuern jeweils umkehrt. Die dieser Steuerung zugrunde liegende Schaltung zeigt die Abb. 297.

Der Zeitpunkt der Umschaltung wird durch einen Spannungsrichtungswächter SpR gesteuert. Dieser erhält seine Erregung von der Differenz der Motorspannung, die an dem am Umkehrmotor liegenden Spannungsteiler SpT und der ausgesteuerten Spannung des Stromrichters, die von dem Drehregler *Dr* unter Zuhilfenahme des Hilfstransformators *H* und des Gleichrichters *Gl* nachgebildet wird. Der Spannungsrichtungswächter gibt das Umschaltkommando über die Hilfskontakte *1—2* bzw. *3—4* an die Hilfsschütze HS_1 bzw. HS_2 weiter, die dann den Antrieb *A* des Umschalters *U* steuern. Gleichzeitig werden durch die

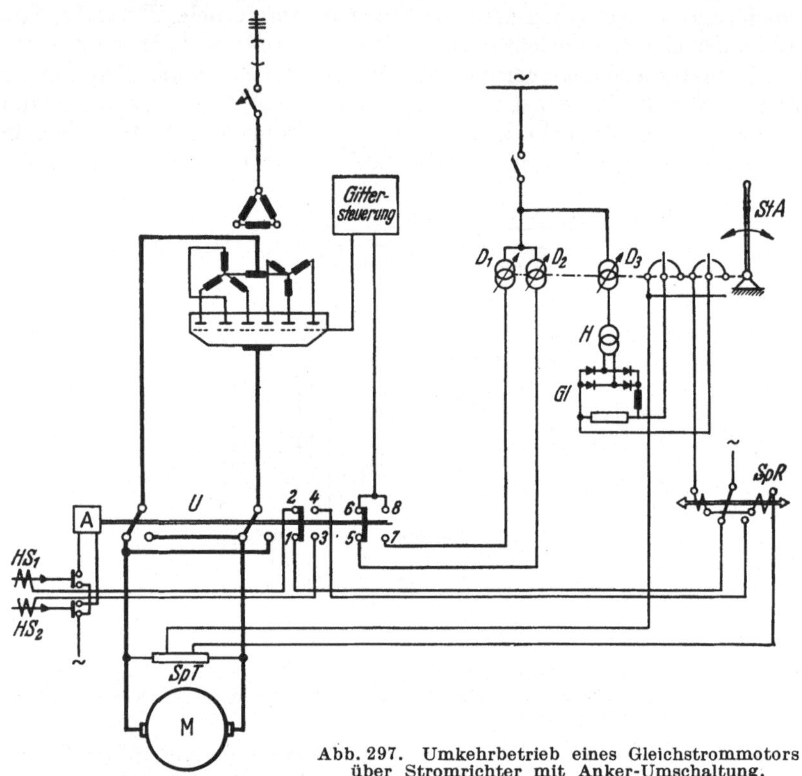

Abb. 297. Umkehrbetrieb eines Gleichstrommotors
über Stromrichter mit Anker-Umschaltung.

Kontakte *5—6* bzw. *7—8* die beiden Drehregler D_1 und D_2 für die Gittersteuerung des Stromrichters für Gleich- und Wechselrichterbetrieb sinngemäß eingeschaltet.

C. Kontaktumformer[1].

178. Bauart und Schaltung der Kontaktumformer.

Geräte, die mit Hilfe mechanischer Schalter Wechselstrom in Gleichstrom verwandeln, wurden bisher in Form von Zerhackgeräten oder Pendelgleichrichtern für sehr kleine Leistungen oder als Gleichrichter mit umlaufenden Scheiben für sehr hohe Spannungen und sehr kleine Ströme, wie sie z. B. für die elektrische Gasreinigung gebraucht werden,

---

[1] KOPPELMANN, ETZ Bd. 62 (1941) S. 3. — ROLF, Frequenz Bd. 1 (1941) S. 2. — KLEINVOGEL, SZ Bd. 26 (1952) S. 121.

gebaut, ohne jedoch größere Bedeutung zu erlangen. Ein neuzeitlicher Umformer mit mechanischen Schaltern, der mehr und mehr an Bedeutung gewinnt, ist der Kontaktumformer. Abb. 298 zeigt das Grundschaltbild einer Ausführung der SSW. Die mechanischen Schaltelemente bei diesem Umformer sind Druckkontakte K, die um 120° gegeneinander versetzt durch einen Synchronmotor SM mit Hilfe einer Exzenterwelle Ex im Takte des Wechselstroms geöffnet und geschlossen werden. Damit diese Kontakte funkenfrei und ohne Abbrand im Nulldurchgang

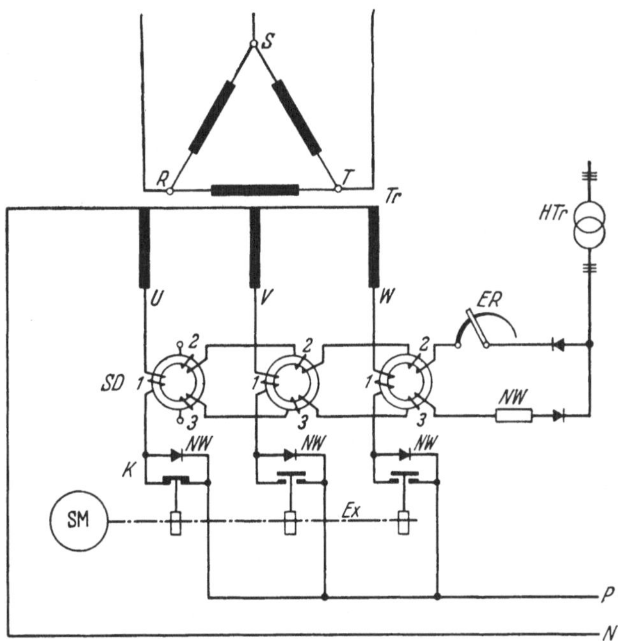

Abb. 298. Grundsätzliche Schaltung eines Kontaktumformers.

des Kontaktstromes geschaltet werden können, wird der Stromnulldurchgang durch sogenannte Schaltdrosseln SD zu einer längeren stromlosen Pause verbreitert. Diese Drosseln sind zwischen Umspanner und Schaltkontakten angeordnet und besitzen einen Eisenkern aus einer Speziallegierung, die nur sehr wenige Amperewindungen zu ihrer Sättigung braucht. Der Kern trägt drei Wicklungen. Wicklung 1 wird vom Hauptstrom durchflossen, Wicklung 2 liefert eine über den Einstellwiderstand EW regelbare Vormagnetisierung mit Gleichstrom aus dem Hilfsgleichrichter Gl, der vom Hilfstransformator HTr gespeist wird, Wicklung 3 eine durch den Vorwiderstand vw einstellbare Vorerregung beim Ausschalten. Bei großen Strömen in der Hauptstromwicklung 1 ist die Schaltdrossel vollständig gesättigt und hat eine nur verschwindend kleine Induktivität. Bei sehr kleinen Strömen in der Nähe des Nulldurchganges ist dagegen die Drossel ungesättigt und bildet daher einen großen induktiven Widerstand, so daß in der Nähe des Nulldurchganges eine praktisch stromlose Pause entsteht, während der die Kontakte gefahrlos geschaltet werden können. Um die im Augenblick des Schaltens wiederkehrende Spannung auf einen sehr kleinen Wert zu begrenzen, und den Magnetisierungsstrom der Drosseln nicht zu unterbrechen, ist ein Nebenweg NW zu den Kontakten K vorgesehen, für den in dem gewählten Beispiel, Abb. 298, ein Trockengleichrichter vorgesehen ist. Wie beim Quecksilberstromrichter, so ist auch beim Kontaktumformer eine Teilaussteuerung durchführbar, die eine Spannungsregelung ermöglicht. Diese kann auf magnetischem Wege über die Wicklung 2 und den Einstellwiderstand EW erfolgen oder durch Verdrehung der antreibenden Exzenterwellen, was erreicht werden kann, indem man die an die Ständer der Synchronmotoren SM gelegte Spannung z. B. durch einen Drehtransformator DrT in der Phase verdreht. Häufig werden beide Möglichkeiten kombiniert angewendet. Um den Einschalt- und Ausschaltzeitpunkt der Kontakte auf einfache Weise getrennt regeln zu können, werden bei den neuesten Ausführungen 2 Kontakte pro Phase in Reihe geschaltet, wobei die Aus- und Einkontakte je einen Synchronmotor als Antrieb erhalten.

XII. Anlaß- und Regelsätze.

A. Maschinensätze mit Gleichstrom-Regelmotor.

179. Die Leonardschaltung in Anschluß an ein Gleichstromnetz.

Für Antriebe, bei denen ein häufiges An- und Abstellen des Motors, ein oftmaliges Umkehren der Drehrichtung oder eine Geschwindigkeitsregelung in weiten Grenzen vorzunehmen ist, hat sich eine von LEONARD angegebene Anordnung sehr bewährt. Ihre Schaltung zeigt Abb. 299 für den Fall, daß ein *Gleichstromnetz* vorhanden ist. Der über einen Anlasser an das Netz angeschlossene Gleichstrommotor *G.M.*, ein Nebenschlußmotor, treibt, in direkter Kupplung, die *Steuerdynamo St.D.* an, eine Gleichstromdynamo, die vom Netz erregt wird. (Die Erregerschienen p und n stehen mit den Hauptschienen P und N in Verbindung.) Ihre Spannung ist völlig unabhängig von der Netzspannung und kann mittels des Magnetreglers *M.R.* zwischen Null und dem normalen Wert geregelt werden, ihre Polarität läßt sich durch den Umschalter U beliebig ändern. Der von der Steuerdynamo gelieferte Strom wird dem Anker des Regelmotors M zugeführt, dessen Erregung mit gleichbleibender Stärke wieder vom Netz erfolgt. Der aus dem vom Netz gespeisten Gleichstrommotor und der Steuerdynamo bestehende Motorgenerator wird als LEONARD-*Umformer* bezeichnet.

Das Anlassen und Regeln des Motors M geschieht nun ausschließlich durch Spannungsregulierung der Steuerdynamo. Je nach deren Spannung stellt sich die Umlaufzahl des Motors ein, sie kann von Null bis zum Höchstwert gesteigert und wieder auf Null zurückgeführt werden. Die Drehrichtung des Motors hängt von der Polarität der Steuerdynamo ab. Um eine plötzliche Umkehr der Drehrichtung zu verhindern, werden

Magnetregler und Umschalter der Steuerdynamo in der praktischen Ausführung so zu einem Steuerapparat zusammengefaßt, daß das Umschalten nur in der Nullstellung des Magnetreglers erfolgen kann.

Die wichtigste Anwendung findet die LEONARD-Schaltung für den
Betrieb von Förderanlagen, Walzenstraßen und Kranen, ferner wird sie
auch beim Antrieb von Papiermaschinen, Hobelmaschinen usw. vielfach
angewendet.

180. Die Leonardschaltung in Anschluß an ein Drehstromnetz.

Abb. 300 gibt die LEONARD-Schaltung wieder unter der Annahme,
daß vom Netz aus nur *Drehstrom* zur Verfügung steht. In diesem Falle
muß eine Umformung in Gleichstrom vorgenommen werden. Für die

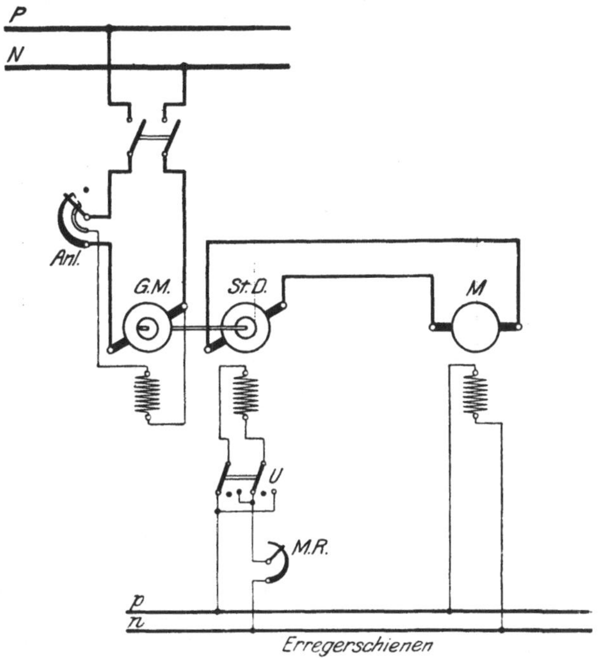

Abb. 299. LEONARD-Schaltung in Verbindung mit einem Gleichstromnetz.

Antriebsseite des LEONARD-*Umformers* wird ein Drehstrom-Induktionsmotor *D.M.* gewählt, mit dem die als *Steuerdynamo* dienende Gleichstrommaschine gekuppelt ist. Diese arbeitet, wie im vorigen Abschnitt
ausgeführt wurde, auf den Anker des *Regelmotors*. Um den für die Erregung der Gleichstrommaschinen erforderlichen Strom zu beschaffen,
ist mit dem LEONARD-Umformer noch eine *Erregermaschine E.M.* verbunden, eine kleine Nebenschlußdynamo, welche die Schienen p und n
speist, und deren Spannung durch den Nebenschlußregler *N.R.* auf den
gewünschten Wert einreguliert werden kann.

Durch die Erfindung des gesteuerten Stromrichters ist, wie in Abschn. 177 ausgeführt wurde, der LEONARD-Schaltung ein anderes Verfahren an die Seite getreten, das sich ebenfalls voll bewährt hat und den Vorteil eines erheblich besseren Gesamtwirkungsgrades aufweist.

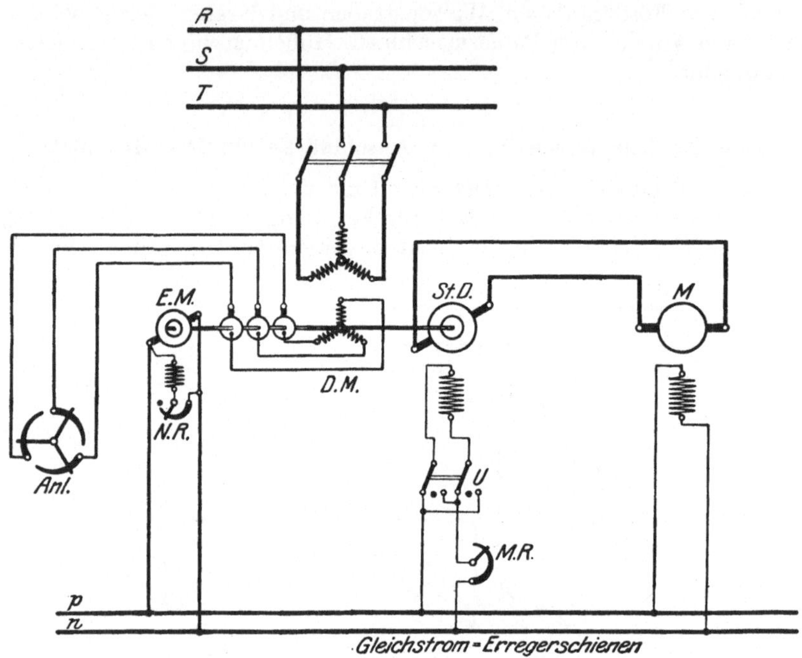

Abb. 300. LEONARD-Schaltung in Verbindung mit einem Drehstromnetz.

181. Die Ilgnerschaltung.

Häufig wird die LEONARD-Schaltung in Verbindung mit einem Schwungrad zum Belastungsausgleich angewendet, um bei großen Motoren mit stark schwankender Belastung Stromstöße im Netz wie auch in der Zentrale zu vermeiden. Das Verfahren ist von ILGNER angegeben und namentlich für den Betrieb von Fördermaschinen und Walzenzugmotoren ausgebildet worden. Das Schwungrad wird mit dem LEONARD-Umformer gekuppelt, wodurch sich der sog. ILGNER-Umformer[1] ergibt.

In Abb. 301 ist das allgemeine Schaltbild einer derartigen Anlage in Verbindung mit einem Hochspannungs-Drehstromnetz wiedergegeben. Es entspricht der vorigen Abbildung, nur sind Magnetregler und Umschalter der Steuerdynamo zu einem *Steuerapparat St.A.* vereinigt. Ferner ist mit dem vom Netz gespeisten Drehstrommotor *D.M.* eine selbsttätige Schlüpfungsregelung verbunden. Bei *großer Belastung,*

---

[1] Vgl. PHILIPPI, Entwicklung des elektrischen Fördermaschinenantriebes. ETZ **40** (1919) S. 37; ferner PHILIPPI, Über den elektrischen Antrieb großer Fördermaschinen E. u. M. **60** (1942) S. 381.

wenn also die Stromaufnahme des Motors einen mittleren Wert überschreitet, wird seinem Läufer Widerstand vorgeschaltet. Die Drehzahl
des Umformers und somit auch des Schwungrades S wird mithin herabgesetzt, und letzteres greift in die Energielieferung ein, indem es die in
ihm aufgespeicherte Arbeit frei gibt. Umgekehrt tritt bei *geringer Belastung*, also niedriger Stromaufnahme des Motors eine Steigerung seiner
Drehzahl ein, das Schwungrad wird beschleunigt und wieder zur Energie-
aufnahme befähigt. *Während
der Zeiträume, in denen der
Leistungsbedarf des Regelmotors
M klein ist, nimmt das Schwungrad also Energie auf, um sie zuzeiten großen Bedarfs wieder
herauszugeben.*

Der *Schlupfwiderstand*
S.W., gleichzeitig als Anlaßwiderstand dienend, wird
durch ein *Stromrelais* beeinflußt: ein kleiner, als Induk-

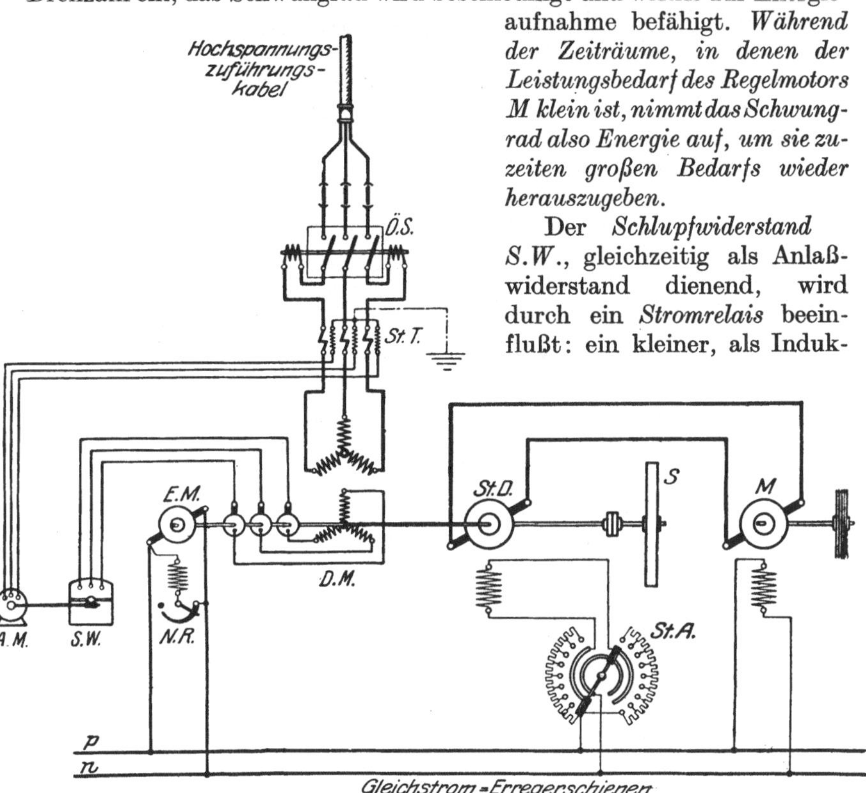

Abb. 301. ILGNER-Schaltung für eine Förderanlage.

tionsmotor gebauter Antriebsmotor *A.M.* ist an einen in den Zuführungsleitungen zum Drehstrommotor des Umformers liegenden
Stromtransformator St.T. angeschlossen und besorgt selbsttätig die
Einschaltung des Schlupfwiderstandes nach Maßgabe der in den Zuführungsleitungen herrschenden Stromstärke. Für den gleichen Zweck
werden auch vielfach Öldruckregler System THOMA verwendet, die als
Schnellregler die Schlupfwiderstände so regeln, daß die starken Stromstöße durch das Umsteuern und die wechselnde Belastung des Arbeits-
motors vom Schwungrad fast vollständig aufgefangen werden und das
Netz nahezu gleichmäßig belastet wird.

Für den ILGNER-Umformer gilt wegen der Schwungradverluste noch
mehr als beim reinen LEONARD-Antrieb, daß die großen Vorteile der

feinstufigen Regelung des Umkehrmotors bis zu den kleinsten Drehzahlen durch den schlechten Wirkungsgrad der Gesamtanlage teuer erkauft ist. Das ILGNER-System hat sich im übrigen aber voll bewährt und wird für den Betrieb von Fördermaschinen in zahlreichen Anlagen verwendet. Doch wird es in Deutschland hierfür in *Neuanlagen* kaum noch benutzt, da die neuzeitlichen Kraftwerke mit ihrem großen Leistungen wie auch wegen der guten Regelfähigkeit der in ihnen aufgestellten Dampfturbinen einen Belastungsausgleich weniger erforderlich machen. Für große Umkehrwalzenstraßen ist die ILGNER-Schaltung dagegen heute noch von Bedeutung, wenn man aus den oben angegebenen Gründen auch bei solchen Anlagen vielfach ohne eine Schwungradpufferung auskommt. Im Ausland findet das ILGNER-System auch für Förderanlagen noch ausgedehnte Verwendung.

182. Die Zu- und Gegenschaltung für Gleichstrom.

Der gleiche Erfolg wie mit der LEONARD-Schaltung läßt sich mit dem in Abb. 302 angegebenen *Verfahren der Zu- und Gegenschaltung* erzielen.

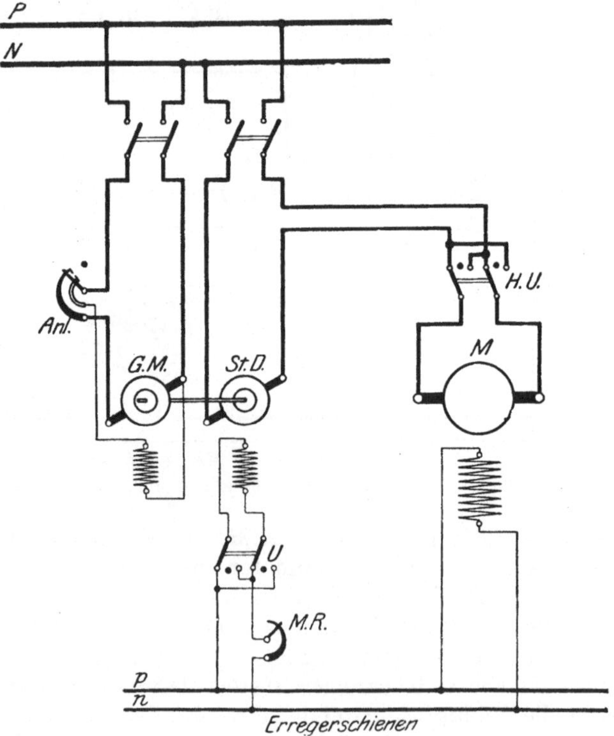

Abb. 302. Verfahren der Zu- und Gegenschaltung in Verbindung mit einem Gleichstromnetz.

Für die Abbildung ist ein *Gleichstromnetz* vorausgesetzt. Die *Steuerdynamo St.D.* ist für die Spannung des Netzes gewickelt. Sie arbeitet jedoch nicht unmittelbar auf den Regelmotor M, sondern über das Netz. Der Regelmotor ist für die *doppelte* Netzspannung gebaut. Die Steuerdynamo ist, wie beim LEONARD-Umformer, mit dem sie antreibenden, vom Netz gespeisten Gleichstrommotor $G.M.$ unmittelbar gekuppelt.

Beim Anlassen des Motors M wird die Spannung der Steuerdynamo zunächst gleich der Netzspannung, aber ihr *entgegengerichtet* eingestellt, so daß der Motor keine Spannung empfängt. Wird jetzt die Spannung der Steuerdynamo allmählich vermindert, so gelangt der Motor M in Drehung, und er stellt sich jeweils auf eine Drehzahl ein, die dem Unterschiede zwischen der Spannung des Netzes und derjenigen der Steuerdynamo entspricht. Ist letztere Null geworden, so liegt der Motor an der Netzspannung, seine Drehzahl beträgt die Hälfte der normalen. Wird nunmehr der Erregerstrom der Steuerdynamo gewendet, wodurch ihre Spannung den *gleichen* Sinn wie die Netzspannung annimmt, so setzen sich Netz- und Steuerdynamospannung zusammen, und es kann dem Motor M eine Spannung bis zum doppelten Betrage der Netzspannung zugeführt werden, die Drehzahl des Motors steigt dementsprechend. Eine Umkehr der Drehrichtung des Regelmotors kann bei dieser Anordnung nur durch einen vor seinen Anker gelegten Umschalter, den Hauptumschalter $H.U.$, vorgenommen werden. Magnetregler $M.R.$ und Umschalter U der Steuerdynamo bilden zusammen mit dem Hauptumschalter den Steuerapparat.

Der Umformersatz ist bei dem vorstehend geschilderten Regelverfahren nur für eine Leistung gleich der Hälfte der eines LEONARD-Umformers zu bemessen.

183. Die Zu- und Gegenschaltung für Drehstrom.

In Abb. 303 ist die vorige Schaltung auf die Verhältnisse eines *Drehstromnetzes* übertragen. Dem Umformersatz, dessen Antriebsseite ein Drehstrom-Induktionsmotor $D.M.$ bildet, ist noch eine besondere Gleichstrom-Nebenschlußdynamo $G.D.$ hinzugefügt. Ihre Spannung tritt an die Stelle der Spannung des Gleichstromnetzes der vorigen Abbildung, und es sind an sie auch die Erregerschienen p und n angeschlossen, denen der Magnetstrom für die Steuerdynamo und den Regelmotor entnommen wird.

B. Regelsätze für Drehstrom.

184. Die Kaskadenschaltung im allgemeinen.

Die Drehzahl eines *Drehstrom-Induktionsmotors* mit Schleifringläufer kann nach Abschn. 118 geregelt werden, indem dem Läufer Widerstände vorgeschaltet werden. Das Verfahren ist aber, namentlich bei weiterem Regelbetrieb, mit einem erheblichen Energieverlust verbunden. Dieser Übelstand wird vermieden bei der *Kaskadenschaltung*, die besonders bei großen Leistungen viel angewendet wird. Bei ihr wird die im Läufer des Motors infolge Herabsetzung der Geschwindigkeit frei werdende Energie nicht vernichtet, sondern wieder nutzbar gemacht. Dies kann in der Weise geschehen, daß die Läuferenergie einem zweiten Motor, der mit dem ersten gekuppelt ist, zugeführt, also in *mechanische Arbeit* umgewandelt wird. Oder es kann die Läuferenergie in Form von *elektrischer Arbeit* an das Netz zurückgeliefert werden, so daß eine mechanische Verbindung des zu regelnden Induktionsmotors mit einer anderen Maschine nicht notwendig ist. In ersterem Falle spricht man von einem

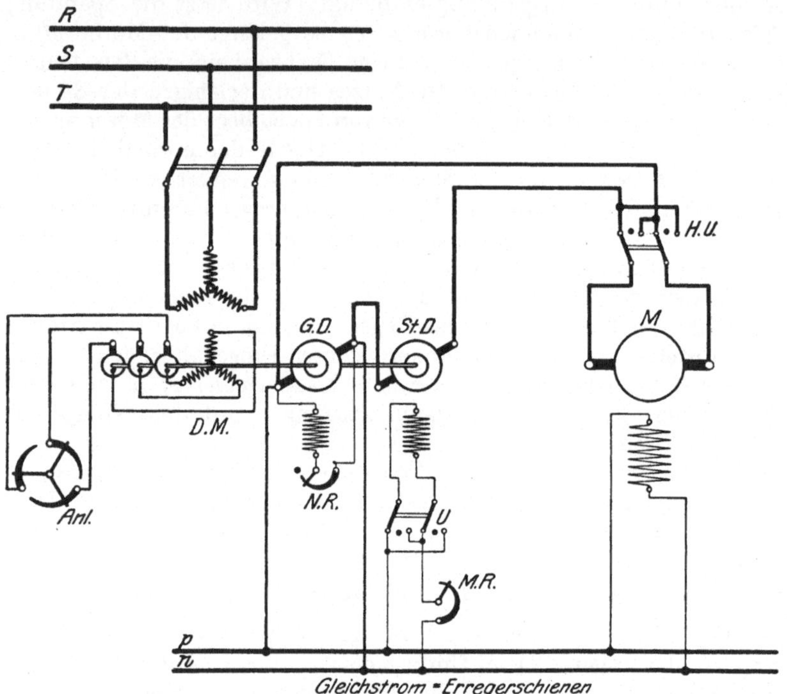

Abb. 303. Verfahren der Zu- und Gegenschaltung in Verbindung mit einem Drehstromnetz.

mechanisch gekuppelten, in letzterem Falle von einem *elektrisch gekuppelten* oder einem *getrennten* Regelsatz. Nachstehend ist eine Anzahl verschiedener Kaskadenschaltungen angegeben.

185. Kaskade zweier Drehstrom-Induktionsmotoren.

Bei der ältesten, von GÖRGES und gleichzeitig von STEINMETZ angegebenen *Kaskadenschaltung* wird die vom Läufer des Induktionsmotors gelieferte Energie einem zweiten, mit ihm festgekuppelten Induktionsmotor zugeführt und die in diesem entwickelte mechanische Arbeit für den Antrieb der gemeinsamen Welle verwertet. Die Drehzahl, auf welche sich die aus den beiden Motoren gebildete Kaskade einstellt, entspricht der Summe der Polzahlen beider Maschinen; sie beträgt also z. B. die Hälfte der jeder einzelnen Maschine, wenn die Polzahlen gleich sind.

Die Einrichtung kann so getroffen werden, daß der Läufer von Motor *I* auf den Ständer von *II* arbeitet und der Läufer von *II* mit dem gemeinsamen Anlasser in Verbindung steht, Abb. 304. Oder es können auch, Abb. 305, die Läufer beider Motoren aufeinander geschaltet werden, der Anlasser wird dann hinter die Ständerwicklung des zweiten Motors gelegt. Letztere Anordnung macht die Schleifringe an den

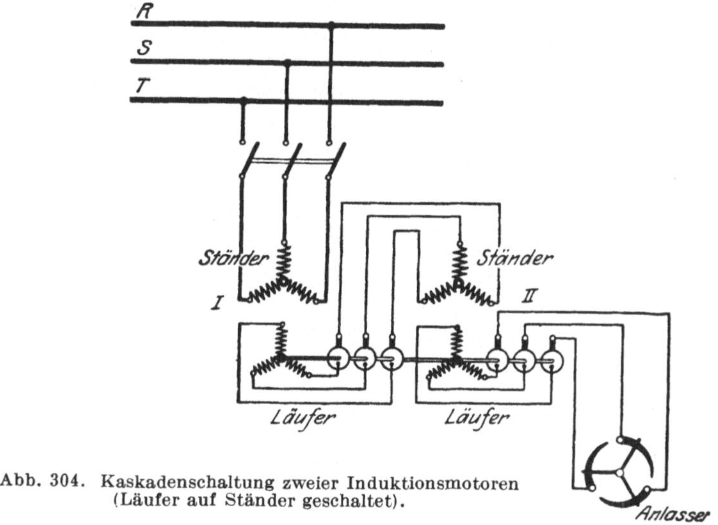

Abb. 304. Kaskadenschaltung zweier Induktionsmotoren (Läufer auf Ständer geschaltet).

Läufern überflüssig, wenn die Läuferwicklungen beider Maschinen unmittelbar miteinander verbunden werden. Durch den Fortfall der Schleifringe begibt man sich aber der Möglichkeit, jede Maschine für sich

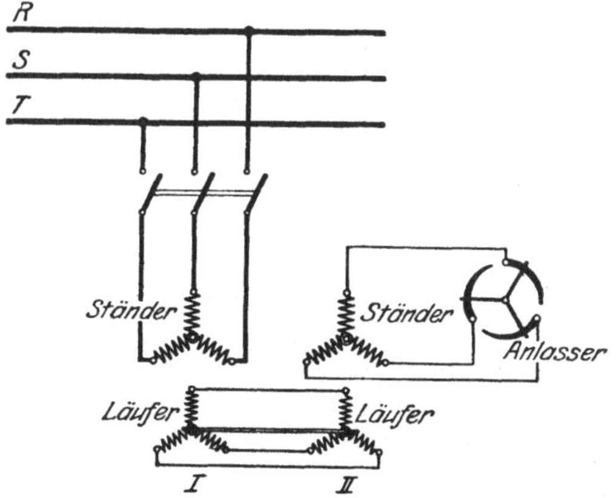

Abb. 305. Kaskadenschaltung zweier Induktionsmotoren (Läufer auf Läufer geschaltet)

zu belasten, da die Läufer nicht einzeln kurzgeschlossen werden können. Daher sind Motore mit Schleifringen vorzuziehen.

In Abb. 306 ist eine Kaskadenanordnung schematisch dargestellt, bei welcher sich mit demselben Anlasser zwei Geschwindigkeitsstufen einstellen lassen, indem entweder Motor *I* allein den Betrieb übernimmt (Umschalter *U* nach links) oder beide Motoren zusammen arbeiten (Umschalter nach rechts). Eine weitere Regulierstufe läßt sich, wenn zwei Maschinen mit *verschiedenen* Polzahlen verwendet werden, erreichen, indem auch Maschine *II* unmittelbar an das Netz gelegt wird. In jedem Falle ist aber *nur* ein *sprungweises Einstellen auf einige wenige Drehzahlen* möglich, nicht jedoch ein allmähliches Einregulieren auf eine beliebige Geschwindigkeit.

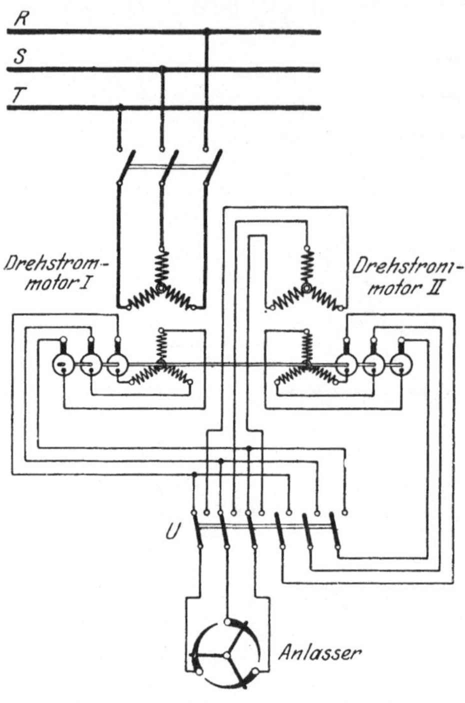

Abb. 306. Kaskadenschaltung zweier Induktionsmotoren für zwei Geschwindigkeitsstufen.

186. Der Drehstrom-Induktionsmotor mit Kollektorhintermotor.

a) Mechanisch gekuppelter Regelsatz. Eine *gleichmäßige* Regulierung der Geschwindigkeit eines Drehstrom-Induktionsmotors läßt sich nach KRÄMER erreichen, indem er mit einem *Drehstrom-Kollektormotor* in Kaskade geschaltet wird. Der Kollektormotor nimmt dann die Läuferenergie des Induktionsmotors auf und führt sie der gemeinsamen Welle in Form von *mechanischer Arbeit* wieder zu. Er ist für eine Leistung zu bemessen, die dem Grade der gewünschten Geschwindigkeitsregelung entspricht. Soll z. B. die Drehzahl um 20 % der normalen herabgesetzt werden, so braucht die Leistung des Kollektormotors auch nur 20 % der des Induktionsmotors zu betragen. Ist der Kollektormotor ein *Hauptschlußmotor*, so erhält die Kaskade auch dessen charakteristische Eigenschaften: die Drehzahl ist also in hohem Maße von der Belastung abhängig; ihre Regelung erfolgt am einfachsten durch Verstellen der Bürsten des Kollektormotors. Wird dagegen ein *Nebenschlußkollektormotor* verwendet, so nimmt auch die Kaskade den Charakter eines solchen an: die Drehzahl ist also von der Belastung ziemlich unabhängig; ihre Einstellung erfolgt meistens durch einen Regeltransformator. Bei den mit einem Kollektormotor verbundenen Kaskaden kann auch gleichzeitig eine Phasenkompensierung (s. Abschn. 137) vorgenommen werden, so daß sie im allgemeinen mit einem Leistungsfaktor in der Nähe von *1* arbeiten.

Abb. 307 zeigt das Schaltbild einer Kaskade mit einer Art von *Nebenschlußkollektormotor:* Ständer und Läufer des letzteren liegen nebeneinander, parallel. Beim Anlauf wird der Läufer des asynchronen Hauptmotors durch den Umschalter U^1 zunächst in normaler Weise mit dem Anlasser in Verbindung gebracht. Erst nachdem dieser kurzgeschlossen ist, wird der Läufer durch Umlegen des Schalters (von links nach rechts) auf den Kollektormotor geschaltet. Während der Läufer des letzteren unmittelbar Strom empfängt, wird der Ständer über einen *Regeltransformator* erregt, dessen Sekundärspannung die Drehzahl der Kaskade bestimmt. Es können also so viel Geschwindigkeitsstufen eingestellt werden, als am Transformator Regulierstufen vorgesehen sind.

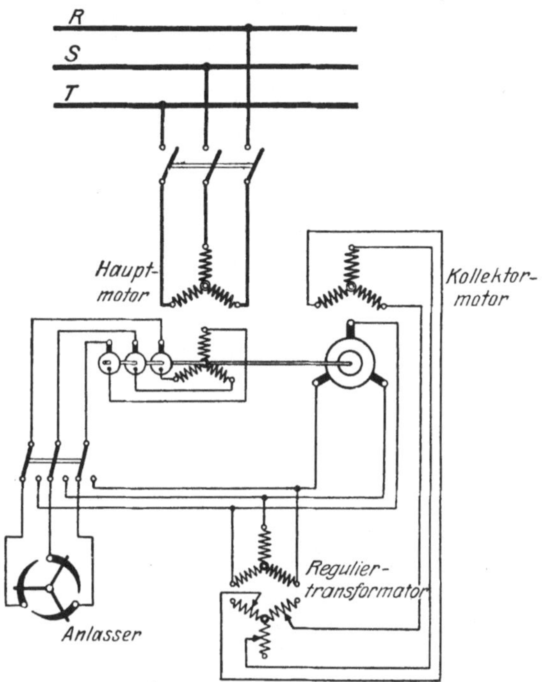

Abb 307. Drehstrom-Induktionsmotor mit mechanisch gekuppeltem Kollektormotor.

Infolge Schwierigkeiten hinsichtlich funkenfreien Laufes ist die Leistung des Kollektormotors beschränkt und damit auch der Anwendungsbereich der vorstehend behandelten Kaskade.

b) Elektrisch gekuppelter Regelsatz. Die in Abb. 308 schematisch dargestellte Anordnung gibt ein Beispiel für den Fall, daß die bei der Regulierung des Drehstrom-Induktionsmotors verfügbar werdende Läuferenergie in Form von *elektrischer Arbeit* nutzbringend dem Netz wieder zugeführt wird. Die Anordnung ist von SCHERBIUS angegeben. Sie ist eine Weiterentwicklung der in der vorigen Abbildung angegebenen Kaskadenschaltung. Nur ist der Drehstromkollektormotor, der den Läuferstrom des Induktionsmotors aufnimmt, mit letzterem nicht

---

[1] Es muß hier, wie in den nachfolgenden Kaskadenschaltungen, Sorge getragen werden, daß die Umschaltung *ohne Unterbrechung* vor sich geht.

mechanisch verbunden, sondern er wird zum Antrieb eines *Drehstrom-generators* benutzt, durch welchen Strom von der Netzfrequenz erzeugt wird. Der Abbildung ist ein *asynchroner Generator* zugrunde gelegt worden. Ein solcher besitzt die Bauart eines gewöhnlichen Induktions-motors; er wirkt, wenn er *übersynchron* angetrieben wird, stromerzeugend, wobei er seine Energie an das Drehstromnetz, an das er angeschlossen ist, abliefert. Kollektormotor und Generator sind miteinander starr gekuppelt, stellen also einen als Motorgenerator ausgeführten Umformer dar.

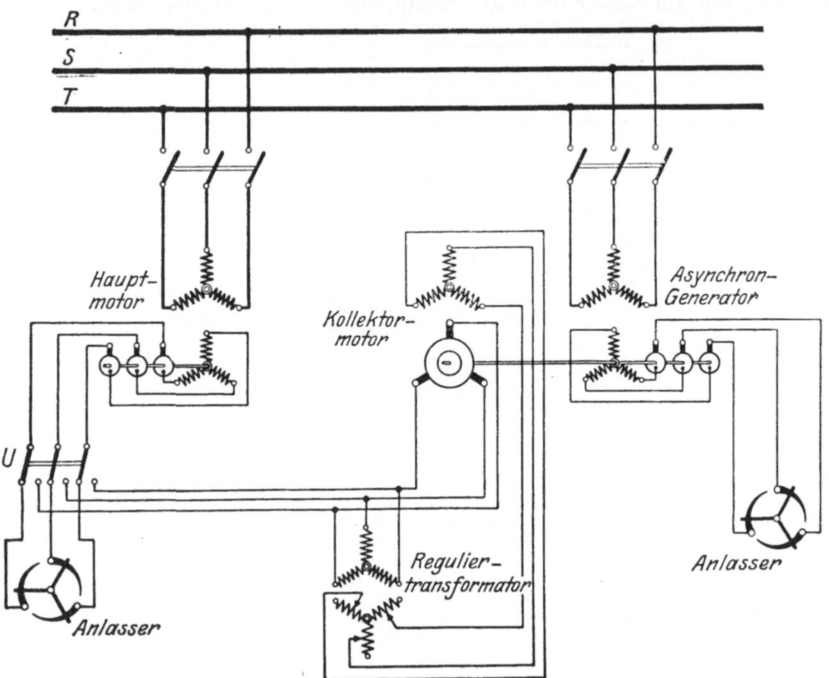

Abb. 308. Drehstrom-Induktionsmotor mit elektrisch gekuppeltem Kollektormotor.

Beim Anlassen wird zunächst der Umformer in Gang gesetzt, und zwar von der Drehstromseite aus, indem der Generator mit Hilfe des Anlassers wie ein asynchroner Induktionsmotor zum Anlauf gebracht wird. Darauf wird der Hauptmotor angelassen und mit dem Umschalter auf den Kollektormotor geschaltet. Die Regelung der Umlaufzahl ge-schieht mittels des zur Erregung des Kollektormotors dienenden Regel-transformators wie unter a) angegeben. Überhaupt lassen sich die dort gemachten Ausführungen sinngemäß auf den zur Erörterung stehenden Regelsatz übertragen, dessen Hauptvorteil gegenüber der Kaskaden-schaltung mit mechanischer Kupplung in der Unabhängigkeit des eigent-lichen Regelumformers vom Hauptmotor, namentlich in bezug auf den Aufstellungsort, besteht. Die Firma BBC, die die beschriebene Anord-nung ausführt, hat den Kollektormotor so durchgebildet, daß auch bei großen Leistungen eine Funkenbildung am Kollektor nicht auftritt.

187. Der Drehstrom-Induktionsmotor mit Gleichstromhintermotor.

a) Mechanisch gekuppelter Regelsatz. Namentlich bei großen Leistungen wird es häufig vorgezogen, zum Zweck der Geschwindigkeitsregelung statt eines Drehstrom-Kollektormotors einen *Gleichstrommotor* mit dem Induktionsmotor in Kaskade zu schalten. In diesem Falle ist jedoch eine Umformung der dem Läufer des Induktionsmotors entnommenen Wechselstromenergie in Gleichstrom vorzunehmen. Wie aus dem Schaltbild Abb. 309 hervorgeht, wird daher zwischen beide Motoren

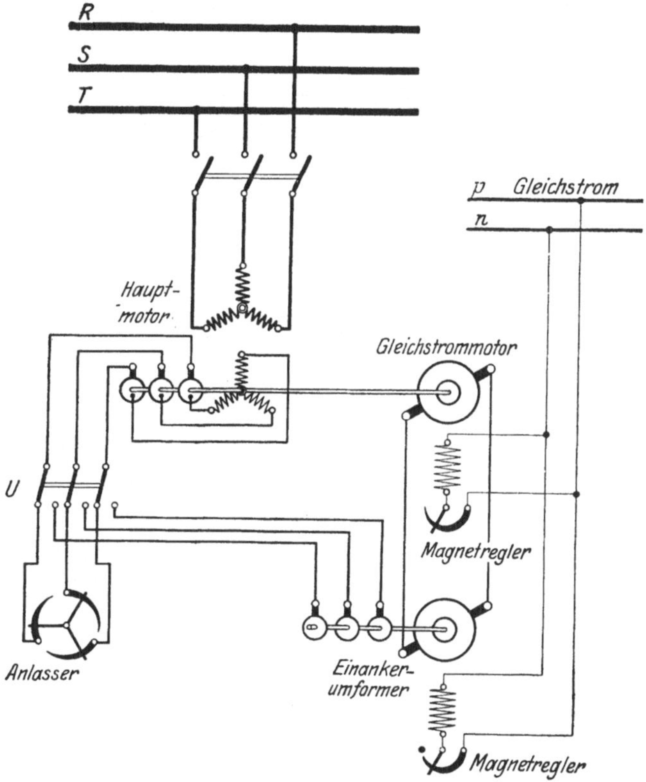

Abb. 309. Drehstrom-Induktionsmotor mit mechanisch gekuppeltem Gleichstrommotor.

ein *Einankerumformer* geschaltet. Eine besondere Synchronisiereinrichtung für ihn ist nicht erforderlich. Es wird vielmehr, nachdem er zuvor erregt und der Induktionsmotor angelassen ist, der Läufer des letzteren auf den Umformer geschaltet, und dieser läuft alsdann bei Regelung der Drehzahl der entstehenden Schlüpfungsfrequenz entsprechend, von selbst an.

Umformer und Gleichstrommotor werden von den *Gleichstromschienen* p und n aus erregt. Gegebenenfalls ist eine besondere *Erregermaschine* erforderlich. Die Geschwindigkeitsregelung kann sehr feinstufig vorgenommen werden und wird am Magnetregler des Gleichstrommotors bewirkt. Je stärker dieser erregt wird, desto größer wird die durch den Einankerumformer in den Läufer des Induktionsmotors gelieferte Gegenspannung, und desto mehr sinkt demnach die Drehzahl des ganzen Maschinensatzes. Die Einstellung des Leistungsfaktors erfolgt am Magnetregler des Einankerumformers.

Statt des in der Abbildung angegebenen dreiphasigen Einankerumformers mit *drei* Schleifringen wird häufig ein sechsphasiger Umformer,

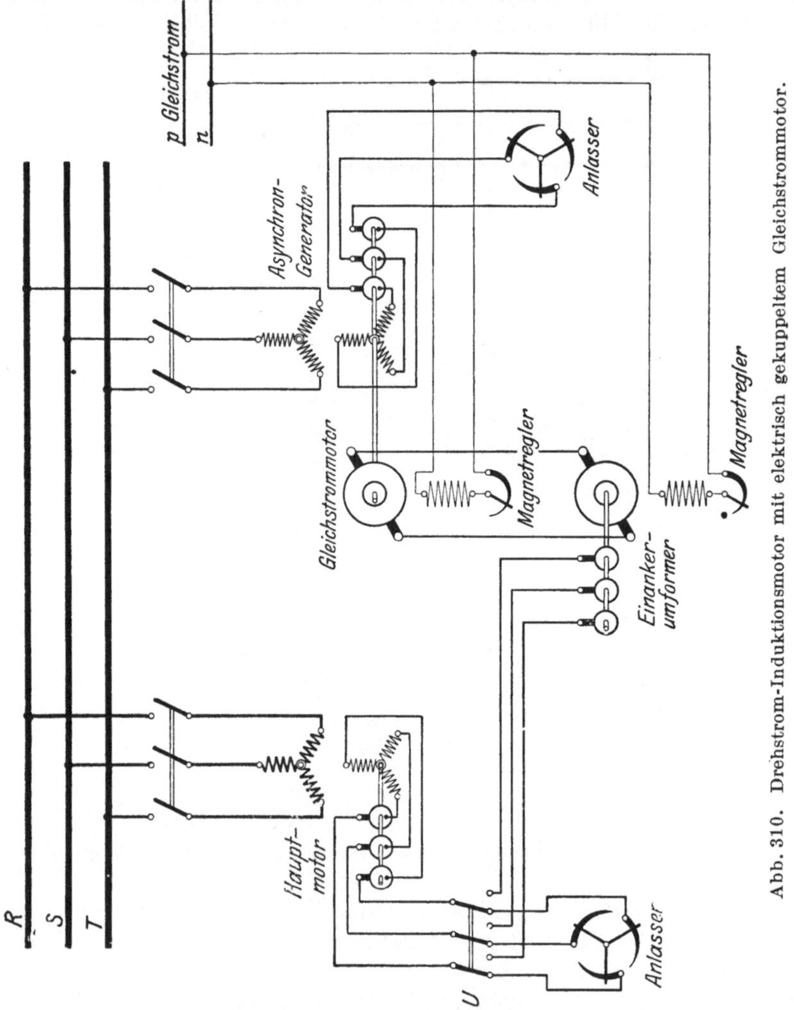

Abb. 310. Drehstrom-Induktionsmotor mit elektrisch gekuppeltem Gleichstrommotor.

also ein solcher mit *sechs* Schleifringen vorgezogen. In diesem Falle ist auch der Läufer des asynchronen Hauptmotors statt mit drei mit sechs Schleifringen auszustatten (vgl. Abb. 272).

Das vorstehend erörterte Regelverfahren, das auch für große Leistungen brauchbar ist, ist unabhängig voneinander von LINSEMANN, KRÄMER und HEYLAND angegeben worden.

b) Elektrisch gekuppelter Regelsatz. Auch bei dem vorstehend beschriebenen Verfahren kann ein vom Hauptmotor getrennter Regelsatz zur Anwendung kommen. Es ist alsdann der vom *Einankerumformer* gelieferte Gleichstrom über den *Gleichstrommotor* mit Hilfe eines asynchronen *Drehstromgenerators* (vgl. Abb. 308) in Drehstrom überzuführen und dieser an das Netz zurückzuliefern. Das Schaltbild einer solcherart eingerichteten Anlage zeigt Abb. 310. Der für die Erregung des Einankerumformers und des Gleichstrommotors erforderliche Erregerstrom

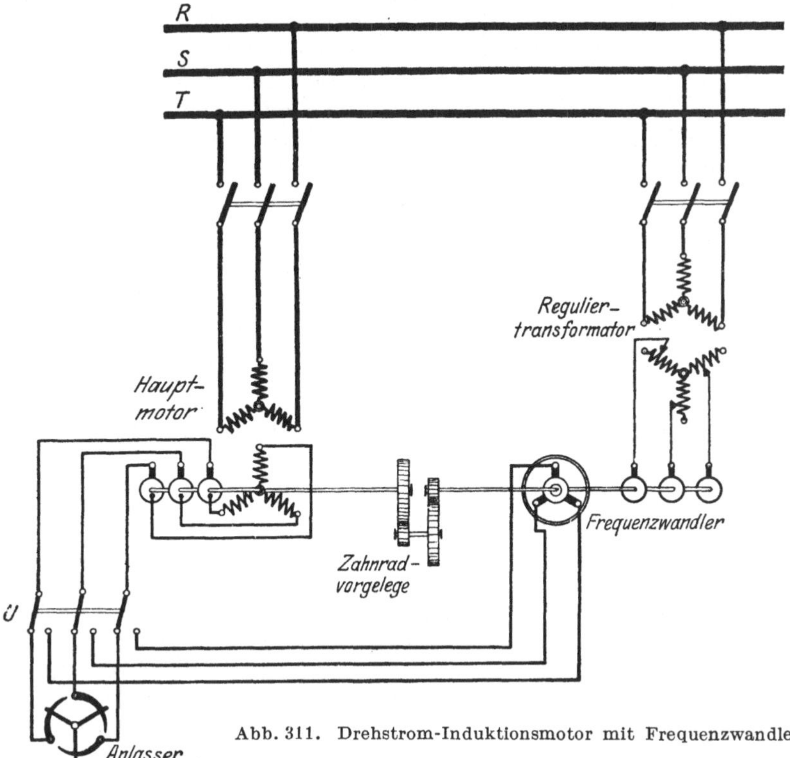

Abb. 311.   Drehstrom-Induktionsmotor mit Frequenzwandler.

wird wieder besonderen Gleichstromschienen entnommen. Der Vorgang des Anlassens ergibt sich sinngemäß aus den vorhergehenden Abschnitten: der aus Gleichstrommotor und Drehstromgenerator bestehende Umformer wird von der Drehstromseite aus angetrieben; der Hauptmotor wird angelassen, der Einankerumformer erregt und mit dem Läufer des Hauptmotors verbunden. Das Einstellen der Umlaufzahl geschieht am Magnetregler des Gleichstrommotors, kann also in beliebig feinen Stufen vorgenommen werden. Die Einrichtung kann, wie die unter a) behandelte, für beliebig große Leistungen ausgeführt werden.

188. Der Drehstrom-Induktionsmotor mit Frequenzwandler.

Um die Läuferenergie des zu regelnden Induktionsmotors dem Netz wieder zuzuführen, kann nach einem Vorschlage von HEYLAND auch ein *Frequenzwandler*, wie er bereits in Abschn. 140 als Phasenkompensator erörtert wurde, benutzt werden. Ihm fällt die Aufgabe zu, den dem Läufer des Motors entnommenen Wechselstrom geringer Frequenz in solchen von der Netzfrequenz umzuwandeln.

Die Schaltung ist in Abb. 311 wiedergegeben. Der Läufer des Hauptmotors arbeitet auf den Kollektor des Frequenzwandlers. Die Schleifringe des Wandlers stehen über einen *Regeltransformator* mit dem Netz in Verbindung, der die Läuferenergie auf Netzspannung bringt. Der Antrieb des Frequenzwandlers kann unmittelbar von der Welle des Hauptmotors aus oder, wenn seine Drehzahl höher als die des letzteren ist, über ein Zahnradvorgelege erfolgen. In der Abbildung ist ein Zahnradgetriebe angedeutet. Die Geschwindigkeitsregelung des Hauptmotors geschieht durch Spannungsregelung am Regeltransformator des Frequenzwandlers.

Grundsätzlich kann der Frequenzwandler auch getrennt vom Hauptmotor aufgestellt werden. Er muß alsdann durch einen Hilfsmotor *synchron* zum Hauptmotor angetrieben werden. Doch treten in diesem Falle leicht Pendelerscheinungen der Maschine ein, und es wird daher die mechanische Kupplung vorgezogen. Überhaupt wird der Frequenzwandler im allgemeinen nur für verhältnismäßig kleine Leistungen verwendet.

189. Regelung eines Drehstrom-Induktionsmotores auf unter- und übersynchronen Lauf.

Bei den bisher behandelten Kaskadenschaltungen ist eine Regelung der Drehzahl im allgemeinen nur *unterhalb* des Synchronismus möglich, d. h. die Drehzahl des Hauptmotors kann gegenüber der normalen wohl verringert, nicht aber gesteigert werden. Als ein wesentlicher Fortschritt müssen die neueren Verfahren angesehen werden, durch welche die Drehzahl innerhalb gegebener Grenzen beliebig *unterhalb* oder *oberhalb* des Synchronismus eingestellt werden kann. Bei ihnen fallen, da sich die Drehzahl beiderseits des Synchronismus regeln läßt, die zur Regelung dienenden Hilfsmaschinen bei gleichem Regelbereich nur halb so groß aus wie bei nur untersynchroner Regelung, oder man kann bei gleich großen Maschinen einen Regelbereich von doppelter Ausdehnung erzielen.

a) Regelsatz mit Drehstrom-Erregermaschine, mechanisch und elektrisch gekuppelt. Bei dem von den SSW nach Angaben von Kozisek ausgebildeten Verfahren der unter- und übersynchronen Regelung eines Induktionsmotors wird eine *Drehstrom-Erregermaschine mit Netzerregung* benutzt nach Art der in Abschn. 141 als Phasenkompensator beschriebenen. Es sind verschiedene Schaltungen möglich, von denen eine in Abb. 312 dargestellt ist. Die Erregermaschine ist mit dem zu regelnden Hauptmotor unmittelbar gekuppelt oder, bei abweichender Drehzahl, über Zahnräder verbunden. Der Läuferstrom des Hauptmotors wird, über ihren Ständer, dem Läufer der Erregermaschine zugeführt. Gleichzeitig wird diese unter Zwischenschaltung eines *Regeltransformators* vom

Netz aus erregt. Der Erregerstrom wird vom Mittelpunkt jeder der drei Phasen der Sekundärwicklung des Regeltransformators abgenommen und über die Schleifringe dem Läufer der Erregermaschine aufgedrückt. Die Phasen des Transformators sind ferner mit einer Anzahl Anzapfungen versehen, die mit Kontakten eines dreiteiligen *Regulierschalters* in Verbindung stehen, und an denen ihre Verkettung vorgenommen wird. Der Regulierschalter bildet also den Verkettungspunkt der Transformatorphasen. Je nachdem, auf welcher Seite, vom Mittelpunkt der Phasen aus gerechnet, die Verkettung erfolgt, erhält man eine Erregerspannung von verschiedener Richtung, derzufolge die von der Erregermaschine entwickelte Spannung im gleichen oder entgegengesetzten Sinne wie die Läufer-

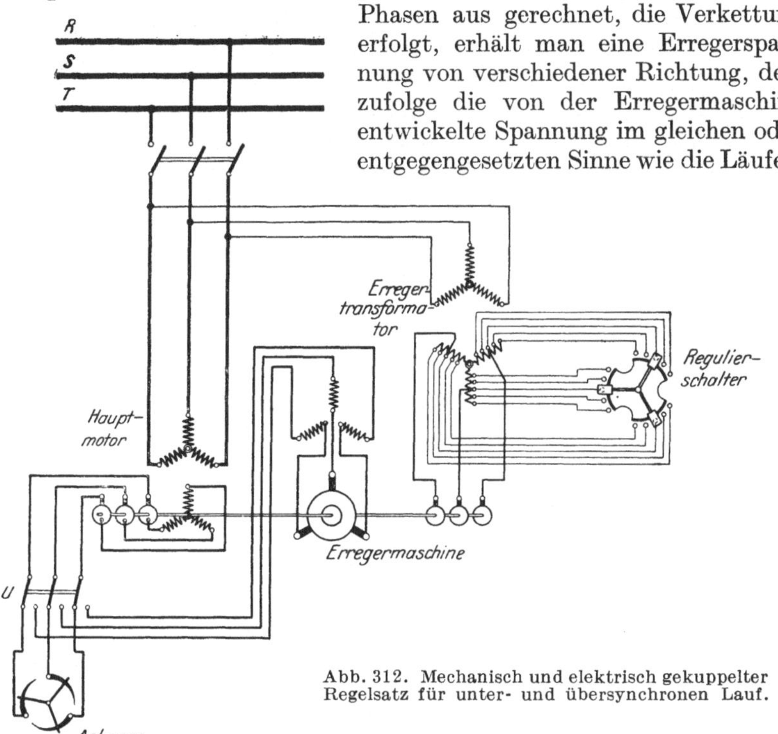

Abb. 312. Mechanisch und elektrisch gekuppelter Regelsatz für unter- und übersynchronen Lauf.

spannung des Hauptmotors wirkt. Da sich nun der Motor auf eine solche Drehzahl einstellen muß, daß seine Läuferspannung der ihm aufgedrückten Spannung das Gleichgewicht hält, so wird er je nach der Stellung des Regulierschalters zum über- oder untersynchronen Lauf gezwungen. Nur in der Mittelstellung des Schalters tritt die nahezu synchrone Geschwindigkeit auf.

Bei *untersynchronem* Lauf wird die von den Schleifringen des Hauptmotors abgegebene elektrische Energie in der Erregermaschine, die als *Motor* arbeitet, in mechanische Arbeit verwandelt und diese an der gemeinsamen Welle nutzbar gemacht. Bei *übersynchronem* Lauf wirkt die Kollektormaschine dagegen als *Generator*. Sie erhält die zum Antrieb erforderliche mechanische Energie vom Hauptmotor über die Welle zugeführt und liefert sie als elektrische Arbeit an das Netz zurück. Der Übergang von der unter- zur übersynchronen Geschwindigkeit geschieht stoßfrei.

Der Maschinensatz wird vom Hauptmotor aus mittels seines Anlassers in Betrieb gesetzt, wobei sich der Regulierschalter vorerst noch in der Mittellage befindet. Der Motor läuft dann zunächst mit seiner normalen Drehzahl, die in der Mitte des Regelbereiches liegt, innerhalb dessen sie nunmehr durch den Regulierschalter nach oben oder unten verändert werden kann.

b) Regelsatz mit Drehstrom-Kollektormotor, elektrisch gekuppelt. Das Schaltbild eines Verfahrens der unter- und übersynchronen Regelung, welches sich eng an die in Abschn. 187b behandelte Schaltung anschließt, zeigt Abb. 313. Bei dem Verfahren, das von BBC durchgebildet wurde, wird ein vom Hauptmotor getrennter Regelsatz angewen-

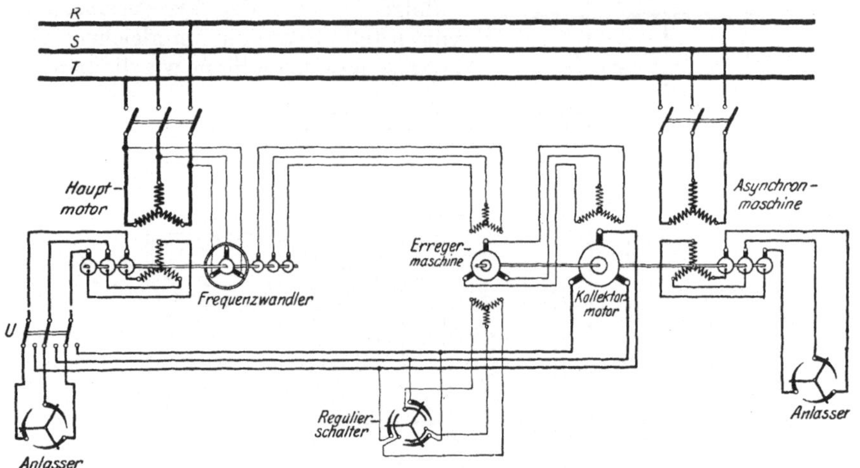

Abb. 313. Elektrisch gekuppelter Regelsatz für unter- und übersynchronen Lauf.

det. Er besteht aus einem *Drehstrom-Kollektormotor*, der mit dem Läufer des Hauptmotors in elektrische Verbindung gebracht wird, und einer damit gekuppelten *asynchronen Induktionsmaschine*, die an das Drehstromnetz angeschlossen ist. Insofern gleicht der Regelsatz also dem von SCHERBIUS. Während bei diesem jedoch die Erregung des Kollektormotors mit Hilfe eines Regeltransformators erfolgt, ist für das vorliegende Verfahren eine eigene *Erregermaschine* vorgesehen, die auch als Kollektormaschine gebaut und mit dem Regelsatz starr gekuppelt ist. Die Erregermaschine ihrerseits wird über einen *Regulierschalter* von der Läuferspannung des Hauptmotors aus erregt. Da im Synchronismus die Läuferspannung des Hauptmotors Null ist, so versagt jedoch diese Erregung beim Übergang vom unter- zum übersynchronen Lauf, und es ist daher, um den übersynchronen Lauf einzuleiten, noch eine weitere, und zwar eine Fremderregung vorgesehen. Diese vermittelt ein kleiner *Frequenzwandler*, welcher mit dem Hauptmotor mechanisch gekuppelt ist und somit eine der Läuferspannung stets periodengleiche Zusatzspannung von ungefähr gleichbleibender Größe liefert.

Die Drehzahl des Hauptmotors kann nun am Regulierschalter auf den gewünschten Wert eingestellt werden. Bei *untersynchroner* Regelung

treibt die Kollektormaschine, gespeist von der frei werdenden Läuferenergie des Hauptmotors, die mit ihr gekuppelte Asynchronmaschine an,
so daß diese, als *Generator* wirkend, Strom in das Drehstromnetz liefert.
Bei *übersynchroner* Regelung dagegen
empfängt die Asynchronmaschine Strom
aus dem Netz, arbeitet sie also als *Motor*
und treibt sie die Kollektormaschine an,
so daß diese nunmehr Energie an den
Läufer des Hauptmotors abgibt.

Das Anlassen geschieht ähnlich wie
bei der Anordnung von SCHERBIUS. Es
wird zuerst der Regelsatz angetrieben,
indem die Asynchronmaschine über ihren
Anlasser als Motor in Gang gesetzt wird.
Hierbei befindet sich der Regulierschalter in der Nullstellung. Sodann wird
der Hauptmotor angelassen und, nachdem dies geschehen, sein Läufer auf den
Regelsatz umgeschaltet. Der Hauptmotor
stellt sich dabei auf seine normale Drehzahl ein. Nunmehr kann an dem Schalter
auf die gewünschte Geschwindigkeit einreguliert werden.

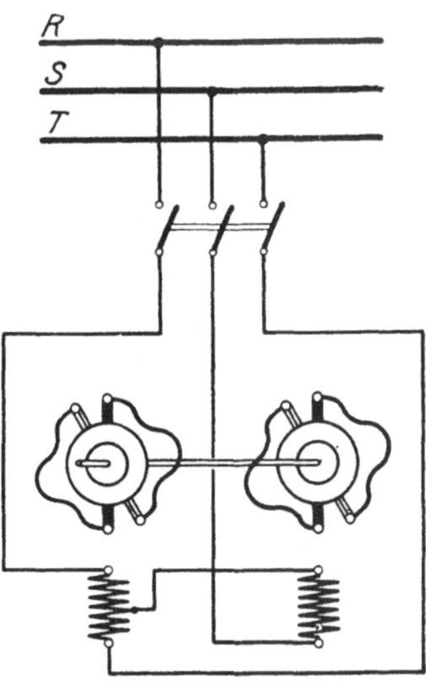

Abb. 314.   Doppel-Kurzschluß-
kollektormotor.

190. Der Doppelkurzschlußkollektormotor.

Regelmaschinen besonderer Art stellt die Firma BBC her, indem sie
zwei *Einphasen-Kurzschlußkollektormotoren* (vgl. Abschnitt 132, Abb. 237)
zu einem Motor mit zwei Kollektoren vereinigt. Die Stromzuführung
kann über zwei Einphasentransformatoren erfolgen, die nach der SKOTT-
schen Schaltung (s. Abschn. 91) verbunden sind, so daß jeder Einzelmotor
an eine Phase eines Zweiphasensystems angeschlossen wird. Die Transformatoren sind jedoch entbehrlich, wenn, wie in Abb. 314, die Ständerwicklungen beider Motoren selbst nach SKOTT geschaltet sind. Der
Doppelkurzschlußkollektormotor hat Hauptschlußcharakter. Die Regelung der Geschwindigkeit erfolgt durch Bürstenverschiebung. Damit
diese an beiden Kollektoren gleichmäßig vorgenommen werden kann,
sind die Bürstenbrücken für die beweglichen Bürsten beider Motoren
mechanisch miteinander verbunden.

XIII. Steuern und Regeln.

191. Allgemeines.

In der modernen Antriebstechnik spielen die Begriffe „Steuern" und
„Regeln" eine besonders wichtige Rolle. Man bezeichnet als „Steuerung"
einen Vorgang, bei dem man durch ein Steuerorgan den Wert einer Größe
verändert, ohne einen Vergleich von Ursache und Wirkung durchzu-
führen, während man unter Regelung die selbsttätige Einhaltung eines

Sollwertes durch Vergleich von Soll- und Istwert (Ein- und Ausgang)
versteht. Vielfach stehen für die Steuerung oder Regelung eingangsseitig nur sehr kleine Energien zur Verfügung, während z. B. die Beeinflussung einer größeren Maschine ausgangsseitig eine verhältnismäßig
große Leistung verlangt.

Es ist daher meist notwendig, Einrichtungen anzuwenden, welche die
zur Steuerung oder Regelung zur Verfügung stehenden Eingangsgrößen
soweit verstärken, daß sie zur Betätigung von Apparaten oder zur
Speisung von Erregerwicklungen größerer Maschinen verwendet werden
können.

Bei jeder Regelung wird die Differenz zwischen dem Soll- und Istwert der zu regelnden Größe gemessen und der Differenzwert über eine
Verstärkereinrichtung einem Verstellglied zugeführt, das die Abweichung
der geregelten Größe vom Sollwert auszugleichen strebt. Man verlangt
von einer modernen Regeleinrichtung, daß der Ausgleich der Abweichungen vom Sollwert nicht nur mit hoher Genauigkeit und großer Geschwindigkeit sondern auch möglichst schwingungsfrei erfolgt. Jede
schnellwirkende Regelung muß daher auch noch eine Beruhigungseinrichtung zur Stabilisierung erhalten.

A. Verstärkereinrichtungen.

a) Elektronische Verstärker haben den Vorteil einer außerordentlich
großen Genauigkeit und arbeiten nahezu trägheitslos, so daß sie besonders dort angewendet werden, wo es auf genaue und besonders schnelle
Regelung ankommt. Sie eignen sich besonders zur
Regelungvon Stromrichtern; für Regelung von Maschinen werden sie häufig in Kombination mit den
später beschriebenen Magnetverstärkern oder Verstärkermaschinen verwendet.

Das bekannteste Element eines elektronischen
Verstärkers ist die aus der Rundfunktechnik bekannte Verstärkerröhre mit beheizter fester Kathode und Steuergitter zwischen Anode und Kathode; Abb. 315 zeigt die grundsätzliche Schaltung
einer solchen Verstärkereinrichtung. Die geringen
Schwankungen der dem Steuergitter G aufgedrückten Spannung Ug werden bei der gezeigten Anordnung in starke Stromschwankungen im Anodenstromkreis verwandelt. Diese können ihrerseits wieder an dem Belastungswiderstand BW oder an der
Röhre selbst als Spannungswerte abgegriffen werden. Die gezeigte Anordnung könnte z. B. dienen,

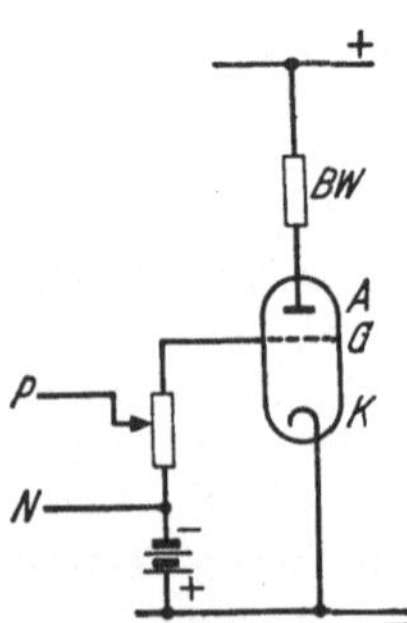

Abb. 315. Schaltbild
eines
Röhrenverstärkers.
A Anode
K Kathode
G Steuergitter
BW Belastungswiderstand
SpT Spannungsteiler

um die Spannungsschwankungen der Gleichstromquelle NP verstärkt
an den Vergleichskreis einer Regeleinrichtung weiterzugeben.

b) Magnetische Verstärker. Diesen liegt der Gedanke zugrunde, die
Induktivität und damit den Wechselstromwiderstand einer eisengefüllten Drosselspule durch eine Vormagnetisierung mit Gleichstrom zu

verändern. Auf diese Art läßt sich mit einem geringen Aufwand für die Vormagnetisierung ein verhältnismäßig großer Wechselstrom steuern. Die Abb. 316 zeigt das Prinzip einer vormagnetisierten Drosselspule. Die zusätzliche kleine Drossel auf der Gleichstromseite (Eingangs- oder Steuerseite) hat die Aufgabe, einen störenden Wechselstromfluß in diesem Kreis zu unterbinden. Da diese Sperrdrossel eine sehr hohe Induktivität haben müßte, würde die Zeitkonstante des Steuerkreises hohe Werte annehmen, was regeltechnisch nachteilig ist. Aus diesem Grunde verwendet man als Magnetverstärker in der Praxis immer zwei Drosseln, deren Wechselstrom- oder Ausgangswicklungen in Reihe oder parallel geschaltet und deren Steuerwicklungen gegensinnig angeschlossen werden.

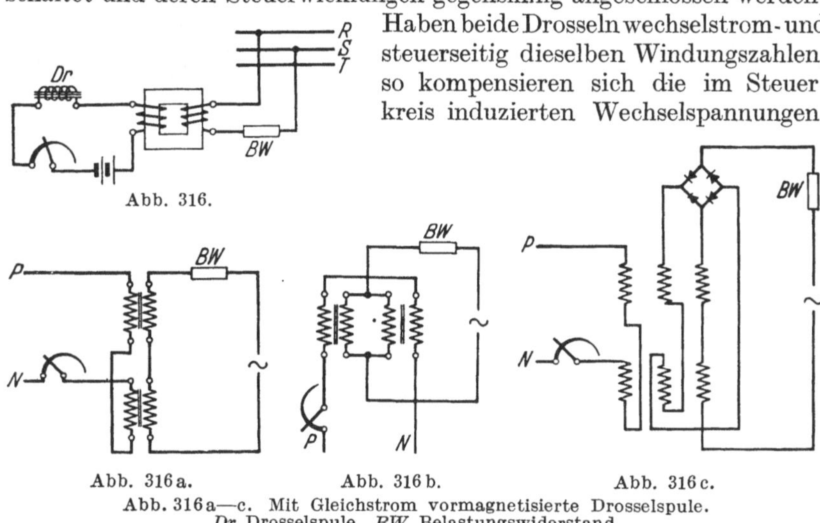

Haben beide Drosseln wechselstrom- und steuerseitig dieselben Windungszahlen, so kompensieren sich die im Steuerkreis induzierten Wechselspannungen.

Abb. 316.

Abb. 316a.   Abb. 316b.   Abb. 316c.

Abb. 316a—c. Mit Gleichstrom vormagnetisierte Drosselspule.
Dr Drosselspule, BW Belastungswiderstand

Die Abb. 316a läßt einen Magnetverstärker mit in Reihe liegenden Drosseln erkennen, während 316b einen Verstärker mit parallel geschalteten Drosseln wiedergibt.

Die erforderliche Steuerleistung zur Aussteuerung des Magnetverstärkers kann durch Rückkopplung, indem ein Teil oder der gesamte gleichgerichtete Laststrom durch eine Rückkopplungswicklung geschickt wird, stark herabgesetzt und der Verstärkungsgrad ebenso erhöht werden (Abb. 316c). Diese Maßnahme wird auch Selbsterregung genannt.

Bei der Drosselparallelschaltung wendet man mit großem Vorteil die sogenannte Selbstsättigung oder Sättigungswinkelsteuerung an. Die Abb. 317 zeigt einen Magnetverstärker mit Selbstsättigung und Wechselstromausgang und die Abb. 318 einen ebensolchen mit Gleichstromausgang. Schließlich ist in Abb. 319 ein dreiphasiger Magnetverstärker mit Gleichstromausgang dargestellt.

Die in den obigen Abbildungen wiedergegebenen Magnetverstärker sind nur für eine Stromrichtung im Ausgangskreis brauchbar. Im Falle der Notwendigkeit einer Stromumkehr sind zwei Magnetverstärker in

Gegentaktschaltung erforderlich. Die Abb. 319a zeigt eine derartige Schaltung, wobei z. B. für jede Spannungsrichtung eines Steuergenerators eine besondere Erregerwicklung vorgesehen ist.

Die Vormagnetisierung der Drosselspule kann jedoch auch durch den ganz oder teilweise gleichgerichteten Laststrom verstärkt werden, wo-

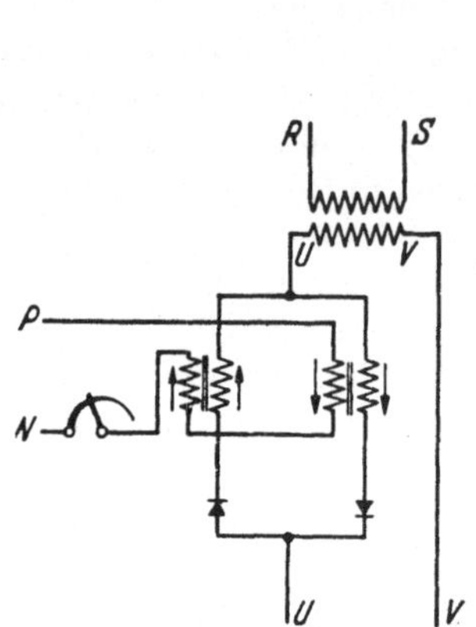

Abb. 317. Magnetverstärker für Wechselstrom in Einphasenschaltung.

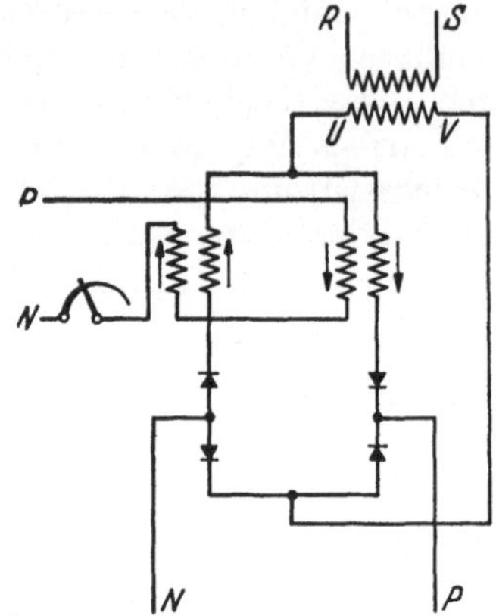

Abb. 318. Magnetverstärker für Gleichstrom in Einphasenschaltung.

durch man eine wesentliche Verbesserung der Verstärkung erreicht, man bezeichnet eine solche Anordnung dann als Magnetverstärker. Abb. 317 gibt die Schaltung eines solchen Magnetverstärkers für einphasigen

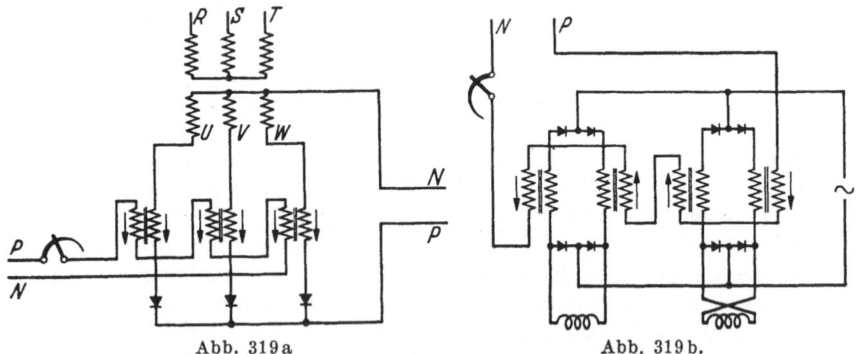

Abb. 319a.   Abb. 319b.
Magnetverstärker für Gleichstrom in Dreiphasenschaltung.

Wechselstrom, Abb. 318 für Gleichstrom im Belastungskreis in Einphasenschaltung an, während Abb. 319 und 319a die Schaltung eines Magnetverstärkers für Gleichstrom in Dreiphasenschaltung zeigt. Der Belastungsstrom durchfließt in den gezeigten Schaltungen die eisengefüllten Drosselspulen nur in einer Richtung und ist so geschaltet, daß er den steuernden Gleichstrom unterstützt und so dessen Wirkung verstärkt.

c) **Maschinenverstärker.** Überall dort, wo der Röhren- oder Magnetverstärker mit Rücksicht auf hohe Ausgangsenergie nicht mehr angewendet wird, gibt der Maschinenverstärker eine verwendbare Verstärkungsmöglichkeit. Schon jede einfache Gleichstrommaschine stellt einen Verstärker dar, der vom Erregerkreis aus als Steuerkreis zum Ankerkreis als Ausgangskreis eine Leistungsverstärkung erzielt. Durch Hintereinanderschaltung zweier Maschinen (zweistufige Verstärkung) ließe sich das Verstärkungsverhältnis wesentlich erhöhen.

In den Verstärker- oder Regelmaschinen wird diese Wirkung durch eine besondere Schaltung erreicht und gleichzeitig eine äußerst niedrige Zeitkonstante erzielt.

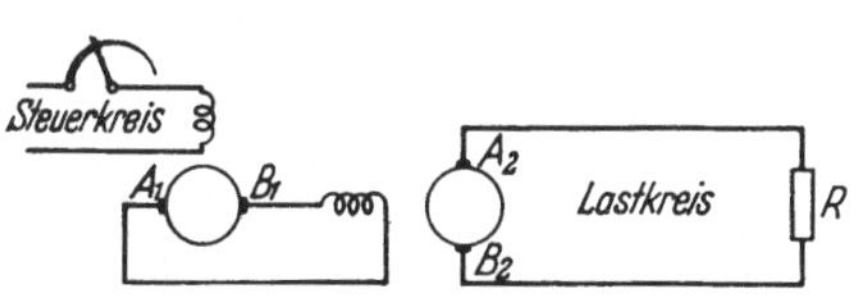

Abb. 320. Verstärkung durch Hintereinanderschaltung zweier Gleichstrommaschinen.

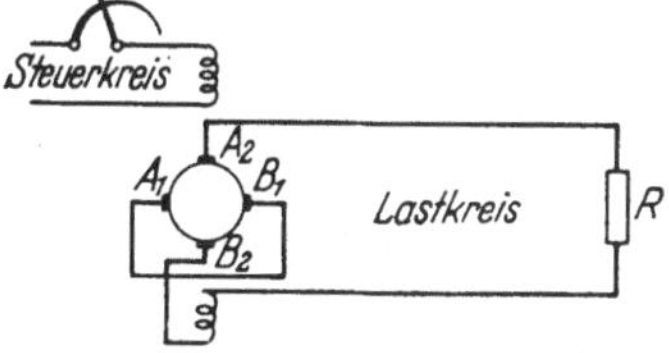

Abb. 321. Schaltung der Querfeldverstärkermaschine.

Bei einer der bekanntesten Ausführungen einer Verstärkermaschine, die Querfeldverstärkermaschine (Abb. 321), übernimmt der kurzgeschlossene Ankerkreis der waagrecht gezeichneten Bürsten A_1 und B_1 die Rolle der ersten Verstärkerstufe. Der kurzgeschlossene Anker bildet schon bei geringer Erregung ein starkes Querfeld aus, das nun seinerseits den Haupterregerkreis für den Nutzkreis bildet, der an die Bürsten A_2 und B_2 angeschlossen ist und in dem in der Abb. 321 gegebenen Beispiel einen Belastungswiderstand R speist. Eine Kompensationswicklung C hebt die Anker-Amperewindungen des Nutzkreises auf, damit dieser nicht auf das Längsfeld (Eingangsfeld) zurückwirkt. Diese Ma-

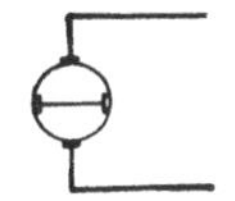

Abb. 322. Schaltzeichen der Querfeldverstärkermaschine.

schine wird meist nach der in Amerika üblichen Bezeichnung Amplidyne genannt. Neben dieser Querfeldverstärkermaschine gibt es noch einige andere Bauarten von Verstärkermaschinen, z. B. Rototrol, Unsymmetrie-Verstärkermaschine u. a., auf die im Rahmen dieses Buches jedoch nicht eingegangen werden kann.

B. Anwendung der Verstärkerschaltungen [1].

192. Allgemeines.

Es muß grundsätzlich unterschieden werden, ob die Verstärkereinrichtung als Kraftverstärker dienen, d. h. mit kleinen Energien möglichst große Leistungen steuern soll, z. B. bei Verstellantrieben, Steuerung von LEONARD-Antrieben usw., oder ob sie als Meßverstärker dienen, d. h. einen gegebenen Meßwert so weit verstärken soll, daß er für die Regelung großer Maschinen verwendet werden kann. In den Verstärker-

---

[1] WALTER, Anwendung von magnetischen Verstärkern in der Regeltechnik E. u. M., 69 (1952) S. 255 — VICKERS, Magnetic Amplifiers, Bulletin 20a 1949.

schaltungen Abb. 323 bis Abb. 326 wird als Verstärkereinrichtung grundsätzlich die Verstärkermaschine verwendet, da dies die einfachsten Schaltungen ergibt. Die Schaltungen können aber mit geringen Abwandlungen sinngemäß auch für die Verwendung von elektronischen oder von Magnetverstärkern verwendet werden.

193. Steuerung eines Leonardantriebes mit einer Verstärkermaschine.

Ein Beispiel für die Steuerung eines LEONARD-Antriebes mit Hilfe einer Verstärkermaschine gibt die Abb. 323.

Bei dieser Schaltung wird durch den Steuerapparat St der Verstärkermaschine (V) eine bestimmte Erregung vorgegeben. Diese erregt nun den Generator G mit einer Spannung, die bedeutend höher ist, als die im Endzustand benötigte Erregerspannung des Generators. In dem Maße, als der Generator G auf Spannung kommt, steigt auch der Strom in der Erregerwicklung 2 der Verstärkermaschine, deren Amperewindungen denen in der Steuerwicklung 1 entgegengerichtet sind und drückt dadurch die Spannung der Verstärkermaschine auf den Wert, der für die Erregung des Generators G im stationären Zustand benötigt wird.

Eine andere Schaltung zeigt die Abb. 324, bei der die Verstärkermaschine V von der Differenz zwischen einer durch den Steuerapparat St am Spannungsteiler Sp vorgegebenen Spannung, die den Sollwert der Drehzahl des LEONARD-gesteuerten Motors M darstellt und der Spannung der Tachometermaschine T, die den Istwert der Drehzahl darstellt, erregt wird.

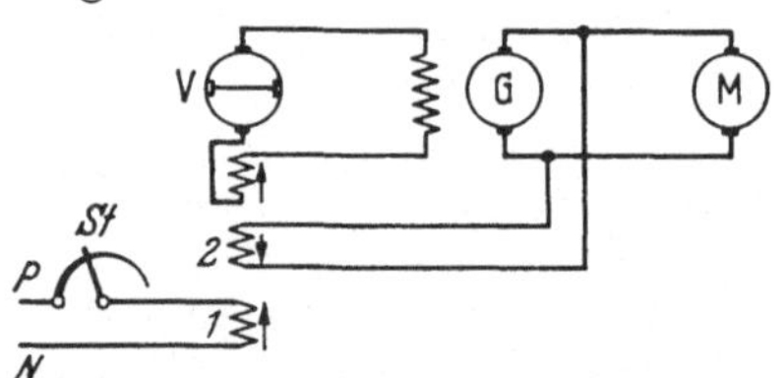

Abb. 323. Steuerung eines LEONARD-Umformers mit einer Verstärkermaschine.

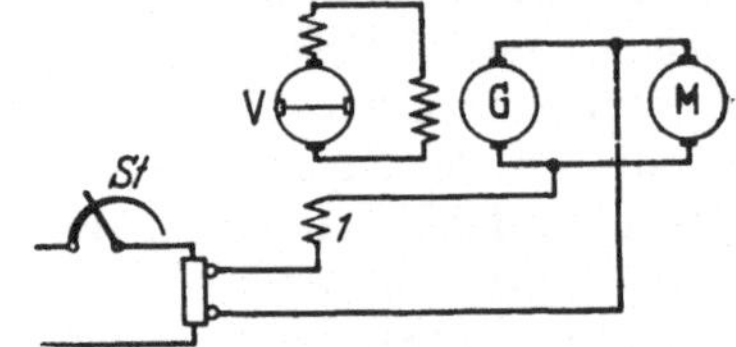

Abb. 324. Steuerung eines LEONARD-Umformers mit einer Verstärkermaschine in Differenzschaltung.

194. Verstärkermaschine in Differenzschaltung für einen Leonardantrieb.

Bei dieser Schaltung wird bei jeder Abweichung von der Sollspannung eine Spannungsdifferenz zwischen der Generatorspannung und der vorgegebenen Sollspannung eintreten, die auf die Steuerwicklung 1 der Verstärkermaschine V einwirkt, die diesen Regelimpuls verstärkt und die Spannung mit großer Genauigkeit wieder auf ihren Sollwert einstellt.

195. Spannungsregelung eines Gleichstromgenerators mit Rückführung.

Die unvermeidlichen Zeitkonstanten und der meist hohe Verstärkungsgrad solcher Verstärkerschaltungen bringen die Gefahr von Überregelung oder Pendelungen mit sich. Diese können z. B. wirksam dadurch bekämpft werden, daß man die Änderungsgeschwindigkeit der zu regelnden Größe so auf die Verstärkergeschwindigkeit einwirken läßt, daß sie den Pendelerscheinungen entgegenwirken (sogenannte Rückführung). Abb. 325 zeigt eine solche Möglichkeit bei einem spannungsgeregelten Gleichstromgenerator. Das Prinzip der Regelung ist das gleiche wie bei Abb. 324, auch hier wird der Sollwert der Spannung durch den Einstellregler ER an dem Spannungsteiler Sp eingestellt und die Wicklung 1 der Verstärkermaschine durch einen Strom, der der Spannungsdifferenz entspricht, gespeist. Die Rückführwicklung 2 liegt an den Sekundärklemmen des Transformators Tr und führt einen Strom, der der Änderung der Klemmenspannung U des Generators proportional ist und die Wirkung der Wicklung 1 unterstützt, wenn sich die

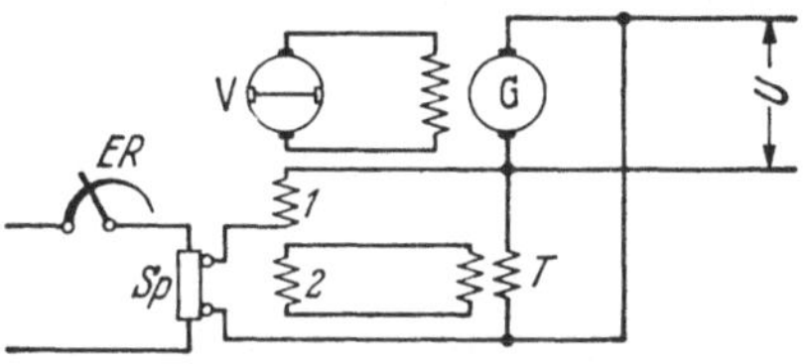

Abb. 325. Spannungsregelung eines Gleichstromgenerators mit Rückführungswicklung.

Spannung vom Sollwert entfernt, ihr aber entgegenwirkt, wenn sie sich nach einer Abweichung dem Sollwert wieder nähert, so daß sie aufkommenden Pendelungen stets entgegengerichtet ist. Wenn die Spannung sich nicht mehr ändert, also konstant bleibt, ist die Wicklung 2 stromlos.

196. Drehzahlsteuerung mit automatischer Strombegrenzung.

Eine der häufigsten Anwendungen finden die Verstärker auch als Begrenzungseinrichtung, d. h. um bei einem Antrieb z. B. den Strom, Drehzahl, Beschleunigung usw. zu begrenzen. Ein Beispiel gibt hierfür die Abb. 326. Die Steuerung ist wieder eine Differenzschaltung, wobei die Spannung der Tachometerdynamo T mit einer vom Steuerapparat St am Spannungsteiler $Sp\,1$ eingestellten Spannung verglichen wird. Die Differenz zwischen den beiden Spannungen hat einen Strom in der Erregerwicklung 1 der Verstärkermaschine V zur Folge. Diese verstärkt diesen Regelimpuls

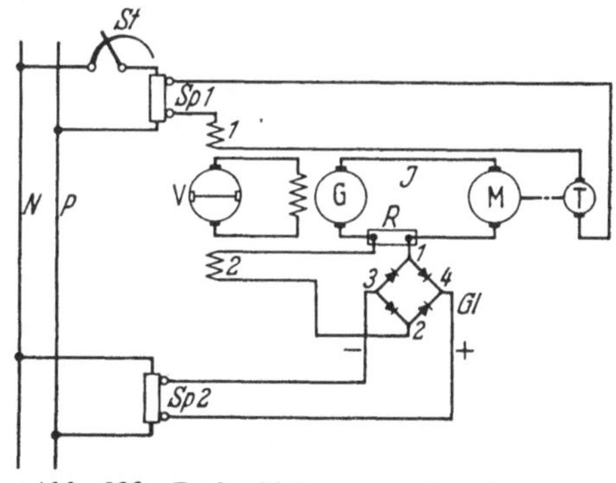

Abb. 326. Drehzahlsteuerung eines Leonard-Antriebes mit automatischer Strombegrenzung.

und verändert den Erregerstrom des Generators G so, daß die Solldrehzahl wieder hergestellt wird. Die Wicklung 2 der Verstärkermaschine dient zur Strombegrenzung. Der durch den Ankerstrom des Generators erzeugte Spannungsabfall im Widerstand wird in der Gleichrichterbrücke Gl mit einem Sollwert verglichen, der an dem an einer konstanten Spannung liegenden Spannungsteiler $Sp\,2$ eingestellt werden kann. So lange die vom Spannungsteiler $Sp\,2$ abgegriffene

Spannung größer ist, als der Spannungsabfall am Widerstand R, kann durch die Wicklung *2* kein Strom fließen. Überschreitet dagegen der Spannungsabfall JR an dem Widerstand R den Sollwert, der als Gegenspannung an den Klemmen *3* und *4* der Gleichrichterbrücke Gl liegt, so kommt ein Stromfluß durch die Erregerwicklung *2* zustande, der die Spannung des Generators und damit die Drehzahl des Motors so lange vermindert, bis der Ankerstrom wieder unter den eingestellten Wert gesunken ist.

XIV. Schutz elektrischer Anlagenteile.

197. Allgemeines.

Einrichtungen zum Schutz elektrischer Maschinen, Apparate und Netze sind bereits seit Beginn elektrischer Kraftübertragung in Gebrauch. Während man sich früher mit Schmelzsicherungen und aufgebauten Überstromauslösern begnügen konnte, ist man heute in der modernen Schutztechnik gezwungen, für das Ausmessen der Fehler und Abschalten von Maschinen und Netzteilen eine Vielzahl von Meßeinrichtungen zu verwenden. Im Falle einer Störung müssen die Schutzeinrichtungen den gestörten Anlagenteil in möglichst kurzer Zeit abschalten und die Ursache der Störung melden. Man verlangt also von einer Schutzeinrichtung, daß sie selektiv arbeitet, d. h. sie darf nur den mit Fehler behafteten Teil abschalten, den übrigen Betrieb aber nicht stören. Nur unter dieser Voraussetzung ist überhaupt ein moderner Verbundbetrieb umfangreicher Netze möglich.

In einem Drehstromsystem mit nicht geerdetem Sternpunkt können folgende Fehler auftreten:

3-phasige Kurzschlüsse, 2-phasige Kurzschlüsse, Erdschlüsse und Doppelerdschlüsse. Die Kurzschlüsse sind in den seltensten Fällen metallischer Art, meistenteils sind sie mit Lichtbogenerscheinungen verbunden.

In Drehstromnetzen mit starr geerdetem Sternpunkt können grundsätzlich die gleichen Fehler auftreten. Es ist allerdings dabei zu beachten, daß jeder Erdschluß als einphasiger Kurzschluß in Erscheinung tritt.

Zur Erfassung der verschiedenen Fehlerarten sind Schutzrelais entwickelt worden, die nach den Erfordernissen eingesetzt werden müssen. Die modernen Schutzrelais werden zu Relaiskombinationen zusammengebaut, die aus verschiedenen Bausteinen bestehen. Um die Forderungen, die an die Schutzeinrichtung gestellt werden, erfüllen zu können, besteht eine solche Kombination aus folgenden Relais:

a) Anregerelais;
b) Meßrelais;
c) Zeitrelais;
d) Abschalt- und Melderelais.

Jede Schutzeinrichtung besteht aus einer Kombination von zwei oder mehreren der genannten Relais.

Die Forderungen, die an die moderne Schutztechnik gestellt werden, sind sehr vielseitig und erfordern ein sehr schnelles und außerordentlich genaues Messen. Die Schutzrelais stehen normalerweise nur in Bereitschaft und werden jahrelang nicht betätigt. Trotzdem müssen sie aber auch dann noch in einem Fehlerfall zuverlässig und schnell arbeiten.

A. Schutz von Verteilungsnetzen.

198. Überstromschutz.

Die häufigste Schutzart ist der Überstromschutz. Es gibt entsprechend den Anforderungen verschiedene Ausführungsformen, die bereits im Abschnitt I (6 und 7) eingehend behandelt worden sind.

Bei der Auslegung der Schalter oder Sicherungen ist darauf zu achten, daß die Schalter die volle Kurzschlußleistung des Netzes, an dem sie angeschlossen sind, beherrschen können, d. h. also, daß der Schalter für einen kleinen Hochspannungsmotor von beispielsweise 250 kW, der an einem starken Netz hängt, für die Kurzschlußleistung des Netzes ausgelegt sein muß, da sich im Falle eines Kurzschlusses im Motor die gesamte Kurzschlußleistung des Netzes auf die Kurzschlußstelle auswirken würde. Aus diesem Grunde werden häufig vor kleineren Abzweigen Kurzschlußstrombegrenzungsdrosseln eingebaut, s. Abb. 327.

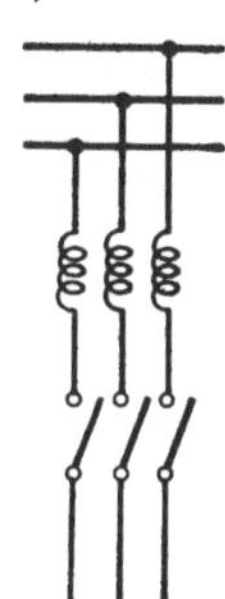

Abb. 327. Anordnung von Kurzschlußstrom-Begrenzungsdrosseln.

a) Unabhängiger Überstromzeitschutz (UMZ-Schutz) (Abb. 338). Um Freileitungen oder Kabel, die an verschiedenen Stellen durch Schalter aufgetrennt werden können, selektiv zu schützen, d. h. nur

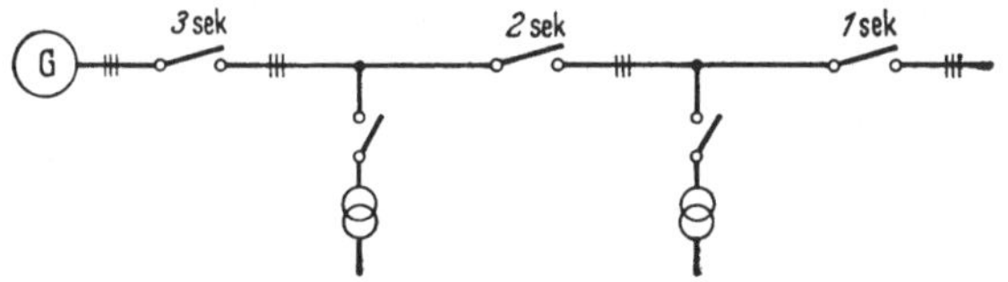

Abb. 328. Unabhängiger Maximal-Zeit-Schutz (UMZ-Schutz).

so viel von der Leitung abzuschalten, wie gestört ist, benutzt man einen Überstromschutz mit einer von der Größe des Überstromes unabhängigen Zeitverzögerung, einen sog. unabhängigen Überstromzeitschutz oder UMZ-Schutz. Die einzelnen Schalter werden je mit einem UMZ-Schutz versehen, der so wie in Abb. 328 dargestellt wurde, zeitlich gestaffelt ist. Tritt hier ein Kurzschluß im letzten Abschnitt auf, so werden alle 3 Überstromrelais angeregt. Nach 1 s erfolgt dann aber bereits die Abschaltung durch den letzten Schalter und trennt damit die Fehlerstelle vom Netz. Tritt dagegen ein Kurzschluß zwischen dem 1. und 2. Schalter auf, so wird nur der 1. Schalter angeregt und schaltet den Kurzschluß nach 3 s ab.

Bei Ringnetzen soll der UMZ-Schutz den gestörten Leitungsabschnitt an beiden Seiten abschalten. Es ist dann erforderlich, einen richtungsempfindlichen Überstromzeitschutz, wie in Abb. 329 dargestellt, einzubauen.

Die Wirkungsweise kann man sich klar machen, indem man sich den in Abb. 328 dargestellten Schutz so vorstellt, als ob die Leitung von beiden Seiten eingespeist würde. Man benötigt dann einen UMZ-Schutz, der nur auf die Einspeisung von links anspricht und einen 2. für die Einspeisung von rechts. Für diese muß die Zeitstaffelung in umgekehr-

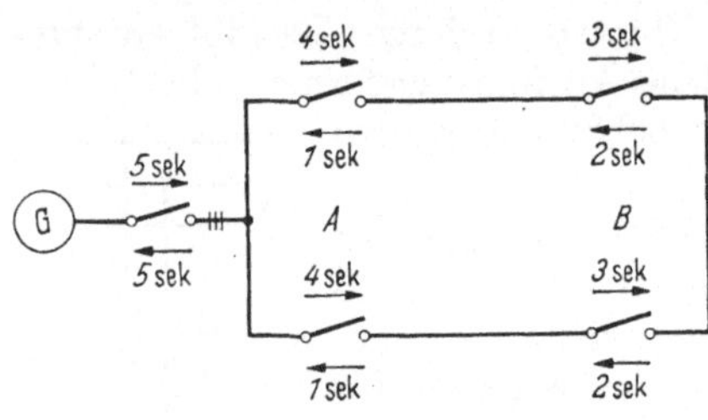

Abb. 329. Unabhängiger Maximal-Zeit-Schutz für ein Ringnetz.

ter Richtung vorgenommen werden. Für einen Leitungsabschnitt erfolgt dann die Abschaltung auf der linken Seite durch den UMZ-Schutz, der auf Einspeisung von links anspricht und auf der rechten Seite entsprechend durch den UMZ-Schutz für Einspeisung von rechts. Denkt man sich nun die Leitung zu einem Ring gebogen, so erhält man das in Abb. 329 dargestellte Ringnetz. Entsteht z. B. ein Kurzschluß zwischen den Stationen A und B, so werden die in der Abb. 329 gekennzeichneten Überstromrelais angeregt.

Der Schalter in der Station B wird dann nach 2 s durch das UMZ-Relais, das auf Einspeisung von rechts eingestellt ist, abgeschaltet und der Schalter in der Station A öffnet nach 4 s durch das UMZ-Relais, das durch Einspeisung von links angeregt wird. Der Nachteil des UMZ-Schutzes allgemein besteht darin, daß bei einem Kurzschluß in der Nähe der Station, d. h. also, wenn die Kurzschlußströme infolge der kurzen, dazwischenliegenden Leitungen besonders hoch werden, die Abschaltung erst nach einer verhältnismäßig langen Zeit geschieht und durch den Kurzschlußstrom größere Schäden entstehen können. Dieser Nachteil wird bei dem Impedanz- oder Konduktanzschutz aufgehoben.

b) Abhängiger Überstromzeitschutz (AMZ-Schutz). Beim abhängigen Maximalzeitschutz hängt die Laufzeit der Relais im Gegensatz zum UMZ-Schutz von der Stromhöhe ab, d. h. je höher der Strom ist, um so eher wird abgeschaltet.

199. Stromvergleichsschutz (Diff.-Schutz).

Um Generatoren, Transformatoren und Kabel bei Kurzschlüssen selektiv abzuschalten, verwendet man häufig einen Stromvergleichsschutz, auch Diff.-Schutz genannt. Es sind dazu Stromwandler erforderlich, in deren Sekundärkreis man die Differenz der Ströme vom Eingang und Ausgang einer Phase bildet, die im ungestörten Betrieb Null sein muß. Die Sekundärkreise der Wandler müssen zu diesem Zweck in geeigneter Form, manchmal unter Verwendung von Zwischenwandlern, zusammengeschaltet werden. Meistenteils verwendet man hierzu die sog. doppelte HOLMGREEN-Schaltung, die in einem Drehstromsystem 6 Stromwandler erfordert. In einem gesunden Netzteil ist dann in der Differenzschaltung die Summe aller Ströme = 0. Bei einem Fehler ist das Gleichgewicht gestört und der Fehlerstrom tritt im Differenzkreis auf und schaltet über Relais in kürzester Zeit ab.

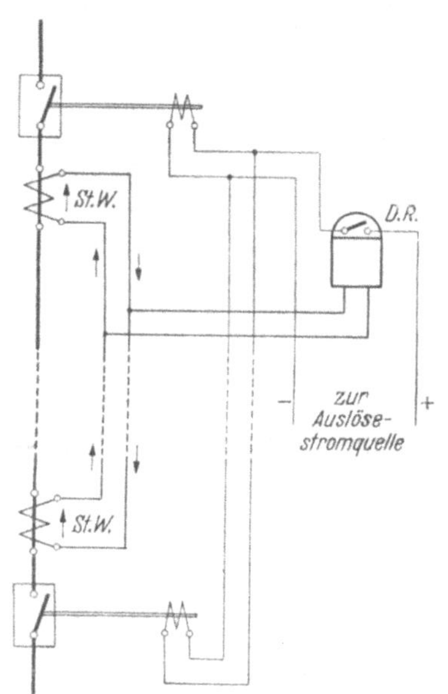

Abb. 330. Schutz einer Leitung durch Differentialrelais.

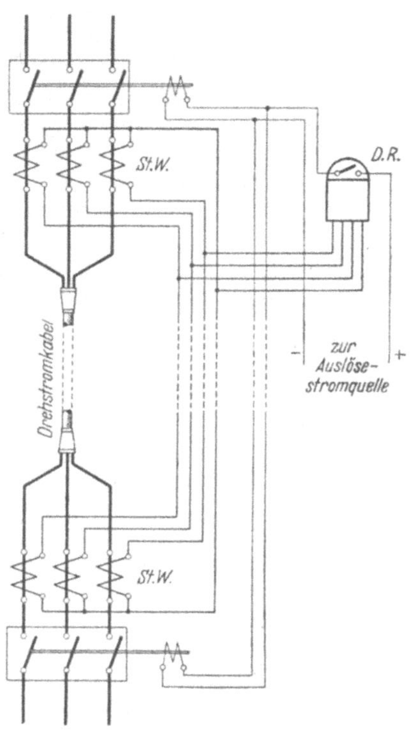

Abb. 331. Schutz eines Drehstromkabels durch Differentialrelais.

Größere Generatoren und Transformatoren werden heute fast stets mit Diff.-Schutz versehen. Für kurze Kabel und Leitungen, z. B. bei kurzen Verbindungen zwischen Sammelschienen, wird diese Schaltung auch verwendet. Es gibt allerdings hierbei verschiedene sekundäre Schaltungsarten, die aber alle auf der doppelten HOLMGREEN-Schaltung fußen. Man muß hierbei allerdings stets berücksichtigen, daß für diese Schutzart hochwertige Hilfsadern mit geringen Widerstand für die Sekundärkreise der Stromwandler zur Verfügung stehen müssen, Abb. 330 und 331.

Für Sammelschienen und mehrere parallelliegende Kabel verwendet man manchmal den sogenannten *Quervergleichsschutz*, der ebenfalls auf der Tatsache beruht, daß die Summe aller Ströme bei einem gesunden System = 0 ist. Bei dieser Schutzart werden jedoch die Ströme nicht am Anfang und Ende eines zu schützenden Teiles miteinander verglichen, sondern das Gleichgwicht an einem Sammelschienenteil, bei dem die Summe der zu- und abfließenden Ströme Null ist.

200. Widerstandsabhängiger Schutz (Distanzschutz).

In Mittel- und Hochspannungsnetzen, vor allen Dingen dann, wenn sie vermascht sind, oder im Verbund fahren, genügt der UMZ-Schutz mit seinen langen Abschaltzeiten wegen der hohen Kurzschlußleistungen nicht mehr. Man hat deshalb widerstandsabhängige Schutzarten entwickelt, die die Kurzschlußentfernung entsprechend dem Verhältnis $U : J$ messen und den betroffenen Netzteil in Abhängigkeit von der Kurzschlußentfernung sofort oder verzögert abschalten. Es gibt verschiedene Schutzarten je nach der Meßmethode zur Entfernungsbestimmung, also Impedanz-, Konduktanz- oder Reaktanzschutz.

Die Erfassung der Entfernung der Fehlerstelle beruht auf der Überlegung, daß die Spannung an der Kurzschlußstelle selbst vollständig zusammenbricht und dann bis zum Meßpunkt linear ansteigt. Der Scheinwiderstand oder die Impedanz der Leitung von der Meßstelle bis zur Fehlerstelle, gemessen durch das Verhältnis $\dfrac{U_k}{J_k}$ (wobei J_k den Kurz-

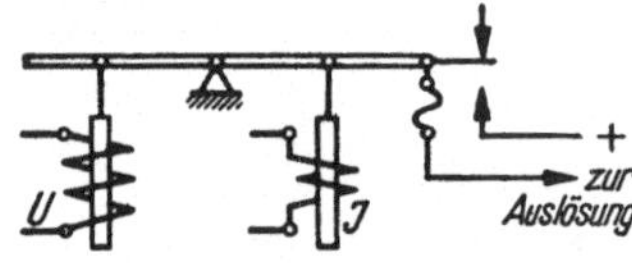

Abb. 332. Impedanzrelais.

schlußstrom und U_k die Netzspannung an der Meßstelle bedeutet), ist also ein Maß für die Entfernung der Fehlerstelle zum Meßort. Die grundsätzliche Schaltung eines solchen Impedanzrelais zeigt die Abb. 332.

Das eine Ende des Waagebalkens wird durch eine Strom-, das andere durch eine Spannungsspule angezogen. Wenn das Verhältnis u/i einen bestimmten Wert unterschreitet, gibt das Relais Kontakt und betätigt dadurch die Anregung eines Zeitrelais, das nach einer bestimmten eingestellten Zeit den Leistungsschalter auslöst. Das Verhältnis u/i ist aber bekanntlich die Impedanz. Ist die Entfernung des Kurzschlusses

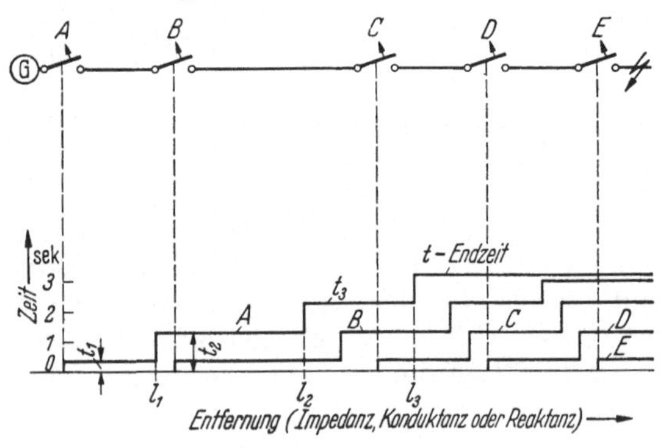

Abb. 333. Impedanzschutz.

von der Station groß, dann wird auch die Impedanz der Leitung von der Station bis zur Kurzschlußstelle groß und das Impedanzrelais schaltet nicht ab. Bei einem näherliegenden Kurzschluß erfolgt, wenn eine bestimmte Impedanz unterschritten ist, die Auslösung und somit das Ansprechen des Abschaltrelais. Es besteht nun die Möglichkeit, indem man mehrere Anzapfungen der Spannungsspule des Waagebalkenrelais mit einem Zeitrelais vereinigt, eine Abstufung zu erhalten, so daß die Abschaltzeit des Relais A unter einem kleinsten Wert Z_1 mit Schnellzeit (Schaltereigenzeit) erfolgt; wenn die Impedanz zwischen Z_1 und Z_2 liegt, erfolgt Abschaltung nach einer einstellbaren Zeit t_1, bei einer Impedanz größer als Z_2 und kleiner als Z_3 erfolgt die Abschaltung noch etwas später zu einer Zeit t_3, die ebenfalls eingestellt werden kann, usw. Im allgemeinen sind bei diesem Relais 4 verschiedene Stufen vorgesehen, s. Abb. 333. Sie zeigt die Kombination mehrerer solcher Relais mit überlagert gestaffelten Schutzbereichen. Kurzschlüsse von Freileitungen treten im allgemeinen zusammen mit einem Lichtbogen auf, der einen sehr unterschiedlichen und in seinem Verlauf stark wechselnden Widerstand besitzt. Durch eine zusätzliche Kunstschaltung in den Relais wird vermieden, daß durch den Einfluß des Lichtbogens die Entfernung der Kurzschlußstelle falsch erfaßt wird.

201. Überspannungsschutz.

In Verteilungsnetzen, namentlich solchen für Hochspannung können aus verschiedenen Ursachen Überspannungen eintreten, z. B. bei den beim Aus- und Einschalten von Netzteilen auftretenden Ladungs- und Entladungsvorgängen, durch direkte atmosphärische Entladungen oder durch Influenz von solchen, die in der Nähe der Anlagen stattfinden, schließlich auch durch Resonanzerscheinungen in den Netzen selbst. Zur Ableitung dieser Überspannungen sind die verschiedensten Einrichtungen angewendet worden. Sie bestehen meist in einer zwischen Leitung und Erde eingeschalteten Funkenstrecke nebst Einrichtungen, die den nachfließenden Betriebsstrom unterbrechen. Die in älteren Anlagen noch anzutreffenden Hörnerableiter, Funkenableiter usw. werden heute nicht mehr angewendet. An ihre Stelle sind hauptsächlich Ventilableiter in Form spannungsabhängiger Widerstände getreten. Diese bestehen aus Halbleitern (meist Siliziumkarbid), die bei der normalen Betriebsspannung keinen nennenswerten Strom durchlassen, bei sehr hohen Spannungen aber kurzzeitig sehr hohe Ströme ableiten können. Bei einer viel verwendeten Ausführung sind die spannungsabhängigen Halbleiterplatten luftdicht abgeschlossen und in geringer Anzahl übereinander geschichtet. Die beim Ansprechen des Ableiters zwischen den Platten brennende Glimmentladung ist durch das Kathodengefälle gekennzeichnet, dem der Ableiter seinen Namen verdankt (Kathodenfall-Ableiter der SSW).

Abb. 334 zeigt das Schaltzeichen für einen Überspannungsableiter. In Niederspannungsanlagen werden auch Blasfunkenstrecken, die sogenannten Löschrohr- oder Hartgasableiter verwendet (s. Abb. 336), die aus einem Rohr aus Isolierstoff bestehen, in dessen Inneren eine Funkenstrecke angeordnet ist. Wenn der Ableiter anspricht, werden ähnlich wie beim sogenannten Hartgasschalter (siehe Abschnitt I, 8) Gase frei, die den Lichtbogen nach unten herausblasen.

Bei Niederspannungsnetzen mit nicht geerdetem Sternpunkt ist es üblich, eine Durchschlagsicherung zwischen Sternpunkt und Erde anzuordnen, die bei Übertritt von Hochspannung auf die Niederspannungs-wicklung bei Transformatordefekten das Netz automatisch an Erde legt (Abb. 337).

Zur Unterdrückung des „aussetzenden Erdschlusses", der von Schwingungserscheinungen begleitet ist und besonders unangenehme Überspannungen hervorrufen kann, hat sich die Erdschlußspule von PETERSEN bewährt. Es ist dies eine Drosselspule $P.D.$, deren Indukti-

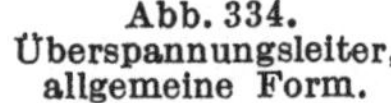

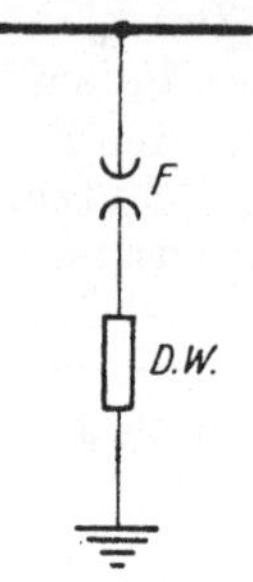

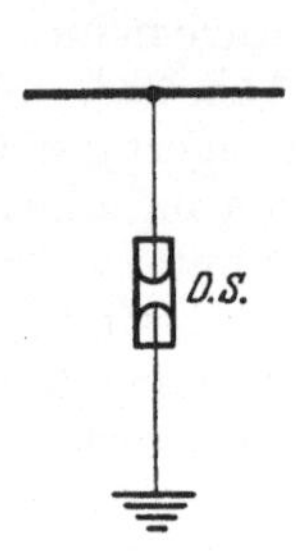

<table>
<tr><td>Abb. 334.
Überspannungsleiter,
allgemeine Form.</td><td>Abb. 335.
Löschrohrableiter.</td><td>Abb. 336.
Funkenstrecke.</td><td>Abb. 337.
Durchschlagsicherung.</td></tr>
</table>

vität den kapazitiven Verhältnissen des Netzes angepaßt ist, so daß sie einen etwa auftretenden Erdschluß zu kompensieren vermag. Sie wird, wie es die Abb. 339 für eine Drehstromanlage zeigt, zwischen den Stern-punkt des Netzes einerseits und die Erde andererseits gelegt. Dem gleichen Zweck dient der Lösch-transformator von BAUCH, Abb. 339.

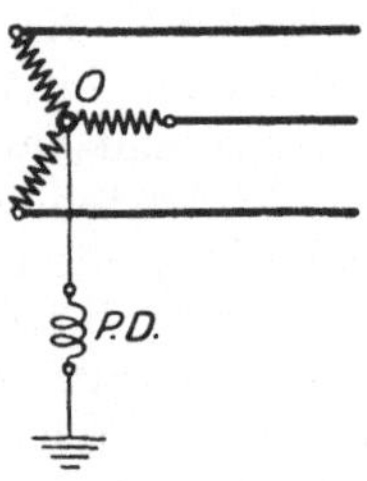

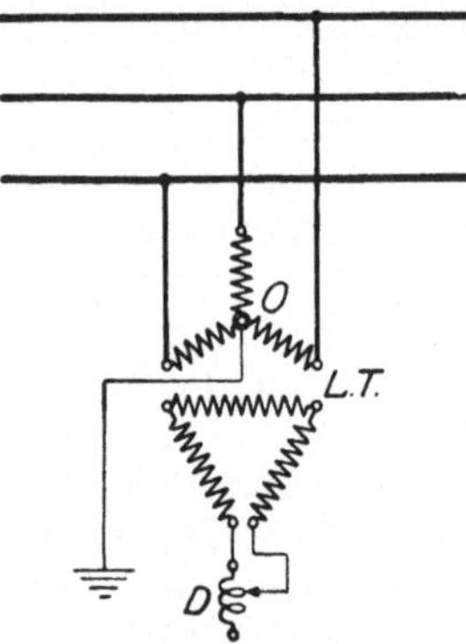

<table>
<tr><td>Abb. 338.
Erdschlußspule von PETERSEN.</td><td>Abb. 339.
Löschtransformator von BAUCH.</td></tr>
</table>

Ein Dreiphasentransformator LT, der primär in Stern geschaltet ist, und dessen Nullpunkt 0 geerdet ist, wird an das zu schützende Dreh-stromnetz angeschlossen. Die Sekundärseite des Trafos hat eine offene Dreieckswicklung, in die eine Drosselspule D geschaltet wird, die der Kapazität des Netzes entsprechend eingestellt wird. Man nennt Netze mit solchen Einrichtungen „gelöschte Netze".

202. Erdschlußschutz.

Tritt in einem Netzteil eines Drehstrom-Systems, dessen Sternpunkt isoliert ist, ein Erdschluß in einer Phase auf, so fließt in einem unge-löschten Netz der gesamte kapazitive Strom nach Erde ab. Dieser

Strom kann je nach Größe des betreffenden Netzes, das metallisch, also nicht über Transformatoren miteinander verbunden ist, Werte erreichen, die zu erheblichen Zerstörungen, z. B. Eisenbränden in Generatoren, führen. Tritt ein Erdschluß in Kabelmuffen oder Endverschlüssen auf, so führt er in ungelöschten Netzen meistenteils zu Durchschlägen nach den anderen Phasen und durch diesen Kurzschluß zu Explosionen. Erdschlüsse in den Netzen müssen deshalb so bald wie möglich herausgemessen und beseitigt werden. In ganz besonders kurzer Zeit ist die Abschaltung eines mit Erdschluß behafteten Generators wegen des obenerwähnten Eisenbrandes bei Generatoren erforderlich.

Man hat dafür eine Reihe von Meßmethoden entwickelt, z. B. verwendet man den Strom im Nulleiter der doppelten HOLMGREEN-Schaltung (Abb. 330) für das Herausmessen von Erdschlußfehlern bei Generatoren, die direkt auf Sammelschienen arbeiten, während es bei Generatoren, die in Blockschaltung arbeiten, zweckmäßiger ist, die Verlagerungsspannung des Generatorsternpunktes, die bei einem Erdschluß auftritt, zu erfassen, um den Generator abzuschalten.

Sind die Netze gelöscht, so kann man u. U. längere Zeit mit einem Erdschluß fahren. Aber auch da ist es zweckmäßig, möglichst bald zu erkennen, welcher Netzteil mit Erdschluß behaftet ist, da bei Auftreten eines weiteren Erdschlusses in einer anderen Phase ein Doppelerdschluß, also ein 2-poliger Kurzschluß über Erde, auftritt. Für das Auffinden eines mit Erdschluß behafteten Anlagenteiles werden verschiedene Methoden angewendet. Die gebräuchlichste ist das Aufsuchen des Fehlers durch stückweises Abtrennen von Anlagenteilen. Es sind weiterhin sog. Suchschaltungen entwickelt worden, mit denen man ohne Auftrennen des Netzes durch sekundäre Messungen den Erdschluß finden kann. Für besonders wichtige Anlagenteile werden Erdschlußmeldeeinrichtungen fest eingebaut, um sofort zu erkennen, ob dieser Teil mit Erdschluß behaftet ist.

Abb. 340 zeigt eine solche einfache Anzeigevorrichtung für ein Gleichstromnetz, bei der zwei Glühlampen, deren jede für die volle Netzspannung bemessen sein muß, in Reihe an der Netzspannung liegen, während der Mittelpunkt der Schaltung an Erde liegt. Tritt nun ein Erdschluß im Gleichstromnetz ein, so wird eine der Glühlampen durch den Erdschluß kurzgeschlossen, während die andere nunmehr an der vollen Netzspannung liegt und hell aufleuchtet. Bei höheren Spannungen müssen Vorwiderstände vor die Glühlampen gelegt werden. An Stelle der Glühlampen können auch Voltmeter verwendet werden.

Bei einphasigem Wechselstrom ist die Schaltung grundsätzlich die gleiche, nur wird man bei Hochspannung zum Anschluß der Erdschlußvoltmeter Spannungswandler verwenden, deren Primärwicklungen mit dem einen Ende an die zu messende Phase, mit dem anderen Ende an Erde angeschlossen werden, während die Spannungsmesser in der Sekundärwicklung liegen.

Für ein Drehstromnetz kann man zur Erdschlußüberwachung *drei* Spannungsmesser verwenden, die nach Abb. 341 geschaltet sind. Solange das Netz gesund ist, zeigen alle Geräte die gleiche Spannung: die

Phasenspannung der Anlage, d. h. den 1,73. Teil der Netzspannung.
Tritt in einer Leitung ein voller Erdschluß auf, so geht der Zeiger des
an diese Leitung angeschlossenen Span-
nungsmessers auf Null zurück, während
die beiden anderen Messer nunmehr die
volle Netzspannung angeben. Kleinere
Isolationsfehler machen sich durch verschieden große Ausschläge an den Geräten bemerkbar.

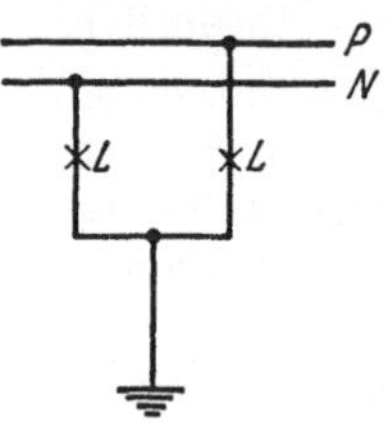

Abb. 340.
Erdschlußanzeige in einem Gleichstromnetz.

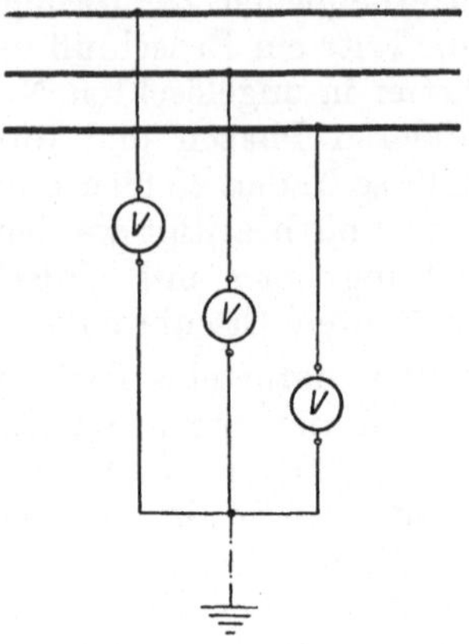

Abb. 341.
Spannungsmesser als Erdschlußanzeige-
vorrichtung in einem Drehstromnetz.

In *Drehstrom-Hochspannungsanlagen* muß wiederum, soweit nicht
elektrostatische Geräte zur Anwendung kommen, der Anschluß der
Voltmeter über Spannungswandler erfolgen. Der Abb. 342 sind drei
einphasige Wandler zugrunde ge-
legt. Je ein Ende ihrer Primärwicklung ist geerdet. Die Erde
bildet also den gemeinsamen Verkettungspunkt der Wandler. Die

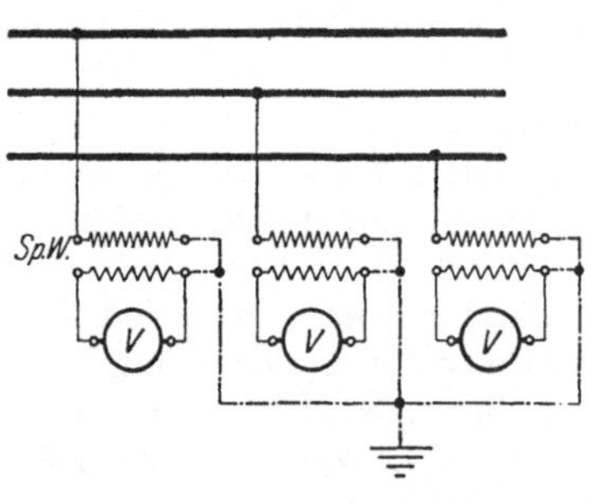

Abb. 342. Erdschlußanzeiger in einer
Drehstrom-Hochspannungsanlage mit
3 einphasigen Spannungswandlern.

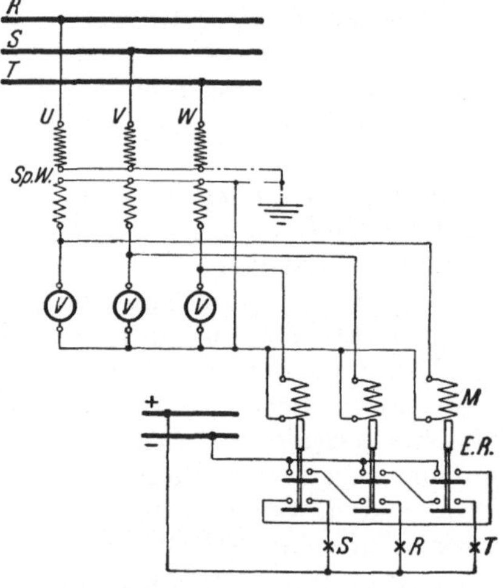

Abb. 343. Erdschluß-Anzeigerelais der AEG.

sekundäre Wicklung jedes Wandlers arbeitet auf einen Spannungsmesser, je ein Wicklungsende ist mit an Erde gelegt (s. Abschnitt 10).

Der Eintritt eines Erdschlusses und die davon betroffene Leitung
können auch durch eine Meldelampe erkennbar gemacht werden. In
Abb. 343 ist das *Erdschluß-Anzeigerrelais der AEG*[1] angegeben. Es

---

[1] PILOTY, Ein neues Erdschluß-Anzeigerelais. AEG-Mitt. 1927, 443.

wirkt so, daß nicht durch das Absinken der Spannung in der kranken Phase diese kenntlich gemacht wird, sondern daß dies durch das Anwachsen der Spannung in den beiden gesunden Phasen geschieht, was für ein zuverlässig arbeitendes Relais erwünscht ist. Die Erregung der drei Magnete M des Relais $E.R.$ erfolgt von dem Spannungswandler der Erdschluß-Anzeigevorrichtung aus. Für die Meldelampen ist eine Gleichstromhilfsquelle angenommen. Tritt nun beispielsweise in der Leitung S ein Erdschluß ein, so werden die an die Phasen U und W des Spannungswandlers angeschlossenen Magnetspulen des Relais, die den Leitungen R und T entsprechen, so stark erregt, daß ihre Anker gehoben werden. Dadurch wird, wie sich im Schaltbild leicht verfolgen läßt, die mit S bezeichnete Lampe in den Hilfsstromkreis eingeschaltet. Entsprechend werden die Lampen R und T zum Leuchten kommen, wenn in den betreffenden Leitungen ein Erdschluß auftritt. Mit der beschriebenen Einrichtung können auch Signalrelais betätigt werden, durch welche eine Hupe oder eine andere Alarmeinrichtung im Falle des Erdschlusses ausgelöst wird.

B. Generatorschutz.

203. Läufererdschlußschutz.

Bei großen Generatoren wird der Erregerkreis des Läufers auf Erdschluß überwacht. Nach der Schaltung Abb. 344 wird parallel zu den Schleifringen des Läufers ein Widerstand R geschaltet, dessen Mittelanzapfung über einen etwa 30—50 V liefernden Wechselstromtransformator, sowie über einen das Hilfsrelais HR speisenden Wandler W und einen Kondensator K mit Erde verbunden ist. Der gesamte Erregerkreis wird also gegen Erde mit einer kleinen Wechselspannung vorgespannt. Während im erdschlußfreien

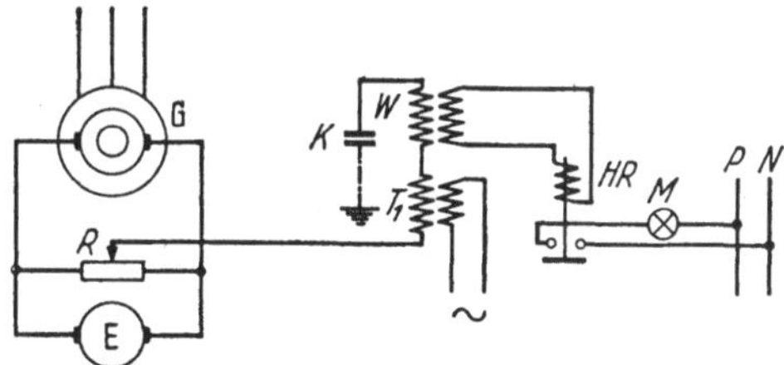

Abb. 344. Läufererdschlußmeldung.

Zustand ein Stromfluß über das Relais nicht zustande kommen kann, fließt dagegen bei Erdschluß ein Strom, der in seiner Größe abhängig ist vom Übergangswiderstand an der Erdschlußstelle und bei Erdschlußwiderständen unter 1000 Ohm das Erdschlußrelais zum Ansprechen bringt, das den Erdschluß durch Aufleuchten einer Glühlampe meldet.

204. Ständererdschlußschutz.

Gefährlicher als im Läufer ist ein Erdschluß im Ständer eines Generators. In einem solchen Falle muß der Generator schnellstens außer Betrieb genommen werden, um schwere Schäden zu verhüten. Abb. 345 zeigt einen Erdschlußschutz für einen in Blockschaltung (s. Abschn. 76) arbeitenden Generator. Man benutzt in der gezeigten Schaltung das Auftreten einer Verlagerungsspannung auf der Unterspannungsseite des vorgeschalteten Transformators als Kriterium für den Erdschluß. Hierzu wird ein Fünfschenkeltransformator FTr zwischen Generator G und Transformator T gelegt, dessen Sekundärwicklung in offenem Dreieck geschaltet ist und die in erdschlußfreiem Zustand spannungslos ist. Bei einem Erdschluß im Generator wird dagegen in der Dreieckswicklung eine Spannung induziert, die über den Wandler W das Hilfsrelais HR zum Ansprechen bringt und den Generatorschalter zur Auslösung bringt.

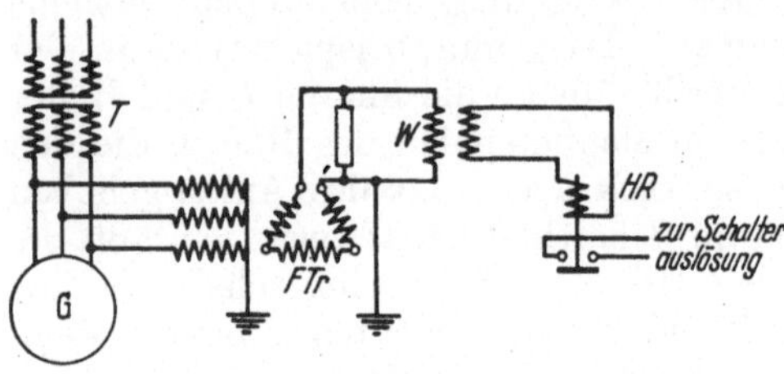

Abb. 345. Ständererdschlußschutz für Drehstromgeneratoren mit Fünfschenkeltrafo.

Eine andere Lösung des Problems zeigt die Schaltung nach Abb. 346, bei der zur Erfassung des Erdschlusses ein wattmetrisches Relais verwendet wird, d. h. ein Relais, dessen Aufbau dem eines Wattmeters ähnlich ist. Es besitzt wie dieses eine Strom- und eine Spannungsspule. Auf die Stromspule wirken die parallelgeschalteten Sekundärwicklungen von drei in die Maschinenzuleitungen eingefügten Stromwandlern ein. Die Spannungsspule liegt an der Sekundärwicklung eines Spannungswandlers, dessen Primärwicklung an einer Anzapfung eines zwischen Maschinensternpunkt und Erde geschalteten Widerstandes liegt. Tritt in der Maschine ein Erdschluß auf, so wird unter dem gleichzeitigen Einfluß des von den Stromwandlern auf die Stromspule des Relais übertragenen Stromes und der vom Spannungswandler erregten Spannungsspule das Relais in Tätigkeit gesetzt und der Generatorschalter ausgelöst.

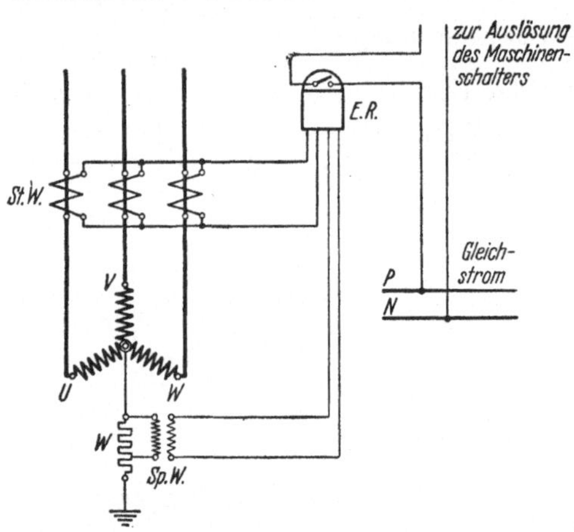

Abb. 346. Ständererdschlußschutz für Drehstromgeneratoren mit wattmetr. Relais.

205. Unsymmetrieschutz.

Wenn in einem Drehstrom-System eine Phase ausfällt oder die einzelnen Phasen verschieden belastet sind, so entsteht in Generatoren ein gegenläufiges Drehfeld, das den Läufer der Generatoren zusätzlich erwärmt und so zu seiner Zerstörung führen kann. Um die Symmetrie der Belastung zu überwachen, werden nach Abb. 347 die Ströme zweier

Generatorphasen U und W über 2 Stromwandler St_1 und St_2 einem Unsymmetrierelais R zugeführt, das auf die Differenz der beiden Ströme anspricht. Da in einem Drehstromnetz die Ströme zweier Phasen um 120° el. verschoben sind, so muß der Strom der Phase U um 60° el. gedreht werden, damit er in Gegenphase zum Strom der Phase W kommt und so die Differenz der beiden Ströme gebildet werden kann. Dies geschieht durch die Kombination von Kondensator K und Widerstand W. Bei symmetrischer Belastung ist die Differenz der beiden Ströme der Phasen U und W stets gleich Null, während bei unsymmetrischer Belastung die geometrische Summe der beiden Ver-

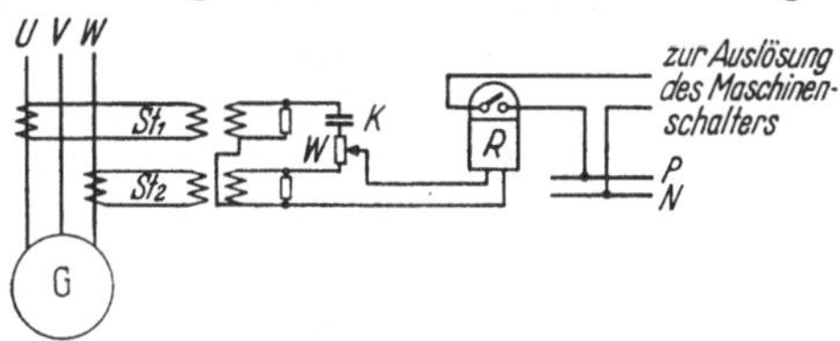

Abb. 347. Unsymmetrieschutz eines Drehstromgenerators.

gleichsströme nicht mehr Null ist und das Relais R zum Ansprechen bringt, das seinerseits die Betätigung eines Signales oder wie im vorliegenden Schaltbild, die Auslösung des Maschinenschalters bewirkt.

206. Differentialschutz.

Der im Abschnitt 199 beschriebene Differentialschutz für Leitungen (Abb. 330 und 331) kann in seinen Grundsätzen auch zum Schutze von Generatoren verwendet werden. Bei größeren Maschinen wird dieser Schutz stets verwendet. Abb. 348 zeigt die Schaltung einer solchen Schutzeinrichtung in Verbindung mit einer Einrichtung zur Feldschwächung nach Abschaltung. Ähnlich wie beim Differentialschutz für Leitungen sind auch hier 2 Gruppen von Stromwandlern erforderlich, welche hinter den Generatorklemmen und in den Zuleitungen zum Sternpunkt des Generators angeordnet werden. Die sekundären Wicklungen jeder der beiden Wandlergruppen sind in Stern verkettet. Die beiden Sternpunkte und ebenso die freien Wicklungsenden der Stromwandler der einen Gruppe sind mit den in der gleichen Phase liegenden Wandlern der anderen Gruppe verbunden und an das Differentialrelais DR angeschlossen. Im normalen Betriebszustand sind die Wandlerströme im Gleichgewicht und das Differentialrelais wirkungslos. Bei Unregelmäßigkeiten in der Maschine oder den zum Schalter führenden Leitungen wird dieses Gleichgewicht jedoch gestört und das Differentialrelais DR kommt zur Wirkung. Im vorliegenden Fall bewirkt es die Auslösung des Maschinenschalters S durch die Auslösespule A.

207. Selbsttätige Feldschwächung.

Die plötzliche Abschaltung eines vollbelasteten Generators infolge Ansprechens der Schutzeinrichtungen kann eine gefährliche Spannungssteigerung der Maschine zur Folge haben, so daß es empfehlenswert ist, die abgeschaltete Maschine schnellstens zu entregen. Ist die Abschaltung durch vorliegende Maschinenschäden veranlaßt worden, so ist es besonders notwendig, die Maschine schnell zu entregen, um den

Schaden nicht noch größer werden zu lassen. Die Herabsetzung der Maschinenspannung kann wie im Falle der Abb. 348 durch Einschalten eines Widerstandes in den Erregerkreis des Generators oder, falls dieser

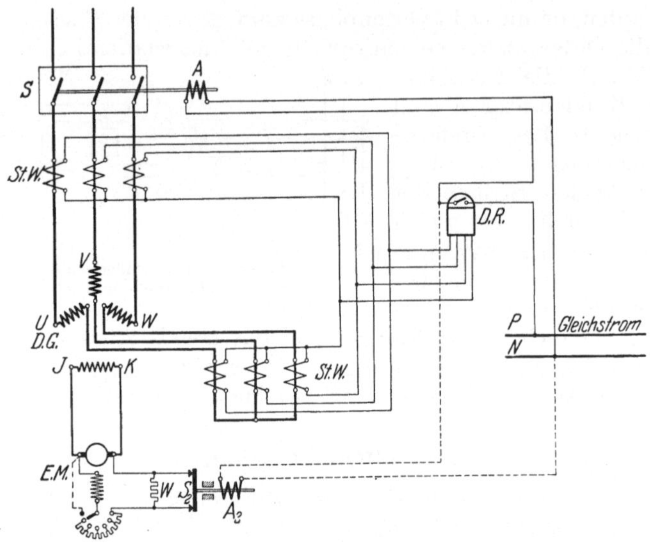

Abb. 348. Drehstromgenerator mit Differentialschutz und Feldschwächeeinrichtung.

eine eigene Erregermaschine besitzt, in den Magnetkreis der letzteren. In der Abb. 348 ist die Feldschwächeinrichtung mit dem Differentialrelais in Verbindung gebracht. Die für sie in Betracht kommenden Leitungen sind gestrichelt gezeichnet. Normalerweise ist der Feldschwächwiderstand W durch den zweipoligen Schalter S_2 überbrückt. Spricht jedoch das Differentialrelais an, so wird der Stromkreis der Auslösespule A_2 geschlossen, der Schalter S_2 ausgelöst, so daß der Widerstand W im Erregerkreis zur Wirkung kommt und damit die Spannung des Generators heruntergeht.

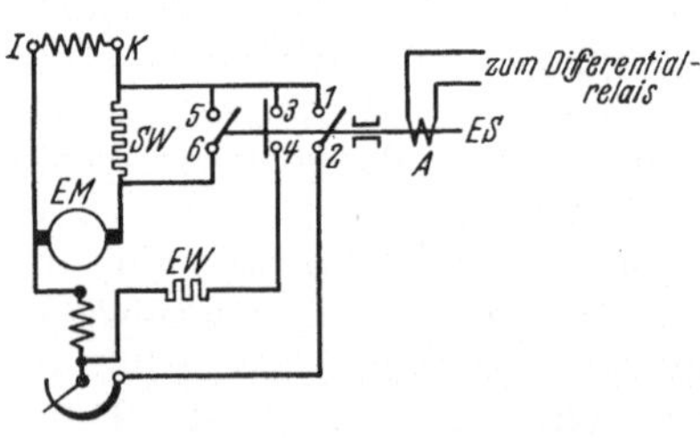

Abb. 349. Schwingungsentregung.

Weit wirksamer als die Feldschwächung des Generators nach Abb. 349 ist die von den SSW verwendete Schwingungsentregung nach Abb. 350. Ähnlich wie im vorhergehenden Falle bringt das Differentialrelais den Entregungsschalter ES zur Auslösung. (Die Abb. 349 zeigt den Entregungsschalter in ausgeschaltetem Zustand.) Wenn der Entregungsschalter ES geöffnet wird, so sucht die Energie der Selbstinduktion der Läuferwicklung den Erregerstrom des Generators aufrecht zu erhalten. Durch die durch die Auslösung von ES bewirkte Einschaltung des Schwingwiderstandes fließt ein Teil des Stromes über die

Kontakte *3* und *4* des Entregungsschalters über die Erregerwicklung der Erregermaschine, aber in *entgegengesetzter Richtung* wie beim Normalbetrieb, so daß die Erregermaschine in kürzester Zeit entregt und umgepolt wird. Sie läuft dadurch vorübergehend als Motor und gibt die magnetische Energie (Feldenergie) des Läufers mechanisch an die Welle der Erregermaschine ab. Die Entregung des Generators erfolgt in kürzester Zeit.

208. Ständerwindungsschlußschutz.

Windungsschlüsse in einzelnen Phasen können zu Zerstörungen der Wicklungen führen. Daher werden Generatoren, insbesondere solche mit Spulenwicklung, darauf überwacht und bei Auftreten eines Windungsschlusses entregt und vom Netz geschaltet. Da bei einem Windungsschluß der Strom der kurzgeschlossenen Windungen nicht nach

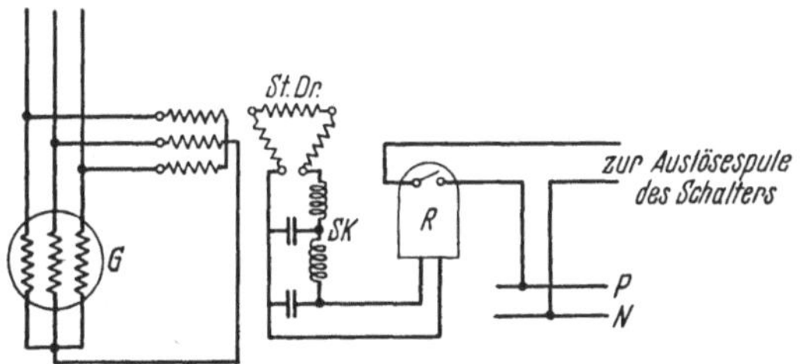

Abb. 350. Ständerwindungsschlußschutz mittels Stützdrossel.

außen in Erscheinung tritt, kann ein solcher Fehler auch nicht vom Differentialschutz erfaßt werden. Man nimmt deshalb zur Erfassung von Windungsschlüssen eine sogenannte Stützdrossel zu Hilfe. Abb. 350 zeigt einen solchen Schutz. Die Primärwicklung der Stützdrossel *StDr* ist in Stern geschaltet und der Sternpunkt mit dem Nullpunkt des Generators verbunden. Die Sekundärwicklung der Stützdrossel bildet ein offenes Dreieck, an dessen Klemmen zwecks Abschirmung von Oberwellen eine Siebkette *SK* und dahinter das eigentliche Windungsschlußrelais *R* liegen. Bei einem Windungsschluß im Generator tritt nun eine Verlagerung des Generatorsternpunktes gegenüber dem Sternpunkt der Stützdrossel auf, die an der offenen Dreieckswicklung eine Spannung hervorruft, die das Relais *R* zum Ansprechen und den Generatorschalter zum Auslösen bringt. Bei Generatoren mit Stabwicklung, also den meisten Turbogeneratoren, können Windungsschlüsse praktisch nicht auftreten, so daß man auf eine Überwachung dieser Maschinen verzichten kann.

Anhang.

A. Die wichtigsten Klemmenbezeichnungen.

(Näheres s. „Regeln für Klemmenbezeichnungen" des VDE).

I. Gleichstrom.

$A-B$ = Anker.
$C-D$ = Nebenschlußwicklung.
$E-F$ = Hauptschlußwicklung.
$G-H$ = Wendepol- bzw. Kompensationswicklung.
G_A-H_A, G_B-H_B = geteilte Wendepolwicklung.
$J-K$ = fremderregte Magnetwicklung.

L = Leitung, unabh. von der Polarität.
P = positiver Leiter.
N = negativer Leiter.
O = Mittelleiter, Nulleiter.
$N-P$ = Zweileiternetz.
$N-O-P$ = Dreileiternetz.
L, M, R = Anlasser.
s, t = Magnetregler, q = Ausschaltkontakt des Reglers.

II. Wechselstrom.

$U-V$ oder $u-v$ = Einphasenwicklung.
$W-Z$ = Hilfswicklung bei Einphasenmotoren.
$U-X$, $V-Y$ oder $u-x$, $v-y$ = Zweiphasenwicklung.
$U-X$, $V-Y$, $W-Z$ oder $u-x$, $v-y$, $w-z$ = unverkettete Drehstromwicklung.
U, V, W oder u, v, w = verkettete Drehstromwicklung.
O oder o = Stern- oder Nullpunkt der verketteten Drehstromwicklung.

$J-K$ = gleichstromerregte Magnetwicklung.
L = Leitung, unabh. von der Phase.
$R-S$ bzw. $S-T$ bzw. $T-R$ = Einphasennetz.
$Q-S$, $R-T$ = Zweiphasennetz.
$R-S-T$ = Drehstromnetz.
$R-S-T-O$ = Drehstromnetz mit Sternpunktleiter (Nulleiter).
s, t = Magnetregler für Gleichstromerregung, q = Ausschaltkontakt des Reglers.

Die Bezeichnung der Klemmen an *Anlassern von Wechselstrommotoren ist i. a.* die gleiche wie die der Netzleitungen oder der Maschinenklemmen, mit denen sie zu verbinden sind.

Über den *Farbanstrich von Leitungen*, s. S. 4. Der *Mittel-* bzw. *Sternpunktleiter* ist, abweichend von der Umgebung, weiß, hellgrau oder schwarz zu streichen, wenn *geerdet* mit *grünen*, wenn *ungeerdet* mit *roten* Querstrichen.

B. Die in den Schaltplänen hauptsächlich verwendeten Abkürzungen.

I. Maschinen.

D = Dynamomaschine.
G = Generator.
M = Motor.
$M.G.$ = Motorgenerator.
$E.U.$ = Einankerumformer.
T = Transformator.

$G.D.$ = Gleichstromdynamo.
$N.D.$ = Nebenschlußdynamo.
$D.D.$ = Doppelschlußdynamo.
$G.M.$ = Gleichstrommotor.
$N.M.$ = Nebenschlußmotor.
$H.M.$ = Hauptschlußmotor.

E.G.	= Einphasengenerator.		*P.D.*	= Piranimaschine.
D.G.	= Drehstromgenerator.		*P.M.*	= Puffermaschine.
D.M.	= Drehstrommotor.		*M.R.*	= Magnetregler.
E.T.	= Einphasentransformator.		*N.R.*	= Nebenschlußregler.
D.T.	= Drehstromtransformator.		*G*	= Gleichrichter.
A.T.	= Anlaßtransformator.		*St.R.*	= Stromrichter.
R.T.	= Regeltransformator.		*T.G.*	= Trockengleichrichter.
E.M.	= Erregermaschine.			

II. Meß- und Prüfgeräte.

A	= Strommesser, Amperemeter.		$\cos\varphi$	= Phasenmesser($\cos$-φ-Anzeiger).
V	= Spannungsmesser, Voltmeter.		*N.W.*	= Nebenwiderstand.
			V.W.	= Vorwiderstand.
W	= Leistungsmesser, Wattmeter.		*S.A.*	= Synchronismusanzeiger
				(L = Phasenlampe
Wh	= Zähler, Wh-Messer.			V = Phasenvoltmeter
Hz	= Frequenzmesser (Angabe in Hertz).			*N.V.* = Nullvoltmeter).
			E.A.	= Erdschlußanzeiger.

III. Apparate.

B	= Batterie.		*M*	= Magnet.
L	= Lampe.		*A*	= Anker.
P.L.	= Phasenlampe.		*A.Sp.*	= Auslösespule.
S	= Schalter, auch Schütz.		*F.B.*	= Funkenblasspule.
S.S.	= Selbstschalter.		*W*	= Widerstand.
K.S.	= Kupplungsschalter.		*R.W.*	= Regulierwiderstand.
T.S.	= Trennschalter.		*D.W.*	= Dämpfungswiderstand.
E.S.	= Erdungsschalter.		*Ö.W.*	= Ölwiderstand.
A.S.	= Anlaßschalter.		*C*	= Kondensator.
R.S.	= Regulierschalter.		*D*	= Drosselspule.
F.S.	= Fernschalter.		*P.Z.*	= Polarisationszelle.
Z.S.	= Zentrifugalschalter.		*Ü.A.*	= Überspannungsableiter.
D	= Druckknopfschalter.		*F*	= Funkenableiter.
U	= Umschalter.		*H*	= Hörnerableiter.
M.R.	= Überstromrelais, Maximalrelais.		*V.A.*	= Ventilableiter.
			K.A.	= Kathodenfallableiter.
R.R.	= Richtungsrelais, Rückleistungsrelais.		*SAW*	= spannungsabhängiger Widerstand.
N.R.	= Unterspannungsrelais, Nullspannungsrelais.		*D.S.*	= Durchschlagsicherung.
			E.W.	= Erdungswiderstand.
D.R.	= Differentialrelais.		*E.D.*	= Erdungsdrosselspule.
E.R.	= Erdschlußrelais.		*P.D.*	= Erdschlußspule, Petersen-Drosselspule.
St.W.	= Stromwandler.			
Sp.W.	= Spannungswandler.		*L.T.*	= Löschtransformator.

C. Abkürzungen im Text.

VDE	= Verband deutscher Elektrotechniker.		BBC	= Brown, Boveri & Co.
			SSW	= Siemens-Schuckertwerke.
AEG	= Allgemeines Elektrizitäts-Gesellschaft.			

D. Schrifttumshinweise.

ETZ	= Elektrotechnische Zeitschrift.		AEG.-Mitt.	= AEG-Mitteilungen.
E u. M	= Elektrotechnik und Maschinenbau.		SZ	= Siemens-Zeitschrift.

Namen- und Sachverzeichnis.